21世纪全国高等院校材料类创新型应用人才培养规划教材

金属成型理论基础

主　编　刘瑞玲　王　军
参　编　王会霞　梁志敏　贾丽敏

北京大学出版社
PEKING UNIVERSITY PRESS

内 容 简 介

本书将铸件形成原理和焊接冶金原理两部分内容有机融合，主要是对凝固成型、焊接成型过程中的内在规律、物理本质及分析问题的方法进行阐述，使学生对液态成型过程的基本原理有较深入的理解，为后续课程的学习奠定理论基础。全书共分为10章，相互独立的内容单独成章，如液态金属的结构和性质、焊接材料的选择、焊接接头的组织和性能等内容；而凝固成型和焊接成型中共性的内容则融合在一起，如温度场、凝固热力学和动力学、宏观组织的形成和控制、凝固过程中的缺陷及质量控制等。

本书主要是针对材料成型及控制工程本科专业编写的教材，同时还可作为从事冶金、铸造、焊接等专业的工程技术人员的参考用书。

图书在版编目(CIP)数据

金属成型理论基础/刘瑞玲，王军主编．—北京：北京大学出版社，2012.10
(21世纪全国高等院校材料类创新型应用人才培养规划教材)
ISBN 978-7-301-21372-8

Ⅰ．①金…　Ⅱ．①刘…②王…　Ⅲ．①液态金属充型—高等学校—教材　Ⅳ．①TG21

中国版本图书馆CIP数据核字(2012)第238418号

书　　名：金属成型理论基础
著作责任者：刘瑞玲　王　军　主编
策 划 编 辑：童君鑫　宋亚玲
责 任 编 辑：宋亚玲
标 准 书 号：ISBN 978-7-301-21372-8/TG·0038
出　版　者：北京大学出版社
地　　址：北京市海淀区成府路205号　100871
网　　址：http://www.pup.cn　http://www.pup6.cn
电　　话：邮购部62752015　发行部62750672　编辑部62750667　出版部62754962
电 子 邮 箱：pup_6@163.com
印　刷　者：北京大学印刷厂
发　行　者：北京大学出版社
经　销　者：新华书店
787毫米×1092毫米　16开本　19.5印张　449千字
2012年10月第1版　2012年10月第1次印刷
定　　价：38.00元

未经许可，不得以任何方式复制或抄袭本书之部分或全部内容。
版权所有，侵权必究　　**举报电话：010-62752024**
电子邮箱：fd@pup.pku.edu.cn

21 世纪全国高等院校材料类创新型应用人才培养规划教材

编审指导与建设委员会

成员名单 （按拼音排序）

白培康 （中北大学）

崔占全 （燕山大学）

杜振民 （北京科技大学）

关绍康 （郑州大学）

李　楠 （武汉科技大学）

林志东 （武汉工程大学）

刘开平 （长安大学）

裴　坚 （北京大学）

孙凤莲 （哈尔滨理工大学）

万发荣 （北京科技大学）

王　峰 （北京化工大学）

王昆林 （清华大学）

伍玉娇 （贵州大学）

徐　鸿 （华北电力大学）

张朝晖 （北京理工大学）

张敏刚 （太原科技大学）

张晓燕 （贵州大学）

赵莉萍 （内蒙古科技大学）

陈华辉 （中国矿业大学）

杜彦良 （石家庄铁道大学）

耿桂宏 （北方民族大学）

胡志强 （大连工业大学）

梁金生 （河北工业大学）

刘爱民 （大连理工大学）

芦　笙 （江苏科技大学）

时海芳 （辽宁工程技术大学）

孙玉福 （郑州大学）

王春青 （哈尔滨工业大学）

王金淑 （北京工业大学）

卫英慧 （太原理工大学）

夏　华 （重庆理工大学）

余心宏 （西北工业大学）

张海涛 （安徽工程大学）

张　锐 （郑州航空工业管理学院）

赵惠忠 （武汉科技大学）

赵玉涛 （江苏大学）

前　言

本书主要是针对材料成型及控制工程本科专业编写的教材。在全国各级各类院校中，材料成型及控制工程本科专业均设置了“材料成型原理”或其他相近名称的课程。此类课程作为该专业的一门专业基础课，一般包含铸件形成原理、焊接冶金原理、塑性成形原理3部分内容，虽然在教学过程中对课程内容进行了重组，但由于塑性成形原理与另外两部分内容的相容性很小，结构上和内容上相互独立，使教学过程存在困难。所以本书与以前相近的教材有所不同，只包含铸件形成原理和焊接冶金原理两部分内容，把两部分中共有的基本理论、基本规律和基本原理融合在一起，同时保留了各自相互独立的内容，形成了全新的金属成型理论基础课程内容体系。

《金属成型理论基础》是金属学、冶金学、物理化学、热力学等基础理论在凝固成型、焊接成型中的应用而形成的技术理论。其任务是对凝固成型、焊接成型过程中的内在规律、物理本质及分析问题的方法进行阐述，使学生对金属材料液态成型过程的实质有深入的理解，而且能够从理论的高度认识和分析成型过程中产生的一系列实际问题，提出解决的方法，同时为后续的成型加工工艺、设备控制等课程的学习以及为开发新材料和新技术奠定理论基础。

全书共分为10章，相互独立的内容单独成章，如液态金属的结构和性质、焊接材料、焊接接头的组织和性能等内容；而凝固成型和焊接成型中共性的内容则融合在一起，如温度场、凝固热力学和动力学、宏观组织的形成和控制、凝固过程中的缺陷及质量控制等。

本书由河北科技大学刘瑞玲教授、王军教授主编，参加编写的还有河北科技大学的王会霞副教授、梁志敏副教授、贾丽敏博士。刘瑞玲教授编写了绪论、第3～5章；王军教授编写了第7章；王会霞副教授编写了第8～10章；梁志敏副教授编写了第1～2章；贾丽敏博士编写了第6章；全书由刘瑞玲教授统稿。

由于编者水平有限，书中难免存在疏漏之处，恳请读者批评指正。

编　者

2012年7月

目　　录

绪　论

0.1　金属成型的概念及主要方法

1. 金属成型的概念

说到金属成型需从材料说起，材料是可以直接制造成产品的物质，是人类赖以生存和发展的物质基础。根据材料的组成，材料可分为金属材料、无机非金属材料、有机高分子材料和复合材料。就金属材料而言，通过改变和控制金属材料的外部形状和内部组织结构，将材料制造成为人类社会所需要的各种零件和产品的过程称为材料加工。材料加工的方法有很多种，归纳起来可分为成型(成形)加工、切除加工、表面加工、热处理加工等。“金属成型”是针对金属材料的成型加工而言的，是指将液态、固态、半固态、粉末金属加工成为具有一定形状、尺寸和性能的制品的过程。

2. 金属成型的主要方法

金属成型的方法很多，包括液态成型(铸造)、塑性成型(锻造、冲压、轧制等)、焊接成型、粉体成型等，下面主要介绍铸造成型和焊接成型。

铸造是发展最早，也是最基本的金属材料成型方法，是指将金属熔化后，充填铸型，经凝固和冷却成为具有铸型型腔形状的制品的过程。几乎一切金属制品都要经过熔化和成型的铸造过程。铸造的适用范围极广，几乎可以制造任何大小、任何复杂程度、各种金属材料的产品：如牙医铸造的只有几克的金属假牙；重达几百吨的大型水轮机的叶轮、钢锭模、轧钢机机架；无法用其他方法生产的结构复杂的汽车发动机缸体；几乎没有塑性、不宜用任何其他方法制造的灰铸铁零件等。另外，铸造是材料制备和成型一体化技术，不仅可以通过合金成分的选择、液态金属的处理和铸造方法及工艺的优化来改进铸件的性能，还是新材料开发的重要手段，如单晶材料和非晶材料等新材料的研制均离不开铸造方法。

金属的焊接在现代工业中具有极为重要的意义。它是采用适当的手段使两个分离的固体金属物体产生原子间结合的成型方法。现代焊接工艺方法种类繁多，飞机、船舶、钢铁大桥、电站锅炉、石化储罐、输油管线等大型工业产品都离不开焊接，塔形齿轮的制造、汽车的组装、微电子线路的连接也离不开焊接。焊接技术发展的需求还直接推动了工业机器人、激光加工等先进技术的发展。对焊接件性能的要求及对焊缝区组织性能的研究，也直接推动了材料疲劳、断裂等学科的发展。

0.2 金属成型的地位与作用

材料科学与工程是关于材料组成、结构、制备工艺与其性能及使用过程间相互关系的知识开发及应用的科学。因而把组织与成分、制备与加工、材料的性质及使用性能称为材料科学与工程的4个基本要素。其中制备与加工过程内容很丰富，金属成型方法占有很大比例，可见金属成型在材料科学与工程中具有重要的地位和作用。

先进的金属成型技术，既对新材料的研究开发与实际应用具有决定性的作用，也可有效地改进和提高传统材料的使用性能。关于成型新技术的研究和开发，也是目前材料科学技术中最活跃的领域之一。非晶态金属材料与相同成分的晶态材料的性质和结构相差甚远，其主要原因是两者的制备与成型工艺完全不同。

材料是人类生存和社会发展的物质基础，但是所有的材料都要进行成型加工后才能使用。当我们晚上打开易拉罐与家人畅饮的时候，当我们坐上喷气式飞机游览世界的时候，当我们开上小汽车享受生活的方便和舒适的时候，当我们利用网络和远方的朋友进行视频通话的时候，是否会想到金属成型技术的发展给我们带来如此舒适的生活呢？另外，利用成型新技术制造的一些仿真产品给人们带来了方便，提高了生活水平，如带陶瓷涂层的金属牙套给牙病患者带来了方便和美观，钛合金的人工骨为成千上万的肢残者带来了福音。

用定向凝固方法制造的单晶高温合金叶片，使美国的战机可以用3马赫以上的速度巡航，成为美国军事实力傲视全球的重要资本。“神舟”五号载人飞船成功发射和返回，“神舟”九号飞船与天宫一号目标飞行器实现自动交会对接，也都是基于先进的材料成型技术做保证。

材料制备和成型技术的研究、开发与应用反映着一个国家的科学技术与工业化水平，它的进步是国防实力和人民生活水平的重要体现。几乎所有高新技术的发展和进步，都以新材料制备和成型技术的发展与突破为技术支撑。

0.3 本课程的性质和任务

1. 本课程的性质

本课程是材料成型及控制工程专业的一门专业基础课，在课程体系中，是在“物理化学”、“冶金传输原理”等课程的基础上，将“材料科学基础”和后续专业课程顺利衔接的桥梁。它是使学生在学习“材料科学基础”的基础上，进一步掌握金属材料成型过程中材料组成、结构(组织)变化对性能的影响规律及其控制途径的主要课程。一般来讲，此类课程包含铸件形成原理、焊接冶金原理、塑性成形原理三部分内容，但由于塑性成形原理与另外两部分的相容性很小，结构上和内容上相互独立，所以本课程只包含铸件形成原理和焊接冶金原理两部分内容，依据融合共性，保留个性的原则对两部分的框架进行调整，内容进行整合，形成了全新的金属成型理论基础课程内容体系。

2. 课程任务

“金属成型理论基础”是金属学、冶金学、物理化学、热力学等基础理论在金属成型中的应用而形成的技术理论。课程任务是分析凝固成型、焊接成型过程中的组织结构、性能、形状随外在条件的不同而变化的规律，阐述液态金属成型过程中发生的物理化学变化、物质移动等现象的本质。使学习者对金属材料液态成型过程的实质有深入的理解，能够从理论的高度认识和分析成型过程中产生的一系列实际问题，提出解决的途径。总之，本课程是合理选择成型方法与设备、进行材料成分设计、制定成型工艺及控制产品质量的理论依据，也是新材料和新工艺开发的理论指导。

第1章
液态金属的结构与性质

知识要点	掌握程度	相关知识
液态金属的结构	掌握液态金属近程有序特点，液态金属内部的起伏特征，纯金属和实际金属的液态结构； 了解液态金属结构的分析方法	液态和固体金属的热物理性能及衍射结构参数特征
液态金属的性质	掌握液态金属黏度和表面张力的概念和影响因素； 熟悉黏度和表面张力对金属成型过程的影响	牛顿内摩擦定律、表面现象
液态金属的充型能力	掌握流动性和充型能力概念及它们之间的关系，影响充型能力的因素和提高充型能力的措施； 熟悉液态金属停止流动机理；了解充型能力的计算	合金流动性和充型能力的表示方法； 合金成分与结晶特性和停止流动机理的关系

导入案例

由国家自然科学基金委员会工程与材料科学部组织、周尧和院士主持的液态金属结构领域的集团管理项目年度学术交流研讨会于2003年11月26日在上海交通大学举行。集团管理是将若干个同一类的面上资助项目组成一个邦联式的集团，为他们创造一个学术气氛活跃、能够相互启迪、相互促进的环境，以利于出成果的管理形式。本次纳入集团管理的项目分别由山东大学、湖南大学和上海交通大学承担，具体项目是“金属熔体中程有序结构的演化及其遗传性”、“金属凝固过程中纳米团簇结构的形成、演变及控制机理研究”和“大块非晶合金熔体/非晶体/晶化体间微观结构的内在联系”。通过3年的工作，由于三方优势互补、各有所长，取得了丰硕的研究结果。

为什么材料工作者还需要研究液态金属的结构与性质呢？因为，无论对于比较传统的冶炼、铸造工艺，还是对于非晶、准晶、纳米晶等先进材料以及一些功能材料的制备技术，都离不开从液态到固态的过程。材料原始状态，即液态的结构和性质，以及液-固转变过程中的结构变化，直接影响着成型材料的组织结构和性能。由于研究液态金属比研究固态金属困难，而且金属材料的应用状态大多是固态，液态金属应用较少，长期以来液态金属的研究进展缓慢。如果说对于晶体的研究已经进入电子和量子层次，而对于金属熔体只能说仅仅在原子层次的边缘徘徊。近二十多年来，由于新材料(如半导体材料、快冷微晶合金、非晶态金属等)和新技术的迅速发展，特别是液态金属用作载热体后，人们对液态金属结构和性质的兴趣激增。对金属熔液的结构、性质及其对固体的作用也开展了广泛深入的研究，正在形成一个重要的学科方向。

资料来源：自然科学进展，2004，14(3)：324.

在金属材料成型过程中几乎都会经历一次或者多次从液态转变为固态的步骤。例如，铸造是将液态金属(或者半固态金属)浇入铸型后制成所需形状和性能的铸件；而在焊接过程中(尤其是熔化焊)，金属在焊接热源的作用下，经历了固-液-固的快速物态转变过程。在从液态向固态的转变过程中，液态金属的结构和性质与溶质的传输、晶体的长大、气体溶解和析出、非金属夹杂物的形成、金属体积变化等现象都有关系，进而会对产品的最终组织和性能产生重要的影响。

1.1 液态金属的结构

1.1.1 液体与固体、气体的比较

许多工程材料，包括金属和合金、晶体陶瓷、半导体和一些重要的高分子材料，在常温下都是晶体。晶体是自然界物质存在的一种常见状态。纯洁晶体中的质点(原子、离子、分子等)在三维空间有规律的周期性重复排列，在较长的范围内表现出平移性、对称性特征，这就是常说的晶体所具有的“长程有序”特点。此特点使晶体能够承受较大的剪切应力和正应力，在成型过程中表现出较大的变形抗力。

气体可以占据整个空间和容器，其中的原子或分子不停地作无规律运动，其原子或分

子间平均间距比它们的自身的尺寸要大得多。气体内部的这些分子或原子的空间分布以完全无序为特征，但其统计分布对于任何一个分子而言是均匀的。

液态金属一般通过熔化晶态的固体金属获得，在一定的压力和温度下具有固定体积。从表观上看，液体与气体一样可完全占据容器的空间并取得容器内腔的形状。但液体与固体一样具有自由表面，而气体却不具有自由表面；液体可压缩性很低，与固体相像；液体最显著的性质之一是具有流动性，不能够像固体那样承受切应力，表明液体的原子或分子之间的结合力没有固体中强，这一点又类似于气体。

表 1－1 给出了晶态金属熔化时发生的热物理性能变化。从表 1－1 中可以看到，金属的熔化潜热比汽化潜热小得多，如铝的汽化潜热大约是熔化潜热的 28 倍。这说明固态金属完全变成气态比完全熔化所需的能量大得多。就气态金属而言，可以认为原子间结合键几乎全部被破坏，而液态金属内部只有少数原子结合键被破坏，其内部原子的局部分布仍具有一定的规律性。

另外，熵值变化是系统结构紊乱程度的度量。从表 1－1 中一些金属的熵值变化来看，金属由熔点温度的固态变为同温度的液态比其从室温加热至熔点时的熵变要小。这说明在熔化过程中，原子的规则排列紊乱程度变化不大。也可间接说明液态金属的结构应接近固态金属，而与气态金属差别很大。

表 1－1　几种晶态金属熔化时发生的热物理性能变化

金属	熔点 T_m/℃	体积变化 $\frac{\Delta V_m}{V_m}$(%)	熵变/($J\cdot K^{-1}\cdot mol^{-1}$)		熔化潜热 ΔH_m/($kJ\cdot mol^{-1}$)	沸点 T_b/℃	汽化潜热 ΔH_b/($kJ\cdot mol^{-1}$)
			自 298K→ΔS	熔化熵 ΔS_m			
Fe	1535	3.0	15.5	2.0	15.2	3070	339.8
Al	660	6.6	7.5	2.8	10.5	2480	290.9
Zn	420	4.2	5.5	2.6	7.2	907	114.9
Cu	1083	4.2	9.8	2.3	13.0	2575	304.3
Mg	650	4.1	7.5	2.3	8.7	1103	133.8

由于液态金属多处在高温状态，且具有流动性，研究其结构与固态物质相比要困难得多。通过液态和气态、固态物质的比较，只是从侧面获得一些关于液态结构的信息，人们对液态金属结构的研究远远落后于对固体金属的研究，至今虽然已经提出一些液态金属的结构模型，但都存在或多或少的局限性，不能完全解释液态金属的特性。目前，对液态金属的研究方法主要有实验研究和理论研究。实验研究主要是采用 X 射线衍射或者中子衍射来直接获取液态金属的结构信息；而理论研究则多基于第一性原理，在电子、原子尺度上进行计算机模拟，常用方法包括分子动力学法和蒙特卡洛法。下面简要介绍 X 射线衍射分析，其他方法不在此叙述。

1.1.2　液态金属结构的 X 射线衍射分析

利用 X 射线衍射研究液态金属结构，是一种成本较低而精度较高的测量手段。X 射线衍射实验获得的原始数据是不同散射角上得到的衍射强度，经过处理就可以得到液态金属的原子间距和配位数。由于液态金属的高温和流动性增加了 X 射线衍射分析的难度，到目前为止，液态金属结构衍射分析的数据量和成熟程度都不如固态金属。

图1.1为根据原始衍射数据整理的700℃时液态Al中原子分布曲线，表示某个参考原子周围一定距离内原子分布状态。图中横坐标r为至参考原子的距离，在三维空间中相当于一系列以参考原子为中心的球体的半径。$\rho(r)$为半径r的球面上的原子分布密度。图中纵坐标$4\pi r^2\rho dr$表示围绕参考原子的半径为r、厚度为dr的一层球壳内的原子数。

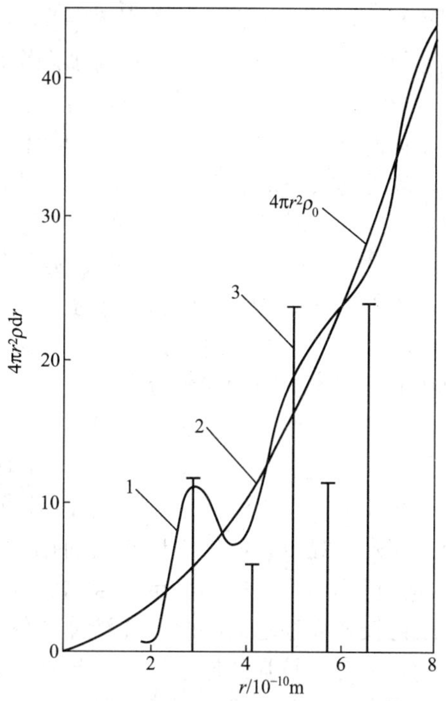

图1.1 700℃时液态Al中原子分布曲线

1—实际液态Al原子分布；2—液态Al平均原子分布；3—固态Al原子分布

从图1.1中可以看到，固态Al中原子位置是固定的，原子在此位置附近做平衡热振动，故衍射结果得到一条条清晰的直线，且每条线都有确定的位置和峰值(原子数)，如图中直线3所示。而液态Al原子分布情况如图1.1中曲线1所示，其衍射结果为一条条带，是连续的，其峰值位置表示在衍射过程中相邻原子间最大概率的原子间距。条带的第一个峰值位置和固态衍射线极为相似，第二个峰值位置也接近固态Al衍射线，之后便趋向于平均密度曲线($4\pi r^2\rho_0$)，说明原子已没有固定位置。液态金属X射线衍射结果表明：液态金属中原子的排列在几个原子间距的范围内，与固态金属排列方式基本一致，而在远离参考原子处就完全不同于固态了。液态金属这种结构被称为“近程有序”、“远程无序”。“近程有序”的结构特点导致液态金属内部排列的规律性仅保持在较小的范围内，这个范围是由十几个到几百个原子组成的集团，原子集团内部结合力强，保持固体的排列特征，而在原子集团与集团之间的结合则受到很大破坏。

1.1.3 液态金属的结构特点

从X射线衍射结果可知液态金属具有“近程有序”的特点，该结果是纯金属的液态结构内部原子分布在时间上和空间上的统计平均状态。实际上，原子并不是静止不动的，而是发生热运动。三维空间中相邻的原子经常相互碰撞、交换能量。在碰撞的时候，有的原子将一部分能量传递给别的原子，而本身的能量降低，结果是每时每刻都有一些原子的能量超过原子的平均能量，有些原子则低于平均能量，这种能量的不均匀性称为“能量起伏”。“能量起伏”是液态金属结构的重要特征之一，为金属结晶提供了能量条件。

液态中原子热运动的能量较大，其能量起伏也较大，每个原子集团内具有较大能量的原子能克服临近原子的束缚，除了在集团内产生强烈的热运动外，还能成簇地加入到别的原子集团中，或组成新的原子集团。原子集团的大小不同，存在时间很短，时聚时散，空位较多，原子集团之间存在“空穴”，或者模糊的边界，也可能这些小集团的边界共享一些原子。也就是说液态金属内部近程有序结构(或原子集团)处于“时聚时散，此起彼伏”的不断变动之中，这种聚散现象导致的原子结构变化就是“结构起伏”或称“相起伏”。“结构起伏”也是液态金属的重要特征之一。液态金属内部原子集团的平均尺寸随温度变化而变化，温度越高，原子团簇平均尺寸越小。在过冷的液态金属中出现某些尺寸较大、较为稳定且原子规则排列方式与固态金属晶格相近的近程有序原子集团，或称为“显微晶体”，有可能成为潜在的结晶核心，这种原子集团称为晶胚。可以看到，“结构起伏”是产生晶核的基础，提供了金属结晶的结构条件。

理想的液态纯金属内部存在“能量起伏”和“结构起伏”，而实际的液态金属内部现象要复杂得多。现实中并不存在理想纯金属，即使非常纯的实际金属中也会存在着大量杂质原子。假设含 Fe99.999999%的纯铁(实际金属很难达到如此高的纯度)，即杂质量为 10^{-8}，每摩尔体积($7.1cm^3$)中总的原子数为 6.023×10^{23}，则每 $1cm^3$ 铁液中所含杂质原子数约相当于 10^{15}数量级。而且由钢铁冶炼过程决定，杂质元素不止一种，是多种元素并存，同时它们在液体中不会很均匀地分布，且以溶质或者与其他原子形成化合物等多种方式存在。

这里仅仅以液态金属内部存在第二组元为例说明情况。当液态金属中存在两种组元 A 和 B 时，若同类原子间(A—A、B—B)的结合力比异类原子间(A—B)结合力大，则 A—A、B—B 原子易聚集在一起，分别形成富 A 及富 B 的原子团簇。如果 A—B 原子间的结合力较强，足以在液体中形成新的化学键，则在热运动的作用下，出现时而化合，时而分解，也可称为临时的不稳定化合物。当 A—B 原子间或同类原子间结合非常强时，则可以形成比较强而稳定的结合，在液体中就出现新的固相或气相。正是由于原子间结合力存在差别，结合力较强的原子容易聚集在一起，把别的原子排挤到别处，表现为游动原子团簇之间存在着成分差异，而且这种局域成分的不均匀性随原子热运动在不时发生着变化。这一现象称为“浓度起伏”，或“成分起伏”。“浓度起伏”的存在，也使实际液态金属的“结构起伏”更为突出和复杂。

在材料成型过程中遇到的实际液态合金的结构比上述现象更加复杂，其主要原因是：①工业应用的金属为多元合金，且含有多种杂质；②在熔炼和熔化过程中，液态金属与外界环境发生物理化学反应，导致吸收气体、并可能产生多种夹杂物。一般来说，当液态金属的过热度不高时，其内部较稳定的化合物不易分解。因此，实际液态金属中包括各种原子集团、游离原子、空穴、夹杂物等，同时存在能量、结构和浓度三种起伏。

综上所述，由单一元素组成的理想纯金属液体是由许多“原子集团”组成的，其中原子呈规则排列，结构与固体相似。集团的大小不同，存在时间很短，时聚时散，空位较多。原子集团之间存在“空穴”，或者模糊的边界，也可能这些小集团的边界共享一些原子。因此，也可以说，接近熔点的液态金属是由和原晶体相似的“显微晶体”和“空穴”组成的。纯金属液体中只有“结构起伏”和“能量起伏”，而不存在“浓度起伏”。实际金属和合金的液体也由大量时聚时散、此起彼伏游动着的原子团簇、空穴所组成，同时还含有各种固态、液态或气态杂质或化合物，而且还表现出能量、结构(或相)及浓度(或成分)三种起伏特征，其结构相当复杂。这里只是在总体上提供了一些定性的传统描述，至于更为科学的定量描述以及各种不同液态金属结构的具体认识，还有待人们不断探索。

1.2 液态金属的性质

液态金属具有多种性质，在此仅阐述对液态金属成型过程影响较大的两个性质，即液态金属的黏性和表面张力，以及它们对成型加工过程的影响。

1.2.1 液态金属的黏度

1. 液态金属黏度的概念

处于静止状态的液体不能抵抗剪切力，在任意微小的剪切力作用下都将发生变形，因此液态金属不能保持一定的形状。当液体在外力作用下变形，发生相对运动的液体内部原子团之间会产生阻抗液体层间相对运动的内摩擦力。这种液体产生内摩擦力抵抗变形的特性称为液体的黏性，或者黏滞性。表征黏性大小的物理量称为黏度，黏度常用表示方法有动力黏度和运动黏度两种。

动力黏度直接来自于牛顿内摩擦定律，如图 1.2 所示。τ 为平行于 x 方向作用于液体表面的外加切应力，υ_x 为液体在 x 方向的运动速度。

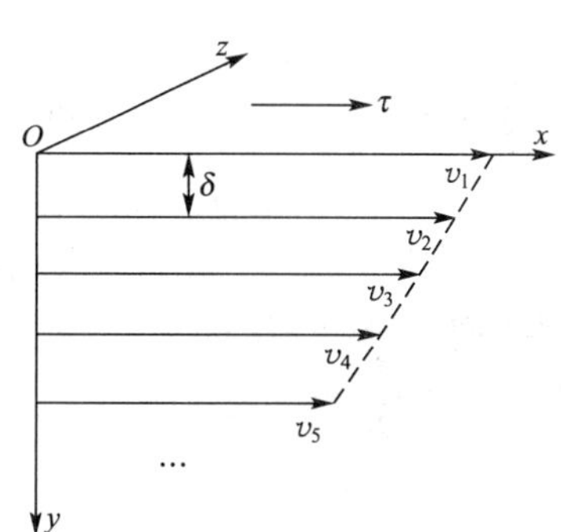

图 1.2 液体表面外力作用下各原子层的流速

动力黏度 η 是液体内摩擦阻力大小的表征，$\mathrm{d}\upsilon_x/\mathrm{d}y$ 表示各层之间的速度梯度，则动力黏度 η 定义为

$$\eta=\frac{\tau}{\mathrm{d}\upsilon_x/\mathrm{d}y} \tag{1-1}$$

式(1-1)被称为液体黏度的牛顿定律，即切应力与液体流动的速度梯度 $\mathrm{d}\upsilon_x/\mathrm{d}y$ 成正比。在应力 τ 一定时，产生的速度梯度 $\mathrm{d}\upsilon_x/\mathrm{d}y$ 大，表明液体黏度 η 低。换言之，要产生相同的 $\mathrm{d}\upsilon_x/\mathrm{d}y$，内摩擦阻力越大，即 η 越大，所需要切应力也越大。液体动力黏度用单位为 Pa·s(帕·秒)或 mPa·s(毫帕·秒)。

根据弗伦克尔关于液态结构的理论，动力黏度可以表示为

$$\eta=\frac{2k_{\mathrm{B}}T}{\delta^3}\tau_0\exp\left(\frac{U}{k_{\mathrm{B}}T}\right) \tag{1-2}$$

式中，τ_0 为原子在平衡位置的振动周期(对液态金属约为 10^{-13} s)；k_{B} 为波尔兹曼常数；T 为热力学温度；U 为原子离位的激活能；δ 为相邻原子平衡位置的平均距离。

由式(1-2)可知，金属液的黏度与激活能 U 按指数关系增加，随原子间距 δ 增大而降低，这二者都与原子间的结合力有关，这可以理解为：液体原子之间结合力越大，则内摩擦力越大，黏度就越高。因此，黏度本质上是原子间的结合力。

运动黏度为动力黏度和密度的比值，即

$$\nu=\eta/\rho \tag{1-3}$$

运动黏度 ν 适用于较大外力作用下的水力学流动，此时由于外力的作用，液体密度对流动的影响可以忽略。在外力作用非常小的情况下，液体金属的动力黏度 η 将起主要作用，如液态金属内部的对流，夹杂的上浮过程，凝固过程中的补缩等均与动力黏度 η 有关。

2. 影响液体黏度的因素

(1) 温度。从式(1-2)中可以看出黏度与温度的关系受两方面(正比的线性及负的指数关系)共同制约。液体的黏度在温度不太高时，式中的指数项比乘数项的影响大，即温度升高，黏度下降。在温度很高时，指数项趋近于 1，乘数项起主要作用，即温度升高，黏度增大，但这是接近气态的情况，而非液态金属的温度范围。在一般液态金属的温度范围

内，黏度随温度升高而下降。

(2) 化学成分。如前所述，黏度反映原子间结合力的强弱，所以不同化学成分对液态金属黏度的影响主要取决于该成分对原子间结合力的改变情况。一般情况下，难熔化合物的液体黏度较高，而熔点低的共晶成分合金的黏度低。凝固后能够形成金属间化合物的熔体，异类原子间结合力强，在冷却至熔点之前就已经出现团聚现象，造成黏度增加。对于共晶成分的合金，凝固过程中形成低熔点共晶物，异类原子不发生结合，而同类原子聚合时，由于异类原子的存在所造成的障碍，使它们聚合缓慢，因此黏度比非共晶成分的低。

(3) 非金属夹杂物。夹杂物的存在会导致熔体流动时的内摩擦力增大，黏度增加，且含夹杂物越多，黏度增加越大。如钢中的硫化锰、氧化铝、氧化硅等的存在使钢液的黏度增加。

3. 黏度对液态金属成型过程的影响

1) 对液态金属流态和流动阻力的影响

在流体力学中，液体的流动形态分为紊流和层流两种。流动形态属于层流还是紊流主要取决于雷诺数值的大小。以圆形管道为例，当直径为 D，流动速度为 v 时，雷诺数值 Re 的表达式为

$$Re=\frac{Dv}{\nu}=\frac{Dv\rho}{\eta} \tag{1-4}$$

当雷诺数 $Re>2300$ 时，为紊流，$Re<2300$ 时，为层流。黏度对流体流动的影响和流动性质有关，它对层流的影响远比对紊流的影响大。设 f 为流动阻力系数，则

$$f_{层}=\frac{32}{Re}=\frac{32\eta}{Dv\rho} \tag{1-5}$$

$$f_{紊}=\frac{0.092}{Re^{0.2}}=\frac{0.092\eta^{0.2}}{(Dv\rho)^{0.2}} \tag{1-6}$$

可知 $f_{层}\propto\eta$；而 $f_{紊}\propto\eta^{0.2}$。流动阻力越大，在管道中输送相同体积的液体所消耗的能量就越大，因此在层流情况下的液体流动要比紊流时消耗的能量大。

在薄壁铸件的浇注过程中，流动管道直径较小，流态一般为层流，此时黏度对获得轮廓清晰的铸件影响较大。为降低液体的黏度，薄壁件浇注时应适当提高过热度或者加入其他降低黏度的化学成分等。一般铸件浇注过程中，起始阶段在浇道和形腔内为紊流，而在浇注后期，由于流速显著下降，会转变为层流形式，所以黏度在铸件充型后期对流动的影响更大。

此外，液态金属内部由于密度差、温度差、压力差等因素引起的自然对流均属于层流性质，黏度对这些金属液内部流动的影响会直接影响到铸件的质量。液态金属的黏度 η 大时，将使凝固过程中的自然对流或人工对流困难，而对流能够冲断正在长大中的枝晶而使晶粒细化。在铸件凝固过程中，由于金属液的体积收缩而容易形成缩孔或缩松，此时依靠冒口中液体静压头进行补缩，液态金属的动力黏度 η 越大，冒口的补缩效果越差，从而增加铸件内部缩孔或缩松的形成倾向。

2) 对金属液净化的影响

在铸造和焊接生产中，金属液中总会存在一些非金属夹杂物和气体，这些杂质可能从外界引入，也可能由内部元素化合产生，或者从金属液中析出而成。在金属完全凝固前需要将这些杂质和气体排除出去，否则残留的夹杂物和气泡就会形成夹杂或气孔，破坏金属的连续性。而夹杂物和气泡的上浮速度与液体的黏度成反比，即

$$\upsilon=\frac{2g}{9}\frac{(\rho_m-\rho_B)r^2}{\eta} \tag{1-7}$$

式中，r 为气泡或夹杂的半径($r\leqslant 0.1$mm)，ρ_m 为液体金属密度，ρ_B 为夹杂或气泡密度，g 为重力加速度。式(1-7)就是流体力学的斯托克斯(Stokes)公式，它说明黏度 η 越大，夹杂或气泡上浮速度越慢。

3) 对成型过程其他方面的影响

金属液的脱硫、脱磷、扩散脱氧等冶金化学反应均是在金属液与熔渣的界面进行的，金属液中的杂质元素及熔渣中反应物要不断地向界面扩散，同时界面上的反应产物也需离开界面向熔渣内扩散，这些扩散过程都受到金属液黏度的影响。另外，在铸造和焊接过程中，为改善组织和提高性能，人们会有意地向金属液中加入一些物质(如孕育剂，变质元素等)，这些物质进入金属液并向内部扩散也受到黏度的影响。金属液的动力黏度越低越有利于扩散的进行。

1.2.2 液态金属的表面张力

在液态金属成型过程中，存在着许多相与相的界面，如液态金属与大气、型壁、气体、夹杂物、固态晶体等界面。这些界面所发生的表面现象对合金的精炼、孕育、铸型的充填、凝固、气体的吸附和析出、夹杂物的形态、铸件的补缩等都有重要的影响。因此，研究液态金属的表面现象对于认识和掌握成型过程中的内在规律和提高产品质量是非常必要的。表征表面现象的主要参数是表面张力。

1. 表面张力的本质及概念

任何两接触相之间都有界面，其中固/气或液/气之间的界面通常被称为表面。出于习惯原因，界面和表面两词有时会混用。由于在相邻两相中间，导致表面层性质有其特殊性，表现出特有的表面现象。

如图1.3所示，以液相和气相的相界面为例来说明。液体内部原子处于同种原子的包围之中，从统计平均来说，所受到周围原子的作用力是对称的，合力为零；而处在表面层的原子却不同，它下方受到液体原子的吸引，上方受气体原子作用。由于气体原子密度远小于液体，所以对界面层的原子来说，受到的气体原子的吸引力要远小于液相内部原子的吸引力。因此，界面层原子受到一个垂直于液体表面指向液体内部的作用力，称为内压力。内压力力图将液体原子拉入内部，使液体表面收缩成最小。由于内压力的存在，如果将内部原子拉到表面是需要克服此作用力做功的，所做的功就转化为新产生的表面所具有的能量，即表面自由能。

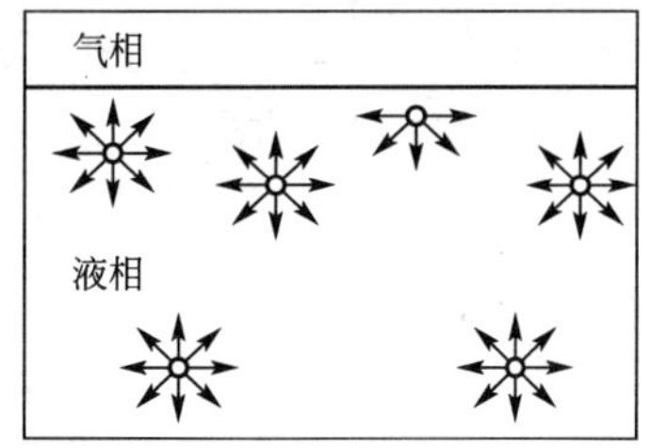

图1.3 界面层原子与液相内部原子受力状态比较

从力的角度来理解同一现象，如果要使液相内部的原子变成新的表面层原子，必须将此处原有的表面原子移走。在一般情况下表面层原子受到的平行于表面的各个方向力的合力为零，对外并不表现，但如果想增大液相表面，则必须施加平行于表面的外力，且只有当此作用力大于表面层原子之间作用力时，液相表面面积才能增加。液体表面存在的这个平行于表面且各向大小相等的力就是表面张力。

实际上，除了液-气界面外，还有固-固、固-液、固-气、液-液两相界面，这些两相界面也都存在界面张力。从物理化学可知，表面自由能(简称表面能)是产生新的单位面积表面时系统自由能的增量。假设在恒温、恒压下表面自由能的增量为ΔG_b，表面自由能为σ，表面面积的增量为ΔS，则有外界对系统所做的功等于表面能的增量，即$\Delta W=\sigma\Delta S=\Delta G_b$。由于$\Delta W$可以表示为力与位移的积，因此$\sigma$也可以表示为单位长度上的力，即表面张力。因此，表面能及表面张力在数值上是相同的，它们是从不同角度描述同一表面现象。通常表面张力的单位N/m，表面能的单位J/m^2。

界面张力的大小与两相间结合力的大小成反比。两相质点间结合力越大，界面能(界面张力)就越小；两相间结合力小，界面张力就大。例如，水银与玻璃间及金属液与SiO_2间，由于两者难以结合，所以两相间的界面张力就大。相反，同一金属(或合金)液固之间，由于两者容易结合，界面张力就小。

2. 弯曲液面的附加压力

静止液体的表面一般是一个平面，但在某些特殊情况下，例如在毛细管中，则是一个弯曲表面。由于表面张力的作用，在弯曲液面的内外，所受到的压力不相等。

如图1.4所示，对在液面上的某一小面积AB来说，沿AB的四周，AB以外的表面对AB面有表面张力的作用，力的方向与周界垂直，而且与周界面处的表面相切。如果液面是水平的(图1.4(a))，则作用于边界上的力f也是水平的，当平衡时，沿周界的表面张力相互抵消，此时液体表面内外的压力相等，而且等于表面上的外压P_0。

如果液面是弯曲的，则沿AB的周界上的表面作用力f不是水平的，其方向如图1.4(b)、图1.4(c)所示。平衡时，作用于边界的力将有一合力，当液面为凸形时，合力指向液体内部，液体所受压力比平液面时大。当液面为凹形时，合力指向液体外部，故液体所受压力比平液面时小。这就是附加压力的来源。从上面的分析可知，附加压力的方向均指向液面的曲率中心。

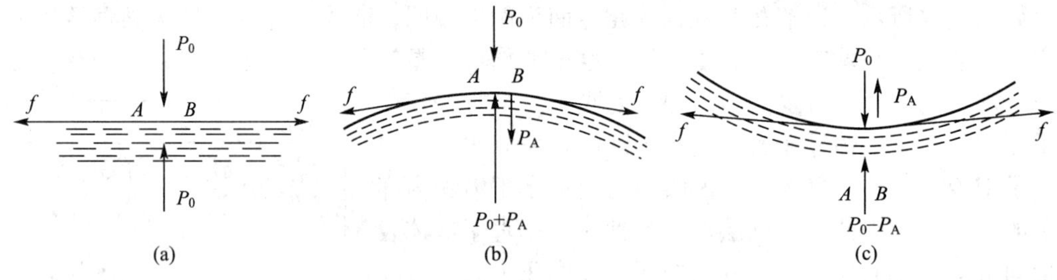

图1.4　弯曲液面附加压力产生示意图

附加压力的大小为多少呢？如图1.5所示，设想在液态内部形成一个球形的气泡，气泡的半径为r，平相界面处所受压力为P_∞(此处等于外界大气压力)，气泡内部所受的压力为P，附加压力$P_A=(P-P_\infty)$。在温度不变条件下，若将球的体积增大dV，则必须克服附加压力P_A做功：$dW=P_A dV$。而这一所做功转变为表面积增大后的表面自由能增量σdA，即有：

$$P_A dV=(P-P_\infty)dV=\sigma dA \tag{1-8}$$

对于球形气泡为

$$V=4\pi r^3/3,\ dV=4\pi r^2 dr$$

$$A=4\pi r^2 \quad dA=8\pi r dr$$

代入可得

$$P_A=2\sigma/r \tag{1-9}$$

对于任意曲面情况，可在曲面上任意选取两个互相垂直的正截面，与该曲面相交于两条弧段，设两弧段的曲率半径分别为 R_1 和 R_2，采用与上述能量守恒方法相似的推导可得

$$P_A=\sigma(1/R_1+1/R_2) \tag{1-10}$$

式(1-10)被称为 Young-Laplace 方程。

3. 润湿现象

如图 1.6 所示，气-固-液三相交点 A 处受到三个界面张力 σ_{GS}，σ_{LS}，σ_{GL} 的作用，各界面上的界面张力都力求使自身的界面面积缩小。气-固之间的界面张力 σ_{GS} 力图使液体展开，向固体表面铺展；液-固间的界面张力 σ_{LS} 则力图阻止液体在表面的铺展；而气-液之间的表面张力 σ_{GL} 则力图缩小液滴和气体之间的接触面积。在力平衡情况下，气-液之间的表面张力 σ_{GL} 与液-固间的界面张力 σ_{LS} 之间的夹角 θ 不变，θ 被称为润湿角。润湿角的大小可以从一定程度上反映表面张力的大小。

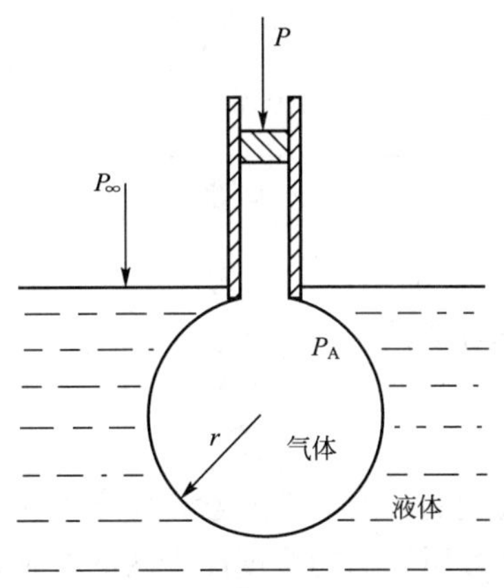

图 1.5　气泡法测定附加压力示意图

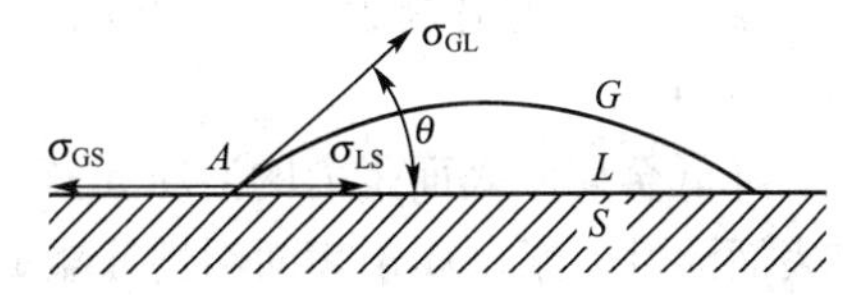

图 1.6　气-固-液三相交点处受力示意图

当图 1.6 中 A 点稳定时，说明它所受各个张力之间达到力平衡状态，这种力平衡关系可以表示为

$$\sigma_{GS}=\sigma_{LS}+\sigma_{GL}\cdot\cos\theta \tag{1-11}$$

或写为

$$\cos\theta=\frac{\sigma_{GS}-\sigma_{LS}}{\sigma_{GL}} \tag{1-12}$$

式(1-12)被称为杨氏方程式。

当 $\sigma_{GS}>\sigma_{LS}$ 时，$\cos\theta$ 为正值，θ 为锐角，这种情况称为液体能润湿固体，当 $\theta=0°$ 时，液体在固体表面铺展成薄膜，称为完全润湿。

当 $\sigma_{GS}<\sigma_{LS}$ 时，$\cos\theta$ 为负值，θ 为钝角，这种情况称为液体不能润湿固体，$\theta=180°$ 时，称为完全不润湿。

4. 影响表面张力的因素

1) 熔点

表面张力是表面层原子受界面两侧原子作用力不同引起的，两侧的原子密度差别越

大，原子结合力差别越大，则表面张力越大。当表面为某金属液相与空气的界面时，则熔点高、沸点高的物质原子间作用力强，表面张力相应就大，见表 1-2。

表 1-2　金属表面张力与熔点、沸点之间的关系

金属	熔点/℃	沸点/℃	表面张力/($\times 10^{-7} N \cdot m^{-1}$)
Fe	1535	3070	1872
Al	660	2480	914
Mg	650	1103	559
Cu	1083	2575	1360
Mn	1244	2062	1090
Zn	420	907	782
Sr	769	1111	303
Ca	839	1484	361
La	918	3464	720
Ce	799	3426	740
Nd	1024	3074	689
Sb	631	1597	367

2）温度

对于多数金属和合金，液态金属表面张力随温度升高而下降。因为原子间距随温度升高而增大，表面质点的受力不对称减弱，因而表面张力降低。少数合金，如铸铁、碳钢、铜及其合金等随温度升高表面张力升高。

3）溶质元素

能够降低金属液表面张力的溶质元素，称为该金属液的表面活性元素，反之称为该金属液的非表面活性元素。属于表面活性元素的溶质在液态金属表面的浓度高于内部浓度，属于正吸附；而非表面活性元素为负吸附，即液态金属表面的溶质元素浓度小于其内部的浓度。

如图 1.7 所示，S、O、Te、Se(及 N)等元素均明显降低铁液的表面张力，Cr 作为合金元素加入铁液也使表面张力大大下降。

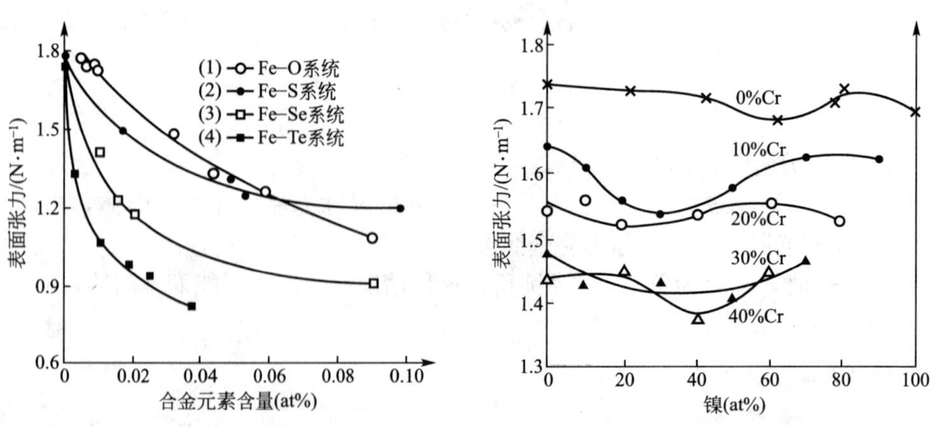

图 1.7　溶质元素对铁液表面张力的影响

根据弗伦克尔关于表面张力的双电层理论，有

$$\sigma=\frac{4\pi(Ze)^2}{R^3} \tag{1-13}$$

式中，R 为原子间距离，Z 为原子的原子价，e 为电荷电量。

从式(1-13)可知，表面张力与原子体积成反比，与原子电子电荷成正比。

当溶质的原子体积大于溶剂原子体积，由于造成原子排布的畸变而使势能增加，所以倾向于被排挤到表面，以降低整个系统的能量。由于这些原子体积较大，表面张力低，因此使整个系统的表面张力降低。

而原子体积很小的元素，在金属中容易进入溶剂的间隙使势能增加，从而也被排挤到金属表面，成为富集在表面的表面活性物质，由于这些元素的自由电子很少，表面张力小，也会使金属的表面张力降低。

5. 表面张力对材料成型的影响

1）对粘砂和充型的影响

在铸造过程中，金属液是否侵入砂型中间隙而形成粘砂，与表面张力引起的润湿现象和附加压力有关系，这个过程实际上就是毛细现象。假设内径很细的玻璃管插入液体当中，按照液体与玻璃管的润湿与否，可分为两种情况：当液体能润湿玻璃管时，管内液面上升，且呈凹面状，如图1.8(a)所示；当液体不能润湿玻璃管时，管内液面下降，且呈凸面状，如图1.8(b)所示。

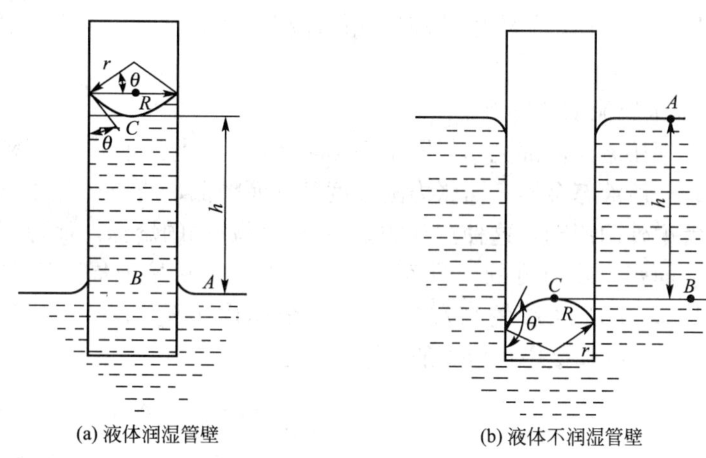

图1.8 液体在玻璃细管中的毛细现象

假设玻璃管是砂粒间的孔隙，图1.8(a)中，A、B 两点压力是相等的，而 C 点与 B 点的压力相差一个附加压力。在砂粒孔隙内，液体界面为球面，设曲率半径为 r，则附加压力由式(1-10)可得，附加压力方向向上，管内液面上升，当上升液柱产生的压力等于附加压力时，液面稳定，则有

$$\frac{2\sigma}{r}=\rho gh \tag{1-14}$$

式中，ρ 为液体密度，h 为管内液柱上升的高度，σ 为液体的表面张力。

设润湿角为 θ，玻璃管的半径为 R，则由图中可知

$$\frac{R}{r}=\cos\theta \tag{1-15}$$

将式(1－15)代入(1－14)得金属液渗入砂粒孔隙的高度为

$$h=\frac{2\sigma\cos\theta}{\rho gR} \tag{1-16}$$

当 h 较大，则使铸件产生机械黏砂。

当金属液不润湿砂粒时，如图 1.8(b)情况所示，经过类似的推导，可得相同结果，此时 h 表示液面下降的高度。此时附加压力阻碍充型。尤其对于薄壁、棱角处，附加压力较大，可能出现浇不足。为了避免浇不足的产生，需要提高金属液静压力(附加压头)来克服附加压力，附加压头的高度则是 h。

2) 对焊接中熔滴过渡的影响

焊丝前端熔化金属形成的熔滴以各种形式向母材方向过渡，最后到达熔池。在这个过程中，表面张力是熔滴受到的重要作用力之一。颗粒状熔滴欲从焊丝(或焊条)端部脱离向熔池中过渡，必须先形成细颈，而后细颈拉断完成熔滴过渡(图 1.9)。表面张力大的熔滴，形成细颈阻力大，致使熔滴颗粒增大，熔滴过渡频率降低，电弧稳定性较差，飞溅较多。

CO_2 气体保护焊接比其他焊接方法飞溅严重，也与表面张力有关。CO_2 气体在电弧高温下易与熔滴中存在的碳元素反应生成 CO 气体，其不溶于液态金属而形成 CO 气泡。由表面张力所产生的附加压力使 CO 气泡内压力升高。当熔滴中生成的 CO 气泡运动到熔滴表面时，将突破熔滴的封锁，气泡中的高压气体体积膨胀造成熔滴飞溅。焊丝的含碳量越高，飞溅倾向越大。

3) 对熔池内部金属流动的影响

通常情况下，焊接熔池内部流动如图 1.10(a)所示。在电弧正下方，熔池表面温度高，周围区域温度低，一般液态金属表面张力随温度升高而降低，所以产生了从熔池中心区向周围的流动，或者说外向流动，这种流动的结果是获得较浅的熔深。而对于含表面活性元素较多的材料，表面张力随温度的上升而增大，从而产生从熔池周边区向中心流动的现象，形成内向流动，中心区域较高温度的液态金属向下流动，增加了熔深。这就是 A－TIG焊接比常规 TIG 焊接增加熔深的理论解释之一。

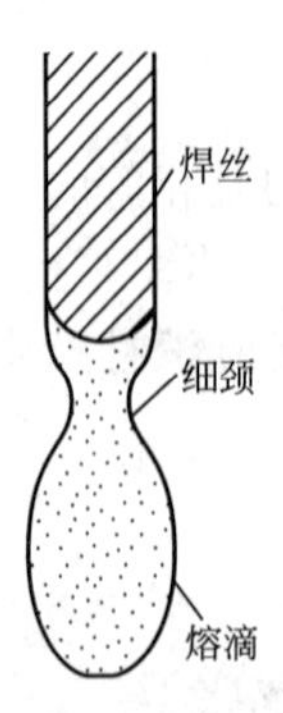

图 1.9　熔滴过渡中细颈的形成

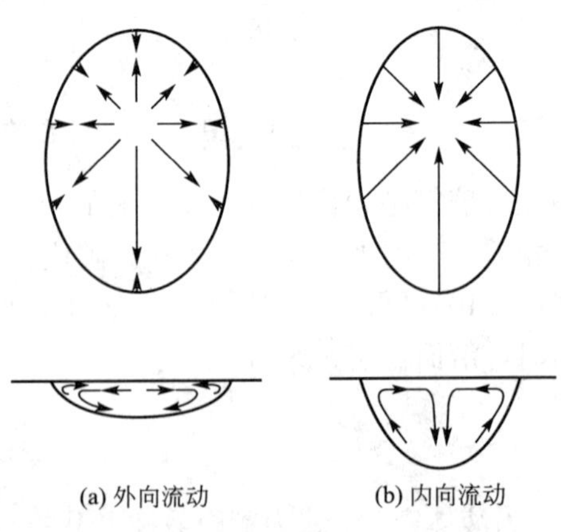

图 1.10　表面张力对熔池内部流动的影响

1.3 液态金属的流动性和充型能力

1.3.1 液态金属的流动性

液态金属本身的流动能力称为“流动性”，由液态金属的成分、温度、杂质含量等决定，而与外界条件无关。金属的流动性好，有利于充型，有利于气体和杂质的排除，有利于凝固过程中溶质元素的扩散和凝固后期的补缩、防裂，对获得优质铸件至关重要。

液态金属的流动性是用浇注“流动性试样”的方法来确定的。将试样的结构和铸型性质固定不变，在相同的浇注条件下，例如，在液相线以上相同的过热度或在同一的浇注温度下，浇注各种合金的流动性试样，以试样的长度或者以试样某处的厚薄程度表示该合金的流动性。最常用的流动性试样种类有螺旋形、水平直棒形、“U”形等。其中螺旋形最常见，如图 1.11 所示。螺旋形流动性试样的优点是：灵敏度高、对比形象、可供金属液

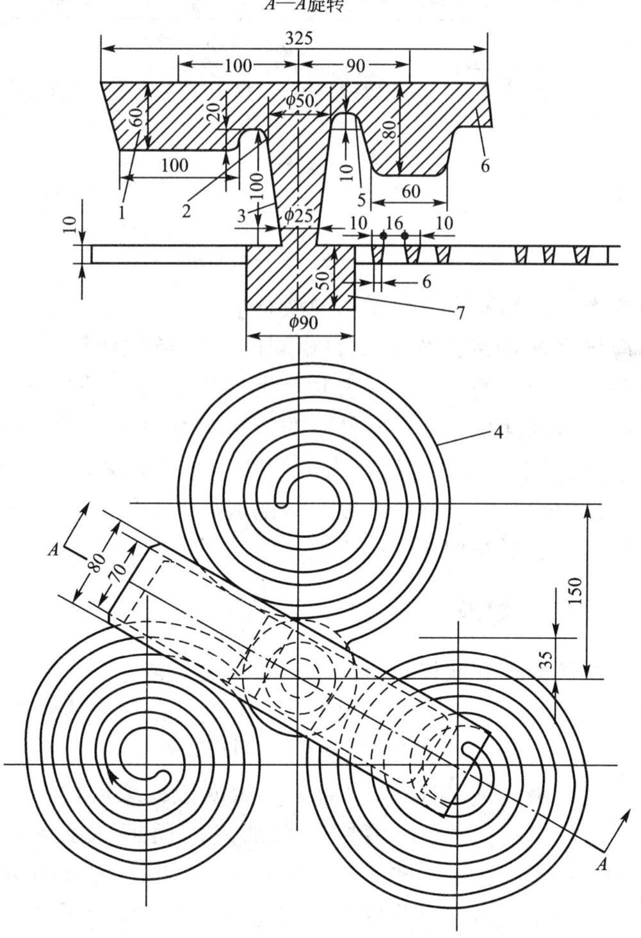

图 1.11 螺旋形流动性试样结构示意图

1—浇口杯；2—低坝；3—直浇道；4—螺旋试样；5—高坝；6—溢流道；7—全压井

流动相当长的距离(如 1.5m)，而铸型的轮廓尺寸并不太大；缺点是：金属流线弯曲，沿途阻力损失较大，流程越长，散热越多，故金属的流动条件和温度条件都在随时改变，这必然影响到所测流动性的准确度。另外，每做一次试验要造一次铸型，各次试验所用铸型条件很难精确控制。

1.3.2 液态金属的充型能力

液态金属充满铸型型腔，获得形状完整、轮廓清晰的铸件的能力，就是液态金属充填铸型的能力，简称为液态金属充型能力。充型能力是设计铸件浇注系统的重要依据之一，也直接关系到铸件质量。如果充型能力不足，可能产生浇不足、冷隔等铸造缺陷。

同一种金属用不同的铸造方法，所能铸造的最小壁厚不同；同样的铸造方法，由于金属不同，所能得到的最小壁厚也不同。流动性好的液态金属充型能力强，可能获得的最小铸件壁厚就越小，见表 1-3。所以，液态金属的充型能力首先取决于金属本身的流动能力，同时又受外界条件，如铸型性质、浇注条件、铸件结构等因素的影响，是各种因素的综合反映。合金流动性一定，可以通过改善外界条件来提高充型能力。

表 1-3　不同金属种类和铸造条件下铸件的最小壁厚

金属种类	铸件最小壁厚/mm				
	砂型	金属型	熔模铸造	壳型	压铸
灰铸铁	3	>4	0.4～0.8	0.8～1.5	—
铸钢	4	8～10	0.5～1.0	2.5	—
铝合金	2	3～4	—	—	0.6～0.8

在工程应用及研究中，不能简单地对不同液态金属在不同的铸造条件下的充型能力进行笼统的比较，而应该在相同的条件下，如相同的铸型条件和浇注条件，浇注流动性试样，以试样的长度表示该合金的流动性，并以所测得的合金流动性表示合金的充型能力。因此可以认为：合金的流动性是在确定条件下的充型能力。对于同一种合金，也可以用流动性试样研究各铸造工艺因素对其充型能力的影响。例如，采用某一种结构的流动性试样，改变型砂的水分、煤粉含量、浇注温度、直浇道高度等因素中的一个因素，通过流动性试验结果判断该变动因素对充型能力的影响。

1.3.3 液态金属停止流动的机理

下面讨论两种不同的液态金属停止流动机理，一类是纯金属、共晶合金及窄结晶温度范围合金的停止流动机理，另一类是宽结晶温度范围合金的停止流动机理，现分述如下。

图 1.12 是纯金属、共晶合金及窄结晶温度范围合金停止流动机理示意图。在金属的过热热量散失尽以前为纯液态流动(图 1.12(a))。金属液继续流动，冷的前端在型壁上形成凝固壳(图 1.12(b))。后面的金属液则在被加热的通道中流动，其冷却强度下降，图 1.12(c)示意了具体情况。当后面的液流通过Ⅰ区终点时，尚有一定的过热度，故可将已凝固的壳重新熔化，即第Ⅱ区。第Ⅲ区是未被完全熔化而保留下来的一部分固相区，在该区的终点，金属液耗尽了过热热量。因此，到第Ⅳ区时，液相和固相具有相同的温度，即结晶温度。在该区的起点处结晶开始较早，断面上结晶完毕也较早，往往在它附近发生

堵塞。

图 1.13 为结晶温度范围较宽的合金停止流动机理示意图。在过热热量散失尽以前，以纯液态流动。温度下降到液相线以下，液流中析出晶体，顺流前进，晶体不断长大(图 1.13(a))。液流前端不断与冷的型壁接触，冷却最快，晶粒数量最多，使金属液的黏度增加，流速下降(图 1.13(b))。当晶粒达到一定数目时，便结成一个连续的网络，液流的压力不能克服此枝晶网络的阻力时，即发生堵塞而停止流动(图 1.13(c))。合金的结晶温度范围越宽，枝晶就越发达，液流前端析出相对较少的固相量，亦即在相对较短的时间内，液态金属便停止流动。试验表明，在液态金属的前端析出 15%～20%的固相量时，流动就停止。

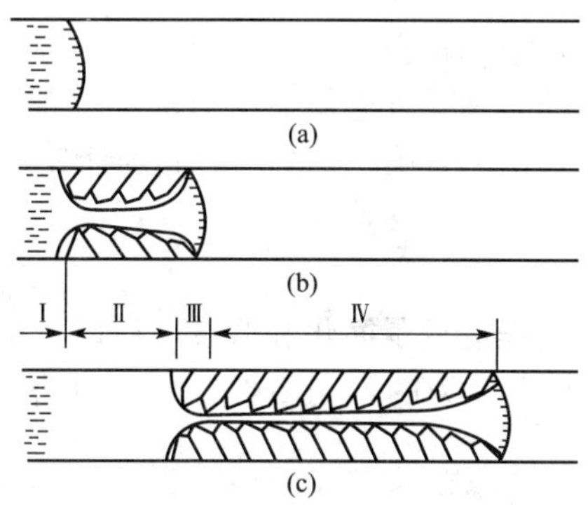

图 1.12 纯金属、共晶合金和窄结晶温度范围合金停止流动过程

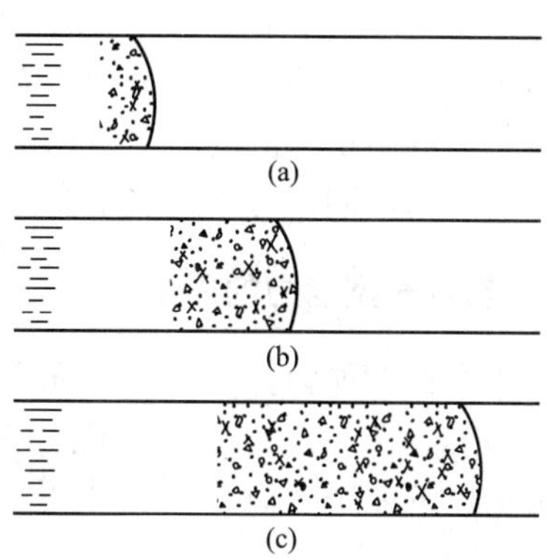

图 1.13 宽结晶温度范围合金停止流动过程

从上面的分析可以看出，对于纯金属、共晶成分的合金，在固定的温度下凝固，已凝固的固相层由表面逐步向中心推进，固相层内表面比较光滑，对液体的流动阻力小，直至截面完全凝固，合金才停止流动。这类合金液流动时间长，所以流动性好。而具有宽结晶温度范围的合金在型腔中流动时，在其他条件不变的情况下，结晶温度范围越大，两相区就越宽，凝固时树枝晶就可能出现的越早，形成的枝晶网络就越发达，就越容易阻塞液态合金流道，导致流动停止，所以流动性相对不好。

1.3.4 充型能力的经验公式

充型过程中，液态金属与铸型之间发生着强烈的热交换，是一个不稳定的复杂传热和流动过程，从理论上对液态金属的充型能力进行计算很困难。许多研究者为简化计算，对过程作了各种假设，不同假设条件下获得的计算公式也不同。下面仅介绍一种计算方法作为参考。

假设以某成分合金浇注一水平棒形试样，合金的充型能力以停止流动时的长度 l 表示，如图 1.14 所示。

在一定的浇注条件下，有

$$l=\mu\sqrt{2gH}\cdot\tau \qquad (1-17)$$

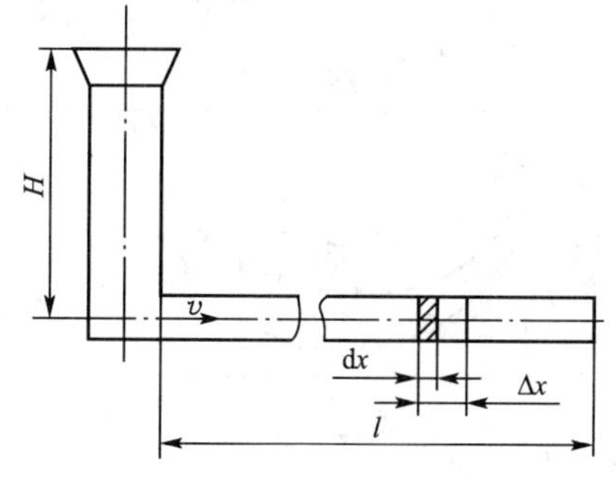

图 1.14 充型过程物理模型

式中，$\mu\sqrt{2gH}$项为静压头 H 作用下液态金属在型腔中的平均流速，μ 为流量消耗系数；τ 为液态金属进入型腔到停止流动的时间。

关于流动时间 τ 的计算，根据液态金属不同的停止流动机理有不同的计算方法。对于宽结晶温度范围的合金，利用热平衡方程，经推导并代入式(1-17)，可得充型能力的经验公式为

$$l=\mu\sqrt{2gH}\frac{F\rho_1}{P\alpha}\frac{k\Delta H+c_1(T_{浇}-T_{k})}{T_{L}-T_{型}} \tag{1-18}$$

式中，F 为试样横截面积；P 为试样横截面周长；ρ_1 为液态金属密度；α 为换热系数；k 为停止流动时液流前端的固相量；ΔH 为合金的结晶潜热；c_1 为液态金属比热容；$T_{浇}$、$T_{型}$、T_{L} 分别为浇注温度、铸型初始温度和液相线温度；T_{K} 为合金停止流动时的温度。

对于纯金属、共晶合金和窄结晶温度区间的液态合金，停止流动是从型壁向中心生长的晶粒相接触而堵塞流动的，所以该类合金停止流动的时间 τ 可近似地认为是从表面凝固到中心的时间，同样可以由热平衡方程推出，具体内容请参看第二章凝固时间的计算。

1.3.5 影响充型能力的因素

由于在充型能力计算公式的推导过程中，对充型过程进行了简化和假设，所以，所得的结果与实际有一定的偏差，但式(1-18)中反映了充型能力的影响因素。通过归纳，可将其分为以下 4 个方面。

1. 金属性质方面的因素

这类因素是内因，决定了流动性的好坏，具体包括化学成分、结晶潜热、比热容、密度、导热系数、黏度和表面张力等。

1) 化学成分

化学成分决定了结晶温度范围，进而决定了结晶特性和停止流动的方式，因此，与流动性之间存在一定的关系。流动性随着结晶温度范围的增大而下降，在结晶温度范围最大处流动性最差。因此，一般而言，在流动性与成分的关系曲线上，对应着纯金属、共晶成分和金属间化合物之处流动性最好。

图 1.15 为在确定过热度的条件下，Fe-C 合金流动性与成分的关系。可以看到，纯铁的流动性好，随含碳量的增加，结晶温度范围扩大，流动性下降。在 $w_C=2.0\%$附近，结晶温度范围最大，流动性最差。在亚共晶铸铁中，越接近共晶成分，合金流动性越好，共晶成分铸铁的流动性最好。这是因为在亚共晶合金成分中，含碳量越低，结晶温度区间越大，初生奥氏体枝晶就越发达，为数不多的枝晶就可以连成网络并足以堵塞液体的流动。而共晶铸铁的结晶组织比较细小，凝固层的表面平整，流动阻力小，而且共晶成分铁液浇注温度低，跟铸型之间温差小，散热慢，流动时间相对较长，所以流动性好。

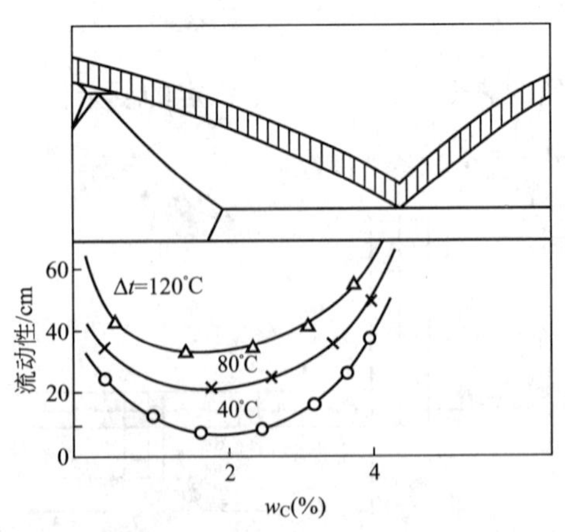

图 1.15 Fe-C 合金成分和流动性的关系

2）结晶潜热

结晶潜热约为液态金属热量的85%～90%，对充型能力的影响与液态合金停止流动的方式，或者说与合金结晶特性有很大关系。

对于纯金属、共晶合金及窄结晶温度范围的合金来说，充型过程中放出的潜热越多，相同的条件下，热量散失时间就长，温度下降缓慢，凝固过程进行得越慢，流通通道堵塞就晚，流动性就越好。

而对于宽结晶温度范围的合金，可能结晶15%～20%时就已经形成枝晶网络而堵塞流道而停止流动，大部分结晶潜热的作用不能体现，所以潜热对流动性影响不大。但应注意一些特殊情况，例如A1－Si合金流动性并不在共晶成分处（$w_{Si}=12.6\%$）最好，而是在含Si量为20%左右时最好，如图1.16所示。因为过共晶成分A1－Si合金的初生相为块状Si，其强度较低而不易形成枝晶网络，同时Si晶体结晶潜热为180.7×10^4J/kg，为α－A1(38.9×10^4J/kg)的4倍以上，在没有枝晶网络堵塞流动通道的前提下，结晶潜热的作用得以发挥。与之相似，由于石墨结晶潜热较高（383×10^4J/kg，是Fe的14倍），析出石墨的铸铁的最佳流动性也在过共晶成分处。

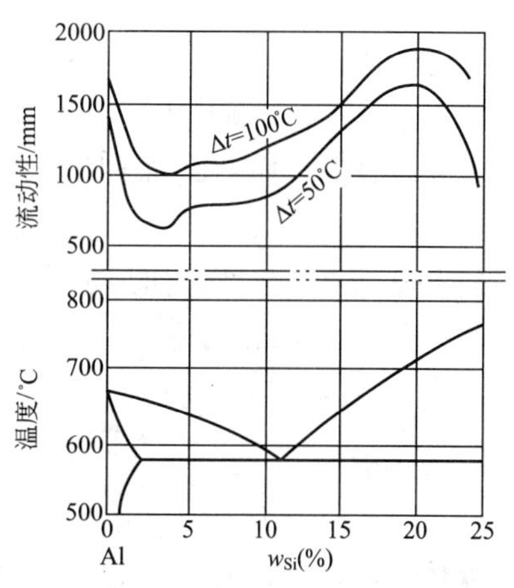

图1.16 不同成分Al－Si合金流动性

3）其他性质

液态合金的比热容、密度越大，热导率越小，热量扩散的越慢，停止流动的时间越长，流动的距离越远，充型能力越好。

黏度在充型过程前期对流动性的影响较小，因为此时液态金属的流动为紊流，黏度产生的阻力小；而在充型过程后期，流动多为层流模式，黏度对流动的阻力大，所以对充型能力的影响较大。液态金属的成分、温度、杂质及气体含量等通过影响黏度而影响充型能力。

合金液的表面张力引起附加应力，对于铸件薄壁、棱角部位的充型有影响。

2. 铸型性质方面的因素

铸型对充型能力的影响主要表现在两个方面：铸型的阻力和对液态金属的冷却能力。前者影响充型速度，后者影响流动时间。通过调整铸型性质来改善充型能力，往往能获得较好的效果。

1）铸型的阻力

铸型的阻力主要与其内表面的状况有关，内表面越光滑，则对金属流动的阻力越小，充型能力越好。使用具有一定发气能力的铸型，在金属液和铸型之间形成一层气膜，可有效减小流动摩擦力，提高充型能力。但应注意，如果发气量过大，型腔中气体反压力过大，可能出现浇不进，或者在浇口杯和冒口处翻腾甚至飞溅，所以应适当控制发气量或者设置通气孔。

2）铸型的冷却能力

铸型的冷却能力由铸型的温度和蓄热系数b_2($b_2=\sqrt{\lambda_2 c_2\rho_2}$)决定。

通过预热铸型可以提高铸型的温度，铸型温度越高，铸型和液态金属的温差越小，散热越慢，金属液保持为液态的时间就越长，充型能力就越好。

铸型的蓄热系数 b_2 表示铸型从液态金属吸取并储存热量的能力。b_2 的参数中，$c_2\rho_2$ 是单位体积的铸型在温度升高 1℃时所吸取的热量。$c_2\rho_2$ 大，表示相同温升时，铸型吸取的热量较多，使金属与铸型之间在较长时间内保持较大温差。铸型的热导率 λ_2 大，热量传导就快。这样铸型内表面从金属液获得的热量就能被迅速地转移到温度较低的“后方”，就相当于铸型可以储存和转移更多的热量。同时由于内表面热量能被迅速传走，该处温升速度也较缓慢，就能够保持与液态金属的温差，继续较快地吸取液态金属的热量。所以铸型的 c_2、ρ_2、λ_2 越大即蓄热系数 b_2 越大，铸型的激冷能力就越强，金属液在铸型中保持液态的时间就越短，充型能力下降。反之，铸型的 b_2 小，则充型能力提高。金属型(铜、铸铁、铸钢等)的蓄热系数 b_2 是砂型的十倍甚至数十倍以上。在金属型铸造中，可以采用不同涂料调整其蓄热系数，如为了使金属型浇口和冒口中的金属液缓慢冷却，常在一般的涂料中加入 b_2 很小的石棉粉。

3. 浇注条件方面的因素

1）浇注温度

浇注温度对液态金属的充型能力有决定性的影响。浇注温度越高，充型能力越好。对于薄壁铸件或流动性差的合金，生产中常采用通过提高浇注温度的措施来提高充型能力。但浇注温度的提高应该适当，过高的浇注温度会导致一次结晶组织粗大、缩孔、缩松、裂纹等缺陷。

2）充型压头

充型压头越大，液态金属的充型能力越好。增加金属液静压头是生产中常用的提高充型能力的措施。但应注意，过高的充型压头会使充型速度过高，导致发生喷射和飞溅，而且型腔中气体来不及排出，反压力增加，反而会造成浇不足或冷隔等缺陷。采用压铸、低压铸造、真空吸铸等其他方式外加压力，也相当于提高了充型压力。

3）浇注系统的结构

浇注系统的结构越复杂，流动阻力越大，在静压力相同的情况下，充型能力就越差。在设计浇注系统时，必须合理布置直浇道、横浇道、内浇道的位置，并选择合适的截面积。否则，即使金属液有较好流动性，也会产生浇不足、冷隔等缺陷。

4. 铸件结构方面的因素

1）折算厚度(模数，当量厚度)

对于相同体积的铸件，在其他条件相同时，与铸型的接触表面积越小，折算厚度越大，散热较缓慢，因而液态金属的充型能力越好；反之，折算厚度越小，则充型能力越差。

当折算厚度相同时，铸型中的水平壁和垂直壁相比，垂直壁容易充型。因此，对薄壁铸件应正确选择浇注位置。

2）铸件复杂程度

铸件结构越复杂、厚薄过渡面多，则型腔结构越复杂，流动阻力越大，液态金属的充型能力越差。

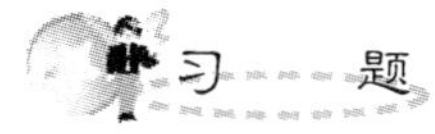

习题

1. 纯金属和实际金属(合金)的液态结构有何不同?

2. 黏性的本质是什么?影响液态金属黏度的因素有哪些?黏度对液态金属成型有何影响?

3. 表面张力产生的原因是什么?液态金属表面张力影响因素有哪些?表面张力和附加压力有何关系?表面张力对液态金属成型和焊接成型有何影响?

4. 根据液态金属的流动性和充型能力的概念阐述二者之间的关系。

5. 影响液态金属充型能力的因素有哪些?如何提高液态金属的充型能力?

6. 某铸造厂生产 Al－Mg 合金机翼:壁厚为 3mm,长度为 1500mm;成分确定;采用粘土砂型。常因“浇不足”而报废,你认为可采取哪些工艺措施来提高成品率?

7. 钢液对铸型不浸润,$\theta=180°$,铸型砂粒间的间隙为 0.1cm,钢液在 1520℃时的表面张力 $\sigma=1.5\text{N/m}$,密度 $\rho_{液}=7000\text{kg/m}^3$。欲使钢液不渗入铸型而产生机械粘砂,所允许的压头 h 值是多少?

8. 根据 Stokes 公式计算钢液中非金属夹杂物 MnO 的上浮速度,已知钢液温度为 1500℃,$\eta=0.0049\text{N}\cdot\text{s/m}^2$,$\rho_{液}=7000\text{kg/m}^3$,$\rho_{MnO}=5400\text{kg/m}^3$,MnO 呈球形,其半径 $r=0.1\text{mm}$。

第2章 液态金属成型过程中的温度场

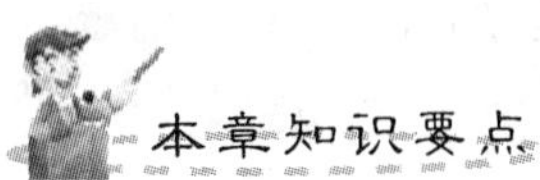

知识要点	掌握程度	相关知识
温度场基本概念与传热学基础	掌握温度场定义和表示方法，温度梯度的概念，傅里叶定律；熟悉对流和辐射及其相关定律；了解导热微分方程	温度场，温度梯度，传热方式及其定律
铸件温度场	掌握研究铸件温度场的方法，典型铸件和铸型温度场特点，影响铸件温度场的因素，温度场实测法和凝固动态曲线的绘制，凝固动态曲线的含义；熟悉半无限大铸件凝固过程中温度场求解过程，界面热阻对温度场的影响	解析法研究温度场，各因素对铸件温度场的影响，凝固动态曲线
铸件凝固方式	掌握凝固方式及其影响因素、凝固方式对铸件质量的影响，熟悉凝固区域及其结构	凝固区域，凝固方式
铸件凝固时间	掌握平方根定律、折算厚度法则及它们的区别；熟悉平方根定律推导过程；了解凝固时间的测定方法	平方根定律，折算厚度法则
焊接热过程和焊接温度场	掌握焊接热过程和焊接温度场的特点，影响焊接温度场的因素	准稳态温度场，点热源、线热源、面热源
温度场的计算机数值模拟	了解温度场的计算机数值模拟思路	一维、二维导热微分方程及应用

导入案例

焊接温度场及其动态热过程是保证焊接质量的基本问题，因为它影响和决定了焊接接头的性能、组织、应力、变形以及是否产生缺陷等。因而实时测定和控制焊接温度场和热过程始终是焊接发展中最基本的课题之一。

由于焊接温度场通常是一个动态温度场，场中各点温度变化率很大，要对它实施实时测量，难度很大。目前国内采用热电偶测量法，其缺点较多，不能满足分析和控制焊接过程的要求。美国和日本分别于1975年和1978年将计算机图像法应用于焊接，我们引进了这项计算机新技术，并在此基础上加以发展，将红外摄像系统和伪着色处理系统与计算机连接，研制成红外摄像计算伪着色热像处理系统，并应用于实时测定焊接温度场，获得较满意的结果。

红外摄像计算机测定并伪着色显示焊接温度场是一项计算机在焊接中应用的新技术，它可以正确、高速、全面、清晰地测定焊接动态温度场，并可经计算机处理，以彩色、等温线或数据等多种形式输出其测定结果，这就为精确分析焊接热过程，进而控制焊接质量提供了测试基础。采用本方法实测不锈钢焊接温度场表明，它既可以清晰地测定各种温度场模式，还可以相当准确地测出各点温度及其热过程，用实测结果校验现有的热过程理论计算，可以明显地看出，现有的理论计算式尚不能较正确地反映实际，有待进一步的修正和完善。

资料来源：陈定华，吴林，徐庆鸿. 微计算机测定焊接温度场的研究 [J]. 哈尔滨工业大学学报，1981(4)：1-12.

金属从液态向固态转变的凝固过程离不开热量的传递。根据热力学第二定律，凡是有温差的地方，就有热量自发地从高温处向低温处转移。这种由于温度差引起的热量转移过程统称为热量传输，简称为传热。传热由温差引起，但反过来传热又可改变温差或者说改变温度的分布。温度场就是在不同时刻物体各部分的温度分布。液态金属成型过程中的温度场直接影响着凝固区域的大小、凝固方式和凝固时间，同时还对形核和长大、结晶组织形态、缩孔、缩松、应力、裂纹、偏析等缺陷的形成都有重要影响。因此，认识液态成型过程中温度场的变化规律，对于合理控制凝固过程、改善组织、防止缺陷、提高性能都具有非常重要的意义。本章将从传热学基础出发，利用数学解析法对铸造和焊接过程的温度场进行研究，分析工艺条件和物理参数对温度场的影响，最后简单介绍温度场的计算机数值模拟方法。

2.1 温度场基本概念与传热学基础

2.1.1 温度场基本概念

在某一瞬间，某一特定空间或者物体内部各点温度的分布情况，称为温度场。一般来说，温度场是时间和空间的函数。在直角坐标系中，温度场可表示为

$$T=f(x, y, z, t) \tag{2-1}$$

式中，T为温度，x、y、z为空间坐标值，t为时间。

从式(2-1)中可以看到，温度场就是各个瞬间物体中各点温度分布的总称。如果物体各点的温度随时间变化，则该温度场称为不稳定温度场；不随时间而变的温度场称为稳定温度场。稳定温度场的表达式为

$$T=f(x, y, z) \tag{2-2}$$

即对于稳定温度场，其温度只是空间的函数。

根据温度场与空间坐标的关系，温度场又有三维、二维和一维之分。若温度场与空间3个坐标 x，y，z 都相关，则称为三维温度场。若温度场仅与两个或者一个空间坐标有关，则分别称为二维或一维温度场。

温度场除了用函数形式表示外，还可用几何图形形式表示，如等温面或等温线等。同一瞬间，将温度场中所有温度相同的点连接所构成的面称为等温面。不同等温面与任一平面相交，则在此平面上构成一簇曲线，称为等温线。由于温度场中，每一点不可能同时具有两个不同的温度，因此代表不同温度的等温面或者等温线不可能相交。

如图2.1所示，采用几何图形形式可以直观地了解物体内的温度分布情况。对于规则的物体容易找到其等温面。如图2.1(a)所示，一个长圆管，且内外壁面温度各自均匀，内表面温度为 T_1，外表面为 T_2，等温面则为同轴圆柱面，如图2.1(a)中虚线所示。对于不规则的物体，它内部的等温面一般需要通过温度的实际测量方能得到。图2.1(b)为某铸件在砂型凝固过程中某时刻的温度场分布情况。

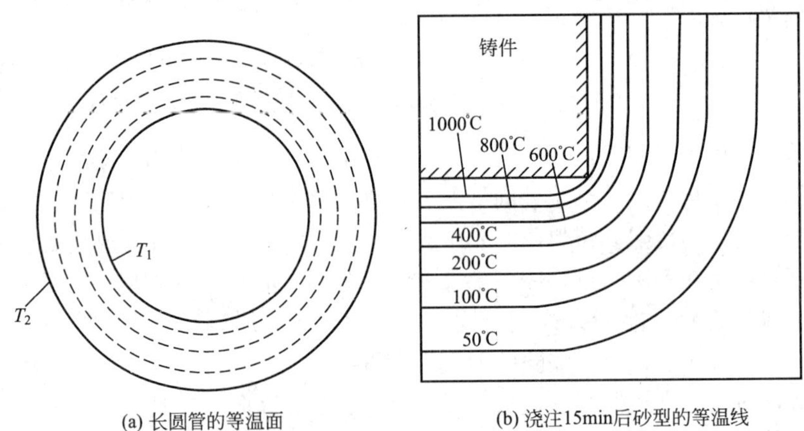

(a) 长圆管的等温面　　(b) 浇注15min后砂型的等温线

图2.1　温度场的几何图形表达

在同一等温面上，各处的温度是相同的，所以没有热量传递。热量的传递只能沿着等温面的法向方向，由高温等温面向低温等温面传递。

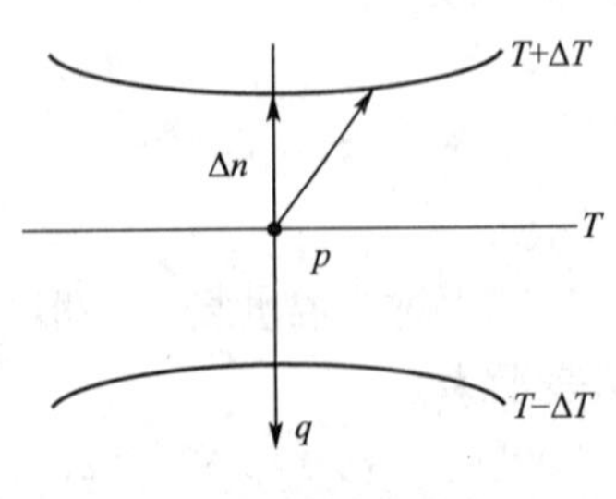

图2.2　温度梯度和热流

图2.2中所示为温度场中3个等温面，它们的温度分别为 $T+\Delta T$、T、$T-\Delta T$。由图可知，自等温面的某点 P 出发，沿不同方向到另一等温面时，单位距离上的温度变化将不相同。由于等温面间温差不变，则在 P 点法线方向上温度变化最显著。通常把温度场中任意点的温度沿等温面法线 n 方向的增加率称为该点的温度梯度，记为 $\mathrm{grad}T$，即

$$\mathrm{grad}T=\lim_{\Delta n\to 0}\frac{\Delta T}{\Delta n}=\frac{\partial T}{\partial n} \tag{2-3}$$

因为 n 是矢量，所以温度梯度是表示温度变化强度的一个矢量，通常把温度增加的方向作为温度梯度矢量的正方向，如图 2.2 所示。这样，由于热流朝着温度降低的方向，所以热流 q 的方向与温度梯度的方向相反。

在用等温面(线)表示的温度场中，等温面(线)密集处温度梯度大，等温线(面)稀疏处温度梯度小。

目前温度场的研究方法主要有数学解析法、数值模拟法和实测法。数学解析法是利用传热学的理论，建立各物理量之间的方程式，然后进行数学模型求解的方法。对于简单的一维传热情况，用解析法可以求解，但对于二维或三维的复杂传热情况，解析法很难求解。而计算机数值模拟法是用数值解法代替解析解法，在解决复杂温度场问题时具有优势。对于解析法和数值模拟法，都需要先建立导热微分方程。实测法是采用热电偶等检测和记录装置测量某些点的实际温度变化。

2.1.2 热量传输的基本方式和基本定律

在热量传输过程中，单位时间内通过某一给定面积 F 所传输的热量称为热流量，用 Q 表示，单位为 W。单位时间内通过单位面积的热量称为热流密度，或称热通量，用 q 表示，单位为 W/m^2。因此，热流量和热流密度的关系为

$$Q=qF \tag{2-4}$$

根据传热学原理，液态金属凝固过程中热量传递的基本方式有热传导、热对流和热辐射 3 种，下面作简单介绍。

1. 热传导

热传导又称导热，它是指物体内不同温度的各部分之间或不同温度的物体相接触时发生的热量传输现象。从微观角度看，热传导是依靠物体中分子、原子或自由电子等微观粒子的热运动而进行的能量转移过程。因此，热传导的一个显著特点就是导热物体各部分之间不发生相对位移。把铁棒的一端插入炉内加热，另一端也将逐渐变热，就是简单的热传导例子。

反映热传导规律的基本定律为傅里叶定律，即单位时间内通过单位面积的热流密度与温度梯度成正比。

$$q=-\lambda \mathrm{grad}T=-\lambda\frac{\partial T}{\partial n} \tag{2-5}$$

式中，比例系数 λ 称为导热系数，或热导率，单位是 W/(m·℃)；负号表示导热的方向与温度梯度相反，即沿着温度降低的方向。

不稳定温度场中的热量传输过程称为不稳定传热，如果这时候热量传输以导热方式进行，称为不稳定导热。例如钢锭和铸件的凝固、钢材的加热和冷却过程的温度场属于不稳定温度场，它们的导热过程属于不稳定导热。反之稳定温度场中的导热过程称为稳定导热。高炉和连续加热炉在正常工作时，炉内温度工况和炉墙内的温度分布可近似视为稳定温度场，此时通过炉壁的导热可近似看作稳定导热。

2. 对流

对流是指流体各部分之间发生相对位移，冷热流体相互掺混所引起的热量传递方式。在实际工程中，更重要的不是流体内部进行的这种纯粹对流现象，而是流体流过一热表面时，热量首先通过导热的方式从壁面传给附近的流体，然后，由于流体流动把受热流体带

到低温区并与其他流体相混合，从而把热量传给低温流体部分，此种热量传递方式称为对流换热。由此可见，对流换热的完成一方面是依靠流体分子热运动产生的导热作用，另一方面是由于流体流动产生的对流作用。

对流换热的基本计算式是牛顿冷却公式，即

$$q_h = h_c(T_w - T_f) \tag{2-6}$$

式中，T_w和T_f分别为壁面温度和流体温度，h_c为对流换热系数，简称换热系数，单位为W/(m^2·℃)。

3. 热辐射

物体由于本身温度引起的发射辐射能的过程称为热辐射。热辐射依靠电磁波传递热量。一切自身温度高于0 K的物体，都会发射出辐射能，物体的温度越高，热辐射的能量越多。在单位时间内，物体单位表面所辐射出的热量称为辐射力，通常用E表示。对于理想的辐射体(黑体)，它的辐射力E_b可根据斯忒藩-波尔兹曼定律计算：

$$E_b = \sigma_b T^4 \tag{2-7}$$

式中，E_b为黑体的辐射力，单位W/m^2；T为黑体表面的绝对温度，单位K；σ_b为斯忒藩-波尔兹曼常数，或称黑体的辐射常数，值为5.67×10^{-8}W/(m^2·K^4)。

实际物体的辐射力E小于同温度下黑体的辐射力E_b，并可表示为

$$E = \varepsilon\sigma_b T^4 \tag{2-8}$$

式中，ε称为物体的黑度，或称辐射率，它的值处于0～1。

物体一方面在不停地向外发射辐射能，同时也不断地吸收其他物体投射来的辐射能。由于温度高的物体辐射能量大，物体间相互辐射和吸收的结果就是热量由高温物体向低温物体的传递，这种热量传输过程称为辐射换热。一定时间后双方的温度相同，它们之间的辐射换热量等于零，但它们辐射和吸收的过程仍不断进行。

物体表面的辐射换热与物体表面的温度、表面状况以及物体表面之间的几何因素等都有关，情况比较复杂。对于同时存在对流换热和辐射换热的情况，工程上为计算方便，常把辐射换热的计算公式用类似对流换热的公式表示，即

$$q_R = h_R \Delta T \tag{2-9}$$

式中，下标R表示辐射换热，h_R为辐射换热系数，ΔT为辐射换热物体间的温差。这样，对同时存在辐射换热和对流换热的情况，总的热流密度可方便地表示为

$$q_\Sigma = h_R\Delta T + h_c\Delta T = h_\Sigma \Delta T \tag{2-10}$$

式中，h_Σ表示总的换热系数。

以上3种传热方式在液态金属成型过程中都会发生，但不同的情况下各种传热方式主次地位不同。在铸造生产的充型过程中，液态金属内部热量的传递以对流为主，在随后的凝固和冷却过程中则以热传导为主。由于充型时的热交换过程复杂且相对于凝固过程时间短暂，因此凝固温度场的研究一般从液态金属充满型腔后开始，并假设液态金属的起始温度为浇注温度，铸型起始温度为环境温度或铸型预热温度。焊接过程中，除了电阻焊、摩擦焊等以外，由热源向焊件的热传递以辐射和对流换热为主，而焊件和液态熔滴获得热量后，热量的传递以热传导为主。

2.1.3 导热微分方程

在分析热量传输问题时，都要求确定物体的温度场，这就需要建立一个描述物体内各

点温度与空间和时间内在联系的微分方程，即热量传输微分方程。在液态金属成型过程中，热传导是主要的热量传递方式，这里给出导热微分方程式的一般形式为

$$\frac{\partial T}{\partial t}=\frac{\lambda}{c\rho}\left(\frac{\partial^2 T}{\partial x^2}+\frac{\partial^2 T}{\partial y^2}+\frac{\partial^2 T}{\partial z^2}\right)+\frac{q}{c\rho} \tag{2-11}$$

式中，T 为温度，t 为时间，x、y、z 为空间坐标，λ 为热导率，c 为比热容，ρ 为密度，q 为单位体积物体单位时间内释放的热量。

式(2-11)中认为各个方向上 λ 相等，且为常数。该式对非稳态、稳态、有无热源的问题都适用。导热微分方程是求解一切导热问题的出发点，稳态问题和无内热源问题都是上述微分方程的特解。例如无内热源($q=0$)，式(2-11)可写为

$$\frac{\partial T}{\partial t}=\frac{\lambda}{c\rho}\left(\frac{\partial^2 T}{\partial x^2}+\frac{\partial^2 T}{\partial y^2}+\frac{\partial^2 T}{\partial z^2}\right)=a\nabla^2 T \tag{2-12}$$

式中，$a=\frac{\lambda}{c\rho}$，被称为热扩散率(又称导温系数)，单位 m^2/s；∇^2 为拉普拉斯运算符号。

从热扩散率 a 的定义可以看到，其分子即导热系数 λ 越大，或其分母 $c\rho$ 越小，则热扩散率越大，表征物体内部温度趋于一致的能力越大。

对于一维导热和二维导热，式(2-12)可以分别简化为

$$\frac{\partial T}{\partial t}=a\frac{\partial^2 T}{\partial x^2} \tag{2-13}$$

和

$$\frac{\partial T}{\partial t}=a\left(\frac{\partial^2 T}{\partial x^2}+\frac{\partial^2 T}{\partial y^2}\right) \tag{2-14}$$

导热微分方程是传热学理论中最基本的公式，适合于铸造、焊接过程的所有热传导问题的数学描述。但对具体温度场进行求解时，还需给出定解条件，包括导热体的初始条件与边界条件。

所谓初始条件，是指物体开始导热时($t=0$ 时)的瞬时温度分布。

所谓边界条件，是指导热体表面与周围介质间的热交换情况。

常见的边界条件有以下3类。

(1) 第一类边界条件：给定物体表面温度 T_W 随时间 t 的变化关系，表达式为

$$T_w=f(t) \tag{2-15}$$

(2) 第二类边界条件：给出通过物体表面的热流密度随时间 t 的变化关系，表达式为

$$-\lambda\frac{\partial T}{\partial n}=f(t) \tag{2-16}$$

(3) 第三类边界条件：给出物体周围介质温度 T_f 以及物体表面与周围介质的换热系数 h，表达式为

$$-\lambda\frac{\partial T}{\partial n}=h(T_W-T_f) \tag{2-17}$$

上述三类边界条件中，以第三类边界条件最为常见。

2.2 铸件温度场

液态金属浇入铸型后，与铸型进行强烈的热交换，液态金属的温度逐渐下降，铸型的温度则升高，当液态金属的温度降到液相线以下时，就开始凝固，整个铸件温度降到固相

线以下时，凝固结束，但铸件和铸型则继续冷却。在整个过程中，铸件和铸型的温度场是随时间变化的。

掌握铸件温度场随时间的变化，可以预测铸件断面上凝固区域的大小和变化情况、计算凝固的速度、判断缩孔和缩松出现的位置等，为铸造工艺设计提供依据。因此，温度场的研究对消除缺陷、改善铸件组织和性能很重要。

从传热方式看，铸件凝固过程中热量的传递以热传导、对流换热及辐射 3 种方式综合进行，如图 2.3 所示。其中在铸件和铸型内部热量的传递以热传导为主，在铸件和铸型的交界处以对流换热为主。如果忽略充型结束后液态金属内部的对流现象，铸件的凝固过程可看做是一个不稳定导热过程，可用导热微分方程式(2－11)或式(2－12)描述。对多数实际铸造过程，铸件形状一般为复杂二维或三维形式，边界条件和初始条件都难以精确确定，所以难以直接采用导热微分方程求解。利用导热微分方程只能求解一些简单形状铸件凝固传热的特殊问题，如半无限大平板铸件、长圆柱体、球体等，并且需要对数学模型进行一定的简化处理。下面以半无限大的铸件为例，运用导热微分方程式求解铸件和铸型中的温度场。

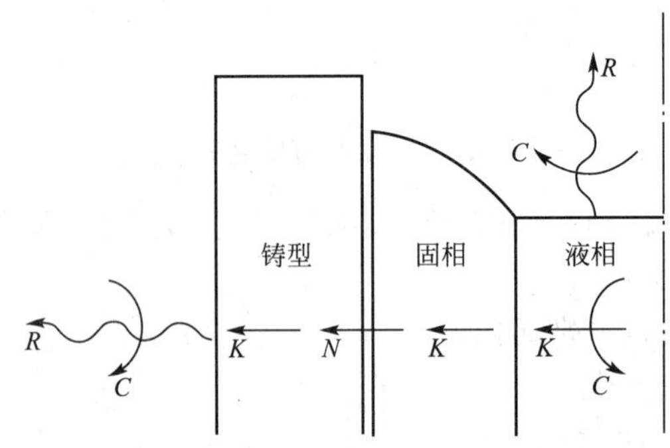

图 2.3　纯金属在铸型中的主要传热方式

K—热传导；C—对流；R—热辐射；N—对流换热

2.2.1　半无限大铸件凝固过程的一维不稳定温度场

如图 2.4 所示，半无限大铸件在半无限大的铸型中凝固，热量从铸件经与铸型的接触界面向铸型中传输，该过程可以近似地认为是沿着界面法线方向的一维热传导。

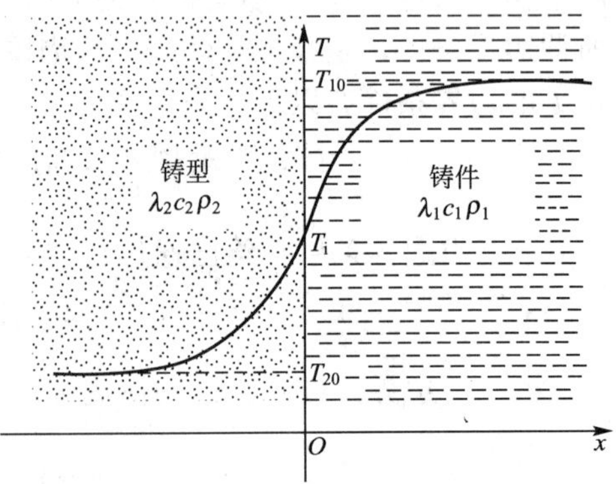

图 2.4　半无限大平板铸件及其铸型温度分布

为简化问题和求解，进行以下假设。

(1) 不考虑凝固过程潜热的释放。

(2) 铸件和铸型材质均匀，为各向同性，且铸件的热物理参数 λ_1、c_1、ρ_1 与铸型的热物理参数 λ_2、c_2、ρ_2 不随温度变化。

(3) 铸件和铸型紧密接触，不考虑界面热阻，即铸件和铸型在界面处等温，温度为 T_i。

(4) 液态金属充满铸型后立即停止流动，且各处温度均匀，即铸件的初始温度为浇注温度 T_{10}。

(5) 铸型的初始温度 T_{20} 为环境温度或铸型预热温度。

将坐标原点设在铸件和铸型的接触面上，以界面的法线方向为 x 轴，纵坐标为温度 T，建立如图 2.4 所示的坐标系。式(2－13)可以描述此凝固过程中铸件与铸型中的温度场

变化，其通解为

$$T=C+Derf\left(\frac{x}{2\sqrt{at}}\right) \tag{2-18}$$

式中，C、D 为不定积分常数；a 为热扩散率；$erf(x)$为高斯误差函数，其计算式为

$$erf\left(\frac{x}{2\sqrt{at}}\right)=\frac{2}{\sqrt{\pi}}\int_0^{\frac{x}{2\sqrt{at}}}\mathrm{e}^{-\beta^2}\mathrm{d}\beta \tag{2-19}$$

显然有：$erf(0)=0$；$erf(+\infty)=1$；$erf(-\infty)=-1$；$erf(-x)=-erf(x)$。

对于铸件一侧：

其边界条件为：$x=0(t>0)$时，$T_1=T_i$；

初始条件为：$t=0$ 时，$T_1=T_{10}$。

分别代入式(2－18)后可求得 $C=T_i$；$D=T_{10}-T_i$。将 C、D 值代入式(2－18)得到铸件一侧温度场的计算式为

$$T_1=T_i+(T_{10}-T_i)erf\left(\frac{x}{2\sqrt{a_1t}}\right) \tag{2-20}$$

式中，a_1 为铸件的热扩散系数。

对于铸型一侧：

其边界条件：$x=0(t>0)$时，$T_2=T_i$；

初始条件：$t=0$ 时，$T_2=T_{20}$。

分别代入式(2－18)后可求得 $C=T_i$，$D=T_i-T_{20}$，得到铸型一侧温度场的计算式为

$$T_2=T_i+(T_i-T_{20})erf\left(\frac{x}{2\sqrt{a_2t}}\right) \tag{2-21}$$

式中，a_2 为铸型的热扩散系数。

对于公式中的铸件和铸型界面处温度 T_i，可通过热流的连续性条件求出。根据傅里叶导热定律可得

$$\lambda_1\left[\frac{\partial T_1}{\partial x}\right]_{x=0^+}=\lambda_2\left[\frac{\partial T_2}{\partial x}\right]_{x=0^-} \tag{2-22}$$

代入 T_1 和 T_2 的表达式(2－20)和式(2－21)，得

$$\left[\frac{\partial T_1}{\partial x}\right]_{x=0^+}=\frac{T_{10}-T_i}{\sqrt{\pi a_1 t}}$$

$$\left[\frac{\partial T_2}{\partial x}\right]_{x=0^-}=\frac{T_i-T_{20}}{\sqrt{\pi a_2 t}} \tag{2-23}$$

将式(2－23)代入式(2－22)，整理计算得

$$T_i=\frac{b_1T_{10}+b_2T_{20}}{b_1+b_2} \tag{2-24}$$

式中，$b_1=\sqrt{\lambda_1c_1\rho_1}$为铸件的蓄热系数；$b_2=\sqrt{\lambda_2c_2\rho_2}$为铸型的蓄热系数。

将式(2－24)分别代入式(2－20)、式(2－21)，可得在 t 时刻，铸件与铸型的温度分布为

$$T_1=\frac{b_1T_{10}+b_2T_{20}}{b_1+b_2}+\frac{b_2T_{10}-b_2T_{20}}{b_1+b_2}erf\left(\frac{x}{2\sqrt{a_1t}}\right) \tag{2-25}$$

$$T_2=\frac{b_1T_{10}+b_2T_{20}}{b_1+b_2}+\frac{b_1T_{10}-b_1T_{20}}{b_1+b_2}erf\left(\frac{x}{2\sqrt{a_2t}}\right) \tag{2-26}$$

式(2-25)和式(2-26)中，除了时间t和位置x外，其他都是已知的参数。表2-1给出了铸铁、金属型和砂型相关参数的参考数值。利用这些物理参数和初始温度条件，就可以计算不同的时刻t，距离界面x处的温度值。图2.5所示为浇注温度为1370℃，铸型的初始温度为20℃，半无限大平板铸铁件分别在砂型和金属型铸型中浇注后在$t=0.01$h、0.05h、0.5h时刻的温度分布曲线。由图可见，由于金属型具有良好的导热性能，因此铸件的凝固、冷却速度较快，而砂型铸型的导热性能较差，在界面两侧形成了截然不同的温度分布形态。

表2-1　铸铁、砂型和金属型的热物理参数

材料 \ 热物性值	导热系数 $\lambda/[W\cdot(m\cdot K)^{-1}]$	比热容 $c/[J\cdot(kg\cdot K)^{-1}]$	密度 $\rho/(kg\cdot m^{-3})$	热扩散率 $a/(m^2\cdot s^{-1})$
铸铁	46.5	753.6	7000	8.8×10^{-6}
砂型	0.314	963.0	1350	2.4×10^{-7}
金属型	61.64	544.3	7100	1.58×10^{-5}

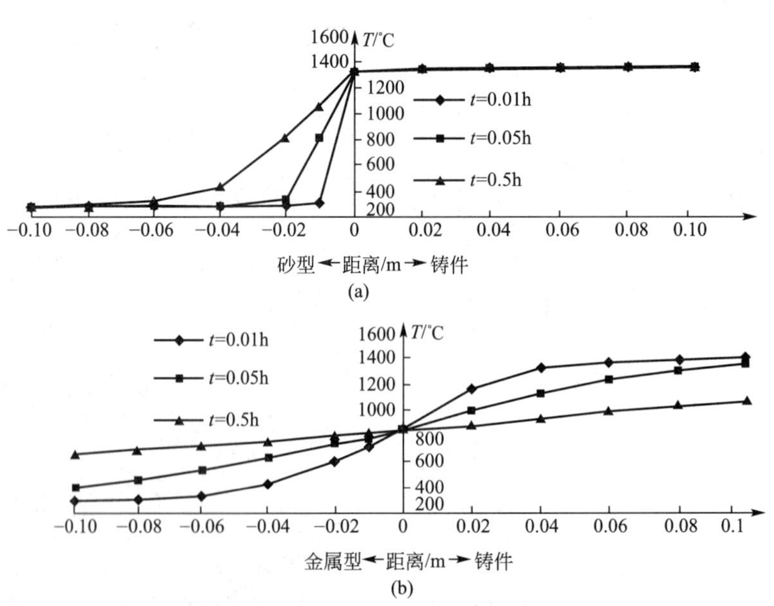

图2.5　半无限大铸铁件凝固过程温度分布曲线

2.2.2　几种铸件和铸型温度场特点

式(2-25)和式(2-26)给出了半无限大铸件在半无限大铸型中凝固时铸件和铸型温度分布随时间变化的函数关系，但其假设条件和简化处理使得该计算结果与实际温度场分布偏差较大。如凝固过程中热物理参数往往随温度变化；热量的传递方式除了热传导以外，还有对流和辐射。

在实际铸件凝固过程中，热量要经过液态金属、已凝固的固态金属、铸件-铸型的界面和铸型本身等多重热阻才能到达周围环境。每一层热阻上都有一定的温度降，但具体的工艺条件不同，对应的不同热阻上的温度降低的程度也不同。根据不同热阻在整个凝固系统中所占的比例不同，以下分 3 种情况来讨论凝固过程中的铸件和铸型的温度场分布特点。

1. 铸型热阻起决定作用

砂型、石膏型、陶瓷型和熔模铸造等铸型材料的热导率远小于金属的热导率，可统称为绝热铸型。图 2.6 给出了浇注温度正好是熔点时，纯金属铸件在绝热铸型中的温度场示意图。这种情况下，在热量的传递通道上，金属与铸型相比为极好的导热体，铸型的热阻占总热阻的比例较大。结果在温度场分布上，铸件断面的温度分布是均匀的，断面温差很小；而铸型内表面温度接近铸件的温度，而外表面仍处于较低的温度，大部分的温度降发生在铸型部分。如果铸型足够厚，铸型的外表面温度可仍然保持为 T_{20}。因此，绝热铸型本身的热物理性能是整个系统传热过程的主要因素。

2. 界面热阻起决定作用

铸件与铸型的界面大多程度不同地存在界面热阻。界面热阻可能由铸型型腔内表面的涂料引起，尤其是当涂料导热性能较差或涂层较厚时；也可能是铸件与铸型的凹凸不平的局部接触或随铸件冷却收缩与铸型受热膨胀，界面处产生的间隙引起。如较薄的铸件在工作表面涂有涂料的金属型中铸造时，界面的接触状况对热阻大小有着重要影响。当铸型-铸件界面热阻占绝对优势时，凝固系统的温度分布情况如图 2.7 所示。这里假设铸型的蓄热能力无限，始终保持其原始温度 T_{20}，此时铸件和铸型内部的温度降都可忽略不计，温度降主要在界面上。

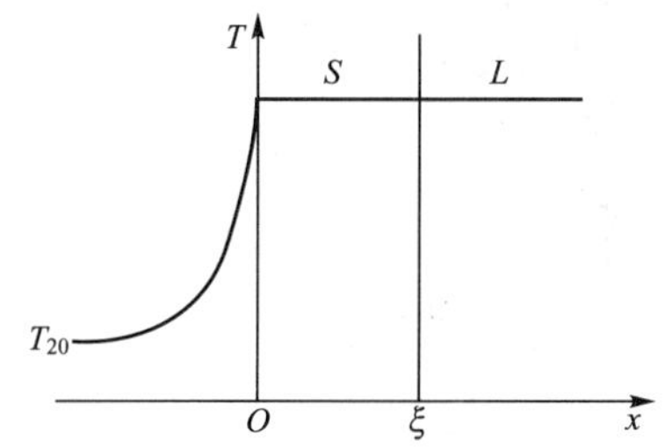

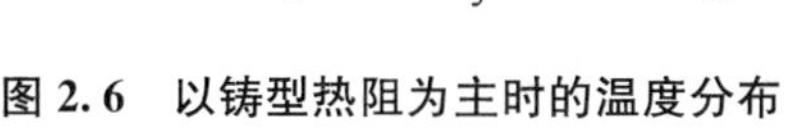

图 2.6　以铸型热阻为主时的温度分布

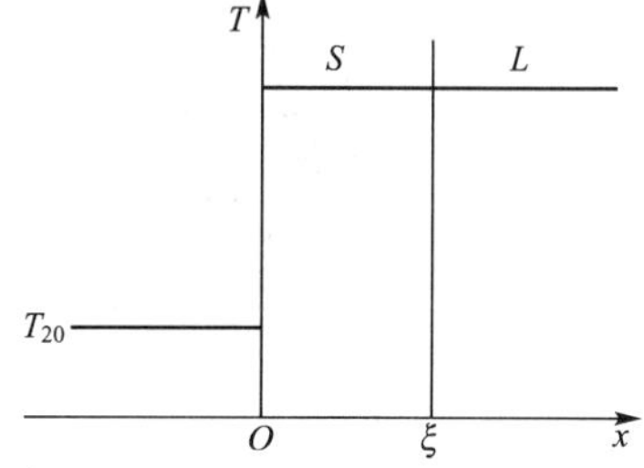

图 2.7　铸型-铸件界面热阻为主的温度分布

3. 铸件热阻相对较大

在铸型导热性能较好，界面热阻相对较小的情况下，铸件部分的热阻相对较大，此时，根据铸型的冷却条件不同，可分为两种情况，如图 2.8 所示。一种情况是采用厚壁金属型，且涂料很薄时，铸型和凝固金属的热阻都不能忽略，此时，铸件和铸型中都有明显的温度降(图 2.8(a))；另一种情况是采用水冷金属铸型，此时铸型热阻可忽略不计，且温度为 T_{20}，温度降主要在铸件部分(图 2.8(b))。

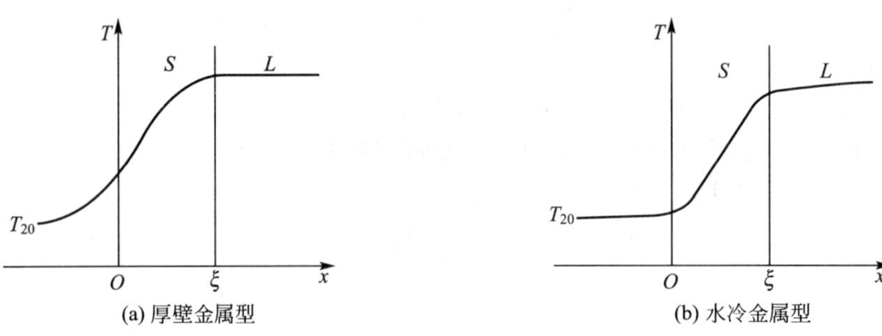

图 2.8　铸件热阻相对较大时温度分布情况

2.2.3　温度场的测定与凝固动态曲线

温度场的测定一般是通过在铸型中安放热电偶来直接测出凝固过程中的温度变化情况，关键是热电偶布放位置的选择及测温结果的处理，其宗旨是用尽可能少的热电偶获得尽可能多的信息。图 2.9 所示为圆柱形铝合金铸件温度场测定方法的示意图。将一组热电偶的热端固定在铸型中待测位置，另一组固定在型腔中铸件温度场待测位置(距离圆柱中心不同距离的 1～6 点处，1 为近铸件表面，6 为铸件中心)。用多点自动温度记录仪测量并记录从金属液浇入型腔后的任意时刻铸件和铸型断面上各测温点的温度-时间曲线(冷却曲线)，图 2.10(a)为铸件各测温点的冷却曲线。

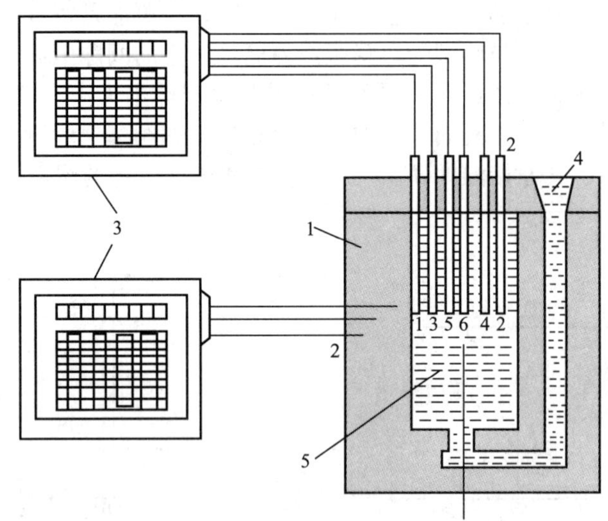

图 2.9　铸件温度场测定方法示意图

1—铸型；2—热电偶；3—多点自动温度记录仪；4—浇注系统；5—铸件

根据各测温点的温度-时间曲线，可绘制出铸件断面上不同时刻的温度场。绘制方法如下：以温度为纵坐标(可直接采用图 2.10(a)的纵坐标)，以离开铸件表面的距离为横坐标。欲绘制某时刻的温度场，可在图 2.10(a)中画一条横坐标值为该时刻、垂直于横轴的垂线。该垂线与各测温点冷却曲线的交点就是该时刻各个测温点的实际温度。以此温度为纵坐标，以各测温点到铸件表面的距离为横坐标描点，然后将对应于同一时刻的点连成线，即得到该时刻的温度场。图中给出了 4 分钟时铸件温度场的绘制示意过程。

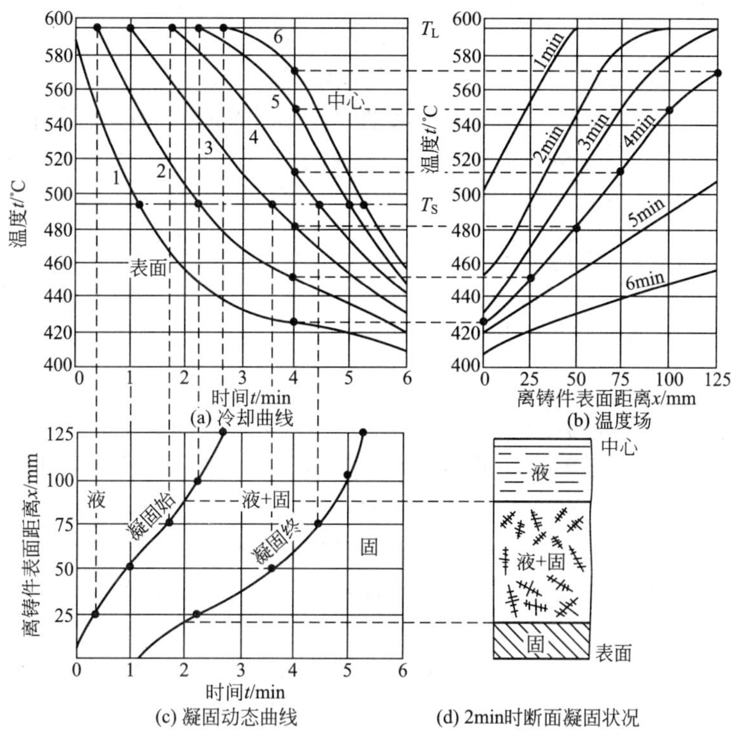

图 2.10 Al-Zn%合金(w_{Zn}=42.4%)铸件温度场测定及凝固动态曲线绘制

从图 2.10(b)中可以看到，铸件的温度场随时间而变化，属于不稳定温度场。在凝固初期，温度分布曲线较陡，温度梯度大。如果将合金凝固的液相线温度 T_L 和固相线温度 T_S 标注在纵坐标上，就可以从温度场分布图看到铸件断面上各个时刻凝固情况，但这种做法无法看到整个断面从表面开始凝固一直到中心的凝固过程的连续推进情况。为了实现这个目的，人们绘制出铸件凝固动态曲线，它能清晰地表示出铸件从表面向中心凝固过程的推进。

凝固动态曲线也是由冷却曲线绘制的，其具体绘制过程如图 2.10(c)所示。以时间为横坐标(可直接采用图 2.10(a)的横坐标)，以离铸件表面的距离为纵坐标。绘制之前，在冷却曲线图上画出液相线温度 T_L 和固相线温度 T_S 的两条平行线。然后分别以二直线与各条冷却曲线交点的横坐标作为横坐标，以各点离铸件表面的距离 x 值为纵坐标，在 2.10(c)图上描点。然后将冷却曲线与液相线温度相交所获得的点连接成线，获得“液相边界线”，或称为“凝固起始线”，它表示的是整个断面上各位置温度降到液相线温度的时刻，或者说是凝固开始时刻；同样，将冷却曲线与固相线相交所获得的点连接成线，就获得了“固相边界线”，或者称为“凝固终止线”，它表示的是断面上各位置温度降到固相线温度的时刻，或者说是各位置凝固结束的时刻。由“液相边界线”和“固相边界线”组成的两条曲线称为动态凝固曲线，它们表示铸件断面上液相和固相等温线由表面向中心推移的动态曲线。

在图 2.10(c)上，以某时刻为横坐标向上作垂线，可以得知该时刻断面凝固状况，图 2.10(d)是通过此方法得到的 2min 时铸件断面的凝固状况图。该垂线夹在液相边界线和固相边界线之间的部分，为液-固两相区(凝固区)，液相边界线以上到铸件中心部分还完全处于液态，而固相边界线以下到铸件表面部分则已经完全处于固态。因此，可以从凝固动态曲线上看到不同时刻凝固区域向前推进的情况。

另外，以某位置为纵坐标向右作一条水平线，可以得到该位置处开始凝固和凝固完成的时间。以铸件的中心点为例，从图中可以看到，大约 2.7min 时温度降低液相线温度，该处开始凝固，到约 5.3min 时凝固结束。

2.2.4 影响铸件温度场的因素

1. 金属性质的影响

1）金属的热扩散率

热扩散率表征物体各部分温度趋于一致的能力，因此金属的热扩散率大，铸件内部的温度均匀化的能力就大，温度梯度就小，断面上温度分布曲线就比较平坦。反之，温度分布曲线就比较峻陡。液态铝合金的热扩散率比液态铁碳合金大得多，所以在相同的铸型条件下，铝合金铸件断面上的温度分布曲线平坦得多，具有比较小的温度梯度。高合金钢的热扩散率一般都比普通碳钢小得多，所以高合金钢在砂型铸造时有较大的温度梯度。

2）结晶潜热

金属的结晶潜热大，在其他条件相同时，铸件的冷却速度下降，铸件断面的温度梯度减小，温度场也较平坦。

3）金属的凝固温度

金属的凝固温度越高，在凝固过程中铸件表面和铸型内表面的温度越高，铸型内外表面的温差就越大，且铸型的导热系数在高温段随温度的升高而升高，致使铸件断面的温度场有较大的梯度。

2. 铸型性质的影响

铸件在铸型中降温是因铸型吸热而进行的。所以，铸件的温度降低速度受铸型吸热速度的支配。铸型的吸热速度越大，则铸件的降温速度越大，断面上的温度梯度也就越大。铸型的吸热主要由以下两方面决定。

1）铸型的蓄热系数

铸型的蓄热系数越大，对铸件的冷却能力越强，铸件中的温度梯度就越大。

2）铸型的预热温度

铸型预热温度越高，与铸件温差就越小，冷却能力也就越小，因此，铸件断面上的温度梯度越小。

3. 浇注条件的影响

液态金属的浇注温度一般在液相线以上几十度到一百多度，因此，金属由于过热所得到的热量比结晶潜热小得多。以纯铝为例，过热 50℃，单位体积的过热热量为凝固潜热的 13.7%，为总热量的 12%。在金属型铸造中，由于铸型具有较大的导热能力，过热热量能够迅速传导出去，所以浇注温度的影响不十分明显。但在砂型铸造中，铸型导热能力较差，增加过热度，相当于提高了铸型的温度，使铸件的温度梯度减小。

4. 铸件结构的影响

1）铸件的壁厚

在表面积相同的条件下，厚壁铸件比薄壁铸件含有更多的热量，当凝固层逐渐向中心推进时，必然要把铸型加热到更高的温度。因此，在其他条件不变时，铸件越厚大，温度梯度就越小。

2）铸件的形状

铸件的形状影响散热条件。在铸件表面积相同的情况下，向外部凸出的曲面，如球面、圆柱表面、L形铸件的外角，对应着逐渐放宽的铸型体积，散出的热量由较大体积的铸型所吸收，比平面铸件散热快，铸件的冷却速度比平面铸件要大。反之，向内部凹下的表面，如圆筒铸件内表面、L或T形铸件的内角，则对应着逐渐收缩的铸型体积，比平面铸件散热慢，所以冷却速度比平面铸件要小。

2.3 铸件凝固方式

2.3.1 凝固区域及其结构

在凝固过程中，除纯金属和共晶合金外，铸件断面上一般都存在3个区域，即液相区、凝固区(液-固两相区)和固相区。凝固区域与铸件质量有密切关系。

图2.11是凝固区域结构的示意图。凝固区域又可分为两个部分：液相占优势的液固部分和固相占优势的固液部分。在液固部分，晶体未连成一片处于悬浮状态，液相可以充分自由流动。采用倾出法做实验时，液固部分的晶体随液态金属一起流出。因此，液固部分和固液部分的边界被称为“倾出边界”。固液部分的晶体已经连成网络，其中的液体已经不能“倾出”，但根据液体能否在晶体网络内流动而实现补缩，又可把固液部分分成两个带。其中靠近固相区的部分，由于已接近固相线温度，固相占绝大多数，存在于固相中间的液相部分已经被分割为一个个独立的互不流通的小“熔池”，这些小熔池进行凝固而发生体积收缩时，得不到其他液体的补充。而靠近液固部分的那个带，虽然液体已经不能倾出，但并没有被固相隔离，在凝固收缩时还能够得到其他液体金属的补充。因此，固液部分这两个带的边界叫“补缩边界”。

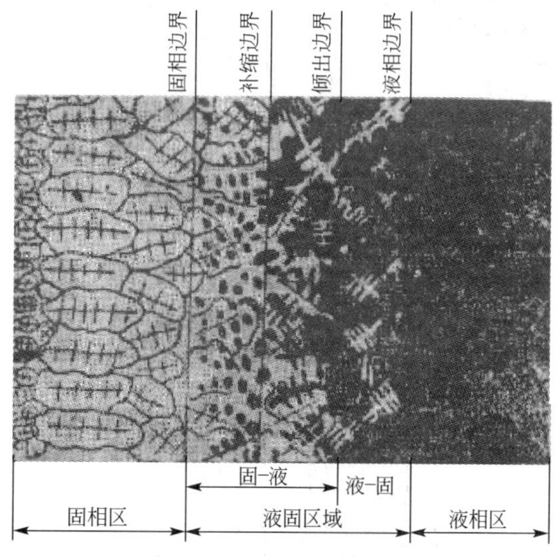

图2.11 凝固区域结构示意图

实际上，图2.11为凝固过程中某一瞬间的情况，在铸件的凝固过程中，凝固区域按凝固动态曲线所示的规律向铸件中心推进。

2.3.2 凝固方式及其影响因素

1) 凝固方式分类

一般将铸件的凝固方式分为 3 种类型：逐层凝固方式、体积凝固方式(或称糊状凝固方式)和中间凝固方式。铸件的凝固方式取决于凝固区域的宽度。

图 2.12 为恒温下结晶的纯金属(或共晶成分合金)及结晶温度范围很窄的合金铸件不同时刻的温度分布和凝固情况。ΔT_C是结晶温度范围，δT 为某时刻断面上的温度差，δT 大，一般温度梯度也大。与 t_1、t_2、t_3 对应的断面温度差分别为 δT_1、δT_2和 δT_3。

从图 2.12(a)中可以看出，恒温下结晶的金属，在凝固过程中其铸件断面上的凝固区域宽度等于零。断面上的固体和液体由同一界面(即凝固前沿)清楚地分开。随着温度的下降，固体层不断加厚，逐步到达铸件中心。这种由表面向中心逐层地凝固被称为“逐层凝固方式”或“层状凝固方式”。如果合金的结晶温度范围(ΔT_C)较窄，并且断面温度差 δT 较大时，铸件的凝固区域将很窄，也属于逐层凝固方式，如图 2.12(b)所示。纯铝、灰铸铁以及低碳钢等的凝固均属于逐层凝固。

虽然结晶温度范围较窄，但铸件断面温度场平坦(图 2.13(a))，或合金的结晶温度范围很宽(图 2.13(b))，铸件凝固的某一段时间内，其凝固区域贯穿整个铸件断面，或者说在铸件中心已经开始凝固，而其表面还没有完全凝固终了。这种凝固方式称为“体积凝固方式”，或称“糊状凝固方式”。此时，结晶温度区间大于铸件断面温度差，即 $\Delta T_C/\delta T>1$。球墨铸铁、高碳钢、锡青铜等合金常为体积凝固。

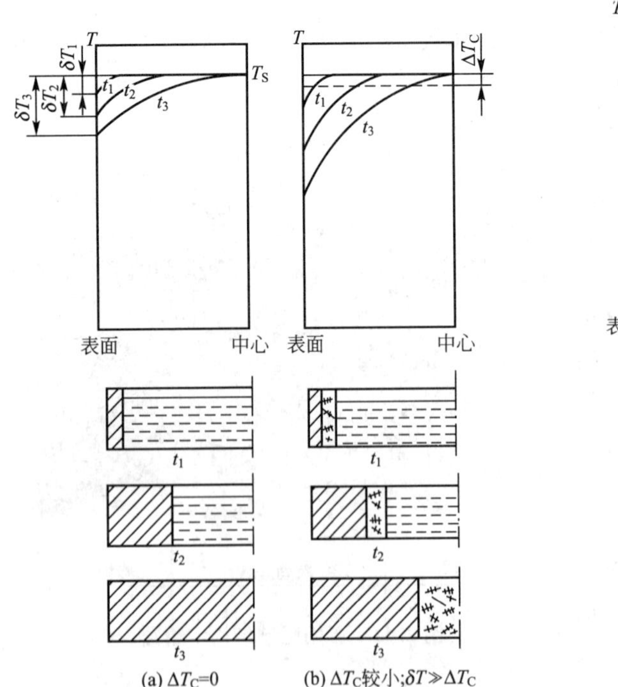

图 2.12 逐层凝固方式示意图

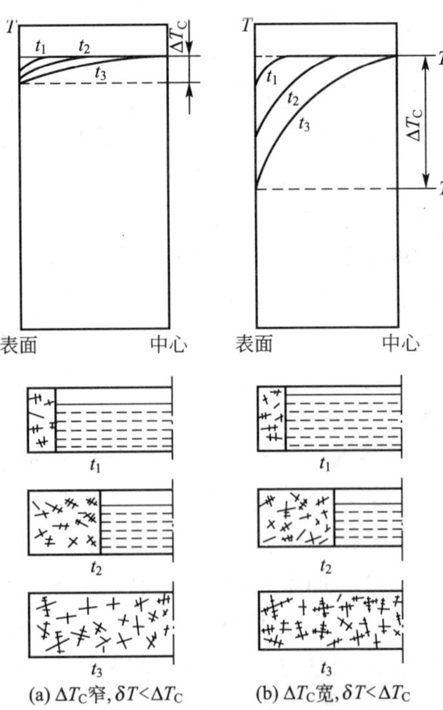

图 2.13 体积凝固方式示意图

在逐层凝固和体积凝固之间并无一个明显的界限，很多情况下铸件断面上的凝固区域宽度是介于以上二者之间的中间形式，即在凝固初期类似逐层凝固，但凝固区域较宽，并迅速扩展至中心，这种凝固方式称为“中间凝固方式”，如图 2.14 所示。图 2.14(a)中是“中等”结晶温度范围的合金，在断面温度差较大情况下($\Delta T_C/\delta T<1$)的凝固过程，图 2.14(b)是宽结晶温度范围的合金，在断面温度差很大时($\Delta T_C/\delta T<1$)的凝固过程。

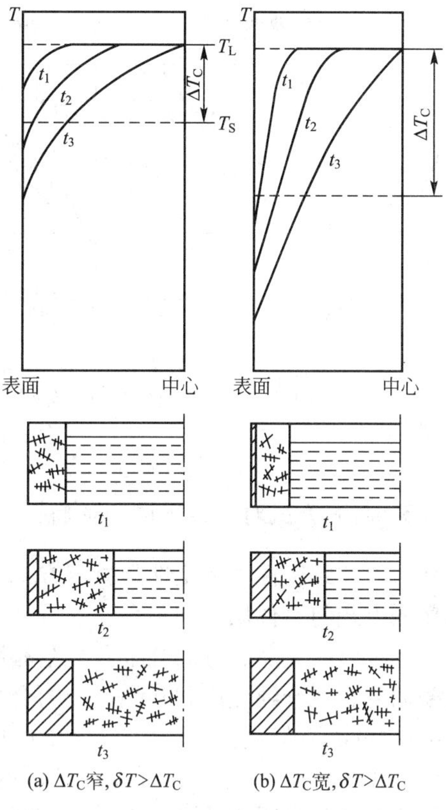

图 2.14 中间凝固方式示意图

凝固方式也可以直接从凝固动态曲线上判断。由于凝固动态曲线中两条线之间的纵向距离直接对应着凝固过程中凝固区域的大小，因此用凝固动态曲线判断凝固方式比温度场更直接。在凝固动态曲线中，“凝固开始线”和“凝固终了线”如果重合在一起，则是纯金属(或共晶合金)的逐层凝固，这两条线如果靠得很近，也属于逐层凝固；这两条线如果离得很远，且当铸件断面中心线处已开始凝固而表面尚未结壳时，则是体积凝固；中间凝固方式则介于上述两者之间。显然，逐层凝固和体积凝固是凝固方式的两个极端情况。

2) 影响铸件凝固方式的因素

如上所述，铸件的凝固方式取决于凝固区域宽度，而凝固区域宽度又由合金结晶温度范围和铸件断面温度差两个因素决定。所以，这两个因素共同影响凝固方式。

(1) 结晶温度范围。

在铸件的断面温度差(温度梯度)相近的情况下，凝固区域的宽度取决于合金的结晶温度范围。图 2.15 是含碳量不同的 3 种碳钢，在砂型和金属型中凝固时，测得的凝固动态曲线。当在砂型中凝固时，铸型激冷能力小，铸件温度梯度不大，成分和结晶温度区间的大小使凝固动态曲线呈明显差异。结晶温度间隔小，$\Delta T_C=22$℃的低碳钢趋于逐层凝固。结晶温度区间大，$\Delta T_C=70$℃的高碳钢趋于体积凝固。中碳钢结晶温度间隔 $\Delta T_C=42$℃，介于二者之间，为中间凝固方式。这里，结晶温度范围起决定作用。

(2) 断面温度差(温度梯度)。

当合金成分确定以后，其结晶温度范围也就确定，此时凝固区域的宽度取决于断面温度差。断面温度差大，即温度梯度大时，可使宽结晶温度范围的合金按中间凝固方式凝固，甚至按逐层凝固方式凝固(图 2.15 中高碳钢在金属型中凝固)。很平坦的温度场，可以使窄结晶温度范围的合金按体积凝固方式凝固。所以，断面温度差(温度梯度)是凝固方式的重要调节因素。

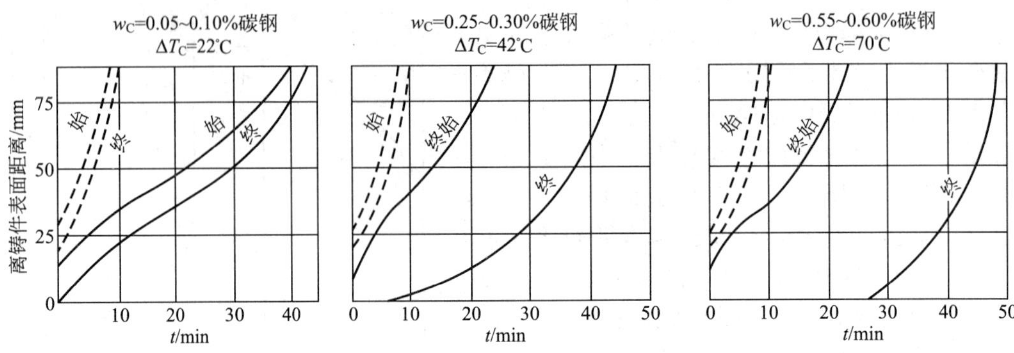

图 2.15 含碳量不同的碳钢的凝固动态曲线

实线—砂型；虚线—金属型

2.3.3 凝固方式对铸件质量的影响

铸件的致密性和健全性与凝固方式密切相关。下面分别讨论逐层凝固、体积凝固和中间凝固方式与铸件质量的关系。

纯金属、共晶成分的合金和窄结晶温度范围的合金在一般铸造条件下是以逐层凝固方式凝固的。对于纯金属和共晶成分的合金，晶体从铸件表面向液态金属内部生长为紧密排列的柱状晶，随温度的下降，平滑的凝固前沿逐步向中心发展，无凝固区域，其凝固过程如图 2.16 所示。对于窄结晶温度范围的合金，铸件断面上的凝固区域始终很窄，它与纯金属不同之处是凝固前沿为锯齿形，图 2.17 是这类合金凝固过程的示意图。

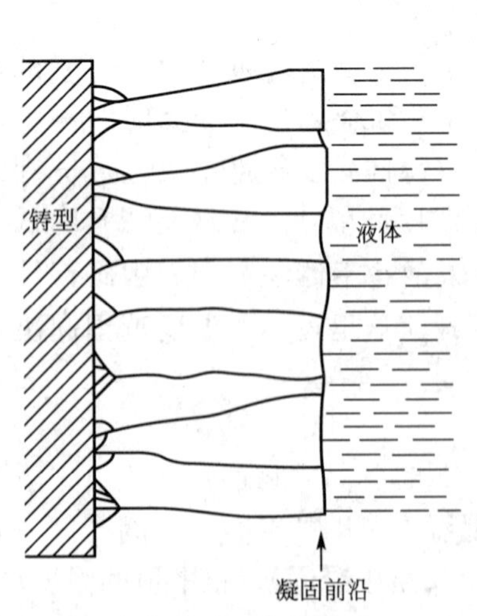

图 2.16 纯金属凝固过程示意图

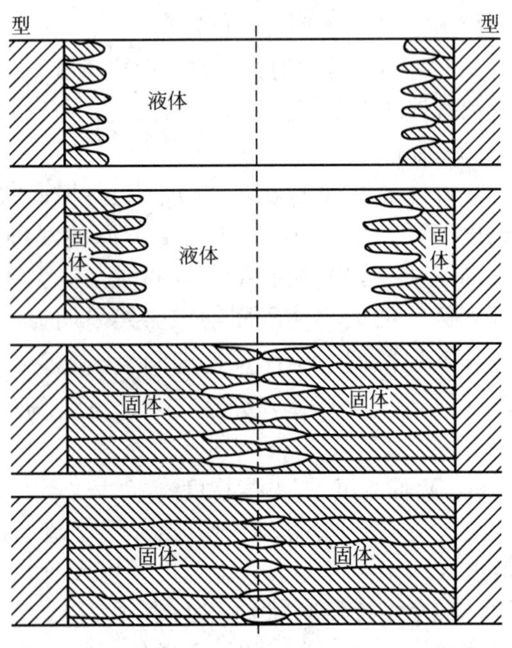

图 2.17 窄结晶温度范围合金的凝固过程示意图

由于逐层凝固时凝固前沿与液态金属直接接触，金属由液态转变为固态时发生的体积收缩将不断取得邻近液态金属的补充。因此，产生分散性缩松的倾向性很小，而是在铸件最后凝固的部位形成集中的缩孔。如果设置合理的冒口，可使缩孔移入冒口。但在壁的拐弯以及壁与壁的连接处仍易出现小缩孔，在长条或板状的轴线处会出现中心线缩孔。在凝固过程中，由于收缩受阻而产生晶间裂纹时，容易得到液态金属的补充，使裂纹愈合，所以热裂倾向小。另外，在充型过程中不易形成堵塞流动通道的枝晶网络，流动时间长，充型能力较好。

体积凝固方式凝固的过程示意图如图 2.18 所示。晶体在液态金属内部形核和生长，易发展成粗大的等轴晶，并且很快就连成一片，形成骨架。在骨架形成之前，液态和固体可以一起流动，进行补缩；但当粗大的等轴晶互相连接以后，便将尚未凝固的液体分割为一个个互不沟通的小熔池，最后在铸件中形成分散性的缩孔即缩松，所以体积凝固时缩松倾向较大。另外，因为等轴晶粗大，晶间出现裂纹时不易得到液态金属的充填使之愈合，所以，体积凝固产生热裂的倾向性很大。以体积凝固方式凝固时，粗大的等轴晶过早地形成骨架，堵塞了金属液流动通道，使充型能力变差。

中间凝固方式的凝固过程如图 2.19 所示。在凝固初期，晶体也是从铸件表面生长成柱状晶，但表面尚未结壳，凝固区域较逐层凝固时宽；凝固区域继续加宽到一定程度后，表面开始结壳；在后期，柱状晶前方液态金属中出现晶核并生长成等轴晶。中间凝固方式情况下，补缩特性、热裂倾向和充型能力都介于逐层凝固与体积凝固之间。

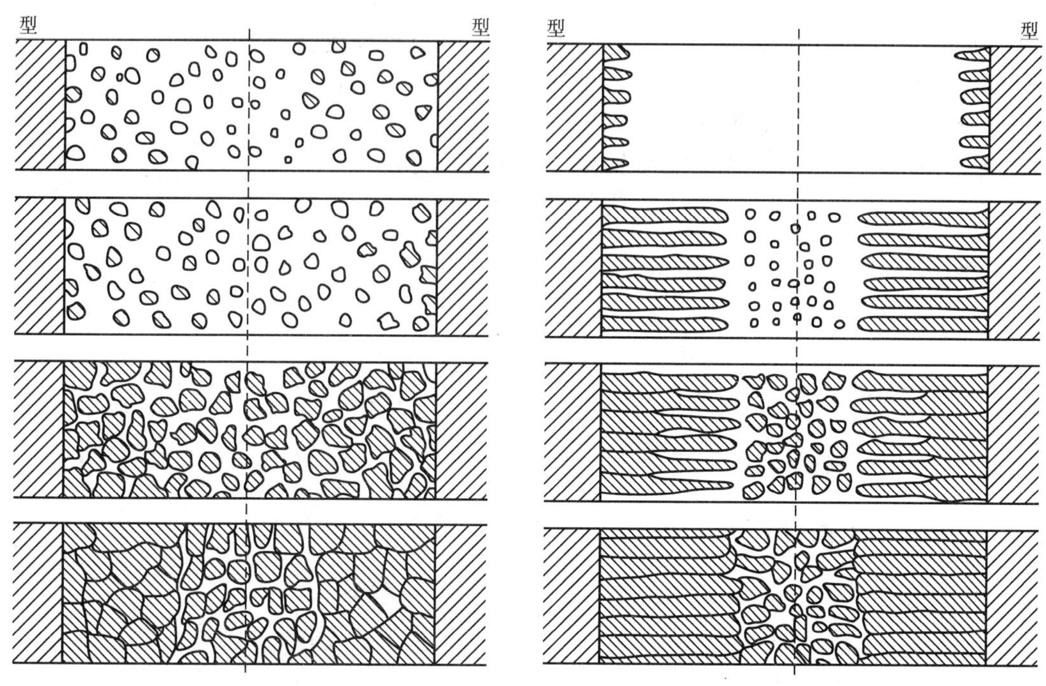

图 2.18 体积凝固过程示意图

图 2.19 中间方式凝固过程示意图

上述凝固方式对补缩特性、热裂倾向性和充型能力的影响规律都是在固相以树枝晶生长为前提条件下得到的。如果固相析出时是孤立的块状或片状，即没有形成结晶骨架的能力，则它们对补缩性能、热裂倾向性和充型能力的影响较小。例如过共晶 Al－Si 合金的初晶硅是块状，过共晶灰铸铁的初生相是石墨，这些初晶都没有连成骨架的能力。

2.4 铸件的凝固时间

铸件的凝固时间是指从液态金属充满型腔后至凝固完毕所需要的时间。单位时间内凝固层增长的厚度为凝固速度。在设计冒口和冷铁时，需要对铸件或其某些部位的凝固时间进行估算，以保证冒口和冷铁具有合适的尺寸和正确的位置。对大型或重要铸件，为了掌握开箱时间，也要对铸件凝固时间进行估算。

铸件的凝固时间可以通过计算来确定，也可以通过实验方法测定。

2.4.1 平方根定律

以图 2.4 中所示的半无限大平板铸件在半无限大铸型中的凝固过程为例，假设充型后时间为 t 时，铸件的凝固层厚度为 ξ，在界面上选择一个面积微元 A_1，对于这种一维不稳定传热情况，热量只在 x 方向传递，可以认为 A_1 面积微元对应的铸件凝固层的体积为 $V_1=\xi\cdot A_1$，此部分在凝固时释放的热量都是从 A_1 这个面积微元传递向铸型的。设浇注温度为 T_{10}，假设合金在恒定温度 T_S 下凝固，从浇注完至凝固结束，V_1 体积金属释放的总热量为

$$Q_{铸件}=V_1\rho_1[L+c_1(T_{10}-T_S)] \tag{2-27}$$

式中，L 为铸件金属的凝固潜热；T_S 为铸件金属的固相线温度。

另一方面，通过界面传递到铸型的总热量为热流密度与面积 A_1 的乘积在$(0, t)$时间内的积分。

根据傅里叶定律，通过界面传向铸型中的热流密度为

$$q_2=-\lambda_2\left[\frac{\partial T_2}{\partial x}\right]_{x=0^-}$$

根据式(2－23)，有

$$q_2=-\frac{b_2}{\sqrt{\pi t}}(T_i-T_{20}) \tag{2-28}$$

则在$(0, t)$时间内，通过界面处面积微元 A_1 传递出去的总热量为

$$Q_{界面}=\int_0^t A_1\frac{b_2}{\sqrt{\pi t}}(T_i-T_{20})dt=\frac{2b_2A_1}{\sqrt{\pi}}(T_i-T_{20})\sqrt{t} \tag{2-29}$$

由 $Q_{铸件}=Q_{界面}$，可得

$$\sqrt{t}=\frac{\sqrt{\pi}\rho_1[L+c_1(T_{10}-T_S)]}{2b_2(T_i-T_{20})}\frac{V_1}{A_1} \tag{2-30}$$

式中，$\frac{V_1}{A_1}=\xi$，即凝固层厚度。

令

$$K=\frac{2b_2(T_i-T_{20})}{\sqrt{\pi}\rho_1[L+c_1(T_{10}-T_S)]} \tag{2-31}$$

则有

$$\xi = K\sqrt{t} \text{或} t = \frac{\xi^2}{K^2} \tag{2-32}$$

式(2-32)称为“平方根定律”，即凝固层厚度与凝固时间的平方根成正比，K 称为凝固系数，从式(2-31)中看出，其值与许多因素有关，在实际中常用实验方法测得。表 2-2 给出了一些常见材料的凝固系数。

表 2-2 常见材料的凝固系数

铸件材料	铸型	$K/[\mathrm{cm}\cdot(\sqrt{\mathrm{min}})^{-1}]$
灰铸铁	砂型	0.72
	金属型	2.2
可锻铸铁	砂型	1.1
	金属型	2.0
铸钢	砂型	1.3
	金属型	2.6
黄铜	砂型	1.8
	金属型	3.0
铸铝	砂型	—
	金属型	3.1

从推导过程看出，平方根定律比较适合于大平板和结晶温度区间小的合金铸件，此时，计算结果与实际情况很接近。这说明平方根定律虽然有其局限性，但它揭示了凝固过程的基本规律。它是计算铸件凝固时间的基本公式，许多其他的凝固时间计算公式，都是在平方根定律的基础上发展的。

2.4.2 “折算厚度”法则(模数法)

平方根定律中的凝固层厚度对于平板类铸件有明显的意义，而一般铸件凝固时间的准确计算较为复杂。将式(2-30)中的 V_1 与 A_1 推广，分别理解为铸件的体积和有效散热表面积，并令

$$R = \frac{V_1}{A_1} \tag{2-33}$$

由此可得一般铸件凝固时间的近似计算公式

$$t = \frac{1}{K^2}\left(\frac{V_1}{A_1}\right)^2 = \frac{R^2}{K^2} \tag{2-34}$$

R 称为“折算厚度”，或者“模数”。

式(2-34)即为“折算厚度法则”，或称“模数法”。由于铸造模数的概念是 Chvorinov 考虑了铸件形状这个主要因素，根据大量实验结果的分析创造性地引入的，从而又将“折算厚度法则”称为“Chvorinov 法则”。

实际铸件的形状对凝固时间有重要影响。表 2-3 是在干砂型中浇注的不同形状铸钢

件凝固时间的实验结果。由表中数据可见，结构形状不同的铸钢件，虽然其体积和质量相同，但由于散热表面积不相等，即折算厚度(当量厚度)不等，凝固时间相差很大。在体积相同的条件下，球形铸件散热面积最小，折算厚度最大，其凝固时间最长，而板形铸件的凝固时间最短。因此，球形冒口是一种最合理的冒口形状，在造型条件允许的情况下，应采用球形冒口。

表 2-3　不同形状铸钢件的凝固时间

铸件的外形和大小	体积 V/cm^3	质量 G/kg	散热表面 S/cm^2	当量厚度 R/cm	最初 1min 内铸钢件的凝固量		凝固时间 t/min
					m/kg	ξ/cm	
球形 d=152.4mm	1852	14.5	729	2.54	2.75	360	7.2
圆柱 d=108mm h=203mm	1852	14.5	872	2.13	2.25	425	4.7
立方柱体 a=92mm h=219mm	1852	14.5	976	1.90	2.65	475	2.6
板 a=57mm b=159mm l=203mm	1852	14.5	1059	1.73	4.35	565	2.7
板 a=35.5mm b=258mm l=203mm	1852	14.5	1374	1.34	6.00	775	1.6

"折算厚度法则"也是近似方法，对于大平板、球体和长圆柱体铸件比较准确，对于短而粗的杆和矩形，由于棱角散热效应的影响，计算结果一般比实际凝固时间长 10%～15%。而实际中，当折算厚度相同时，球类要比圆柱体凝固的快，而圆柱体又比平板件凝固的快。

生产中应用"模数法"计算铸件凝固时间时，首先要计算出铸件的模数。对于形状复杂的铸件，可将其看作是形状简单的平板、圆柱体、球、长方体等单元体的组合，分别计算出各单元体的模数，但各单元体的结合面不计入散热面积中。一般情况下，模数最大的单元体的凝固时间即为铸件的凝固时间。

2.4.3　凝固时间的实验测定方法

常用测定凝固时间的实验方法有两种：测温法和残余液体倾出法(简称倾出法)。测温法请参看前面铸件温度场测定(2.2.3)，以下介绍倾出法。

倾出法是研究铸件凝固过程应用最早的一种方法。这种方法比较简单，采用同一个模样(通常是形状简单的球形或圆柱形模样)制造几个铸型，将同一炉液态金属在同一浇注温度下注入所有铸型中，经过不同的时间间隔，分别把铸型翻转过来，或把预先嵌在铸型下部的泥塞拔掉，使铸型中尚未凝固的残余液态金属流出，留下一层固态硬壳。在理论上，每个硬壳的厚度就是从浇注到倾出这段时间内的凝固层厚度，测量各铸型中凝固层的厚度，即可得到铸件凝固层厚度与凝固时间的关系曲线和铸件的凝固系数。图 2.20 所示的是用此法所得结果的实例。

这种方法的优点是简单易行，直观性强，可以测定各种合金的凝固系数，研究各个时期的固相组织，把倾出的液态金属液淬，还可以研究液相结构。但是，由于这种方法存在很多缺点，在近期的研究中应用较少。首先，应用这种方法只能测量一种量，即铸件凝固速度，而对其他一些重要问题，如凝固时铸件内部的温度分布情况，则不能提供信息。其次，应用这种方法只限于铸件凝固的初期，因为到了凝固后期，就不能打穿铸件的固态硬壳，或者另外保持一条通道到铸件内部的液体里。因此铸件中心部分仍处于液态的金属就不能倾出，也就得不到完整的数据。

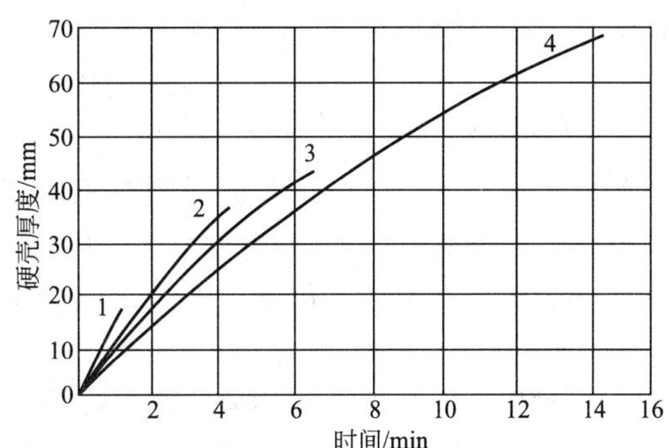

图 2.20 钢球的凝固层厚度随时间变化情况

1—φ72.6mm；2—φ114.3mm；3—φ152.4mm；4—φ228.6mm

2.5 焊接热过程和焊接温度场

2.5.1 焊接热过程

除了冷压焊等少数焊接方法外，目前绝大多数的焊接方法都需要采用不同性质的热源来进行加热。焊件在焊接过程中，不施加压力，仅通过加热而熔化金属来完成连接的方法称为熔化焊。熔化焊时焊接接头的形成一般都要经历加热、熔化、冶金反应、凝固(或结晶)、固态相变等过程，最终形成焊接接头。焊接热过程(加热温度、熔池存在时间、冷却速度等)对焊缝区、熔合区和热影响区的焊接质量有直接的影响。

熔化焊热过程很大程度上受热源种类、功率和作用方式的影响。目前常用的焊接热源有电弧热、电子束、激光束等，相应的焊接方法为电弧焊(包括焊条电弧焊、气体保护焊、等离子弧焊、埋弧焊等)、电子束焊和激光焊等。熔化焊接过程的热源有以下特点。

(1) 热源的局部集中性。熔化焊接时，热源集中在焊件接口部位的局部地区，其作用范围相对于整个工件很小，使焊件加热和冷却极不均匀。在熔池处温度很高，焊接接头附近的温度梯度也很大。

(2) 热源的瞬时性。热源作用面积小，同时热源能量密度又很高，在高度集中热源的作用下，加热速度很快(电弧焊时可达1500℃/s以上)。这样可以在很短的时间内把大量的热能传给焊件，使其在瞬间被熔化。

(3) 热源的移动性。焊接过程中，热源是移动的，焊件的受热部位不断变化。焊接热源接近某点时，该点迅速升温并熔化，而随热源的逐渐远离，该点又冷却降温。

熔化焊热源作为一种移动的瞬时集中作用的高能量热源，主要以辐射和对流换热为主的方式，将能量传递给焊件。而母材获得热量后，热的传播以热传导为主。在热源的作用下，焊件局部温度迅速上升，在很短的时间内熔化，之后又快速冷却。焊件上不同部位随着与热源距离的接近与远离而经历一次温度上升与下降的热循环。

2.5.2 焊接温度场

1. 焊接温度场的一般特征

焊接过程中，由于焊件局部受到热源作用，致使焊件本身出现很大的温度差。因此，在焊件内部以及焊件与周围介质之间必然发生热量的传递。如前所述，母材获得热能之后以热传导为主向金属内部传递。因此，焊接温度场的研究是以热传导为主，适当考虑对流和辐射的作用。

某瞬时焊件上各点温度的分布称为焊接温度场。在焊接热源的作用下，焊缝和工件各处的温度是时刻变化的，因此焊接温度场也属于不稳定温度场，可用式(2-1)表示。但另一方面，焊接温度场又有其自身的特点。焊接过程中，通常是一个具有恒定功率的焊接热源，在一定的焊件上做匀速直线运动。在加热的初始阶段，由于焊件处于冷态，热源作用部位附近很快升到高温，且高温区域随加热过程的进行而逐渐增大，同时高温区域向周围的热量散失也逐渐增大。经过一段时间之后，由热源输入的热能与向周围的散热损失的热量达到动态平衡，这时尽管焊件上各点的温度仍随时间而变，但热源作用部位附近却形成了一个与热源同步移动的温度分布状态稳定的温度场，称为准稳定温度场。这个空间温度场和热源一起移动，就像火车头带着车厢一样。如果采用与焊速等速的移动坐标系，令坐标的原点与热源的中心重合，则焊件上各点的温度只取决于其空间坐标，而与时间无关。这样便可以将复杂的不稳定温度场的方程简化为不随时间而变的稳定温度场的表达式。在后面讨论焊接温度场时，都采用这种移动坐标系。

2. 焊接温度场的表达式

焊接温度场除了受焊接热源的种类、功率与作用方式的影响之外，还受被焊金属性质、焊件形状尺寸等的影响。根据焊件的厚度、尺寸形状和热传导的方式，可将焊件上热源作用部位抽象为点、线或面，将焊接热源视为瞬时集中作用热源，将热源有效功率直接加在焊件上的相应作用部位，热量从这些部位分别以三维(三向传热)、二维(平面传热)和一维(单向传热)向外传递，如图2.21所示。

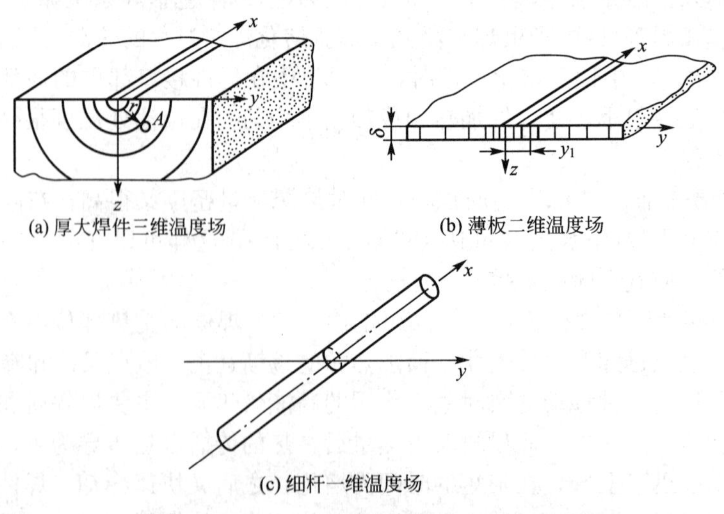

(a) 厚大焊件三维温度场　(b) 薄板二维温度场

(c) 细杆一维温度场

图2.21 焊件形态和温度场的类别

如图 2.21(a)所示，当热源作用在厚大焊件(可视为半无限大物体)表面时，可将热源看做是一个点，称为点状热源。此时热源输入的热量可向 X、Y、Z 三个方向传递，所以其温度场是三维的。

假设有效功率为 q 的热源作用在厚大焊件上，热源以匀速 v 移动，经一定时间后到达 O 点，以热源移动方向作为 x 轴正向，以热源作用点为动坐标原点，建立三维移动坐标系(x、y、z)，如图 2.22(a)所示。假设焊接过程中热物理参数不随温度而改变；温度分布均匀，初始为 T_0℃，不考虑相变和结晶潜热；不考虑边界散热。在这些假设条件下，根据导热微分方程可求得厚大焊件点状连续移动热源的准稳定温度场的计算方程为

$$T-T_0=\frac{q}{2\pi\lambda R}\exp\left(-\frac{R+x}{2a}v\right) \tag{2-35}$$

式中，q 为热源有效功率；λ 是导热系数；a 是热扩散率；R 是厚大件上的点距热源作用点的坐标距离，$R=\sqrt{x^2+y^2+z^2}$；v 为焊接速度。

图 2.22 为根据式(2-35)计算出的某厚大焊件点状移动热源下的准稳定焊接温度场，其焊接规范为：$q=4200$J/s，$v=1$mm/s，$a=10$mm^2/s，$\lambda=0.042$ J/(mm·s·℃)，图中给出一些特殊面和线上的温度分布情况。

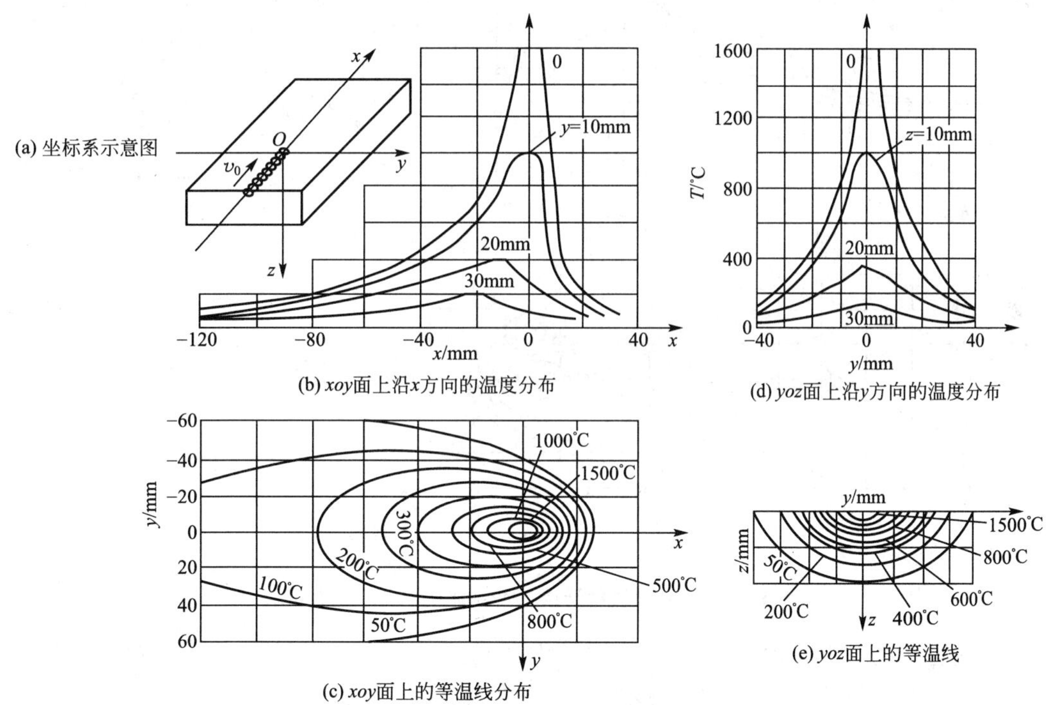

图 2.22 厚大件点状移动热源极限饱和状态下的焊接温度场(δ=40mm)

当热源作用于薄板焊件(可视为无限大薄板)时，可以认为板厚方向上没有温差，把热源看作是沿板厚的一条线，称为线热源。此时热的传递是在 x、y 两个方向，沿平面进行，所以温度场也是二维的，如图 2.21(b)所示。在同厚板焊件焊接类似的假设条件下，考虑表面散热，根据导热微分方程求解薄板线状连续移动热源的准稳定温度场的计算方程为

$$T-T_0=\frac{q}{2\pi\lambda R}\exp\left(-\frac{vx}{2a}\right)K_0\left(r\sqrt{\frac{v^2}{4a^2}+\frac{b}{a}}\right) \tag{2-36}$$

式中，a 是热扩散率；b 为薄板表面散温系数，$b=\frac{2\alpha}{c\rho\delta}$，其中 α 是表面散热系数；δ 是板厚；r 是薄板上的点距热源的距离，$r=\sqrt{x^2+y^2}$；K_0 称为贝氏函数，是一个无穷收敛级数，其表达式为

$$K_0(u)=\sqrt{\frac{\pi}{2u}}\exp(-u)\left[1-\frac{1}{8u}+\frac{1\times3^2}{2!(8u)^2}-\frac{1\times3^2\times5^2}{3!(8u)^3}+\cdots\right]$$

其值也可以直接查有关函数表获得。

图 2.23 为薄板线状连续移动热源的准稳定温度场，其焊接规范($q=4190$J/s，$v=2$mm/s，$\delta=10$mm，$T_0=0$℃)同图 2.25。

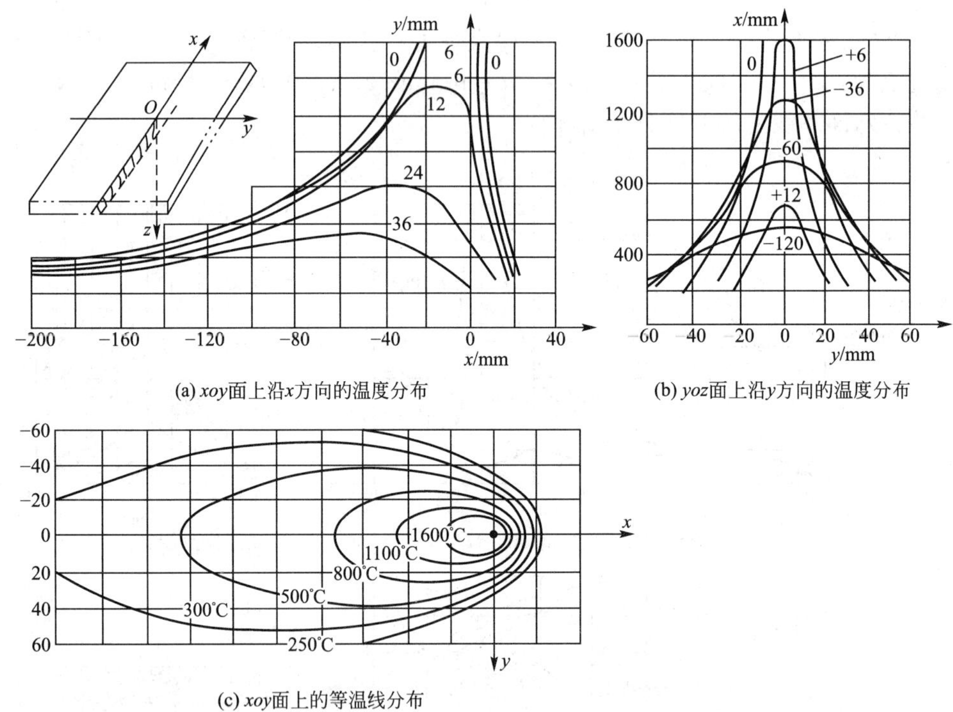

图 2.23　薄板线状连续移动热源的准稳定温度场

当热源作用于细杆状焊件(视为无限长细杆)时，认为只有杆长方向(x 方向)有温差，热量的传递方向是一维的，因此温度场也是一维的。

3. 影响焊接温度场的因素

焊接温度场受许多因素影响，其中主要是热源种类、焊接规范、材料的热物理性质、焊件的形态，以及热源的作用时间等。下面对这些影响因素作简要介绍。

(1) 热源的种类及焊接规范。由于采用的焊接热源种类不同(电弧、氧-乙炔火焰、电渣、电子束、激光等)，焊接时温度场的分布也不同。电子束焊接时，热能极其集中，所以温度场的范围很小，而在气焊时加热面积很大，因此温度场的范围也很大。

即使采用同样的焊接热源，由于焊接规范不同，对温度场的分布也有很大影响。图2.24反映了焊接热源的有效输入功率 q、焊接速度 v 的变化对板状焊件上表面的温度分布的影响。图中 x 轴方向为焊接热源移动方向，$x=0$ 位置为运动热源瞬时作用部位，等温线关于 x 轴对称，故图中只给出对称温度场的一半。由图2.24(a)可见，当 q 一定时，增大 v，相同温度等温线椭圆所包围的范围显著减小，椭圆的长轴被拉长；当 v 一定时，增大 q，相同等温线椭圆所包围的面积增大，而椭圆的形态变化不大(图2.24(b))；当 q 与 v 同时成比例增大时，虽然焊接线能量 $E=q/v$ 值保持不变，即单位长度焊件上的热输入不变，但由于焊接速度较快，因此高温区域面积显然比焊速较低时要长(图2.24(c))。

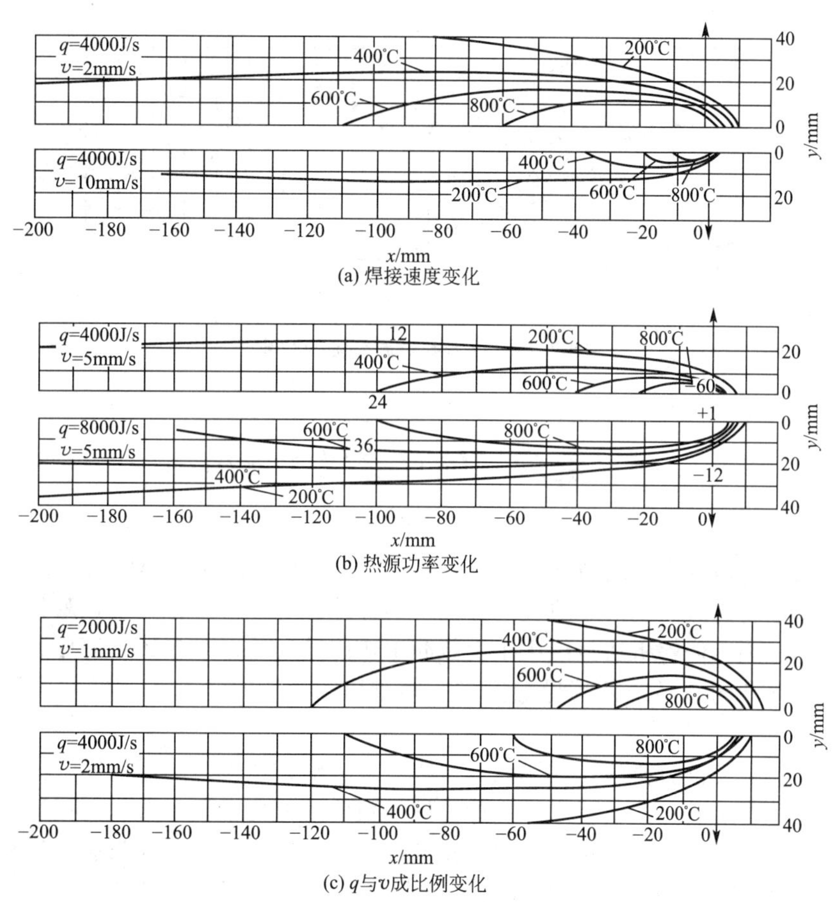

(a) 焊接速度变化

(b) 热源功率变化

(c) q与v成比例变化

图2.24 焊接规范对温度场的影响

(2) 焊件的形态与热物理性能的影响。焊件的几何尺寸、板厚和所处的状态(预热及环境温度等)，对传热过程均有很大影响，因而也就影响温度场的分布。厚大件散热最快，温度下降速度最快，其次是薄板，而细杆散热速度最慢。

焊件热物理性能的影响主要是指焊件材料导热能力的影响，热扩散率 a 能够反映物体的导温性能，其值越大，温度场变化越平缓，等温线变得稀疏。

热导率 λ 对加热到某一温度以上的范围的大小有决定性的影响。以薄板焊接为例说明，以相同的焊接规范($q=4190\text{J/s}$，$v=2\text{mm/s}$，$\delta=10\text{mm}$，$T_0=0℃$)分别进行低碳钢、奥氏体不锈钢、铝合金和紫铜材料的焊接，其温度场的分布如图2.25所示。由图2.25可以看出，焊接奥氏体不锈钢时，其600℃等温线范围，比低碳钢焊接时相同等温线的范围要大。因为奥氏体钢的导热性较差，热量不易传走，所以焊接奥氏体不锈钢时，所选用的焊接线能量应比焊接低碳钢时要小。相反地，焊接铝和紫铜时，由于这些材料的导热性良好，故应选用比焊接低碳钢更大的线能量才能保证焊接质量。

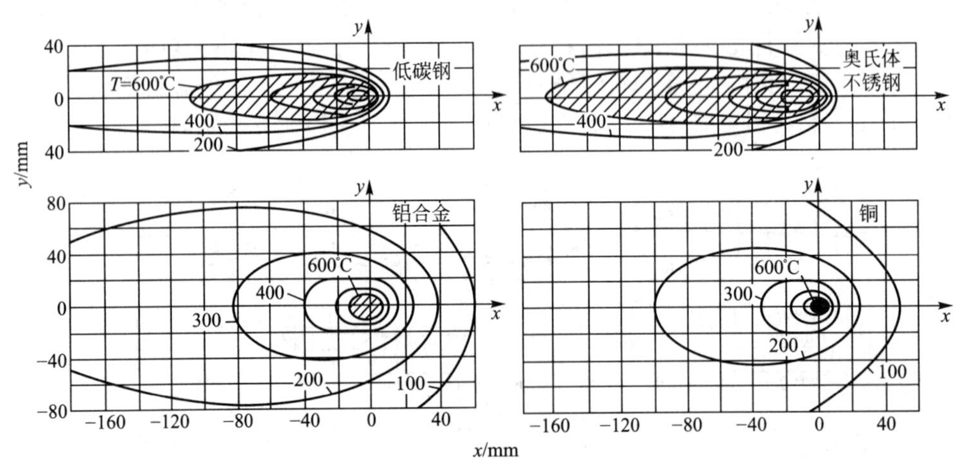

图 2.25　热导率对温度场的影响

2.6　温度场的计算机数值模拟

前面介绍了铸造温度场的数学解析法求解过程。解析法的优点是物理概念及逻辑推理清楚，解的函数表达式能够清楚地表达温度场的各种影响因素，有利于直观分析各参数变化对温度场的影响。但解析法只能用于少数简单热传导问题，对多数几何形状复杂、热物理参数变化及复杂的边界条件的导热问题，则难以求解。对于这种问题可采用数值方法求解。

数值方法又称数值分析法，它用计算机程序来求解数学模型的近似解，又称为数值模拟或计算机模拟。随着计算机技术的高速发展，数值模拟技术在铸造、焊接温度场计算中的应用日益广泛，不仅能够直观地表达出温度场的动态变化，而且为与温度场相关的其他问题的求解(如组织和缺陷预测，热应力和残余变形等)提供了研究基础。

温度场的数值模拟常用的方法为有限差分法、有限单元法和边界元法。下面以有限差分法为例，简单介绍一维和二维传热系统温度场的数值模拟方法。

2.6.1　一维传热系统

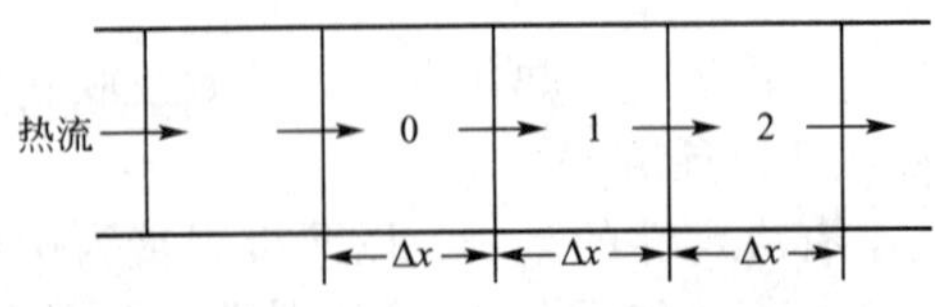

图 2.26　一维均质物体的单元划分

图2.26所示为无限长细杆中的一维导热问题，为将问题简化，不考虑潜热，则其导热微分方程为式(2－13)，即

$$\frac{\partial T}{\partial t}=a\frac{\partial^2 T}{\partial x^2}$$

为了将式中的微分变为差分，需要对空间和时间进行离散化。沿热流方向将物体划分为若干单元，各单元的端面面积为一单位面积，单元的长度为 Δx，同时假设采用均匀时间步长 Δt，t^n 和 $t^{n+1}(n=0, 1, 2, \cdots)$表示某两相邻时刻，$T_i^n$表示第 i 个单元处 t^n 时刻的温度。在 t^n 时刻，用差分代替导热微分方程中的微分，

$$\left(\frac{\partial T}{\partial t}\right)_i^n \approx \frac{T_i^{n+1}-T_i^n}{\Delta t} \tag{2-37}$$

$$\left(\frac{\partial^2 T}{\partial x^2}\right)_i \approx \frac{T_{i+1}^n-2T_i^n+T_{i-1}^n}{\Delta x^2} \tag{2-38}$$

代入得到相应的有限差分算式，整理得

$$T_i^{n+1}=\frac{1}{M}(T_{i+1}^n+(M-2)T_i^n+T_{i-1}^n) \tag{2-39}$$

式中，$M=\frac{\Delta x^2}{a \cdot \Delta t}$。

根据此有限差分计算方程，若计算一单元下一时刻 t^{n+1}的温度 T_1^{n+1}，只需要知道该节点及其相邻节点前一时刻 t^n 的温度(T_1^n，T_0^n和 T_2^n)即可，不需要求解联立方程组，因此称其为显示格式。显示格式只有是条件稳定的，式(2-39)中 $M \geqslant 2$ 才能获得正确结果。

2.6.2 二维传热系统

对于只在两个方向上传热的情况，其导热微分方程由式(2-17)表示(同样没考虑潜热)，即

$$\frac{\partial T}{\partial t}=a\left(\frac{\partial^2 T}{\partial x^2}+\frac{\partial^2 T}{\partial y^2}\right)$$

按照如图 2.27 所示进行二维系统单元划分，t^n 时刻，节点(i, j)处的温度表示成 $T_{i,j}^n$，对于 $0<x<L_1$ 和 $0<y<L_2$ 的矩形区域内，将二维不稳定导热方程式应用于节点(i, j)，建立的差分方程式如下：

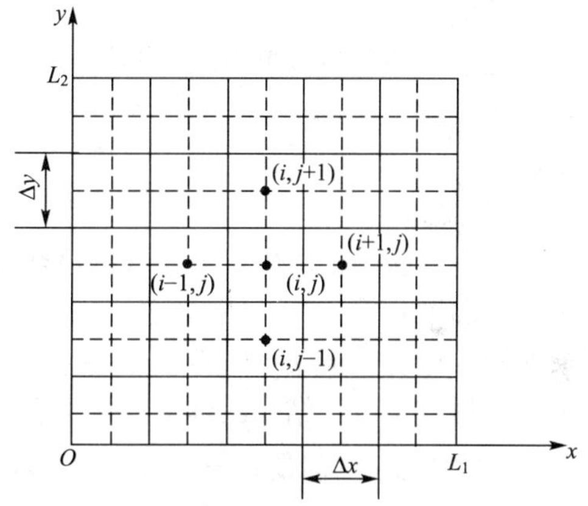

图 2.27 二维导热系统单元划分

$$\frac{T_{i,j}^{n+1}-T_{i,j}^n}{\Delta t}=a\left(\frac{T_{i-1,j}^n-2T_{i,j}^n+T_{i+1,j}^n}{\Delta x^2}+\frac{T_{i,j-1}^n-2T_{i,j}^n+T_{i,j+1}^n}{\Delta y^2}\right) \tag{2-40}$$

取 $\Delta x=\Delta y$，得

$$T_{i,j}^{n+1}=\frac{1}{M}(T_{i-1,j}^n+T_{i+1,j}^n+T_{i,j-1}^n+T_{i,j+1}^n+(M-4)T_{i,j}^n) \tag{2-41}$$

式中 $M=\frac{\Delta x^2}{a \cdot \Delta t}$，$T_{i,j}^n$表示$(i, j)$单元在 t^n 时刻的温度。式(2-41)也是有条件稳定的，要求式中 $M \geqslant 4$。

2.6.3 温度场数值模拟中的几个问题

1. 铸件-铸型界面的处理

液态金属浇入铸型后，由于金属的收缩和铸型受热膨胀，在铸型-铸件界面处可能出

现间隙，使传热变为复合传热过程。因此界面处的节点不能采用与系统内部节点相同的计算方法。在实际计算中，可假定间隙中的传热为对流传热，以等效换热系数来描述界面的热量传递。

2. 边界的处理

对于边界处的节点，由于周围节点向该边界节点传入的热量已经不再符合导热微分方式描述的情况，因此不能再从导热微分方程入手，而是根据能量守恒原理进行推导。

3. 初始条件

对铸造温度场进行模拟时，一般假设铸型瞬时充满，即铸件的初始温度为浇注温度，铸型的初始温度为室温。但对于铸型和铸件的界面处，由于热交换强度大，在浇注初期可近似为一维导热，可采用式(2-24)求出界面初始温度，即

$$T_i=\frac{b_1 T_{10}+b_2 T_{20}}{b_1+b_2}$$

对于焊接温度场，一般设焊件初始温度为环境温度或预热温度。

4. 凝固潜热的处理

上述一维和二维传热系统中利用导热微分方程时，没有考虑潜热。但凝固过程会释放潜热，减缓温度下降速度。因此，在计算时必须考虑潜热的作用，下面介绍两种处理办法。

1) 温度回升法

温度回升法是把凝固过程释放的潜热用于补偿热传导所带走的热量，即补偿了由传热所引起的温度降低，从而使单元自身温度做相应回升。与其他方法相比，温度回升法物理意义明确，适合数值模拟，特别是纯金属和共晶合金凝固潜热的处理。

对于恒定温度下结晶的纯金属和共晶合金来说，设其结晶温度为 T_m，假设某单元在 t^{n+1}时刻不考虑潜热时的计算温度为 $T_{i,j}^{n+1}$，比凝固温度低 $\Delta T(\Delta T=T_m-T_{i,j}^{n+1})$，此时间步长内($t^n$ 到 t^{n+1})即单元固相率的增量为

$$\Delta f_s=\frac{c}{L}\Delta T \tag{2-42}$$

式中，c 为金属的比热容；L 为凝固潜热。

由于潜热释放，凝固过程单元温度应一直保持为 T_m，所以，考虑潜热后应将计算的单元温度由 $T_{i,j}^{n+1}$ 回升到 T_m，而且以后各时刻的温度计算结果均应回升，当各次温度回升所当量的固相率之和等于或大于 1 时，说明潜热释放完了，温度不再回升。

2) 等价比热容法

等价比热容法是将结晶潜热折算成比热容加到合金的实际比热容上，作为合金结晶温度区间内的等价比热容 c_E，在计算中应用。等价比热容法是应用较为广泛的结晶潜热处理方法之一。

假设合金结晶温度范围为 $T_L \sim T_S$，当计算的温度在此温度范围内时，将计算中铸件的比热容 c 用等价比热容 c_E 代替。

$$c_E = c + \frac{L}{T_L - T_S} \tag{2-43}$$

式中，L 为凝固潜热。

除了温度回升法和等价比热容法之外，处理潜热的方法还有积分法和热焓法，在此不再赘述。

习题

1. 什么是温度场、稳定温度场和非稳定温度场？如何表示温度场？

2. 什么是温度梯度？为什么等温面(线)密集处温度梯度大？

3. 热量传递的基本方式有哪些？由什么定律描述？

4. 铸造温度场和焊接温度场各有什么特点？

5. 影响铸造温度场和焊接温度场的因素有哪些？

6. 试比较同样体积大小的球状、块状、板状及杆状铸件凝固时间的长短。

7. 什么是凝固方式？凝固方式有哪几种？凝固方式的影响因素是什么？凝固方式对铸件质量有何影响？

8. 如何测定温度场？如何利用冷却曲线绘制温度场和凝固动态曲线？什么是凝固动态曲线？从凝固动态曲线中可以得到哪些与凝固有关的信息和数据？

9. 什么是平方根定律？利用平方根定律计算凝固时间有哪些方面的误差？

10. 试证明铁在熔点浇入铝制铸型中，铝铸型内表面不会熔化。

11. 已知某半无限大板状铸钢件的热物性参数为：导热系数 $\lambda=46.5\text{W/(m·K)}$，比热容 $c=460.5\text{J/(kg·K)}$，密度 $\rho=7850\text{kg/m}^3$，取浇注温度为1570℃，铸型的初始温度为20℃。用描点作图法绘出该铸件在砂型和金属型(铸型壁均足够厚)中浇注后0.02h、0.2h时刻的温度分布状况并作分析比较。铸型的有关热物性参数见表2-2。

12. 在砂型中浇注尺寸为300mm×300mm×20mm的纯铝板。设铸型的初始温度为20℃，浇注温度为670℃，浇注后瞬间铸件-铸型界面温度立即升至纯铝熔点660℃，且在铸件凝固期间保持不变。金属与铸型材料的热物性参数见表2-4。

表2-4 金属与铸型材料的热物性参数

材料＼热物性	导热系数 λ/[W/(m·K)]	比热容 C/[J/(kg·K)]	密度 ρ/(kg/m³)	热扩散率 a/(m²/s)	结晶潜热 /(J/kg)
纯铝	212	1200	2700	6.5×10^{-5}	3.9×10^{5}
砂型	0.739	1840	1600	2.5×10^{-7}	

试求：(1) 根据平方根定律计算不同时刻铸件凝固层厚度 ξ，并作出 $\xi-\tau$ 曲线。

(2) 分别用“平方根定律”及“折算厚度法则”计算铸件的完全凝固时间，并分析差别。

13. 图2.28为一灰铸铁底座铸件的断面形状，其厚度为30mm，利用“模数法”分析砂型铸造时底座的最后凝固部位，并估计凝固终了时间。

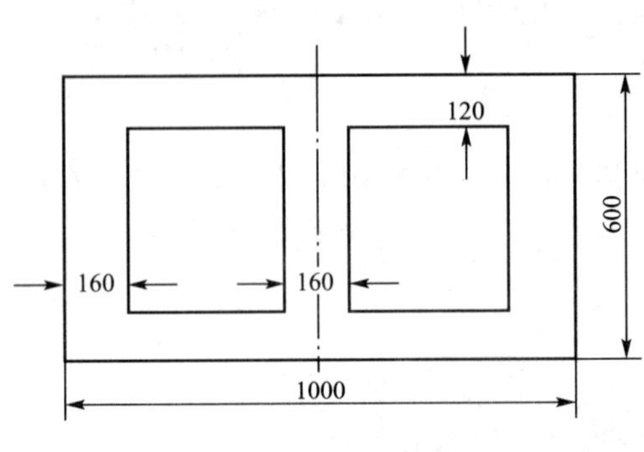

图 2.28 题 13 图

14. 一面为砂型而另一面为某种专用材料制成的铸型中浇注厚为 50mm 的铝板，浇注时无过热。凝固后检验其组织，在位于砂型 37.5mm 处发现轴线缩松，计算专用材料的蓄热系数。

15. 已知厚为 50mm 的板形铸件在砂型中的凝固时间为 6min，在保温铸型中的凝固时间为 20min，如采用复合铸型(即一面为砂型，另一面为保温铸型)，欲在切削后得到 47mm 厚的致密板件，铸件厚最少应为多大?

第3章 金属凝固热力学与动力学

知识要点	掌握程度	相关知识
凝固热力学条件	掌握液-固相变驱动力的概念； 明确凝固热力学条件； 熟悉金属的凝固过程	根据热力学分析金属凝固的热力学条件；根据相变动力学分析金属凝固过程
形核过程	掌握均质形核和非均质形核的概念、区别与联系；熟悉形核率、非均质形核条件	形核热力学；三相界面平衡；界面共格对应；形核率
晶体的生长	掌握两种固液界面微观结构的实质； 掌握三种晶体生长机理和生长速度；了解晶体的界面结构、生长机理及其动力学规律与热力学参数 α 和生长动力学因素 ΔT_k 的关系	Jackson 的理论：固液界面微观结构；晶体生长机理

导入案例

铝硅合金是目前应用最广、用量最大的铸造非铁合金。Al－Si二元合金具有简单的共晶型相图，室温下只有α(Al)和β(Si)两种相。α(A1)相的性能与纯铝相似，β(Si)相的性能与纯硅相似。β(Si)相在自然生长条件下会长成块状或片状的脆性相，它严重地割裂基体，降低合金的强度和塑性，因而需要将它改变成有利的形态。变质处理就是要使共晶硅由粗大的片状变成细小纤维状或层片状，从而提高合金性能。Al－Si合金的变质处理是向凝固前的合金熔体中加入少量的变质元素，改变共晶硅相的生长形态。图3.1为变质前后Al－Si二元合金的显微组织，可以看到共晶硅相形态的明显变化。

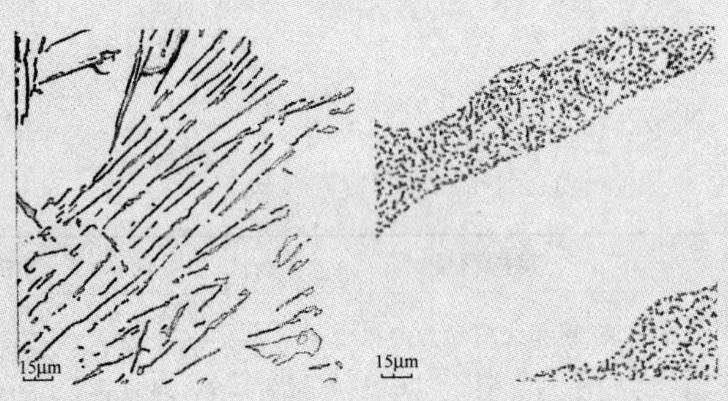

图3.1　变质前后Al－Si二元合金的显微组织

石墨的晶体结构是六方晶格结构。在实际的石墨晶体中存在多种缺陷，如旋转孪晶、螺旋位错及倾斜孪晶等，它们对石墨的生长过程及最终形态起决定性的影响。从结晶学的晶体生长规律看，石墨按正常方式生长时最后形成片状组织，如对铁液进行球化处理，可使石墨生长为球状，如图3.2所示。石墨长成球状之后，对铸铁基体的割裂作用大大减弱，从而使同样成分铸铁的强度提高2～5倍，延伸率从0提高到20%。

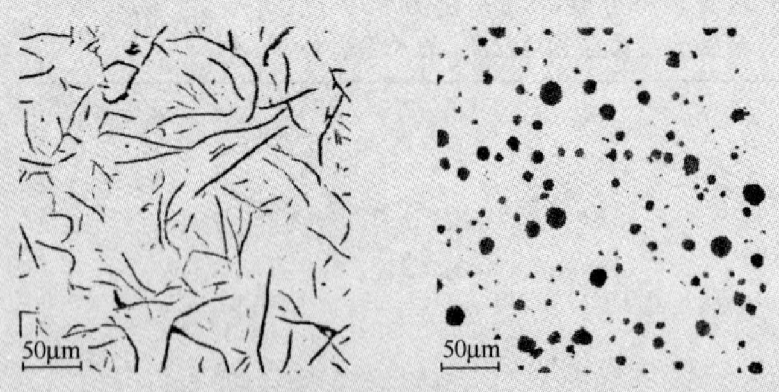

图3.2　球化处理前后铸铁的组织

用Al－Ti－B中间合金细化剂，通过包晶反应和共晶反应分别生成$TiAl_3$和AlB_2，$TiAl_3$、AlB_2和Al存在良好的共格关系，可作为形核剂，对Al－Si合金进行细化。图3.3为Al－Si合金经Al－Ti－B中间合金细化剂细化处理前后的组织。

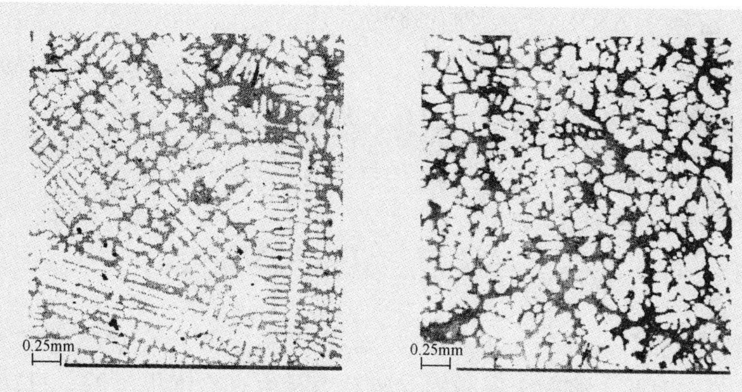

图 3.3 Al-Si 合金细化处理前后的组织

金属凝固是指金属从液态转变为固态的过程，广泛地讲，应该包含液态金属快速冷却时成为非晶态的情况，它是金属液态成型技术及新材料研究与开发领域共同关注的重要话题。我们在此只阐述金属从液态转变为晶体的过程，即结晶过程。液态金属的凝固特点和规律是金属成型的基础知识。本章的主要任务是研究液态金属(合金)由液态变成固态的热力学与动力学条件，通过形核和生长过程阐述液态金属凝固过程的基本规律。

3.1 金属凝固的热力学条件

3.1.1 金属凝固的热力学条件

热力学的主要任务是从能量观点出发，研究一个体系的平衡规律，判断物质变化的方向和限度。液态金属的凝固过程是一种相变，根据热力学分析，它是一个降低系统自由能而自发进行的过程。系统的吉布斯自由能 G 可由下式表示：

$$G=H-ST \tag{3-1}$$

式中，H 为焓，S 为熵，T 为热力学温度。

纯金属液、固两相体积吉布斯自由能 G_L 和 G_S 均随温度升高而降低，如图 3.4 所示。可见 G_L 以更大的速度随着温度的升高而下降。当 $T=T_m$ 时，$G_S=G_L$，固、液两相处于热力学平衡状态，T_m 即为平衡凝固点；当 $T>T_m$ 时，$G_S>G_L$，液相处于自由能更低的稳定状态，凝固不可能进行；$T<T_m$，$G_S<G_L$，凝固则自发进行。此时固液体积自由能之差为相变驱动力(ΔG_V)。则由式(3-1)有

$$\begin{aligned}\Delta G_V &=G_S-G_L=(H_S-S_ST)-(H_L-S_LT)\\ &=(H_S-H_L)-T(S_S-S_L)\end{aligned}$$

即
$$\Delta G_V=\Delta H-T\Delta S \tag{3-2}$$

当系统的温度 T 与平衡凝固点 T_m 相差不大时，$\Delta H\approx-\Delta H_m$(此处，$\Delta H$ 指凝固潜热，ΔH_m 为熔化

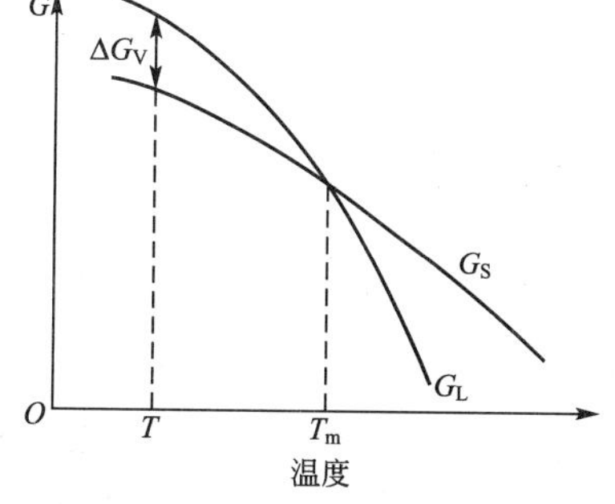

图 3.4 液-固两相自由能与温度的关系

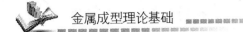

潜热)，相应地，$\Delta S \approx -\Delta S_m$($\Delta S_m$ 为熔化熵)。

当 $T=T_m$ 时，$\Delta G_V=-\Delta H_m+T_m\Delta S_m=0$，所以，$\Delta S_m=\Delta H_m/T_m$，代入式(3-2)得

$$\Delta G_V=-\Delta H_m+T(\Delta H_m/T_m)$$

$$\Delta G_V=-\Delta H_m+T\cdot\frac{\Delta H_m}{T_m}=-\Delta H_m\left(1-\frac{T}{T_m}\right)$$

$$\Delta G_V=-\frac{\Delta H_m(T_m-T)}{T_m}=-\frac{\Delta H_m\cdot\Delta T}{T_m} \tag{3-3}$$

式中，ΔT 为过冷度(undercooling degree)，对于给定金属，$-\Delta H_m$ 与 T_m 均为定值，故 ΔG_V 仅与 ΔT 有关。因此，液态金属凝固的驱动力是由过冷度提供的，过冷度越大，凝固驱动力也就越大。过冷度为零时，驱动力就不复存在。所以液态金属不会在没有过冷度的情况下凝固。

3.1.2 金属凝固过程及自由能的变化

液态金属在相变驱动力 ΔG_V 或 ΔT 的作用下开始凝固。根据相变动力学理论，液态金属中原子在结晶过程中的能量变化如图 3.5 所示，高能态的液态原子变成低能态的固态原子，必须越过能态更高的高能态 ΔG_A 区，高能态区即为固态晶粒和液态之间的界面。如果体系在大范围内同时进行转变，则体系内的大量原子必须同时进入高能的中间状态。这将引起整个体系自由能的极大增高，因此是不可能的。体系总是力图以最“省力”的方式进行转变，而体系内的起伏现象又为这种“省力”的方式提供了可能。因此液态金属结晶这一相变的转变方式是：首先，体系通过起伏作用在某些微观区域内形成稳定的新相小质点，即晶核。新相一旦形成，体系内将出现自由能较高的新旧两相之间的过渡区；为使体系自由能尽可能地降低，过渡区必须减薄到最小的原子尺度，这样就形成了新旧两相的界面。然后，依靠界面逐渐向液相内推移而使晶体长大，直到所有的液态金属全部转变成金属晶体。由此可见，为避免体系自由能过度增大，液态金属的结晶过程是通过形核和生长而进行的。但形核和生长不是截然分开的，而是同时进行的，即在晶核长大的同时又会产生新的结晶核心，新的核心又同老的核心一起长大，直至凝固结束。

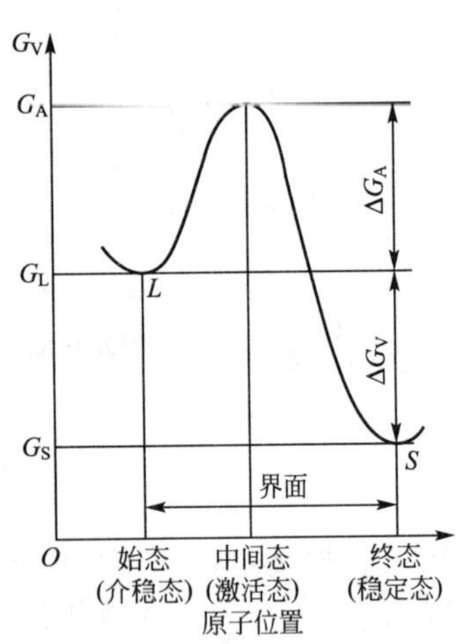

图 3.5 金属原子在结晶过程中的自由能变化

3.2 均 质 形 核

当液态金属冷却到凝固温度以下时，则处于亚稳定状态，此时体系已具有凝固的热力学条件，即具有相变驱动力。亚稳定的液态金属通过起伏作用在某些小区域内形成稳定存在的晶态小质点的过程称为形核。凝固理论将形核分为均质形核(homogeneous nucleation)和非均质形核(heterogeneous nucleation)两类。均质形核是指形核前无外来质点(对

钢铁而言，通常为氧化物、氮化物、碳化物等高熔点微小固相质点），而从均匀的液相中形核的过程，也称“自发形核”。非均质形核是依靠液相中的外来质点或型壁界面提供的衬底而形核的过程，也称“异质形核”或“非自发形核”。其实，即使在区域提纯的条件下，每 $1cm^3$ 的液相中也有约 10^6 个边长为 10^3 个原子的立方体的微小杂质颗粒。所以，在实际生产中，均质形核是不太可能的。虽然生产实践中大量遇到的是非均质形核问题，但均质形核理论是非均质形核理论的发展基础。而均质形核过程可看做非均质形核过程的一个特例，因此，我们先介绍均质形核。

3.2.1 均质形核热力学

假设晶核为球体。生成一个晶核时，体系吉布斯自由能的变化为

$$\Delta G = V\Delta G_V + A\sigma_{LS} = \frac{4}{3}\pi r^3 \Delta G_V + 4\pi r^2 \sigma_{LS} \tag{3-4}$$

式中，r 为晶核半径，ΔG_V 为单位体积自由能变化，σ_{LS}为固液界面能。

式(3-4)中第一项为体积自由能的变化，第二项为界面自由能的变化，而 $\Delta G_V = -\frac{\Delta H_m \Delta T}{T_m}$ 始终为负值，所以体积自由能使体系自由能降低，界面自由能使体系自由能升高。图 3.6 为形核时体系自由能的变化与晶核尺寸之间的关系。$r<r^*$ 时，由于第二项上升速度比第一项下降速度快，所以体系总的自由能随 r 增大而上升。$r=r^*$ 时，ΔG 达到最大值 ΔG^*。r 继续增大，因体积自由能下降速度加快，体系自由能随之下降，此时，原先不稳定的晶胚成为稳定的晶核。r^* 称为临界晶核半径，ΔG^* 称为形核功。大小为临界晶核半径的晶核处于介稳状态，既可消失也可生长，只有 $r>r^*$ 的晶核才可能成为稳定晶核。由式(3-4)可求得临界晶核半径和形核功。

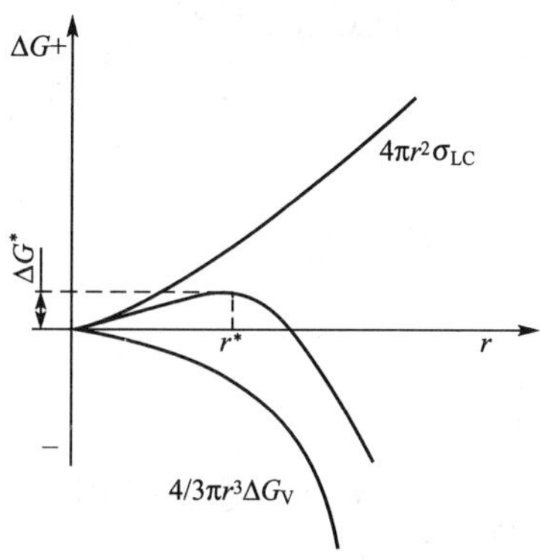

图 3.6 液相中形成球形晶胚时 ΔG 与 r 之间的关系

即通过

$$\frac{d\Delta G}{dr} = 0$$

可求得临界晶核半径

$$r_{ho}^* = -\frac{2\sigma_{LS}}{\Delta G_V} = \frac{2\sigma_{LS} T_m}{\Delta H_m \Delta T} \tag{3-5}$$

将式(3-5)带入式(3-4)得均质形核的形核功

$$\Delta G_{ho}^* = \frac{16\pi}{3} \cdot \sigma_{SL}^3 \left(\frac{T_m}{\Delta H_m \Delta T}\right)^2 = \frac{1}{3} A^* \sigma_{LS} \tag{3-6}$$

由式(3-5)、式(3-6)可知，$r_{ho}^* \propto \Delta T^{-1}$，$\Delta G_{ho}^* \propto \Delta T^{-2}$，即 ΔT 越小，r_{ho}^* 越大，ΔG_{ho}^* 更大，但实际上不是任何小的过冷度(ΔT)都可以形核，而是存在临界过冷度 ΔT^*。图 3.7 为液态金属 r^0，r_{max}，r^* 与 T 之间的关系，r^0 为液体中原子团簇的统计平均尺寸，r_{max}为液体中原子团簇的最大尺寸。r^0 与 r^* 相交时所对应的过冷度为临界过冷度 ΔT^*，当 $\Delta T>\Delta T^*$ 时，原子团簇平均半径已达临界半径，开始大量形核。图中还可看出，在 $\Delta T<\Delta T^*$ 时，r_{max}就可能达到临界晶核半径而成为稳定晶核，只是此时晶核数量很少而已，所以 ΔT^* 应理解为开始大量形核的过冷度，而非开始形核的过冷度。

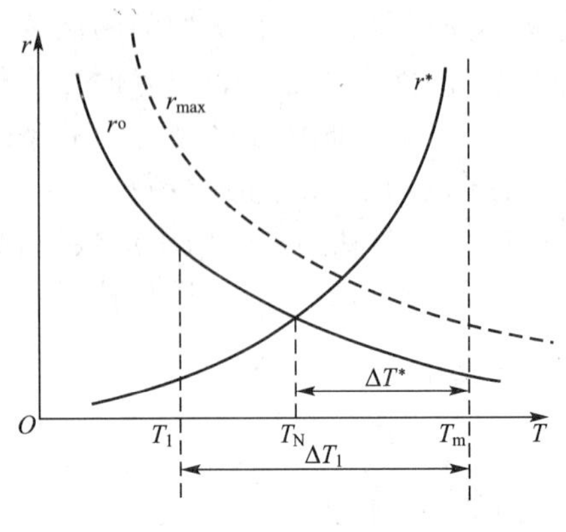

图 3.7　液态金属 r^0，r_{max}，r^* 与 T 之间的关系

另外，式(3-6)还看出，形核功 ΔG_{ho}^* 的大小为临界晶核界面能的三分之一，它是均质形核所必须克服的能量障碍，即热力学能障。众所周知，由于“能量起伏”的作用，使液体中存在“结构起伏(相起伏)”，即液体中出现大小不同的原子团簇。形核功当然是由液态金属中的“能量起伏”提供，同时符合临界尺寸的晶核是由“结构起伏”提供的。因此，液态金属中形成的晶核是“结构起伏”和“能量起伏”的共同产物，也可以说，形核功和临界形核半径是从能量和物质两个不同的侧面反映同一个临界晶核的形成条件问题，因为在满足形核功的同时也满足了临界晶核半径。

3.2.2　均质形核率

形核率是指单位体积、单位时间内形成的晶核数目。均质形核的形核率 I 可表示为

$$I_{ho}=I_0\exp\left(\frac{-\Delta G_A}{kT}\right)\exp\left(\frac{-\Delta G_{ho}^*}{kT}\right) \tag{3-7}$$

$$I_{ho}=I_0\exp\left(\frac{-\Delta G_A}{kT}\right)\exp\left(\frac{-16\pi\sigma_{LS}^3}{3kT}\left(\frac{T_m}{\Delta T\Delta H_m}\right)^2\right) \tag{3-8}$$

式中，I_0 为常数，k 为波尔兹曼常数，ΔG_A 为扩散激活能。

从式(3-7)、式(3-8)中分析形核率 I_{ho} 与温度 T 及过冷度 ΔT 之间的关系：

(1) $e^{\frac{-\Delta G_{ho}^*}{kT}}$，温度 T 具有双重作用，如温度 T 升高时，$e^{\frac{-\Delta G_{ho}^*}{kT}}$ 增加，I_{ho} 则提高；但同时 ΔT 减小，ΔG_{ho}^* 增大，I_{ho} 降低。但 ΔG_{ho}^* 反比于 ΔT^2，所以 ΔT 对 ΔG_{ho}^* 影响较大。因此，$\Delta T\to 0$ 时，$\Delta G_{ho}^*\to\infty$，$I\to 0$。ΔT 增大，ΔG_{ho}^* 下降，I 上升。对于一般金属，温度下降到某一程度，达到临界过冷度(ΔT^*)，形核率迅速上升。

(2) $e^{\frac{-\Delta G_A}{kT}}$，当 ΔT 很大时，T 很小，原子热运动减弱，故形核率相应减小。由于金属原子的活动能力强，大多数金属过冷度不可能越过大量形核程度的温度范围而达到足以抑制形核的程度，因此看不到 I 下降的趋势。

由以上分析结果，大多数金属的均质形核率与过冷度之间的关系如图 3.8 所示。

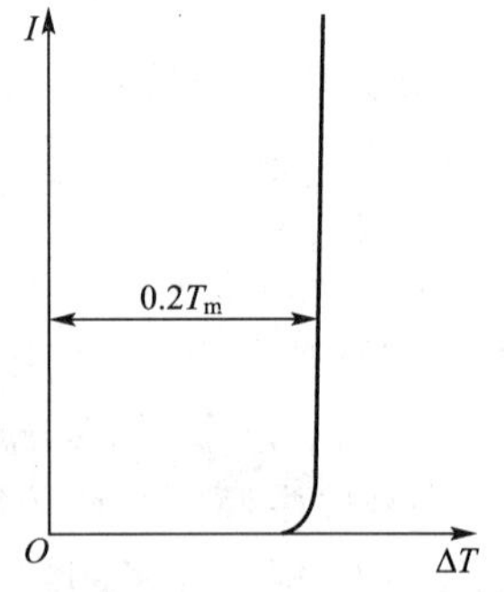

图 3.8　均质形核率与过冷度的关系

计算及实验均表明：$\Delta T^*\approx 0.2T_m$，即使对熔点较低的纯铝来说，需要过冷度也达 195℃，可见均质形核需要很大的过冷度。而在此之前，形核率随过冷度的增加几乎始终为零，只有接近临界过冷度时，才有很小的形核率。但是，实际上在过冷度 ΔT 比均质形核临界过冷度 ΔT^* 小得多时就大量形核，即实际生产中几乎不存在均质形核，而是非均质形核。

3.3 非均质形核

3.3.1 非均质形核热力学

实际金属或合金中存在大量的外来固相质点可作为非均质形核的基底(衬底)。如图 3.9 所示，晶核依附于夹杂物的界面上形成。当液相、新生固相(晶核)和基底处于平衡状态时，新生固相只需在基底上形成一定体积的球缺即可，并不需要形成球体，但是否能够成为稳定形核，需符合热力学条件。

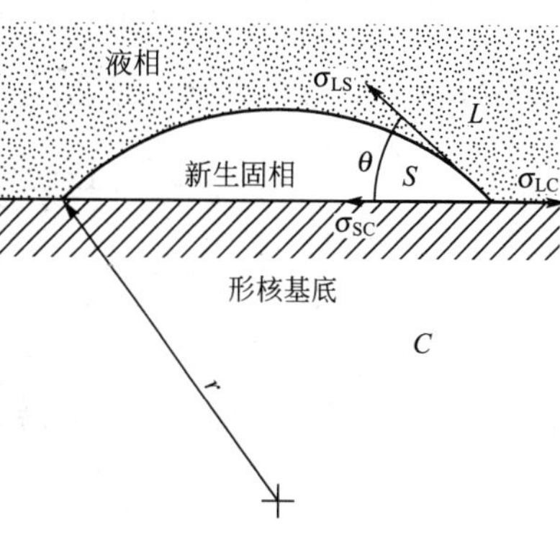

图 3.9 非均质形核示意图

图中可以看出，当在基底生成晶体时存在 3 个界面，即液相-固相界面，液相-基底界面，固相-基底界面。相应的存在 3 种界面能，分别为 σ_{LS}、σ_{LC}、σ_{SC}。此时有如下关系

$$\sigma_{LC}=\sigma_{SC}+\sigma_{LS}\cos\theta \tag{3-9}$$

式中，θ 为固相与基底之间的润湿角。

与均质形核类似，当生成一个晶核时，体系吉布斯自由能的变化为

$$\Delta G=V\Delta G_V+\sum A\sigma \tag{3-10}$$

式中第一项为体积自由能的变化，第二项为界面自由能的变化。其中 V 为新生固相球缺的体积

$$\begin{aligned}V &= \int_0^\theta [\pi(r\sin\theta)^2]\mathrm{d}(r-r\cos\theta)\\ &= \int_0^\theta \pi r^3\sin^3\theta\mathrm{d}\theta = \pi r^3\left(\frac{2-3\cos\theta+\cos^3\theta}{3}\right)\end{aligned} \tag{3-11}$$

ΔG_V 同式(3-3)

$$\begin{aligned}\sum A\sigma &=\sigma_{LS}A_{LS}+\sigma_{SC}A_{SC}-\sigma_{LC}A_{SC}\\ &=\sigma_{LS}A_{LS}+(\sigma_{SC}-\sigma_{LC})A_{SC}\end{aligned} \tag{3-12}$$

$$\begin{aligned}A_{LS} &= \int_0^\theta 2\pi(r\sin\theta)(r\mathrm{d}\theta)\\ &= 2\pi r^2\int_0^\theta \sin\theta\mathrm{d}\theta = 2\pi r^2(1-\cos\theta)\end{aligned} \tag{3-13}$$

$$A_{SC}=\pi(r\sin\theta)^2=\pi r^2(1-\cos^2\theta) \tag{3-14}$$

将式(3-13)、式(3-14)、式(3-9)代入式(3-12)得

$$\sum A\sigma=\pi r^2\sigma_{LS}(2-3\cos\theta+\cos^3\theta) \tag{3-15}$$

将式(3-15)、式(3-3)、式(3-11)代入式(3-10)得

$$\Delta G=\pi r^3\left(\frac{2-3\cos\theta+\cos^3\theta}{3}\right)\Delta G_V+\pi r^2\sigma_{LS}(2-3\cos\theta+\cos^3\theta) \tag{3-16}$$

当$\frac{\mathrm{d}\Delta G}{\mathrm{d}r}=0$时，可求得临界晶核半径 r_{he}^*

$3\pi r^2\left(\frac{2-3\cos\theta+\cos^3\theta}{3}\right)\Delta G_V+2\pi r\sigma_{LS}(2-3\cos\theta+\cos^3\theta)=0$，求得

$$r_{he}^*=-\frac{2\sigma_{LS}}{\Delta G_V}=\frac{2\sigma_{LS}T_m}{\Delta H_m\Delta T} \tag{3-17}$$

将式(3-17)代入式(3-16)，则可得到非均质形核的形核功 ΔG_{he}^*

$$\Delta G_{he}^*=\pi\left(-\frac{2\sigma_{LS}}{\Delta G_V}\right)^3\left(\frac{2-3\cos\theta+\cos^3\theta}{3}\right)\Delta G_V+\pi\left(-\frac{2\sigma_{LS}}{\Delta G_V}\right)^2\sigma_{LS}(2-3\cos\theta+\cos^3\theta)$$

$$=\pi\frac{\sigma_{LS}^3}{\Delta G_V^2}\frac{4}{3}(2-3\cos\theta+\cos^3\theta)$$

为方便与均质形核相比较，整理得

$$\Delta G_{he}^*=\frac{16\pi\sigma_{LS}^3}{3}\left(\frac{T_m}{\Delta H_m\Delta T}\right)^2\left(\frac{2-3\cos\theta+\cos^3\theta}{4}\right)$$

$$\Delta G_{he}^*=\left(\frac{2-3\cos\theta+\cos^3\theta}{4}\right)\Delta G_{ho}^* \tag{3-18}$$

定义新的函数 $f(\theta)$

$$f(\theta)=\frac{2-3\cos\theta+\cos^3\theta}{4} \tag{3-19}$$

所以

$$\Delta G_{he}^*=f(\theta)\Delta G_{ho}^* \tag{3-20}$$

现在讨论非均质形核的临界半径和形核功。式(3-17)与式(3-5)完全一样，即均质形核和非均质形核的临界半径相等，而比较式(3-18)与式(3-6)发现两种形核功并非相同。这是由于虽然两种晶核的临界半径相等，但是均质形核形成的是半径为 r^* 的球体，而非均质形核形成的是半径为 r^* 的球缺。半径相同时，球体的体积大于球缺，所以均质形核时形成的球体的临界晶核包含的原子数比非均质形核时形成的球缺的临界晶核包含的原子数多，当然需要的形核功要大。那么大多少呢？为什么是 θ 的函数呢？

只要金属(或合金)一定，均质形核只有一种情况，形成的晶核总是半径 r_{ho}^* 的球体，需要的形核功总是 ΔG_{ho}^*，而非均质形核的情况千变万化。图 3.9 反映了晶核大小与 θ 角(或者说各种界面能)的关系，当固相与基底润湿性好，θ 角较小，晶核体积就小，即晶核包含的原子数少；相反，如果固相与基底润湿性不好，θ 角较大，晶核体积就大，即晶核包含的原子数多。式(3-20)正表达了此含义，即非均质形核功与均质形核功只差一个因子 $f(\theta)$，因此非均质形核功是 θ 的函数，可见润湿角(晶体与基底间的润湿程度)影响非均质形核的难易程度。

从式(3-19)可以得出，θ 角在 0°～180°之间变化时，$f(\theta)$的数值在 0～1 之间。

$\theta=0°$，即晶体与基底完全润湿，非均质形核功 $\Delta G_{he}^*=0$，此时，无须形核，晶体可直接在基底上生长。

$\theta=180°$，即晶体与基底完全不润湿，非均质形核功 $\Delta G_{he}^*=\Delta G_{ho}^*$，此时基底不起作用，与均质形核情况一样。

以上是两种极端情况，通常情况下，$0°<\theta<180°$，$0<f(\theta)<1$，故 $\Delta G_{he}^*<\Delta G_{ho}^*$，说明基底都有促进形核的作用，非均质形核比均质形核更容易进行。而且 θ 越小，ΔG_{he}^* 越小，临界过冷度 ΔT^* 越小。

以上分析和讨论是以平面基底而言，那么如果是非平面基底，情况又如何呢？

图 3.10 为 3 种不同形状的基底上的形核情况。图中可以看出，基底形状不同时，只要润湿角相同，临界晶核半径均相同。但明显的是，基底形状不同，晶核包含的原子数不同：凸面上形成的晶核原子数最多，平面上次之，凹面上最少。因此，凹界面基底的形核能力最强，且随界面曲率的增大而增大；凸界面基底形核能力最弱，随界面曲率的增大而减小；平界面的形核能力介于二者之间。

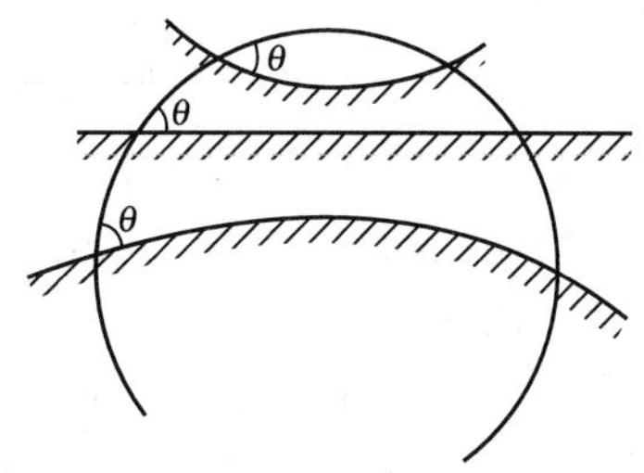

图 3.10　不同形状基底的形核情况

3.3.2　非均质形核率

非均质形核率的理论推导结果在形式上和均质形核相似(式(3-7))，即

$$I_{he}=A\exp\left(\frac{-\Delta G_{A}}{kT}\right)\exp\left(\frac{-\Delta G_{he}^{*}}{kT}\right) \quad (3-21)$$

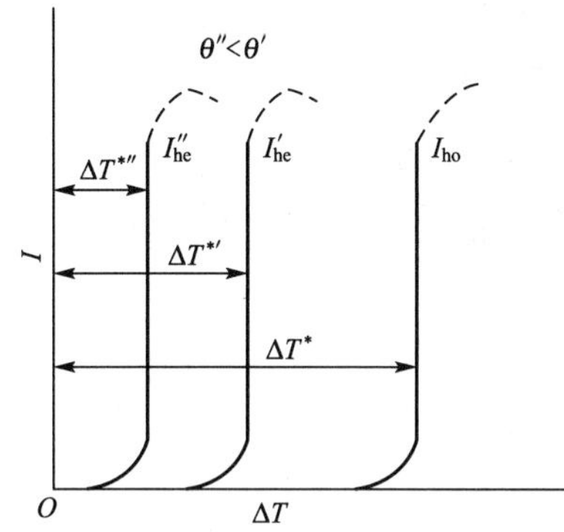

图 3.11　形核率、形核过冷度及 θ 角之间的关系

由于 $\Delta G_{he}^{*}\leqslant\Delta G_{ho}^{*}$，所以一般情况下，非均质形核率大于均质形核率。非均质形核率 I_{he} 随过冷度而变化，在临界形核过冷度以下时，由于形核功数值过大，形核率基本为 0，当过冷度达到临界过冷度时，形核率迅速上升达最大值，然后下降。下降的原因是因为随着晶核在基底上的铺展，所能利用的基底面积逐渐减少。另外，形核过冷度的大小与 θ 角有关，θ 角越小，形核过冷度就越小。形核率、形核过冷度及 θ 角之间的关系如图 3.11 所示。

3.3.3　非均质形核条件

研究形核过程的目的是为了控制形核。常见的控制形核的方法是在液态金属中加入形核剂以促进非均质形核的能力，从而达到细化晶粒、改善性能的效果。

形核剂需要一定的条件，由 $\cos\theta=\frac{\sigma_{LC}-\sigma_{SC}}{\sigma_{LS}}$ 可知，σ_{SC} 越小，$\cos\theta$ 越接近于 1，θ 角越接近于 0°。即晶核与形核剂(基底)的界面张力 σ_{SC} 越小，相互润湿性越好，越有利于形核。因此，为了了解形核剂的行为，首先集中注意力于 σ_{SC} 的研究。在此基础上提出了选择有效生核剂的有关理论和准则，其中应用最广的是界面共格对应理论。该理论认为，在非均质形核过程中，基底晶面总是力图与结晶相的某一最合适的晶面相结合，以便组成一个 σ_{SC} 最低的界面。因此界面两侧原子之间必然呈现出某种规律性的联系。这种规律性的联系称为界面共格对应。研究指出，当界面两侧的原子排列方式相似，原子间距离相近，或在一定范围内成比例，就可能实现界面共格对应。共格对应关系可用点阵失配度(或称错配度)δ 来衡量：

$$\delta=\frac{|a_S-a_C|}{a_C}\times100\% \quad (3-22)$$

式中，a_S 为界面处晶核的原子间距，a_C 为界面处形核剂(基底)的原子间距。δ 越小，共格对应情况好，界面张力 σ_{SC} 越小，越容易进行非均质形核。一般认为，$\delta\leqslant5\%$ 为完全共格，形核能力强；5%<δ<25%为部分共格，基底有一定的形核能力；δ>25%时为不共格，基底无形核能力。这是选择形核剂的理论依据。

如 Mg 和 α－Zr 同为密排六方晶格，Mg 的晶格常数 a=0.3209nm，c=0.5120nm；α－Zr 的晶格常数 a=0.3220nm，c=0.5133nm；两者完全共格，且 Zr 的熔点(1852℃)远高于 Mg 的熔点(650℃)，所以 α－Zr 可作为 Mg 的强形核剂。再如，钛在铝合金中是非常有效的形核剂，钛在铝合金中形成 $TiAl_3$，它与铝的结构类型不同，铝为面心立方结构，晶格常数 a=0.405nm，$TiAl_3$ 为正方结构，晶格常数 $a=b$=0.543nm，c=0.859nm。不过当 $(001)_{TiAl3}$ // $(001)_{Al}$ 时，铝的晶格只要旋转 45°，即 $[100]_{TiAl3}$ // $[110]_{Al}$ 时，即可与 $TiAl_3$ 较好对应，如图 3.12 所示，从而有效地细化铝的晶粒。

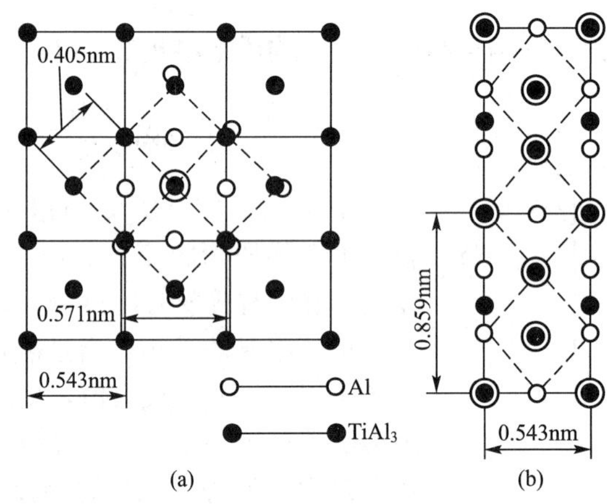

图 3.12 Al 与 $TiAl_3$ 共格对应情况

但这方面理论并不完善，以失配度 δ 作为选择形核剂的标准具有局限性。如 Ag－Sn 的 δ 比 Pt－Sn 的 δ 小，可是 Pt 可以作为 Sn 的形核剂，Ag 却不能。所以，失配度不能作为选择形核剂的唯一标准。目前，形核剂的选用往往靠实际经验或通过实验研究。

当液态金属中存在有形核能力不同的多种物质时，过冷度有双重作用。过冷度越大，能促进非均质形核的外来质点(基底)种类和数量越多，非均质形核能力越强，同时，同一种外来质点的非均质形核能力也越强，故总形核率也就越高。

3.4 晶体的生长

形成稳定的晶核后，液相中的原子不断地向固相核心堆砌，使固-液界面不断地向液相中推移，导致液态金属的凝固。液相原子堆砌的方式和速率与凝固驱动力和固-液界面的特性有关。因为，在晶体表面上并不是任意位置都可以同样容易地接纳液相原子，晶体表面接纳原子的位置多少与晶体表面的结构有关。晶体表面上有原子空缺位置，或存在台阶的位置，容易接纳新的原子，而完全被占满的晶体表面则难以接纳新的原子。

3.4.1 固-液界面的微观结构

根据 Jackson 提出的理论，从原子尺度看固-液界面微观结构可分为两类。

(1) 平整界面：固-液界面固相一侧的点阵位置几乎全部被固相原子所占据，只留下少量空位；或者只存在少数不稳定的、孤立的固相原子，从而形成整体上平整光滑的界面结构，如图 3.13(a)所示。

(2) 粗糙界面：固-液界面固相一侧的点阵位置有一半左右为固相原子所占据，这些原子散乱地随机分布在界面上，形成坑坑洼洼、凸凹不平的界面结构。如图 3.13(b)所示。

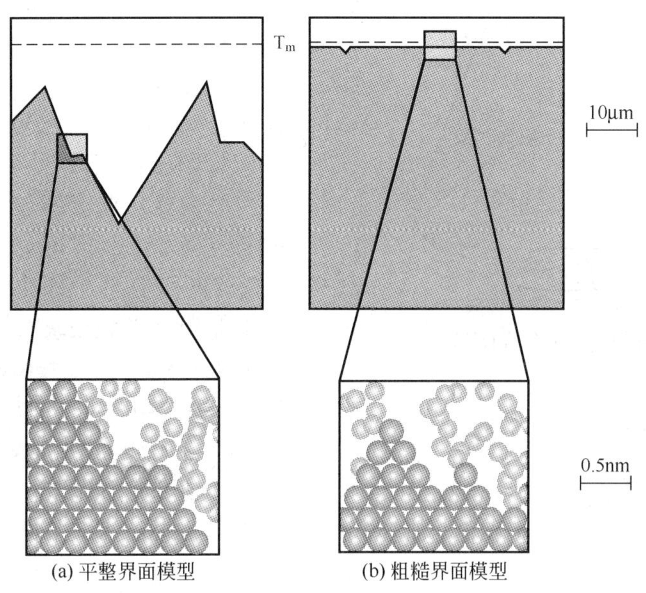

(a) 平整界面模型　(b) 粗糙界面模型

图 3.13　固-液界面微观结构模型

应该指出，所谓粗糙界面和平整界面是对原子尺度而言的。在显微尺度下，粗糙界面由于原子散乱分布的统计均匀性反而显得比较平滑如图 3.13(b)所示；而平整界面则由一些轮廓分明的小平面所构成，如图 3.13(a)所示。因此粗糙界面又称“非小平面”或“非小晶面”界面，其生长方式称“非小平面”生长；平整界面又称“小平面”或“小晶面”界面，其生长方式称“小平面”生长。

固-液界面结构决定于界面热力学条件，Jackson 认为，界面的平衡结构应是界面自由能最低的结构。

在熔点 T_m 时，单个原子由液相向固-液界面的固相一侧上随机地堆砌时，其界面自由能 ΔG_s 的相对变化量$\frac{\Delta G_s}{NkT_m}$可用下式表示

$$\frac{\Delta G_s}{NkT_m}=\alpha x(1-x)+x\ln x+(1-x)\ln(1-x) \tag{3-23}$$

式中，设 N 为界面上可供原子占据的全部位置数，$x=\frac{N_A}{N}$(N_A 为界面上固相原子的个数)为界面全部位置中被固相原子占据位置的分数，k 为玻尔兹曼常数，α 被称为 Jackson(杰克逊)因子

$$\alpha=\frac{L}{kT_m}\left(\frac{\eta}{\nu}\right)\approx\frac{\Delta S_m}{R}\left(\frac{\eta}{\nu}\right) \tag{3-24}$$

式中 L 为原子结晶潜热(J/原子)，R 为摩尔气体常数(8.31J/(mol·K))，ΔS_m 为熔化熵(J/(mol·K))，η 为界面上的配位数，ν 为晶体内部一个原子的邻近数，即配位数。

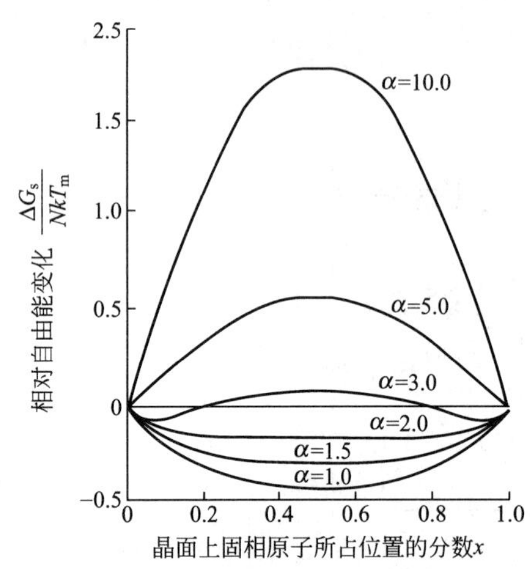

图 3.14　界面自由能变化与界面上原子所占位置分数的关系

根据式(3-23)，对于不同的 α 值，可作出 $\frac{\Delta G_s}{NkT_m}$ 与 x 之间的关系曲线，如图 3.14 所示，图中曲线形状随 α 值的不同而变化。当 $\alpha \leqslant 2$ 时，$\Delta G_s/NkT_m$ 在 $x=0.5$ 处具有最小值，处于热力学稳定状态，此时晶体表面有一半空缺位置；当 $\alpha \geqslant 5$ 时，$\Delta G_s/NkT_m$ 在 x 接近于 0($x<0.05$)或 1($x>0.95$)时具有最小值，处于热力学稳定状态，此时晶体表面位置几乎全部被占满或仅有极少数位置被占满。当 $2<\alpha<5$ 时，$\Delta G_s/NkT_m$ 在偏离 x 中心位置的两旁有两个极小值。此时，晶体表面尚有一小部分位置空缺或大部分空缺。

由此可见，Jackson(杰克逊)因子 α 可作为固-液界面微观结构的判据：凡 $\alpha \leqslant 2$ 的物质，晶体表面有一半空缺位置时自由能最低，此时固-液界面状态为粗糙界面；而 $\alpha \geqslant 5$ 的物质，晶体表面位置几乎全部被占满或仅有极少数位置被占满时，处于热力学稳定状态，此时界面为平整界面。$\alpha=2\sim5$ 之间时，常为多种方式的混合。

由以上可知，Jackson(杰克逊)因子由两项组成：$\frac{L}{kT_m}$，它取决于热力学性质。$\frac{\eta}{\nu}$，它与晶体结构及界面的晶面指数有关，对于绝大多数结构简单的金属来说，$\frac{\eta}{\nu} \leqslant 0.5$；对于结构复杂的非金属、亚金属和某些化合物晶体来说，$\frac{\eta}{\nu}$ 有可能大于 0.5，但在任何情况下均小于 1。绝大多数金属的熔化熵均小于 2，因此，α 值也必小于 2；多数非金属及化合物的熔化熵都比较大，α 值一般大于 5；而少数材料如 Bi、Sb、As、Ge、Si 等的 α 值在 2～5 之间。因此，绝大多数金属在结晶过程中，固-液界面是粗糙界面；而多数非金属和化合物的固-液界面属于平整界面；而 Bi、Sb、As、Ge、Si 等亚金属的固液界面类型与界面的取向有关。如 Si 的 {111} 面取向因子最大 $\left(\frac{\eta}{\nu}=\frac{3}{4}\right)$，$\alpha=2.67$，如以该面作为生长界面则为平整界面，而其余情况下皆为粗糙界面。所以这类物质结晶时，其固-液界面往往具有混合结构。

3.4.2　晶体生长方式及生长速度

晶体的生长是液体中原子向晶体表面不断堆砌的过程。界面结构不同，晶体的生长方式与生长速度也不同。晶体的生长速度指的是固-液界面向液相方向推进的速度，通常用单位时间内晶体长大的线长度来表示。根据固-液界面微观结构的不同，晶体可以通过 3 种不同的机理进行生长，生长速度也随生长机理的不同而不同。

1. 连续生长机理

当固-液界面呈粗糙界面时，界面上存在有50%左右的空位，这些空位构成了晶体生长所必须的台阶，液相扩散来的原子能够连续地往上堆砌，并且很容易被接纳并与晶体连接起来，即原子进入固相点阵以后被原子碰撞而弹回液相中去的几率很小。生长过程中仍可维持粗糙的界面结构，只要原子供应不成问题，就可以不断地进行“连续生长”。其生长方向为界面的法线方向，即垂直于界面进行生长，故又称垂直生长。晶体的生长速度 R 与动力学过冷度 ΔT_k 成正比，即

$$R=\mu_1\Delta T_k \tag{3-25}$$

μ_1 为常数。绝大多数金属采用这种方式生长，也称为正常生长。生长速度 R 与动力学过冷度 ΔT_k 成直线关系，如图 3.15 所示的直线 1。

2. 二维晶核生长机理

在平整界面上，液相中的原子很难往上堆砌，即使堆砌后也很不稳定，容易脱落。因此，需要在界面上形成一个二维晶核，如图 3.16 所示。二维晶核的形成，在界面上出现了台阶，然后液相原子在其侧面堆砌，使晶体向侧面生长。当台阶被完全填满后，需要形成新的二维晶核，如此继续下去，完成凝固过程。这种生长方式又称“侧面生长”。此时，生长速度 R 为

$$R=\mu_2 e^{-\frac{b}{\Delta T_k}} \tag{3-26}$$

式中，μ_2、b 为常数。生长速度 R 与动力学过冷度 ΔT_k 的关系曲线如图 3.15 所示的曲线 3。

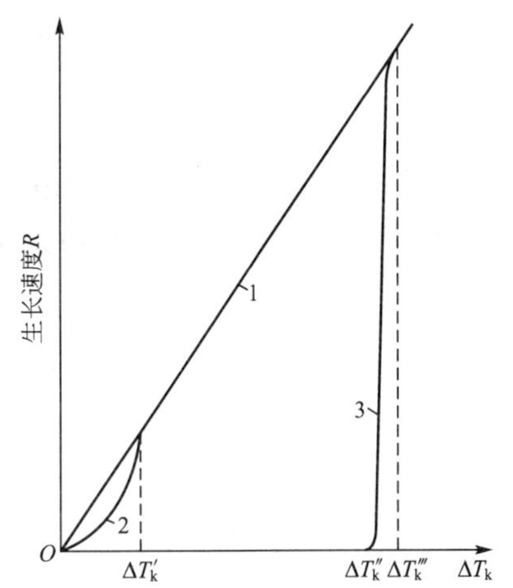

图 3.15 晶体生长速度与过冷度的关系

1—连续生长；2—螺旋位错生长；
3—二维晶核生长

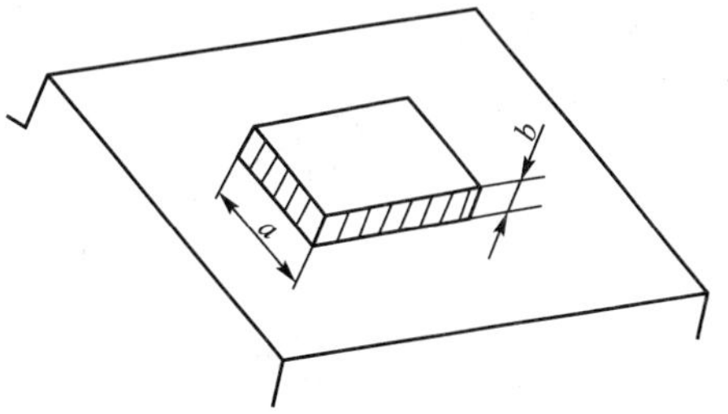

图 3.16 二维晶核长大模型

3. 从缺陷处生长机理

二维晶核生长机理是对理想的平整界面而言的，通常情况下，晶体在长大时，总存在各种缺陷，这些缺陷提供了台阶使原子容易堆砌，从而加快生长速度。

1) 螺旋位错生长

当平整界面出现螺旋位错时，界面就会出现台阶，如图 3.17(a)所示。台阶上任意一

点捕获原子的机会是一样的，生长的线速度也是相等的，但位错中心处台阶扫过晶面的角速度比远离中心处的地方要大，因此晶体围绕着露头而旋转生长，最终在晶体表面形成螺旋形的卷线，如图 3.17(b)所示。由于台阶在生长过程中不会消失，所以生长可以一圈一圈地连续进行，生长所需的动力学过冷度比二维晶核生长时所需过冷度小，生长速度较大。生长速度 R 与动力学过冷度 ΔT_k 之间的关系为

$$R=\mu_3\Delta T_k^2 \tag{3-27}$$

式中，μ_3 为常数，其间的关系曲线呈抛物线，如图 3.15 所示曲线 2。

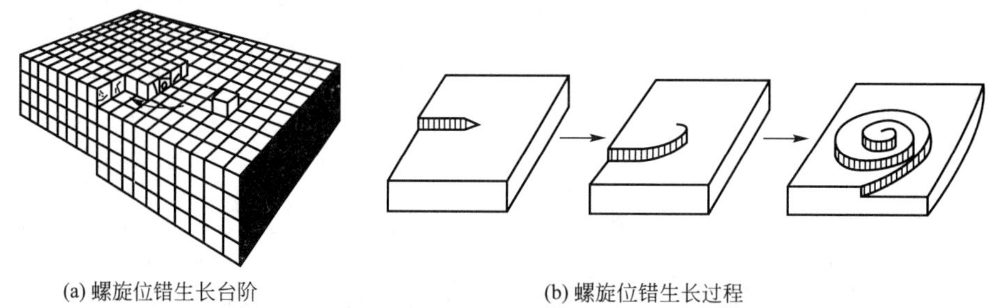

(a) 螺旋位错生长台阶　　(b) 螺旋位错生长过程

图 3.17　螺旋位错生长机理

2）旋转孪晶生长

旋转孪晶一般容易出现在层片状结晶的晶体中，结晶过程中原子排列的层错，好像使上下层之间产生一定角度的旋转，构成了旋转孪晶。此时，产生了台阶，液相中原子可向台阶处堆砌而侧向生长。如灰铸铁中的的石墨，具有以六角形晶格为基面的层状结构，其旋转孪晶生长模型如图 3.18 所示。

3）反射孪晶生长

由反射孪晶构成的凹角即是生长台阶，液相中的原子向凹角堆砌而长大，但凹角不消失，在长大过程中一直起作用。其生长模型如图 3.19 所示。实验表明，Ge、Si 和 Bi 晶体的生长属于这种方式。

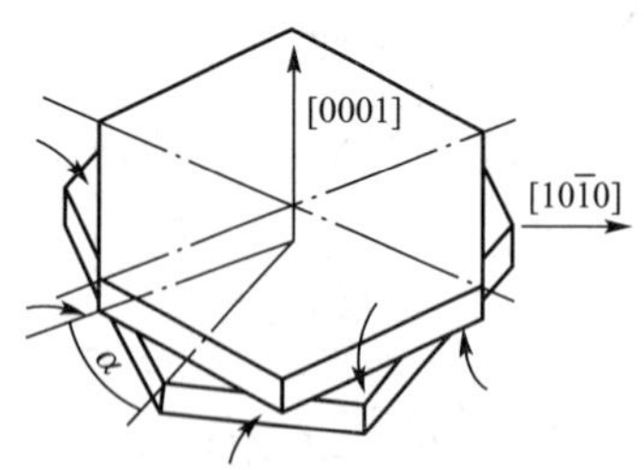

图 3.18　石墨的旋转孪晶生长模型

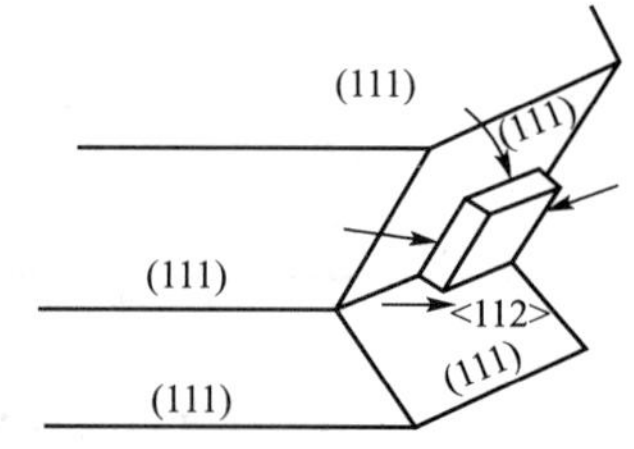

图 3.19　反射孪晶生长模型

目前，人们还未能对旋转孪晶和反射孪晶的生长机理作出定量的描述，因此，无法描述出它们生长过程的动力学规律。

图 3.15 是 3 种晶体生长方式的生长速度和过冷度之间的关系曲线。可以看出，连续生长的速度最快，因粗糙界面上相当于大量的现成台阶，液相原子可以在界面各处堆砌而连续生长，其次是螺旋位错生长。当 ΔT_k 很大时，界面上螺旋位错密度增加，生长加快。当过冷度达到 $\Delta T_k'$后，界面上螺旋位错大量增加，其密度很高，犹如粗糙界面一样。这时

二者生长动力学规律相同，界面生长机理便从螺旋位错机理过渡到连续生长；通过二维晶核生长需要很大的过冷度，因此只有当 ΔT_k 达到临界值 $\Delta T_k''$后，二维晶核才大量增加，生长速度也迅速加快。当 ΔT_k 继续增大到 $\Delta T_k'''$时，界面上二维晶核密度急剧增加，以致与粗糙界面相似，则两者生长动力学规律趋于一致，于是生长机理便从二维生长过渡到连续生长。

由此可见，晶体的界面结构、生长机理及其动力学规律不仅与前述的热力学参数 α 有关，而且还受到生长动力学因素 ΔT_k 的影响。实际上，当 α 接近于 2 时，以上转变容易通过试验观察到；α 偏离 2 越远，转变就越不易进行。试验证明，在一般的铸件凝固速度所能达到的过冷度范围内，ΔT_k 的变化对液态金属结晶过程中晶体生长动力学规律影响不大，因此在这种情况下仅就 α 值来判断有关性质仍然是有效的。

4. 晶体的生长方向和生长表面

晶体的生长方向和生长表面的特性与界面的性质有关。粗糙界面是各向同性的非晶体学界面，原子在各处堆砌能力相同。因此在相同的过冷度下，界面各处的生长速度均相等，在显微尺度下有着光滑的生长表面，而生长方向与热流方向相反。

平整界面具有很强的晶体学特性，由于不同晶面族上原子密度和晶面间距不同，液相原子向上堆砌的能力也各不相同，因此各族晶面的生长速度也必然不同。一般而言，液相原子比较容易向排列松散的晶面上堆砌，因而在相同的过冷度下，松散面的生长速度比密排面的生长速度快。这样生长的结果，快速生长的松散面逐渐减小以致消失，晶体表面逐渐为密排面所覆盖，如图 3.20 所示。故在显微尺度下，晶体的生长表面由一些棱角分明的密排小平面组成。由于密排面的界面能最低，因此这种生长表面也是符合界面能最低原则的。同时，由于密排面的侧向生长速度最大，所以晶体的生长方向是由密排面相交后的棱角方向所决定的，参见图 4.18。

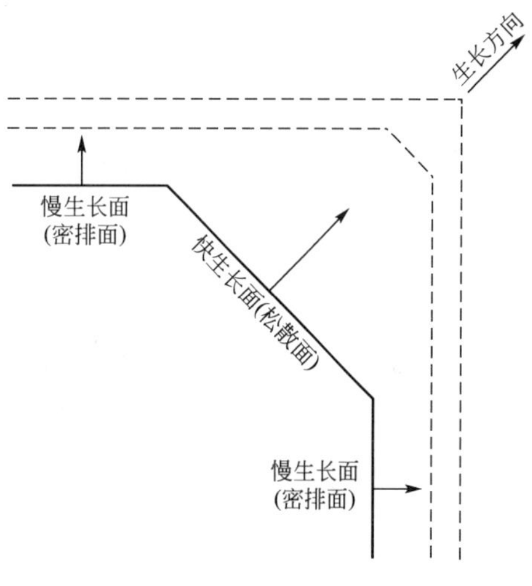

图 3.20 生长表面逐渐为密排面所覆盖的过程

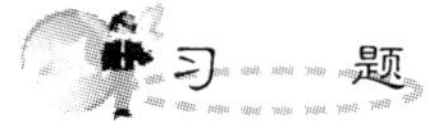

习 题

1. 如何理解液-固相变驱动力、金属凝固的热力学条件及其二者之间的关系？为什么金属凝固(结晶)过程分为形核和生长两个阶段？

2. 什么是均质形核？什么是非均质形核？推导均质形核和非均质形核的临界晶核半径、形核功的公式，为什么二者的临界晶核半径相同而形核功不同？为什么非均质形核功与晶体和基底间的润湿角有关系？

3. 什么是形核率？非均质形核率与 θ 角有何关系？

4. 什么是界面共格对应理论？如何运用界面共格对应理论选择形核剂？

5. 画图说明金属液中原子团簇的统计平均尺寸、原子团簇的最大尺寸、临界晶核半径及临界过冷度之间的关系。

6. 非平面基底对形核有何影响?

7. 从原子尺度和显微尺度分析粗糙界面和平整界面的本质。如何用 Jackson 因子判断固-液界面微观结构?固-液界面微观结构与元素性质有何关系?为什么?

8. 固-液界面微观结构如何影响晶体生长方式和生长速度?

9. 热力学因素和动力学因素对晶体的界面结构、生长机理及其动力学规律有什么影响?

第4章 单相及多相合金的结晶

知识要点	掌握程度	相关知识
溶质再分配	掌握固相无扩散、液相均匀混合，固相无扩散、液相只有有限扩散两种近平衡凝固的溶质再分配规律；熟悉固相无扩散、液相有限扩散又有对流的溶质再分配规律	溶质再分配现象的产生； 平衡凝固溶质再分配规律； 二元相图，扩散定律
热过冷、成分过冷	掌握热过冷和成分过冷的概念和内涵； 掌握成分过冷判据和影响因素；了解成分过冷度和成分过冷区的大小	界面前方液相温度梯度； 界面前方液相凝固温度的变化
过冷状态对单相合金结晶形态的影响	掌握成分过冷对单相合金结晶形态的影响；掌握热过冷对纯金属结晶形态的影响；熟悉树枝晶的生长方向、枝晶间距及其影响因素以及枝晶间距对材质性能的影响	平面生长、胞状生长、枝晶生长、内生生长、外生生长
共晶合金的结晶	掌握层片状共晶和棒状共晶组织的形成过程和条件；掌握非小平面-小平面合金共晶生长的特点；熟悉共晶合金的分类和结晶方式；熟悉第三组元在共晶合金结晶中的作用	晶体生长机理的运用；共生区、共生生长、离异生长；变质处理

导入案例

当材料在远离平衡条件下生长时，其生长形态往往呈树枝状。对于这些类似树枝的形态，人们根据希腊语“树”(dendron)的拼写，起了一个名字dendrite，中文翻译成枝晶。日常生活中最常见到的这类形态是雪花。人们常说没有两片雪花是一样的，这从一个侧面反映了枝晶生长的复杂性。对雪花的系统研究可以追溯到100多年前美国费尔蒙特州的一个叫杰理奇(Jeri-cho)的偏僻小镇。在那里自学成材的农民本特利(Wilson A. Bentley，1865—1931)对雪花产生了浓厚的兴趣，经过好几年的尝试和失败，拍摄了5000多幅雪花照片。他于1931年出版了“雪晶”(Snow Crystals)一书。书中收集了2400多幅精美的雪花照片。图4.1是部分雪花的图案。从一些图片中人们可以隐约看出雪花的界面生长和形态演变过程。在生长初期，生长界面一般为正六边形。随着界面的推进，多面体形态的稳定性被破坏。六面体的顶角处生长出树枝状的枝杈。面对这些漂亮的雪花，人们不禁要问：雪花究竟是怎样生成的？为什么会出现这些规则对称的枝杈？晶体的顶角处为什么容易失稳？

图4.1 显微镜下拍摄的雪花照片

人们对枝晶生长的兴趣不仅仅在于自然界存在雪花这一类奇特的形态，还在于枝晶生长也是金属材料凝固和界面生长过程中经常遇到的现象，在金属的铸锭、焊接等过程中出现。枝晶的生长往往伴有溶质的分凝和偏析，即使通过热处理也难将其痕迹完全消除，因而对金属材料的物理性能产生影响。人们为了在材料制备中避免出现枝晶就需要理解枝晶生长的过程和机制。

(资料来源：冯端. 材料科学导论［M］. 北京：化学工业出版社，2002.)

随着社会的进步和发展，现代工业及高科技领域对金属成型产品的性能要求越来越高，这就需要金属材料成型行业的工作者严格控制凝固过程，从而控制凝固组织，并有效地抑制各类凝固缺陷的产生。

金属(合金)的凝固过程，随温度的降低，液、固相平衡成分不断发生变化，即溶质在固液两相重新分布，溶质的重新分布即溶质再分配在很大的程度上影响晶体的微观组织结构，还会影响到偏析、夹杂物、气孔、热裂等诸多方面，因而影响金属成型产品的性能。本章就是从平衡凝固及近平衡凝固过程的溶质再分配入手，分析对固-液界面前方液相成分和凝固温度的影响，进而分析合金微观组织结构的影响。

按照液态金属凝固过程的不同，可将合金分为单相合金和多相合金两大类。单相合金是指在凝固过程中只析出一个固相的合金，如固溶体、金属间化合物等。纯金属凝固时析出单一成分的单相组织，可视作单相合金的特例。多相合金是指凝固过程中析出两个以上新相的合金，如具有共晶、包晶或偏晶转变的合金。所以，讨论微观组织结构时从单相合金和多相合金两个方面阐述。

第三章叙述中已明确金属凝固是指金属从液态转变为固态的过程，广泛地讲，应该包含液态金属快速冷却时成为非晶态的情况，而结晶过程只阐述金属从液态转变为晶体的过程，本章只讨论后者，即结晶过程。

4.1 凝固过程溶质再分配

4.1.1 凝固过程中的传质

1. 溶质再分配现象的产生

除纯金属外，单相合金的凝固过程一般是在一个固液两相共存的温度区间内完成的。在区间内的任何温度下，固液两相都具有不同的成分，因此结晶过程中，随温度的下降，固、液两相平衡成分随之发生改变，所以晶体生长与传质过程必然相伴而生。这样，从形核开始到结晶结束的整个凝固过程中，固液两相内部将不断进行着溶质元素的重新分布的过程，人们称此为合金结晶过程中的溶质再分配(Solute redistribution)。它是合金结晶的一大特点，对结晶过程影响很大。

在一定压力条件下，凝固体系的温度、成分完全由相应合金系的平衡相图所规定，这种理想状态下的凝固过程称为平衡凝固。当然，这种理想的凝固过程在实际中一般不可能完全达到，但对于钢中的C、N等原子半径较小的元素，由于其在固、液相中扩散系数大，在通常凝固条件下，可近似认为平衡凝固。对于大多数实际生产条件下的凝固过程，一般不符合平衡凝固的条件，但发现在固液界面处合金成分符合平衡相图，这种情况称为界面平衡，相应的凝固过程称为近平衡凝固过程，也称正常凝固过程。实际材料成型(如铸造、焊接等)过程所涉及的凝固过程大多属于此类。有一些凝固过程，如快速凝固，即使在界面处也不符合平衡相图的条件，这类凝固过程称为非平衡凝固过程。

2. 溶质平衡分配系数

如图4.2所示，溶质再分配现象起因于平衡相图这一系统热力学特性，可用溶质平衡分配系数 k_0 表示，其定义为：在给定的温度下，平衡固相溶质浓度 C_S 与液相溶质浓度 C_L 的比值，即

$$k_0=\frac{C_S}{C_L} \tag{4-1}$$

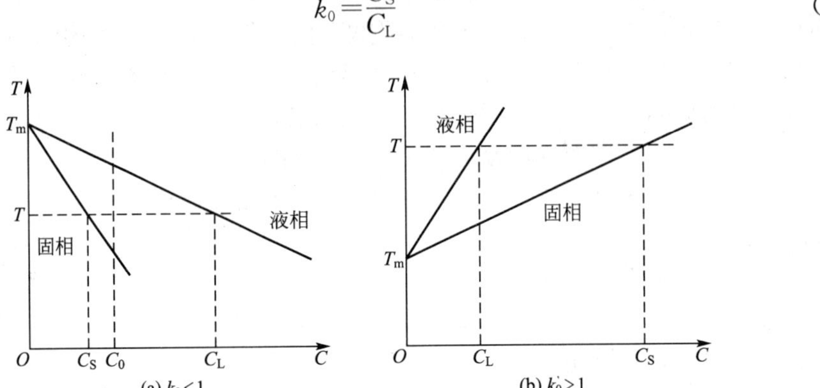

图 4.2　两种不同类型的相图

显然，如果将合金的液相线和固相线近似看成直线，则 k_0 为一常数。图 4.2(a)中合金的熔点随溶质浓度增加而降低，$C_S<C_L$，$k_0<1$；图 4.1(b)中合金的熔点随溶质浓度增加而升高，$C_S>C_L$，$k_0>1$。对于大多数单相合金而言 $k_0<1$，所以下面只讨论 $k_0<1$ 的情况，其结论对 $k_0>1$ 的情况同样适用。

3. 两个扩散定律

凝固过程中溶质传输的主要理论基础是质量传输的两个扩散定律，即菲克第一定律和菲克第二定律，或称扩散第一定律和扩散第二定律。

菲克第一定律：对于稳态扩散，溶质在扩散场中某处的扩散通量(又称为扩散强度，为单位时间内通过单位面积的溶质质量，kg/(m^2 · s))与溶质在该处的浓度梯度成正比，即

$$J=-D\frac{dC}{dx} \tag{4-2}$$

式中，D 为扩散系数(m^2/s)，即单位浓度梯度下的扩散通量；$\frac{dC}{dx}$为溶质在 x 方向上的浓度梯度，即单位距离内的溶质浓度变化率((kg/m^3)/m)；右端的负号表示溶质传输方向与浓度梯度的方向相反。

关于稳态扩散的概念，是指单位时间通过单位垂直截面的扩散物质量(扩散通量)J 对于各处都相等，即每一时刻从左边扩散来多少原子，就向右边扩散走多少原子，所以质量浓度不随时间变化。

菲克第二定律：对于不稳定的扩散源，即非稳态扩散，在一维扩散的情况下，扩散场中任一点的浓度随时间的变化率与该点的浓度梯度随空间的变化率成正比，其比例系数就是扩散系数，即

$$\frac{\partial C}{\partial t}=D\frac{\partial^2 C}{\partial x^2} \tag{4-3}$$

4.1.2　平衡凝固时的溶质再分配

假设某一二元合金，长度为 l 的棒状体自左向右定向凝固，并且冷却速度缓慢，溶质

在固相和液相中都充分均匀扩散，凝固过程中固-液界面始终保持为平面状向前推进。合金相图和平衡凝固的溶质再分配情况如图 4.3 所示，假设液相线、固相线为直线，即 k_0 为常数，合金成分为 C_0。

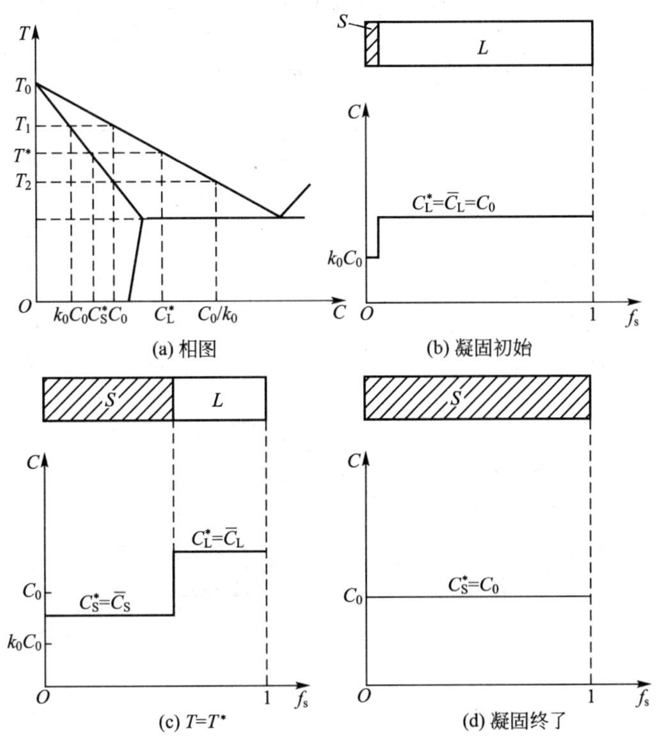

图 4.3 平衡凝固时的溶质再分配

当温度降到 T_1 时，合金开始凝固，析出固相，其成分为 k_0C_0，液相成分为 C_0，如图 4.3(b)所示。当温度下降至 T^* 时，固相成分为 C_S^*，液相成分为 C_L^*，设固相和液相的体积分数分别为 f_S 和 f_L，则得

$$C_S^* f_S + C_L^* f_L = C_0 \tag{4-4}$$

将 $k_0=\dfrac{C_S^*}{C_L^*}$，$f_L=1-f_S$ 代入式(4-4)得

$$C_S^* = \frac{C_0 k_0}{1-f_S(1-k_0)} \tag{4-5(a)}$$

$$C_L^* = \frac{C_0}{k_0+f_L(1-k_0)} \tag{4-5(b)}$$

式(4-5)为平衡凝固时溶质再分配的数学模型。

当温度降到 T_2时，凝固结束，此时固相成分为液态合金原始成分 C_0，如图 4.3(d)所示。

4.1.3 近平衡凝固时的溶质再分配

1. 固相无扩散、液相均匀混合的溶质再分配

扩散系数 D 可以作为物质在介质中传输能力的度量。原子在液态金属中的扩散系数数

量级为 $10^{-9}m^2 \cdot s^{-1}$，在固体金属中的扩散系数数量级为 $10^{-12}m^2 \cdot s^{-1}$，所以认为溶质在固相中无扩散是比较接近实际情况的，溶质在液相中充分扩散不易得到，但在外力的强烈搅拌下可以达到均匀混合。

仍然假设某一二元合金，长度为 l 的棒状体自左向右定向凝固，凝固过程中固相无扩散、液相均匀混合，固-液界面始终保持为平面状向前推进。该二元合金 k_0 为常数，原始成分为 C_0。此凝固条件下的溶质再分配情况如图 4.4 所示。

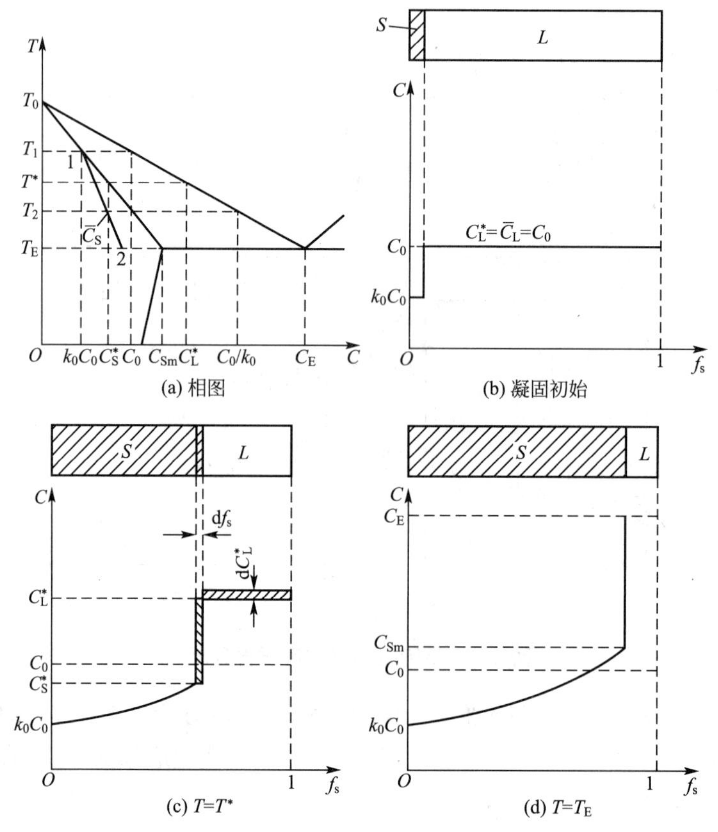

图 4.4　固相无扩散、液相均匀混合的溶质再分配

凝固开始时，固相成分为 k_0C_0，液相成分为 C_0，如图 4.4(b)所示。随着温度的降低，固-液界面向前推进，界面的固相成分和液相成分不断升高，并分别沿固相线和液相线变化。由于液相均匀混合，所以整个液相中成分完全一致；而固相中无扩散，固相的成分随界面的推进而逐渐升高。当温度下降至 T^* 时，固、液相成分的分布如图 4.4(c)所示。由于固相界面的成分随温度下降(即界面的推进)沿固相线变化，所以固相中平均成分则低于固相线，沿图 4.4(a)中的$\overline{C}_S$变化。可见液相平均成分与平衡时相同，固相平均成分低于平衡凝固时的平均成分，因此，达到相同温度时，液相体积分数高于平衡凝固时的体积分数，致使当温度降到共晶温度 T_E 时凝固没有结束，此时固相界面成分为 C_{Sm}，液相平均成分为 C_E，如图 4.4(d)所示。

根据质量守恒原则，可以建立凝固过程中的 C_S^*、C_L^*(C_L 或 $\overline{C}_L$)、f_S 及 f_L 之间的定量关系。当温度为 T^* 时，固、液相分数及固、液相成分如图 4.4(c)所示。假设固相有一

微小增量 df_S 时，向液相中排出的溶质量为$(C_L^* - C_S^*)df_S$，这部分溶质将均匀地扩散至整个液相中，使液相中成分增量为 dC_L^*，液相中增加的溶质量为$(1-f_S)dC_L^*$，于是有

$$(C_L^* - C_S^*)df_S = (1-f_S)dC_L^*$$

将 $C_L^* = \frac{C_S^*}{k_0}$代入上式得

$$\frac{(1-k_0)C_S^* df_S}{k_0} = \frac{(1-f_S)dC_S^*}{k_0}$$

整理得

$$\frac{dC_S^*}{C_S^*} = \frac{(1-k_0)df_S}{1-f_S}$$

积分得

$$\ln C_S^* = (k_0 - 1)\ln(1-f_S) + \ln C$$

由初始条件：$f_S=0$ 时，$C_S^* = k_0 C_0$，得

$$C = k_0 C_0$$

由此得

$$C_S^* = k_0 C_0 (1-f_S)^{(k_0-1)} \quad (4-6(a))$$

$$C_L^* = C_0 f_L^{(k_0-1)} \quad (4-6(b))$$

式(4-6)称为夏尔(Scheil)公式，也称为非平衡杠杆定律。需要指出的是，本公式只能适用到 $C_S^* = C_{Sm}$时为止，当接近凝固结束时，本公式是无效的。因为，当 $C_S^* = C_{Sm}$时，$T=T_E$，剩余的液相将发生共晶转变，即出现第二相，超出了单相凝固的条件。

与平衡凝固相比，“固相无扩散、液相均匀混合”与实际的凝固过程更为接近，所以式(4-6)可用于在工程上近似估计合金凝固过程中的成分偏析。

2. 固相无扩散、液相只有有限扩散的溶质再分配

假设在凝固过程中固相无扩散，液相无对流、只能进行有限扩散，其他条件与 4.1.2 及 4.1.3 节中所述的相同，在此不再赘述，此时的溶质再分配情况如图 4.5 所示。

当温度为 T_1 时，凝固开始，与以上两种情况相同，固相成分为 k_0C_0，液相成分为 C_0，如图 4.5(b)所示。在随后的凝固中，根据固相和液相成分的变化情况，凝固过程可分为 3 个阶段。

(1) 初期过渡阶段。随着温度下降，界面逐渐向前推进，界面处固相成分和液相成分不断升高，并分别沿固相线和液相线变化，界面处于局部平衡状态。当温度降为 T^* 时，界面处固相成分为 C_S^*，液相成分为 C_L^*，且$\frac{C_S^*}{C_L^*} = k_0$。界面前沿液相成分逐渐降低，远离界面处液相成分为 C_0，如图 4.5(c)所示。当 $C_S^* = C_0$，$C_L^* = \frac{C_0}{k_0}$时，温度为 T_2，初始过渡阶段结束，进入稳态凝固阶段。

(2) 稳态凝固阶段。进入稳态凝固阶段以后，由凝固排除的溶质量与界面处向液相中扩散的溶质量相等，因此在这一阶段凝固的固相成分保持 C_0 不变，界面前沿液相中的成分分布也保持不变，如图 4.5(d)所示。下面对此阶段溶质再分配的情况进行定量分析，由于此阶段固相成分不变，实际上只需要求出固-液界面前沿液相成分分布的表达式，即 C_L 与 x 的函数关系。

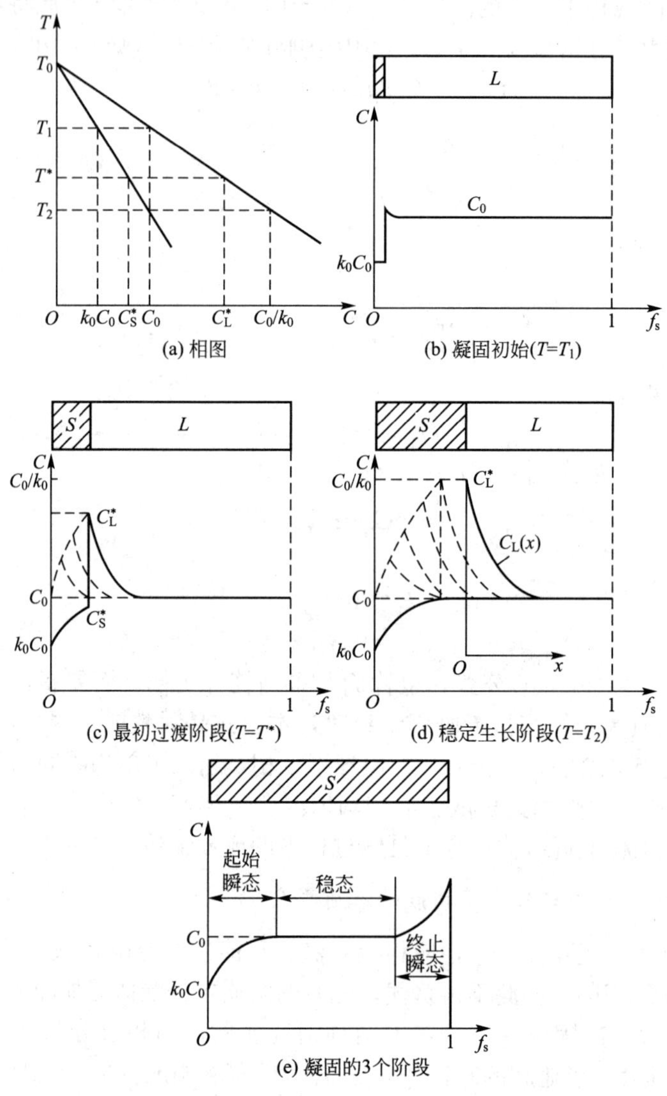

图 4.5　固相无扩散、液相只有有限扩散的溶质再分配

将横坐标 x 原点设在界面处(原点是动态的)，纵坐标为 C_L，则新坐标系如图 4.5(d)所示。由扩散第二定律可知，在液相中由于扩散的进行，液相中任一点的浓度随时间的变化率为$\frac{dC_L}{dt}=D_L\frac{d^2C_L}{dx^2}$；同时由于凝固的进行，界面逐渐向液相排出溶质，对液相的同一点来讲，由于凝固排出溶质使浓度随时间的变化率$\frac{dC_L}{dt}=\frac{dx}{dt}\frac{dC_L}{dx}$，即$\frac{dC_L}{dt}=R\frac{dC_L}{dx}$($R$ 为晶体生长速度)，由于在稳定生长阶段液相中各点的浓度是不随时间而变化的，因此有

$$D_L\frac{d^2C_L}{dx^2}+R\frac{dC_L}{dx}=0 \tag{4-7}$$

此微分方程的通解为

$$C_L=A+Be^{-\frac{R}{D_L}x}$$

根据边界条件 $x=0$ 时，$C_L=\frac{C_0}{k_0}$；$x=\infty$时，$C_L=C_0$。可求得

$A=C_0$，$B=\frac{1-k_0}{k_0}C_0$，故可得到稳态凝固阶段固-液界面前方液相中溶质的分布函数为

$$C_L=C_0\left(1+\frac{1-k_0}{k_0}e^{-\frac{R}{D_L}x}\right) \tag{4-8}$$

式(4-8)是由蒂勒(Tiller)等人得出的在固相无扩散、液相只有有限扩散时，稳态凝固阶段界面前方液相中的溶质浓度分布规律，它是一条指数衰减曲线，如图 4.5(d)所示中的 $C_L(x)$，可以看出固-液界面前方的液相成分随着离开界面距离的增大而迅速降低至 C_0。而在此阶段，凝固的固相获得了成分为 C_0 的单相均匀固溶体。

(3) 最终过渡阶段。在凝固后期，当液相内溶质富集层的厚度大约等于剩余液相区的长度时，随着 f_S 的增加，C_S^* 不断升高，C_L^* 也不断升高，此时进入最终过渡阶段，如图 4.5(e)所示。由于最终过渡区较窄，可以认为剩余的液相区内溶质分布是均匀的，所以可以用夏尔(Scheil)公式来表示此区域的成分分布。

由式(4-8)可见，在相同的原始成分 C_0 下，$C_L(x)$曲线的形状与晶体生长速度 R、溶质在液相中的扩散系数 D_L 以及平衡分配系数 k_0 有关。在稳态凝固阶段，R 越大，D_L 或 k_0 越小，则界面前溶质富集越严重，曲线 $C_L(x)$就越陡，如图 4.6 所示。

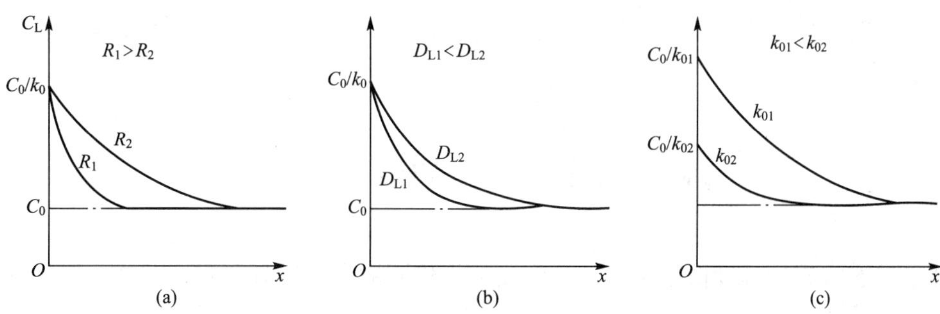

图 4.6 R、D_L 和 k_0 对稳定生长阶段 $C_L(x)$曲线的影响

3. 固相无扩散、液相有限扩散又有对流的溶质再分配

这种情况介于液相完全混合和液相只有有限扩散两种情况之间，也可称液相有部分混合。在大多数实际凝固过程中，液相中都存在一定程度的对流现象，所以这种情况比较接近于实际。

在这种情况下，固-液界面处的液相中存在一个扩散边界层 δ，如图 4.7 所示。扩散边界层以外是对流能作用到的范围，在边界层内，液相中仅仅靠溶质扩散。

除液相传质条件发生变化外，其他条件同前。下面就此凝固过程的溶质再分配进行分析。如果液相容积很大，达到稳态凝固后，扩散边界层以外的液相成分将不受已凝固部分的影响，始终保持原始成分 C_0。此时，固相成分为 C_S^* ($<C_0$)并保持不变，而在扩散边界层内液相成分从界面处的 C_L^* $\left(<\frac{C_0}{k_0}\right)$迅速降低至 C_0，为指数衰减曲线，如图 4.7(a)所示。

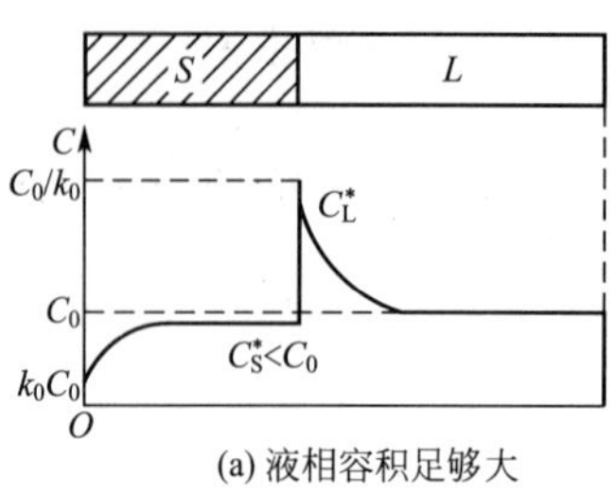

(a) 液相容积足够大

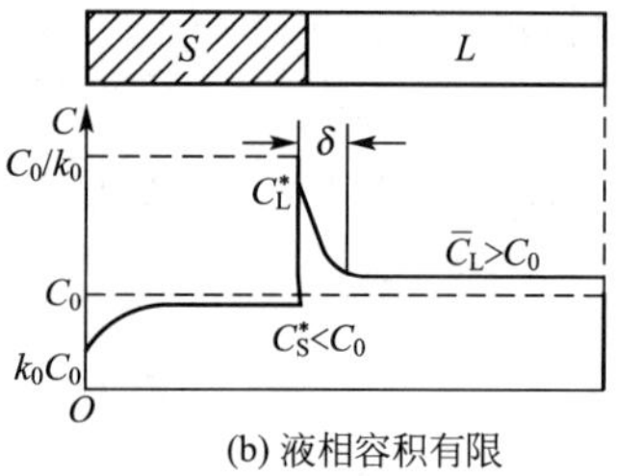

(b) 液相容积有限

图 4.7　固相无扩散、液相有部分混合的溶质再分配

如果液相容积有限，达到稳态凝固后，具体的溶质再分配情况如图 4.7(b)所示。扩散边界层以外的液相成分在凝固过程中不再是固定不变而是逐步提高的，但是均匀的，以$\overline{C_L}$表示。而界面处固相成分始终为 C_S^*（$<C_0$），液相成分为 C_L^* $\left(<\frac{C_0}{k_0}\right)$。它们的定量表达式为

$$C_L^*=\frac{C_0}{k_0+(1-k_0)e^{-\frac{R}{D_L}\delta}} \tag{4-9(a)}$$

$$C_S^*=\frac{k_0C_0}{k_0+(1-k_0)e^{-\frac{R}{D_L}\delta}} \tag{4-9(b)}$$

从式(4-9)可以看出，当 $\delta\to\infty$时，$C_S^*=C_0$，$C_L^*=\frac{C_0}{k_0}$，与固相无扩散、液相只有有限扩散的情况一样，所以，可以将固相无扩散、液相只有有限扩散看作是固相无扩散、液相有限扩散又有对流的特例，即扩散边界层很大($\delta\to\infty$)的情况。

4.2　凝固过程的过冷状态

如果液态金属的温度低于平衡结晶温度，人们称液态金属处于过冷状态。液态金属是否处于过冷状态以及过冷度的大小直接影响结晶过程，而固-液界面前方的液相温度梯度又直接关系到液相是否处于过冷及过冷度的大小，所以在讨论单相合金的结晶之前需讨论过冷问题，而在讨论过冷之前，又需先讨论液相温度梯度。

4.2.1　固-液界面前方液相温度梯度

液相温度梯度表示凝固过程中离开界面的液相单位距离上的温度变化，用 G_L 表示：

$$G_L=\frac{dT}{dx} \tag{4-10}$$

根据晶体生长过程中传热特点的不同，存在两种温度梯度形式。

(1) 正温度梯度。如图 4.8(a)所示，$G_L>0$，即液相中的温度高于界面温度。液相的过热热量和界面处的结晶潜热只有通过固相排出才能保证界面的不断推进，其特点是热流方向和晶体生长方向相反。铸件(锭)中柱状晶的生长及一般的单向凝固过程会产生这种温度梯度。

(2) 负温度梯度。出现负温度梯度有两种情况，一是生核过冷度大于生长的动力学过冷度，同时，生长所排出的结晶潜热又使界面温度迅速上升，这种情况一般产生于液态金

属内部晶体的自由生长的凝固过程，如图 4.8(b)所示。二是当整个液态金属被强烈冷却，在型壁生核以前液态金属就处于很大的过冷之下的单向生长情况下也会出现这种温度梯度，如图 4.8(c)所示。

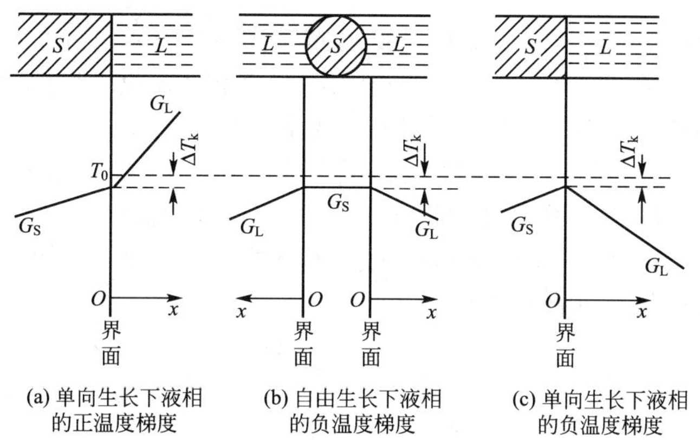

图 4.8 固-液界面前方液相温度梯度

图 4.8 中将界面前方的液相中温度分布近似看做直线，则此直线的表达式为

$$T(x)=T_0-\Delta T_k+G_L x \tag{4-11}$$

式中，T_0 为界面平衡结晶温度，ΔT_k 为生长动力学过冷度，x 为液相中到界面的距离。

4.2.2 热过冷

如前所述，纯金属结晶可看做单相合金结晶的特例。纯金属结晶是在固定温度下进行的，因而界面前方液相的过冷状态仅取决于液相温度梯度。若用式(4-11)表示纯金属凝固时液相的温度分布，T_0 则是纯金属的平衡结晶温度，此时液相的过冷度可用下式表示：

$$\Delta T_h=T_0-(T_0-\Delta T_k+G_L x)=\Delta T_k-G_L x$$

由于 ΔT_k 很小($10^{-2}\sim10^{-4}$K)，可以忽略，故可得

$$\Delta T_h=-G_L x \tag{4-12}$$

可见只有当 $G_L<0$ 时，才有 $\Delta T_h>0$，即界面前方液相才处于过冷状态，而 G_L 只取决于外界的冷却条件，因此，可以说纯金属凝固时的过冷状态只取决于外界的冷却条件，或者说只取决于液态金属与外界的热量传输条件。这种仅由热量传输过程决定的过冷称为热过冷。纯金属凝固过程中液相温度分布(温度梯度)、界面温度、动力学过冷度及平衡凝固温度、热过冷状态的关系如图 4.9 所示。

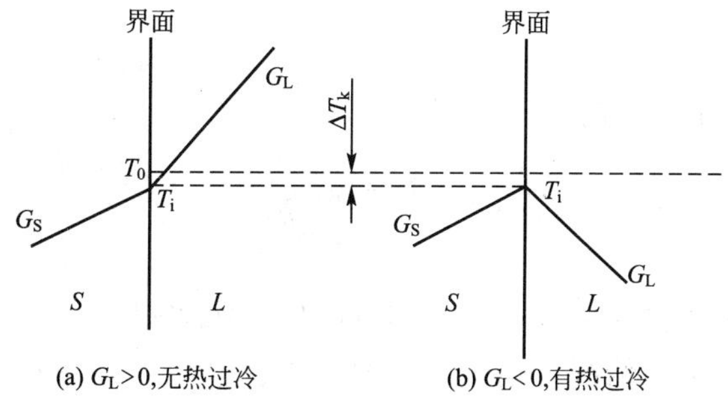

图 4.9 纯金属的热过冷状态

4.2.3 成分过冷

1. 溶质富集引起界面前方液态金属凝固温度的变化

对于单相合金的凝固过程，在温度降低的同时伴随着溶质再分配，其结果是在固-液界面前沿出现了溶质富集区。由于合金的凝固温度(液相线温度)随其成分而变化，故界面前方溶质分布得不均匀，必然引起凝固温度的变化。

以固相无扩散、液相只有有限扩散的情况为例，当 $k_0<1$ 时，相图如图 4.10(a)所示，成分为 C_0 的合金，稳态凝固阶段液相一侧的溶质富集区的成分变化趋势如图 4.10(b)所示，具体函数关系见式(4-8)。如果近似地把液相线看作直线，则其斜率 m_L 为常数。此时液相线温度与其成分之间的关系为：

$$T_L=T_0+m_LC_L \tag{4-13}$$

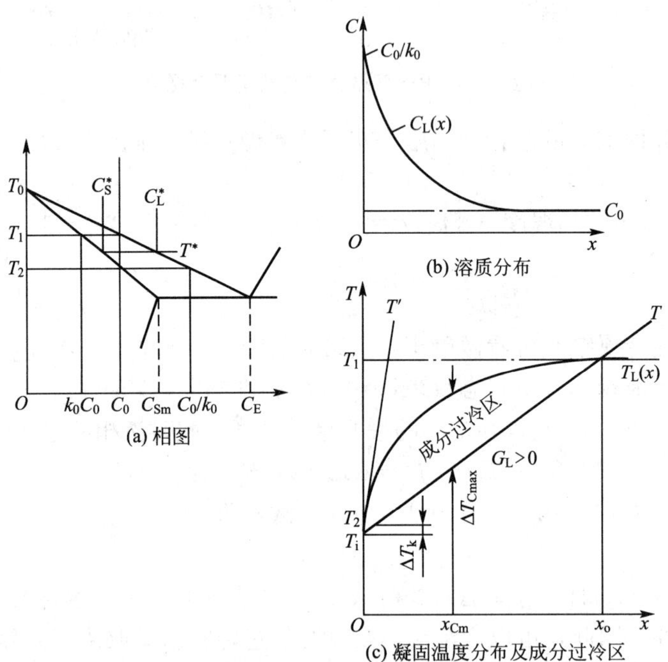

图 4.10 固液界面前沿熔体中成分过冷的形成

由式(4-13)和式(4-8)可写出界面前方液态金属的液相线(凝固温度)的变化规律

$$T_L=T_0+m_LC_0\left(1+\frac{1-k_0}{k_0}e^{-\frac{R}{D_L}x}\right) \tag{4-14}$$

$T_L(x)$曲线如图 4.10(c)所示。

$x=0$ 时，

$$T_L(0)=T_0+m_L\frac{C_0}{k_0}=T_2 \tag{4-15}$$

$x\to\infty$时，

$$T_L(\infty)=T_0+m_LC_0=T_1 \tag{4-16}$$

故 $T_L(x)$的变化范围是 $T_1\sim T_2$，即合金的平衡结晶范围。

以上讨论的是 $k_0<1$ 的情况，当 $k_0>1$ 时，界面前沿液相的凝固温度变化规律是相同的。

2. 成分过冷的概念

如上所述，对于单相合金，在凝固过程中界面前沿的液相凝固温度发生了变化，在这种情况下，不仅负温度梯度能导致界面前方液态金属过冷，即使在正温度梯度下，只要液态金属某处的实际温度 $T(x)$ 低于同一地点的液相线温度 $T_L(x)$，也能获得过冷。所以液相中的过冷状态不仅仅决定于实际温度，还与成分分布引起的凝固温度变化有关。这种不仅与实际温度分布有关，同时还在很大程度上取决于溶质再分配导致界面前方液态金属成分及其凝固温度变化的过冷称为成分过冷。成分过冷存在的区域如图 4.10(c)中 $T_L(x)$ 与 $T(x)$ 相交的区域。

3. 成分过冷判据及影响因素

由图 4.10(c)可见，产生成分过冷的条件是界面液相一侧的温度梯度 G_L 必须小于曲线 $T_L(x)$ 在界面处的斜率。

即
$$G_L<\left.\frac{\mathrm{d}T_L(x)}{\mathrm{d}x}\right|_{x=0}$$

由式(4-14)得：$\left.\frac{\mathrm{d}T_L(x)}{\mathrm{d}x}\right|_{x=0}=-\frac{m_LC_0(1-k_0)}{D_Lk_0}R$

故有
$$\frac{G_L}{R}<-\frac{m_LC_0(1-k_0)}{D_Lk_0} \tag{4-17}$$

式(4-17)为固相无扩散、液相有限扩散情况下的成分过冷判据。当判据条件成立时，界面前方必然存在有成分过冷；反之则不会出现成分过冷。

由式(4-15)和式(4-16)可得：

$$T_1-T_2=T_0+m_LC_0-\left(T_0+m_L\frac{C_0}{k_0}\right)=-\frac{m_LC_0(1-k_0)}{k_0}$$

所以，式(4-17)可写成

$$\frac{G_L}{R}<\frac{T_1-T_2}{D_L}$$

式(4-17)中，左端是可以人为控制的工艺因素，右端为由合金性质决定的因素。对于 $k_0<1$ 的合金，当工艺条件一定时，平衡分配系数 k_0 越小，原始合金成分 C_0 越大，液相线斜率$|m_L|$越大（以上条件均使 T_1-T_2 增大）以及 D_L 越小的合金，越容易形成成分过冷；当合金成分一定时，加强冷却(G_L 增大)及降低固液界面推进速度(R 减小)，成分过冷越小。

4. 成分过冷的过冷度

式(4-15)表示了界面平衡凝固温度为 T_2，而液相中的实际温度分布 $T(x)$ 与式(4-11)类似，可表示为

$$T(x)=T_2-\Delta T_k+G_Lx=T_0+m_L\frac{C_0}{k_0}-\Delta T_k+G_Lx \tag{4-18}$$

成分过冷的过冷度 ΔT_C 为

$$\Delta T_C=T_L(x)-T(x)$$

将式(4-14)与式(4-18)代入得

$$\Delta T_C=T_0+m_LC_0\left(1+\frac{1-k_0}{k_0}\mathrm{e}^{-\frac{R}{D_L}x}\right)-\left(T_0+m_L\frac{C_0}{k_0}-\Delta T_k+G_Lx\right)$$

$$=-\frac{m_L C_0(1-k_0)}{k_0}(1-e^{-\frac{R}{D_L}x})+\Delta T_k-G_L x$$

不考虑 ΔT_k 时

$$\Delta T_C=-\frac{m_L C_0(1-k_0)}{k_0}(1-e^{-\frac{R}{D_L}x})-G_L x \tag{4-19}$$

式(4-19)为成分过冷的过冷度 ΔT_C 随离界面距离 x 而变化的关系。

当$\frac{d\Delta T_C}{dx}=0$时，过冷度最大。

$$\frac{d\Delta T_C}{dx}=-\frac{m_L C_0(1-k_0)}{k_0}e^{-\frac{R}{D_L}x}\frac{R}{D_L}-G_L=0$$

$$e^{-\frac{R}{D_L}x}=-\frac{G_L D_L k_0}{m_L C_0(1-k_0)R}$$

取自然对数，得

$$-\frac{R}{D_L}x=\ln\frac{G_L D_L k_0}{m_L C_0(k_0-1)R}$$

由此可求出最大过冷度处的 x_{Cm}

$$x_{Cm}=\frac{D_L}{R}\ln\frac{m_l C_0(k_0-1)R}{G_L D_L k_0} \tag{4-20}$$

将 x 代入式(4-19)，可求得最大成分过冷度

$$\Delta T_{Cmax}=-\frac{m_L C_0(1-k_0)}{k_0}-\frac{G_L D_L}{R}\left[1+\ln\frac{m_L C_0(k_0-1)R}{G_L D_L k_0}\right] \tag{4-21}$$

令 $\Delta T_C=0$，则可从式(4-19)求出成分过冷区宽度 x_0

$$-\frac{m_L C_0(1-k_0)}{k_0}(1-e^{-\frac{R}{D_L}x_0})=G_L x_0$$

将 $e^{-\frac{R}{D_L}x_0}$ 展开成泰勒级数并取其前 3 项

$$e^{-\frac{R}{D_L}x_0}\approx 1-\frac{R}{D_L}x_0+\frac{1}{2}\left(-\frac{R}{D_L}x_0\right)^2$$

因此可得

$$x_0=\frac{2D_L}{R}+\frac{2k_0 G_L D_L^2}{m_L C_0(1-k_0)R^2} \tag{4-22}$$

最大成分过冷度及成分过冷区宽度，是描述成分过冷程度的两个指标。

4.3 过冷状态对单相合金结晶形态的影响

单相合金结晶的形态与成分过冷有关，本节将讨论成分过冷对单相合金结晶的影响。纯金属是单相合金的特例，所以下面先讨论热过冷对纯金属结晶形态的影响。

4.3.1 热过冷对纯金属结晶形态的影响

1. 无热过冷下的平面生长

当 $G_L>0$ 时，纯金属界面前方不存在热过冷。晶体生长的固-液界面通常为平直状态，

而且是等温面，其温度比平衡熔点温度 T_0 低 ΔT_k（动力学过冷度）。此时，生长着的界面呈稳定形态向前推进，界面上任何干扰因素所形成的局部不稳定形态，都会突出至温度高于平衡结晶温度的区域中，因此就会重熔而恢复宏观上的平面界面（等温界面），如图 4.11 所示。

2. 热过冷下的枝晶生长

当 $G_L<0$ 时，纯金属界面前方存在着一个大的热过冷区，凝固界面将产生不稳定形态。此时，任何干扰因素所形成的界面凸起，将会深入到比平衡结晶温度更低的区域，突出的晶体将不会重熔，并进一步发展长大。此外，凸出晶体的侧面也会不稳定，从而长出二次分枝，二次分枝还可能长出三次分枝，因此形成树枝晶，如图 4.12 所示。

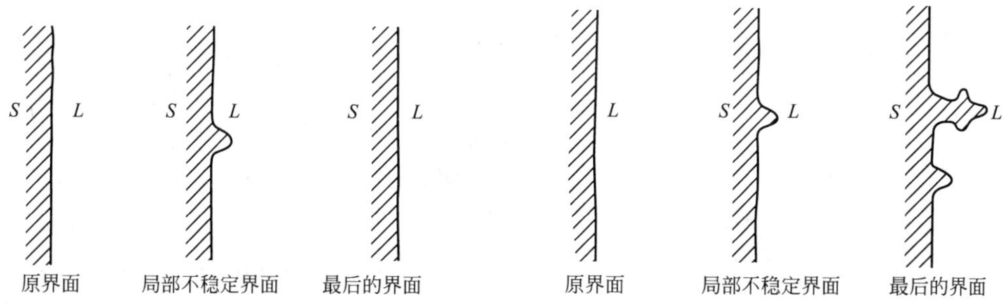

图 4.11 纯金属的平面生长

图 4.12 纯金属的树枝晶生长

4.3.2 成分过冷对单相合金结晶形态的影响

1. 无成分过冷的平面生长

成分为 C_0 的单相合金凝固时，如不符合成分过冷判据式(4-17)的条件，即

$$\frac{G_L}{R} \geqslant -\frac{m_L C_0 (1-k_0)}{D_L k_0}$$

则固液界面前方液体中不存在成分过冷，温度分布如图 4.13(a)所示中的 G_1，此时与纯金属无热过冷一样，固液界面将以平面方式向前推进，晶体生长前沿宏观上维持平面形态，如图 4.13(b)所示。在固相无扩散、液相只有有限扩散时的稳态凝固阶段，固相一侧的成分始终保持液相原始成分 C_0，最终在稳定生长区内获得成分均匀的单相固溶体柱状晶或单晶体。

2. 窄成分过冷区的胞状生长

当单相合金的凝固条件符合 $\frac{G_L}{R}$ 略小于 $-\frac{m_L C_0 (1-k_0)}{D_L k_0}$ 时，液相温度梯度为 G_2（图 4.13(a)），固液界面前方存在一个较窄的成分过冷区。偶然的扰动引起的界面局部凸起将进入成分过冷区，凸起部位即向前方和侧向长大。$k_0<1$ 时，液固转变所排出的溶质不断进入周围的液体，相邻凸起部分之间的凹陷区域溶质浓度增大得更快，而凹陷区域的溶质向远方溶液的扩散则比凸起部分来得困难。因此，凸起部分快速长大的结果导致了凹入部分溶质的进一步富集，如图 4.13(c)所示。溶质富集降低了凹陷区域液体的液相线温度和过冷度，从而抑制晶体上凸起部分的横向生长并形成一些由溶质富集的低熔点液体汇集区所构成的网络状沟槽。而由于成分过冷区域较窄，限制了晶体凸起部分更进一步地向前自由生

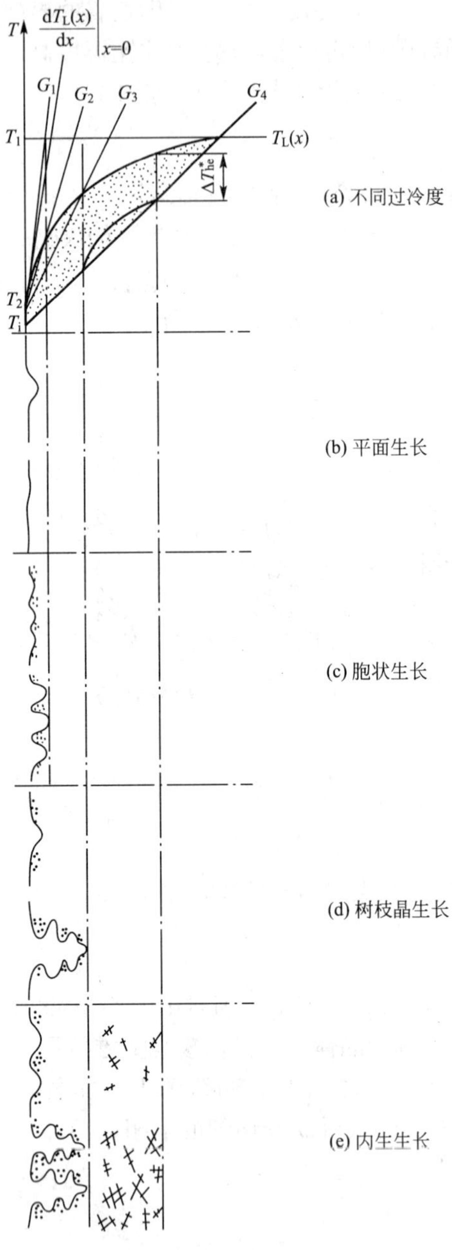

图 4.13 成分过冷对单相合金晶体生长方式的影响

长。当由于溶质的富集使界面前沿的液相成分和温度达到平衡时，界面形态处于稳定。这样，在窄成分过冷区的条件下，不稳定的平的固液界面就转变成一种稳定的、由许多近似于旋转抛物面的凸出圆胞和网络状凹陷的沟槽所构成的新的界面形态，称为胞状界面。以胞状界面向前推进的生长方式称为胞状生长。胞状生长形成的晶体称为胞状晶。

试验表明，形成胞状界面的成分过冷区的宽度约在 0.01～0.1cm。由平面生长发展为胞状生长的胞状晶的纵截面如图 4.14(a)所示，发展良好的规则胞状晶的横截面如图 4.14(b)所示。胞状晶往往不是彼此分离的晶粒，在一个晶粒的界面上可形成许多胞状晶，这些胞状晶源于一个晶粒，因此，胞状晶可认为是一种亚结构。

3. 较宽成分过冷区的柱状树枝晶生长

在胞状生长中，其生长方向与热流方向相反而与晶体学特性无关，如图 4.15(a)所示。当固液界面前沿液相中的温度梯度为 G_3(图 4.13(a))时，成分过冷区域范围增大，以胞状晶生长的界面将发生转变。胞晶凸起伸向液体更远处，胞状晶的生长方向开始转向优先的结晶生长方向(立方晶体为〈100〉，六方晶体为〈10$\bar{1}$0〉)，如图 4.15(b)所示。随后，胞晶的横断面也将受晶体学因素的影响而出现凸缘结构，如图 4.15(c)所示。当成分过冷进一步加宽时，凸缘表面又会出现锯齿结构，形成二次枝晶，如图 4.15(d)所示。将出现二次枝晶的胞状晶称为胞状树枝晶。如果成分过冷区域足够宽，二次枝晶在随后的生长中又会在其前端分裂出三次枝晶。这样不断分枝的结果，就会在成分过冷区迅速形成柱状树枝晶骨架，如图 4.13(d)所示。

在构成枝晶骨架的固液两相区，随着枝晶的长大和分枝，液相中的溶质不断富集，其熔点不断下降，使分枝周围的液体过冷度逐渐减小以致消失，分枝便停止分裂和生长。成分过冷的消失，使分枝侧面往往以平面生长方式完成最后的凝固过程。

与平面生长和胞状生长一样，单相合金的柱状树枝晶生长是一种热量通过固相散失的约束生长，在生长过程中，主干彼此平行地向着热流相反的方向延伸，相邻主干的高次分枝往往互相连接起来排列成方格网络，构成了柱状树枝晶所特有的板状阵列结构，从而使

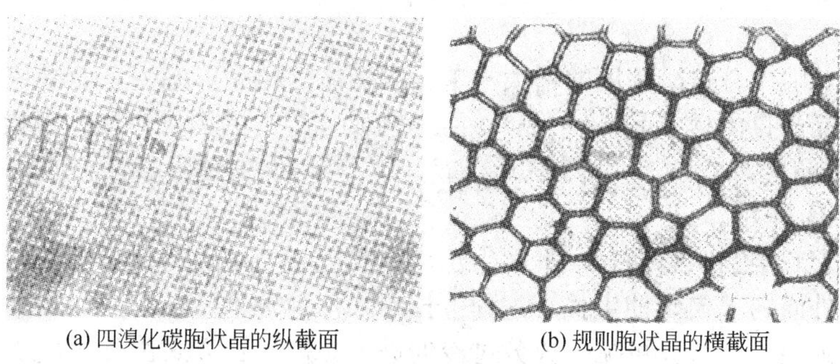
(a) 四溴化碳胞状晶的纵截面 (b) 规则胞状晶的横截面

图 4.14 胞状晶组织形态

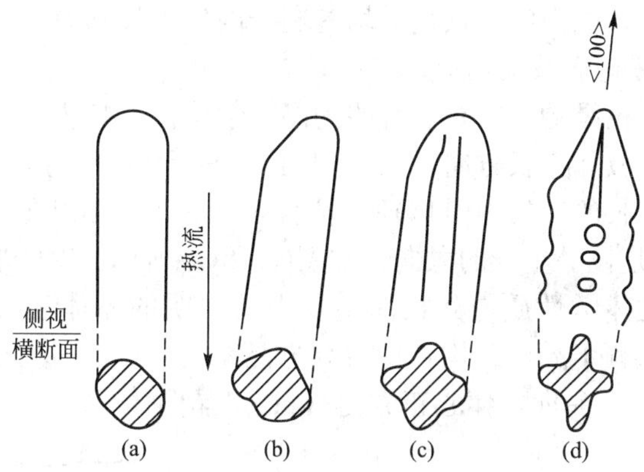

图 4.15 由胞状生长相枝晶生长的转变

凝固后的材料性能表现出强烈的各向异性。

4. 宽成分过冷区的自由树枝晶生长

当固液界面前沿液相中的温度梯度进一步减小时为 G_4 时(图 4.13(a))，成分过冷范围进一步加大，最大成分过冷度 ΔT_{Cmax} 大于非均质形核所需的过冷度 ΔT_{he}^{*}，在柱状树枝晶生长的同时，将发生新的形核过程，晶核将在过冷液体中自由生长为树枝晶，称为自由树枝晶，也称为等轴晶，如图 4.13(e)所示。这种等轴晶的生长阻碍了柱状树枝晶的单向延伸，从而使凝固过程变成等轴晶不断向液体内推进的过程。

在液体内部自由生长的晶体生长成为树枝晶，那为什么不是球体呢？在稳定状态下，平衡的结晶状态是近似于球体的多面体，如图 4.16(a)、图 4.16(b)所示。晶体的界面总是由界面能较小的晶面所组成，所以一个多面体的晶体，那些宽而平的面是界面能小的晶面，而棱与角的狭面为界面能大的晶面。非金属晶体界面具有强烈的晶体学特性，其平衡态的晶体形貌具有清晰的多面体结构，而金属晶体的方向性较弱，其平衡态近乎球体。在凝固过程中，多面体的棱角前沿液相中的溶质浓度梯度较大，其扩散速度较大；而宽大平面前沿液体中的溶质浓度梯度较小，扩散较慢。因此晶体的棱角处生长速度快，宽大平面处则生长速度慢。结果是初始近于球形的多面体逐渐长成星形(图 4.16(c))，又从星形再生出分枝而成为树枝

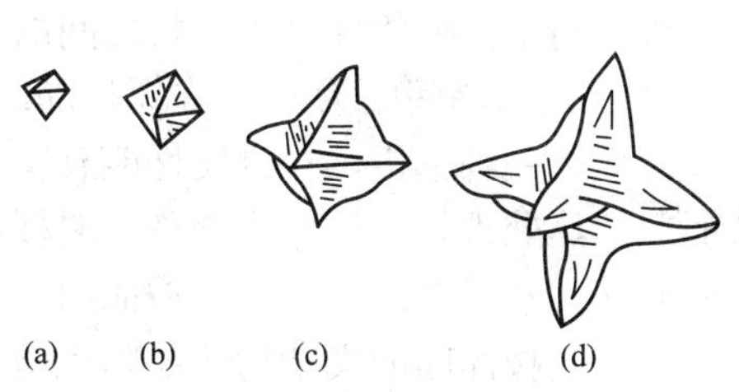

图 4.16 由八面体晶体发展成树枝晶的过程

状(图 4.16(d))。

综上所述，随成分过冷程度的增大，单相固溶体的结晶形态由平面晶依次发展为胞状晶→柱状树枝晶→自由树枝晶(等轴晶)。而影响成分过冷的因素是工艺因素(R，G_L)和合金的性质(C_0，m_L，k_0，D_L)，其中，C_0、R、G_L 为 3 个主要因素，它们对晶体形貌的综合影响如图 4.17 所示。

就合金的宏观结晶状态而言，平面生长、胞状生长和柱状树枝晶生长均是晶体自型壁生核，然后由外向内单向延伸生长。这种生长方式称为外生生长。而等轴晶是在液体内部自由生长，称为内生生长。可见，成分过冷促进了晶体生长方式由外生生长向内生生长的转变。这个转变除了取决于成分过冷的大小外还和外来质点的异质形核能力有关。宽范围的成分过冷及具有强生核能力的生核剂，均有利于内生生长和等轴晶的形成。

5. 树枝晶的生长方向和枝晶间距

从上述分析可知，枝晶的生长具有鲜明的晶体学特征，其主干和分枝的生长均与特定的晶向相平行。立方系枝晶生长方向示意图如图 4.18 所示。对于小平面生长的枝晶结构，其生长表面均被慢速生长的密排面(111)所包围，4 个(111)面相交，并构成椎体尖顶，其所指的晶向〈100〉就是枝晶生长的方向，如图 4.18(a)所示。对于非小平面生长的粗糙界面的枝晶结构，其非晶体学性质与其枝晶生长中的鲜明的晶体学特征尚无完善的理论解释。枝晶的生长方向依赖于晶体结构特性，立方晶系为〈100〉晶向，如图 4.18(b)所示。密排六方晶系为〈10$\bar{1}$0〉晶向，体心正方为〈110〉晶向。

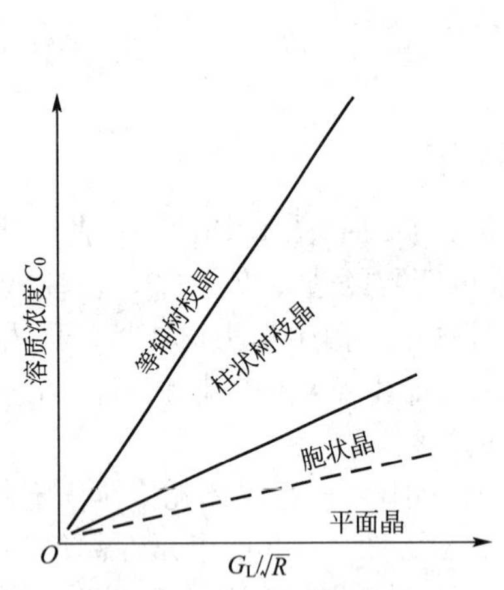

图 4.17　C_0、R、G_L 对晶体形貌的综合影响

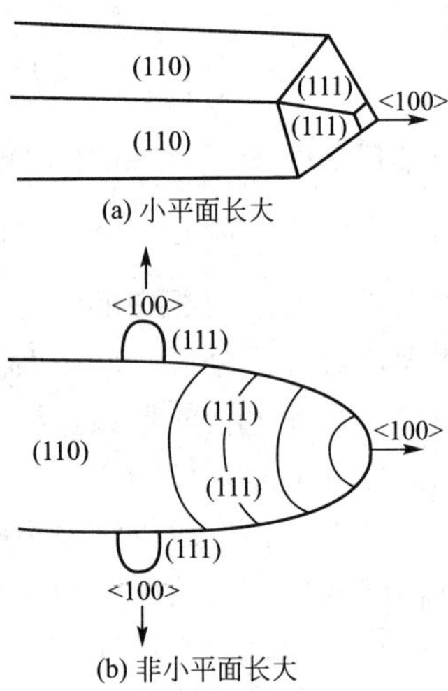

图 4.18　立方晶系柱状树枝晶的生长方向

枝晶间距是指相邻同次分枝之间的垂直距离，柱状枝晶主干间距为 d_1，二次枝晶间距为 d_2，三次枝晶间距为 d_3。在树枝晶之间充填着溶质富集的最后凝固组织，如共晶组织，这实际上是一种偏析，对材质性能有害。为了消除或减少这种微观偏析，需要对铸件进行长时间的热处理，即均匀化处理。树枝晶间距越小，溶质越容易扩散，完成热处理过程所需的时间就越短。同时，由于枝晶间的剩余液体在最后凝固时得不到充分补缩而形成的显微缩松以及枝晶间的夹杂物等缺陷也越细小、分散。所有这些因素均有利于提高材质和铸件的性能，因此，枝晶间距越小越好。二次枝晶间距与力学性能之间的关系，近年来引起了人们的关注。有的研究发现二次枝晶间距对力学性能的影响比晶粒度还要明显，这是由于晶内偏析、缩松及夹杂物的分布随二次枝晶间距的减少而趋于均匀。随着对材质和铸件性能的要求不断提高，枝晶间距也更加受到重视，出现了许多缩小枝晶间距的凝固方法和处理措施。

纯金属的枝晶间距只与冷却条件有关，即取决于固液界面处结晶潜热的散失条件。而合金的枝晶间距则要由凝固时的散热条件和溶质元素的再分配以及枝晶间的溶质扩散条件共同决定，需要同时考虑凝固时的温度场和溶质扩散行为。一般认为，枝晶间距与固液界面前方液体中的温度梯度 G_L 和界面推进速度 R 的乘积成反比。由于合金性质和凝固条件的复杂性，枝晶间距的计算模型尚有分歧，不在此详述。

4.4 共晶合金的结晶

大部分合金存在着两个或两个以上的相，即为多相合金。多相合金的结晶比单相固溶体的结晶复杂，可能出现共晶、包晶及偏晶等结晶反应，本节只讨论最为普遍的共晶合金的结晶过程。

4.4.1 共晶合金的分类

工业上常用的共晶系合金大多数为二元共晶合金，其组织形态以两相从液体中同时生长为特征。根据共晶组织中两相的界面结构不同，可将共晶合金分为两类：非小平面-非小平面共晶合金和非小平面-小平面共晶合金。

1. 非小平面-非小平面共晶合金

又称规则共晶合金，该类合金在结晶过程中，共晶两相均具有非小平面生长的粗糙界面，组成相的形态为规则的棒状或层片状，如图4.19所示。它包括了所有的金属与金属之间以及许多金属和金属间化合物之间的共晶合金，如Sn-Pb、Ag-Al_3Cu和Al-Al_3Ni等合金。

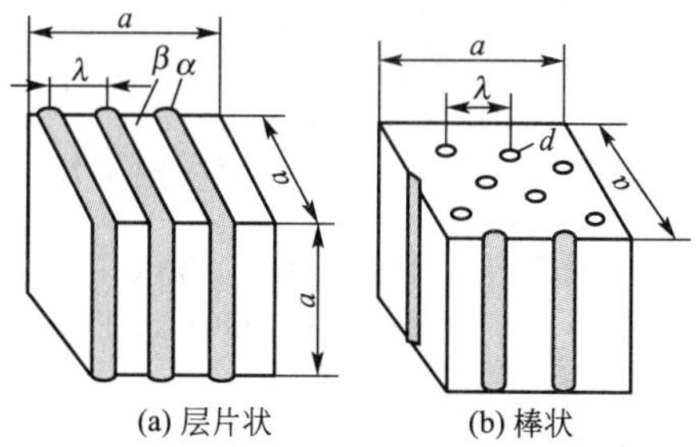

图4.19 非小平面-非小平面共晶组织

2. 非小平面-小平面共晶合金

又称非规则共晶合金，该类合金在结晶过程中，一个相的固液界面为非小平面生长的粗糙界面，另一个相则为小平面生长的平整界面。它包括了许多由金属和非金属以及金属和亚金属所组成的共晶合金，如Fe-C、Al-Si以及Pb-Sb、Sn-Bi和Al-Ge等共晶合金。此外，许多金属-金属氧化物和金属-金属碳化物共晶也属此类。此类共晶合金组织形态根据化学成分、冷却速度、变质处理等凝固条件的不同而变化多端，故称为非规则共晶合金。

4.4.2 共晶合金的结晶方式

1. 共生生长

在共晶结晶时，后析出的相依附于领先相的表面析出，形成具有两相共同生长界面的双相核心，然后依靠溶质原子在界面前沿两相间的横向扩散，互相不断地为相邻的另一相提供生长所需的组元，使两相协作生长。这种生长方式称共生生长。

共生生长需要两个基本条件：一是两相析出能力比较接近，并且后析出相容易在先析出的相上形核，从而便于形成具有共生界面的双相核心；另一个条件是两组元在界面前沿的横向扩散能够保证两相等速生长的需要。实验指出，只有当合金液过冷到一定的温度和成分范围内，以上两个条件才能满足，即共生生长只能发生在某一特定的温度和成分范围内。

图 4.20(a)是一个典型的共晶合金平衡相图。在平衡条件下，只有具有共晶成分的合金才能获得 100%的共晶组织。但在近平衡凝固条件下，即使非共晶成分的合金，当其较快地冷却到两条液相线的延长线所包围的阴影线区域时，两相具备了同时析出的条件，也可获得 100%的共晶组织。这种由非共晶成分而形成的共晶组织称为伪共晶组织，两条液相线的延长线所包围的阴影线区域为共晶共生区。由于仅从热力学观点考虑，共晶共生区如此，故将此共生区称为热力学型，也曾有人将此区域称为“伪共晶区”。然而实际共晶凝固过程不仅与热力学因素有关，而且在很大程度上取决于共晶两相析出过程的动力学条件。因此，实际共晶共生区取决于共晶生长的热力学和动力学因素。实际的共晶共生区可大致分为两类：对称型(图 4.20(b))和非对称型(图 4.20(c))。

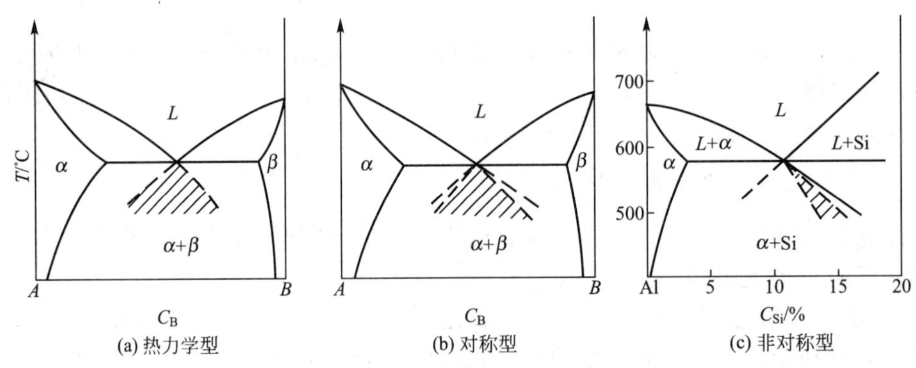

图 4.20　共晶相图及共生区示意图

当组成共晶的两个组元熔点相近，两条液相线形状彼此对称，共晶两相性质相近，在共晶成分、共晶温度附近析出的动力学因素也大致相当，就容易形成相互依附的共晶双相核心。同时两相组元在共晶成分、共晶温度附近的扩散能力也接近，因而也易于保持两相等速协同生长。在此种条件下，共生区以共晶成分为对称轴，形成对称型共晶共生区，由于受动力学条件影响，共生区略小一些，如图 4.20(b)所示。非小平面-非小平面共晶合金的共生区属此类型。

当组成共晶两相的两个组元熔点相差较大，两条液相线不对称，共晶点成分通常靠近低熔点组元一侧，此时，共晶两相的性质相差往往很大。在近平衡结晶条件下，低熔点相往往易于析出，且其生长速度也较快，这样凝固时容易出现低熔点组元一侧的初生相。为了满足共生生长所需的基本条件，就需要合金液在含有更多高熔点组元成分的条件下进行共晶转变，其共生区往往偏向于高熔点组元一侧，形成非对称型共晶共生区，如图 4.20(c)所示的阴影线区域。共晶两相性质差别越大，共晶共生区偏离对称的程度就越严重，大多数非小平面-小平面共晶合金的共晶共生区属此类型。

2. 离异生长

合金液可以在一定的成分条件下通过直接过冷而进入共生区，也可以在一定过冷条件下通过初生相的生长使液相成分发生变化而进入共晶共生区。合金液一旦进入共晶共生区，两相就能借助于共生生长的方式进行共晶结晶，从而形成共生共晶组织。然而研究表明，在共晶转变中也存在着合金液不能进入共晶共生区的情况。在这种情况下，共晶两相没有共同的生长界面，它们各自以不同的速度独立生长。也就是说，两相的形成在时间上和空间上都是彼此分离的，因而在形成的组织上没有共生共晶的特征。这种非共生生长的共晶结晶方式称为离异生长，所形成的组织称为离异共晶。离异共晶组织总体有“晶间偏析”及“晕圈”两种情况，如图 4.21 所示。

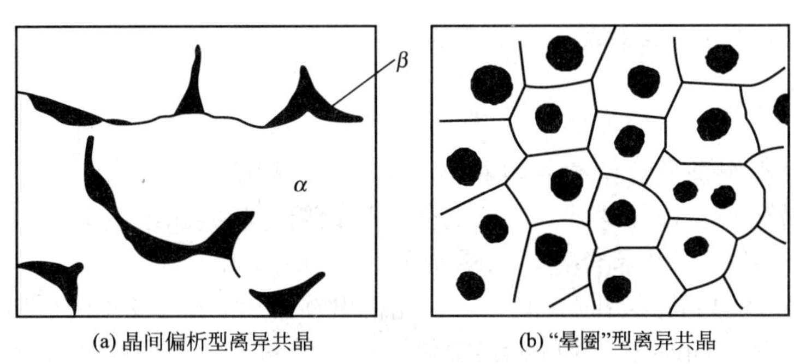

(a) 晶间偏析型离异共晶　　(b)“晕圈”型离异共晶

图 4.21　两种离异共晶组织

当一相大量析出，而另一相尚未开始结晶时，将形成晶间偏析型离异共晶组织，它可由两种原因所造成：第一种原因是由系统本身所造成的。当合金成分偏离共晶点很远，初晶相长得很大，共晶成分的残留液态很少，类似于薄膜分布于枝晶之间。当共晶转变时，一相就在初晶相的枝晶上继续长大，而把另一相单独留在枝晶间。第二种原因是由另一相的形核困难所引起的。合金偏离共晶成分，初晶相长得较大。另一相不能以初生相为衬底形核，或因液体过冷倾向大而使该相析出受阻时，初生相就继续长大而把另一相留在枝晶间。

在共晶结晶过程中，有时可以看到第二相环绕着领先相表面生长而形成一种镶边外围层，此外围层称为“晕圈”。一般认为，晕圈的形成是因为两相在生核能力和生长速度上的差别所引起的，所以，在两相性质差别较大的非小平面-小平面共晶合金中更容易出现这种晕圈组织。这时，领先相往往是高熔点的非金属相，金属相则围绕着领先相而形成晕圈。如果领先相的固液界面是各向异性的，第二相只能将其慢生长面包围住，而其快生长面仍然突破晕圈的包围并与液态金属相接触，则晕圈是不完整的。这时两相仍能组成共同的生长界面而以共生生长方式进行结晶。灰铸铁的片状石墨与奥氏体的共生生长则属此类，如图 4.22(a)所示。如果领先相的固液界面全部是慢生长面，从而能被快速生长的第二相晕圈所封闭时，则两相与液态金属之间没有共同的生长界面，而只有形成晕圈的第二相与液态金属相接触，所以领先相的生长只能依靠原子通过晕圈的扩散进行，最后形成领先相呈球团状结构的离异共晶组织。其典型例子就是球墨铸铁的球状石墨与奥氏体的共晶结晶，如图 4.22(b)所示。

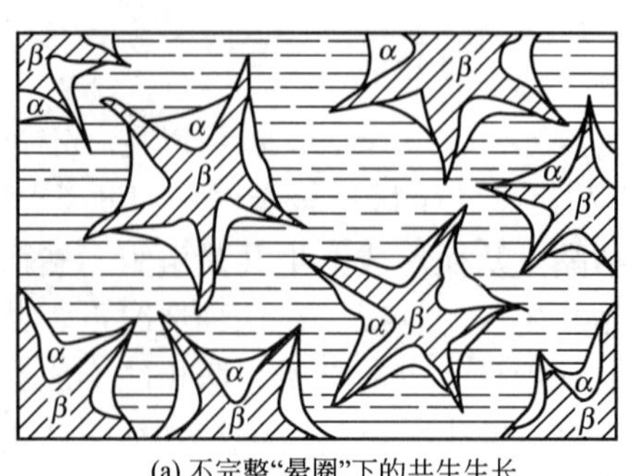

(a) 不完整“晕圈”下的共生生长

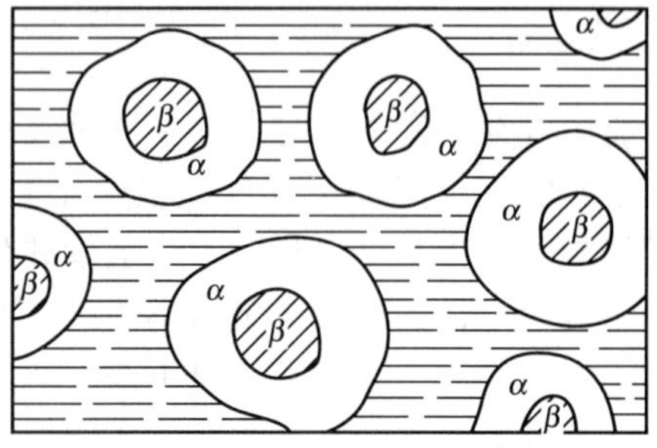

(b) 封闭“晕圈”下的离异生长

图 4.22　共晶结晶时的晕圈组织

4.4.3　非小平面-非小平面共晶合金的结晶

1. 层片状共晶

层片状共晶组织是最常见的一类非小平面-非小平面(规则共晶)共晶组织，共晶两相成层片状交替生长。现以球状共晶团为例，讨论层片状共晶组织的形成过程。假设一二元非小平面-非小平面共晶合金，相图如图 4.24(a)所示。其共晶双相核心的形成过程如图 4.23 所示。设共晶开始时，液相中首先析出领先相 α 相。α 相的析出使界面前沿 B 组元原子不断富集，同时为 β 相的析出提供了有效的衬底，从而导致 β 相在 α 相球面上的析出。β 相析出过程中，向前方的熔体中排出 A 组元原子，同时也向与小球相邻的侧面方向(球面方向)排出 A 原子。由于两相性质相近，从而促使 α 相依附于 β 相的侧面长出分枝。α 相分枝又反过来促使 β 相沿着 α 相的球面与分枝的侧面迅速铺展，并进一步导致 α 相产生更多的分枝。如此交替进行，很快就形成了具有两相沿着径向并排生长的球形共生界面双相核心。这就是共生共晶的生核过程。显然，领先相表面一旦出现第二相，则可通过这种彼此依附、交替生长的方式产生新的层片来构成所需的共生界面，而不需要每个层片重新生核，这种方式称之为“搭桥”。可见层片状共晶结晶是通过搭桥方式完成其生核过程的。事实证明，这也是一般非小平面-非小平面共晶合金共生共晶所共有的生核过程。

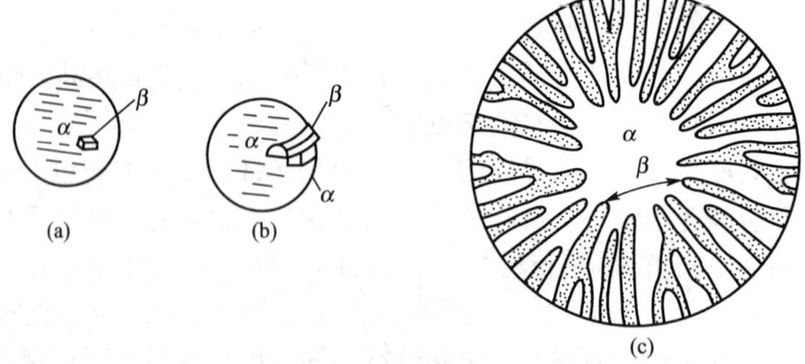

图 4.23　层片状共晶双相核心的形成过程

由于非小平面-非小平面共晶合金共晶的固液界面是非小平面，向前生长不取决于晶体的性质，只取决于热流方向及原子扩散，两相并排的长大方向垂直于共同的固液界面。

在共生生长过程中，两相各向其界面前沿排出另一组元的原子，只有将这些原子及时扩散开，界面才能不断向前推进。如图4.24(b)所示，排出的溶质原子可以向液体内部的 y 方向作纵向扩散，也可以沿着界面的 x 方向作横向扩散。扩散速度正比于溶质的浓度梯度，而浓度梯度又取决于扩散距离和浓度差。对于 y 方向，其扩散距离与边界层厚度 δ 相当，在自然对流条件下，δ 约为 1mm 左右。两组元的浓度差则分别为 $(\Delta C_{L\alpha})=C_{L\alpha}-C_E$ 和 $(\Delta C_{L\beta})=C_E-C_{L\beta}$。对于 x 方向，其扩散距离等于相邻两层片厚度之和的一半，即 $(S_\alpha+S_\beta)$，其数值一般小于 5×10^{-3}mm。两组元的浓度差皆为 $(\Delta C_L)_x=C_{L\alpha}-C_{L\beta}$。这样，$x$ 方向的扩散距离只有 y 方向的0.5%，而其浓度差却大约比 y 方向大一倍。因此横向扩散速度比纵向大得多。由此可见，在共生生长过程中，横向扩散是主要的，纵向扩散可以忽略。共晶两相通过横向扩散不断排走界面前沿积累的溶质，又互相提供生长所需的组元，这样，共晶两相彼此合作、并排地向前生长。

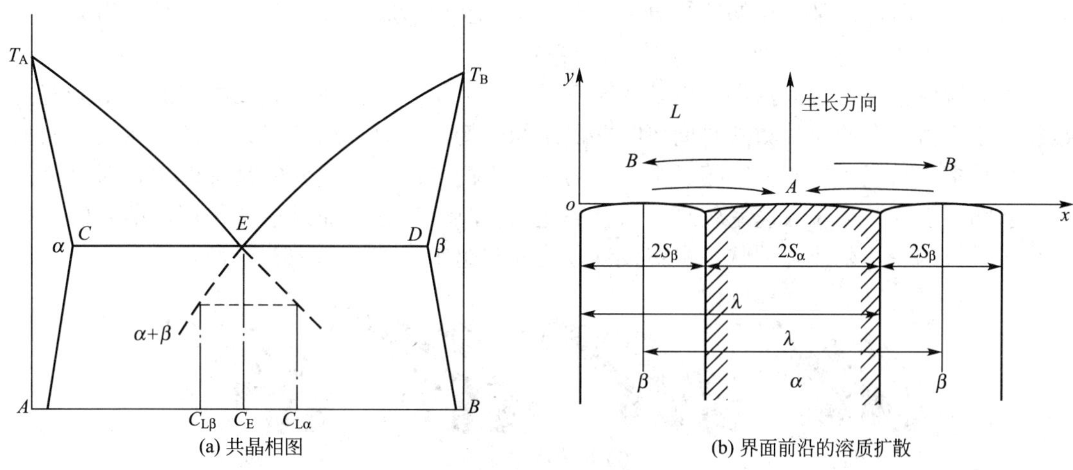

图4.24 层片状共晶界面前沿液相的成分分布

不难理解，同一界面前沿的溶质浓度分布并不均匀。如 α 相片层中心处B原子的浓度较高，片层距越大，与片层边缘(交界处)的差值越大。同时。生长速度越快，B 原子扩散走的机会越少，这种现象越严重。这会影响 α 相在此处继续长大往前推进的速度，而形成凹坑。因此，B 原子扩散越发困难。当 B 原子浓度高到足以使 β 相生核，新的 β 相则在此处形成，从而层片间距减小，如图4.25所示。凝固速度越快，层片间距就越小。研究表明，层片间距 λ 与长大速度 R 的平方根成反比，即

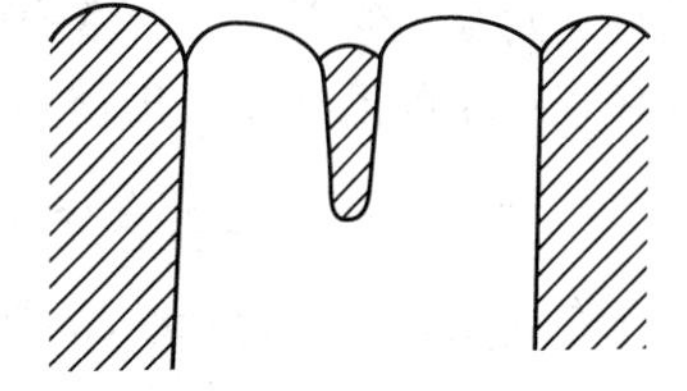

图4.25 层片间距的调整

$$\lambda=kR^{-\frac{1}{2}} \tag{4-23}$$

在球状共晶团生长过程中，随着球形共生界面的增大，层片间距也逐渐增大。为了保持与一定速度相适应的层片间距，两相在生长过程中还会不断地生长出新的层片。新层片的形成同样也不必重新生核，而只需要通过上述的搭桥方式分枝而成。共晶团球形共生界面的共生生长就是在不断通过搭桥方式分枝出新的层片又不断通过横向扩散而向前生长的过程中进行的。由此可知，一个共晶团是由两个高度分枝的晶体互相依附、互相掺和而生成的。这种结构特点已为X射线和电子衍射结果所证实。

2. 棒状共晶

除层片状共晶外，另一种规则共晶是棒状共晶。该组织中一相以棒状或纤维状沿着生长方向规则地分布在另一相的连续基体中，如图 4.19(b)所示。

规则共晶合金共晶是以棒状生长还是以层片状生长，主要取决于共晶两相的体积分数和第三组元的影响。假设共晶两相之间的界面能为各向同性，即所有界面间的界面能均相等。当共晶两相 α，β 的体积符合以下关系 $\frac{1}{\pi}<\frac{V_\beta}{V_\alpha+V_\beta}<\frac{1}{2}$ 时形成层片状共晶；当 $\frac{V_\beta}{V_\alpha+V_\beta}<\frac{1}{\pi}$ 时，β 相则以棒状形式出现。这个结论很容易证明，不在此详述。

但需要说明，晶体之间的界面能不是各向同性的，层片状共晶中的两相间的位相关系比棒状共晶中两相的位相关系强，因此，在层片状共晶中，相间界面可能是低界面能的界面。因此，有时即使某一相的体积分数小于 $1/\pi$，也会形成层片状共晶；但是，当某一相的体积分数大于 $1/\pi$ 时，则不会出现棒状共晶。

如果液体中含有共晶两组元以外的第三组元，且第三组元在共晶两相中的平衡分配系数相差较大时，会使层片状共晶向棒状共晶组织转变。此时，第三组元在某一相的界面前沿富集较多，将阻碍该相的继续长大。而另一相界面前沿第三组元的富集较少，对该相的生长影响不大，该相长大速率较高，将会超过另一相。这样，通过搭桥作用，落后的一相将被生长快的一相割成筛网状，最终发展成为棒状组织，如图 4.26 所示。

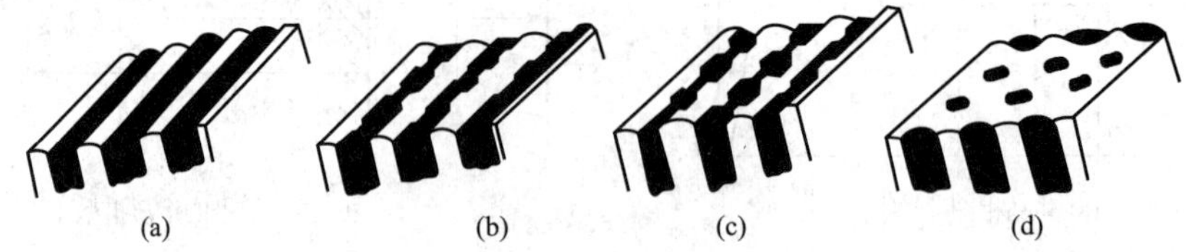

图 4.26　第三组元对规则共晶组织的影响

通常可以看到共晶晶粒内部为层片状，而在共晶晶粒交界处为棒状，其原因是在共晶晶粒之间第三组元(杂质)富集的浓度较大，由于其在共晶两相中分配系数的差别较大，导致在某一相前沿杂质富集较多，从而转变为棒状组织。

3. 共生界面前沿的成分过冷

在纯二元共晶合金结晶时，由于存在着横向扩散的主导作用，固液界面前沿的成分不均匀区很薄。A、B 两组元的原子在界面前的富集层仅相当于层片厚度数量级，远小于导致成分过冷所需的溶质边界层厚度。因此，不会引起共生界面前沿的成分过冷，在单向凝固中一般容易得到宏观平坦的共生界面。但当合金中存在着 $k_0 \ll 1$ 的第三组元(或杂质)时，两相在生长中都要排出这种原子，并在界面上形成富集层，和单相合金结晶过程一样，这个富集层将达到几百个层片厚度数量级。在适当的工艺条件下，将使界面前方液体产生成分过冷，从而导致界面形态的变化。宏观平坦的共生界面将转变为类似于单相合金结晶时的胞状界面，如图 4.27(a)所示。在胞状生长过程中，共晶两相仍以垂直于界面的方式进行共生生长，故两相的层片将会发生弯曲而形成扇形结构。共晶中的胞状结构通常称为“集群结构”。4.27(b)为不纯的 Al - $CuAl_2$ 共晶集群结构的显微组织。

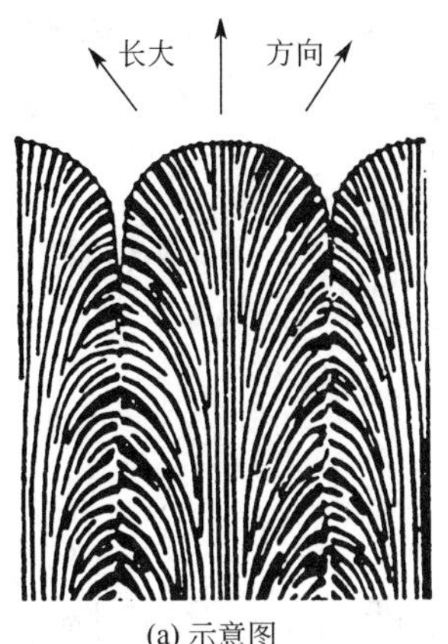

(a) 示意图

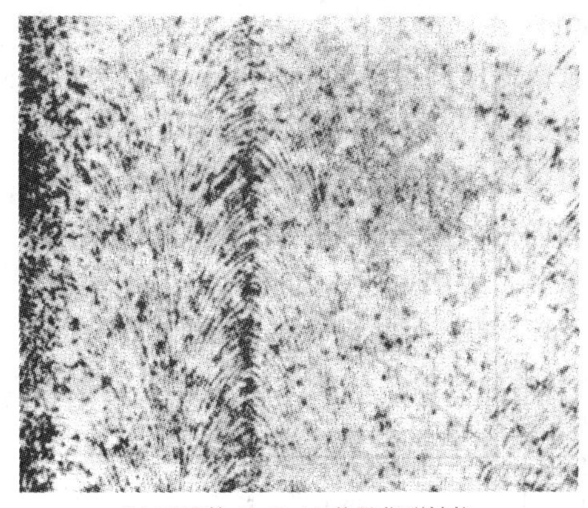

(b) 不纯的Al-$CuAl_2$共晶集群结构

图 4.27 共晶合金的胞状生长

当第三组元浓度较大时，或在更大的凝固速度下，成分过冷进一步扩大，胞状共晶将发生为树枝状共晶组织，如图 4.28 所示。

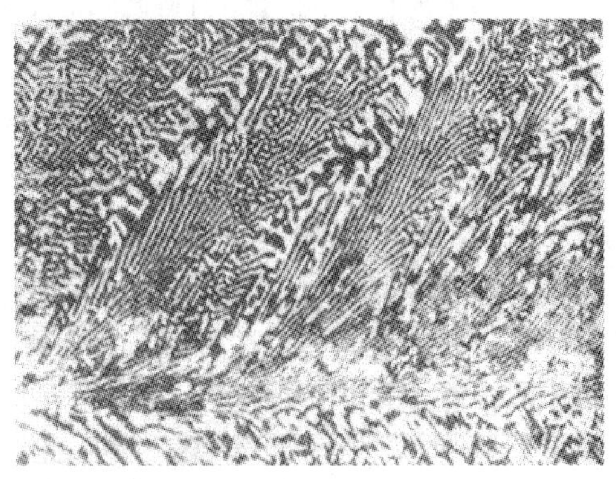

图 4.28 树枝状共晶组织

4.4.4 非小平面-小平面共晶合金的结晶

这类合金两相性质差别较大，共生区往往偏向于高熔点的非金属组元一侧。小平面相的各向异性生长行为决定了共晶两相组织结构的基本特征。由于小平面相存在多种不同的生长机理，因此，这类共晶合金比非小平面-非小平面共晶合金具有更为复杂的组织形态变化，且对生长条件的变化表现出高度的敏感。即使同一种合金，在不同的条件下也能形成多种形态各异、性能悬殊的共生共晶甚至离异共晶组织。这类合金最具代表性的是 Fe－C 和 Al－Si 两种合金。

实践证明，非小平面-小平面共晶合金的领先相往往是以小平面生长的高熔点非金属相，第二相的析出并不能立即引起两相交替搭桥生长，而往往是第二相以镶边的形式迅速地将领先相包围起来形成晕圈状的双相结构。如果晕圈是非封闭的，则共晶以共生生长的方式进行。然而，小平面相的固液界面是非等温的，呈各向异性生长。共晶两相虽以合作的方式一起长大，但共生界面在局部不是稳定的。小平面相的快速生长方向伸入到界面前方的液体中率先进行生长，而第二相则依靠领先相生长时排出的溶质的横向扩散获得生长组元，跟随着领先相一起长大，因而整个固液界面是参差不齐的。领先相的生长形态决定着共生两相的结构形态。

灰铸铁(Fe－C 合金)的共生生长则属于这种情况。石墨的晶体结构如图 4.29 所示，是六方晶格结构。基面(0001)之间的距离远大于基面内原子之间的距离，基面之间原子作用较弱，因此容易产生孪晶旋转台阶，碳原子源源不断向台阶处堆砌，石墨在 $[10\bar{1}0]$ 方向上以旋转孪晶生长方式快速生长(图 3.18)。而(0001)面是密排面，生长过程中为平整界面，碳原子仅能以二维生核或螺旋位错形式生长。奥氏体以非封闭晕圈形式包围着石墨片(0001)基面跟随着石墨一起长大。在生长中，伸入液相的石墨片前端通过旋转孪晶的作用不断改变生长方向而发生弯曲，并不断分枝出新的石墨片。奥氏体则依靠石墨片生长过程中在其周围形成的富 Fe 液层而迅速生长，并不断将石墨的侧面包围起来。最终形成的共晶组织是在奥氏体的连续基体中生长着一簇分枝高度紊乱的石墨片的两相混合体，如图 4.30 所示。

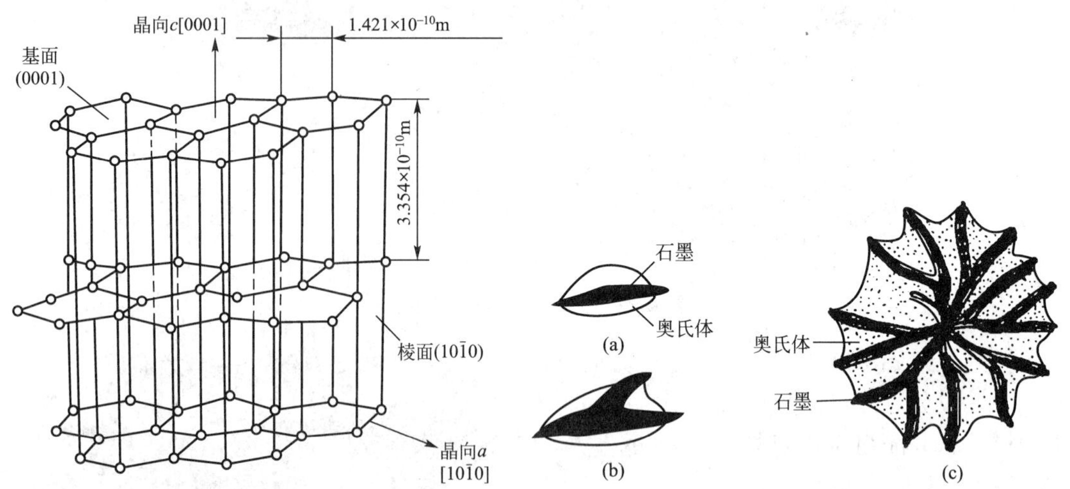

图 4.29　石墨的晶体结构

图 4.30　石墨-奥氏体共晶团共生生长示意图

在 Al-Si 合金共生生长中，当领先相 Si 以反射孪晶生长机理在界面前沿不断分枝生长时(图 3.19)，形成的共生共晶组织是在 α-Al 的连续基体上分布着紊乱排列的板片状 Si 的两相混合体(图 3.1)。

正如上所述，非小平面-小平面共晶合金共晶两相的结构特征是由小平面相的各向异性生长行为，即其界面生长动力学过程所决定的，而共晶两相的结构特征对材质的力学性能有着非常重大的影响。如 Fe-C 共晶合金，石墨以球状存在的球墨铸铁，其力学性能远高于石墨以片状存在的灰铸铁；而在 Al-Si 合金中，共晶 Si 如从板片状改变为纤维状，则强度和韧性大大提高。实践证明，微量第三组元的存在能大大地影响小平面相的界面生长动力学过程，从而支配着共晶两相组织结构的变化。下面仍以 Fe-C 和 Al-Si 两种合金为例，阐述第三组元对小平面相生长行为及共晶两相组织结构的影响。

在铸铁共晶中，第三组元对石墨相的生长机制影响极大。在一般铸铁中，当氧、硫等活性元素吸附在旋转孪晶台阶处，显著降低了石墨棱面与合金液的界面张力，使得 [10$\bar{1}$0] 方向的生长速度大于 [0001] 方向，石墨最终长成片状。如果在这种铁液中加入镁或铈等球化元素，它们会与氧、硫发生反应，使铁液中活性氧、硫的含量大大降低，抑制了石墨沿 [10$\bar{1}$0] 方向的生长，而使石墨按螺旋位错方式生长成为球状，如图 4.31 所示。

在 Al-Si 共晶合金液中加入 Na、Sr 等微量的第三组元，因选择吸附而富集在孪晶凹谷处，使硅晶体生长时被迫改变方向使共晶 Si 不断分枝，粗片状共晶 Si 大大细化，可获得均匀的细小水草状共晶 Si，如图 4.32 所示。

虽然各种第三组元物质对不同的非小平面-小平面共晶合金结构形态的影响机理仍众说纷纭，有待进一步探讨，但这种现象的存在已被人们所认识，并广泛地应用于生产实践中。在工业中，通过向金属液加入某些微量物质以影响晶体的生长机理，从而达到改变组织结构，提高力学性能的目的，这种处理工艺称为变质(modification)。目前变质处理已经成为控制铸件结晶组织特征及力学性能的一种非常重要的手段。

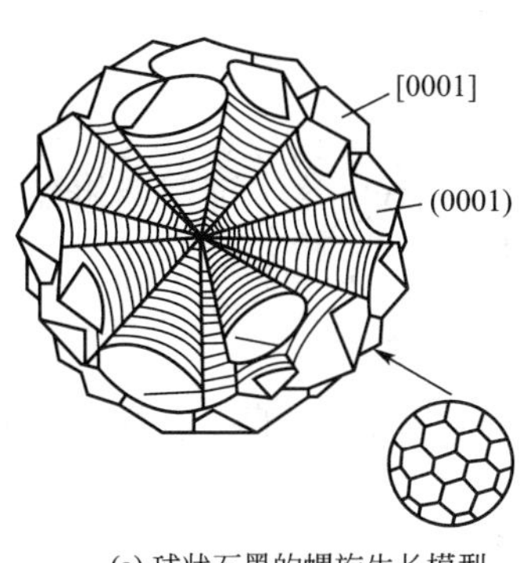

(a) 球状石墨的螺旋生长模型

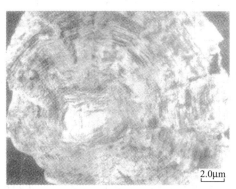

2.0μm

(b) 球状石墨内部形貌(TEM)

图 4.31　球状石墨的生长

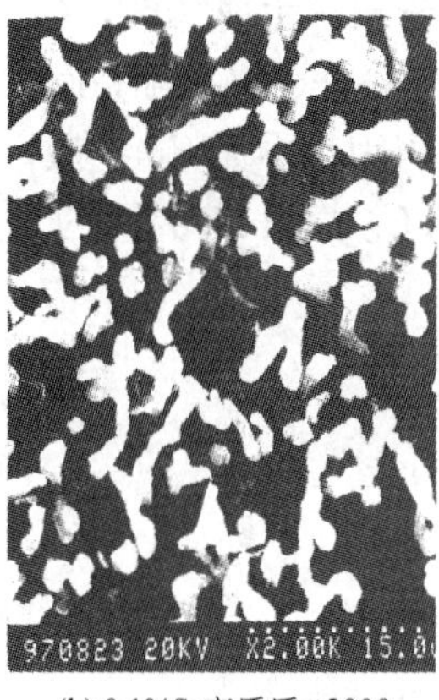

(a) 变质前×1000　(b) 0.1%Sr变质后×2000　(c) 0.1%Sr变质后×6000

图 4.32　Al-Si 共晶合金 Sr 变质前后的共晶 Si 的形态

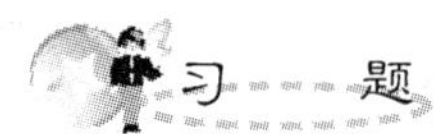

1. 何谓结晶过程中的溶质再分配？它是否仅由平衡分配系数 k_0 所决定？当相图上的液相线和固相线皆为直线时，试证明 k_0 为一常数。

2. 某二元合金相图如图 4.33 所示。合金液成分为 $C_0=40\%$，置于长瓷舟中并从左端开始凝固。温度梯度大到足以使固-液界面保持平面生长。假设固相无扩散，液相均匀混合。试求：①α 相与液相之间的平衡分配系数 k_0；②凝固后共晶体的数量占试棒长度的百分之几？③凝固后的试棒中溶质 B 的浓度沿试棒长度的分布曲线，并注明各特征成分及其位置。

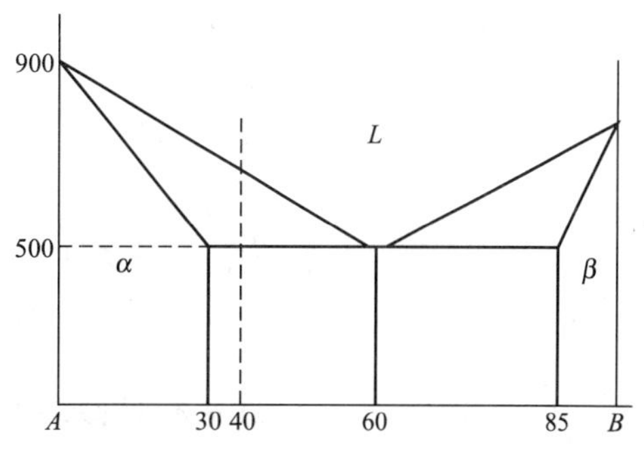

图 4.33　习题 2 图

3. 设上题合金成分为 $C_0=10\%$。

(1) 证明已凝固部分（f_S）的平均成分

$\overline{C}_S$ 为

$$\overline{C}_S=\frac{C_0}{f_S}[1-(1-f_S)^{k_0}]$$

(2)当试棒凝固时，液体成分增高，而这又会降低液相线温度。证明液相线温度 T_L 与 f_S 之间关系(T_0 为纯组元 A 的熔点，m_L 为液相线斜率)：

$$T_L=T_0+m_LC_0(1-f_S)^{(k_0-1)}$$

(3) 计算出 T_L 分别为 750℃，700℃，600℃与 500℃下的固相平均成分。问试棒中将有百分之几按共晶凝固？

4. 假设固相无扩散，液相均匀混合。图 4.34*PQ* 线是 C'_S(T_1 时固相成分)与界面处固相成分 C_S^* 的算术平均值，试证

$$C''_S=C_0(2-k_0)$$

5. Al－Cu 合金相图如图 4.35 所示，主要参数：$C_E=33\%$，$C_{sm}=5.65\%$，$T_m=660℃$，$T_E=548℃$，用 Al－1%Cu(即 $C_0=1\%$)合金浇一细长圆棒试样，使其从左至右单向凝固，冷却速度足以保持固-液界面为平面。当固相中无 Cu 扩散，液相中 Cu 有扩散而无对流，达到稳态凝固时，求固-液界面的 C_S^* 和 C_L^*；固-液界面的 T_i(忽略动力学过冷度 ΔT_k)。

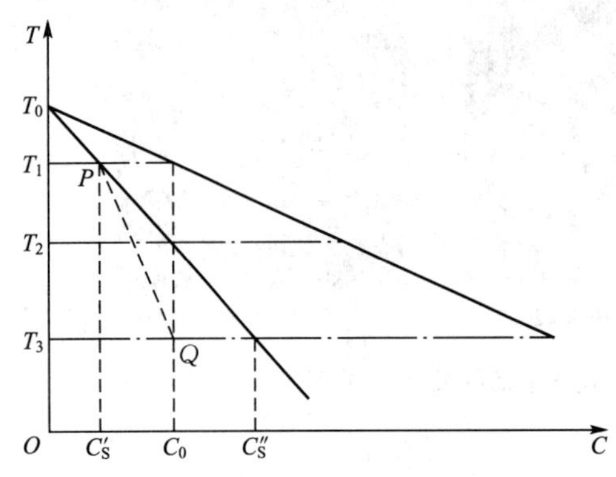

图 4.34　习题 4 图

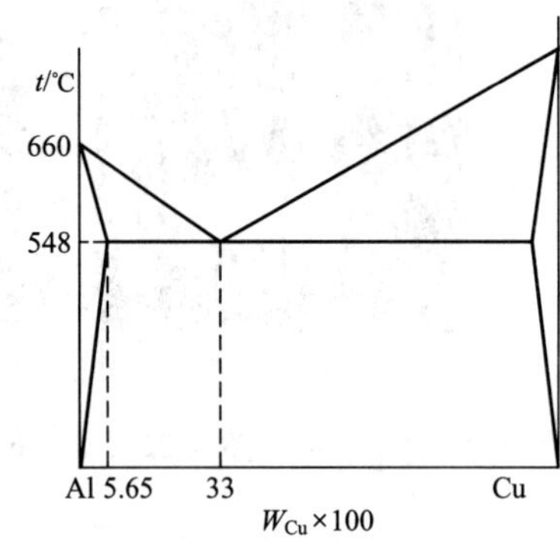

图 4.35　习题 5 图

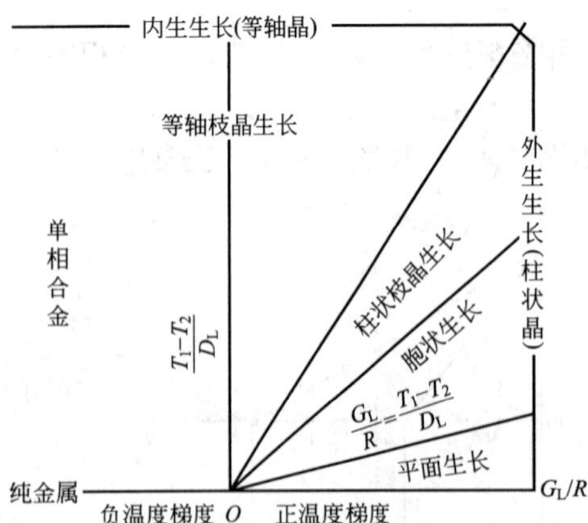

图 4.36　金属性质$\frac{T_1-T_2}{D_L}$和工艺条件$\frac{G_L}{R}$对一般单相合金结晶特点影响的示意图

6. 固相无扩散，液相只有有限扩散的条件下凝固，当达到稳态凝固后，凝固速度突然变大($R_1\rightarrow R_2$，$R_2>R_1$)，分析固相成分和溶质富集层的变化情况。

7. 根据图 4.36 和图 4.37 这两个图所表达的内容，对 4.3 节的内容进行总结。

8. 画图说明成分过冷和热过冷的概念。

9. 推导成分过冷判据，并根据此判据说明影响成分过冷大小的因素有哪些？

10. 说明成分过冷对单相固溶体和共晶凝固组织形貌的影响。

11. 枝晶间距与材质的质量和性能有何关系？

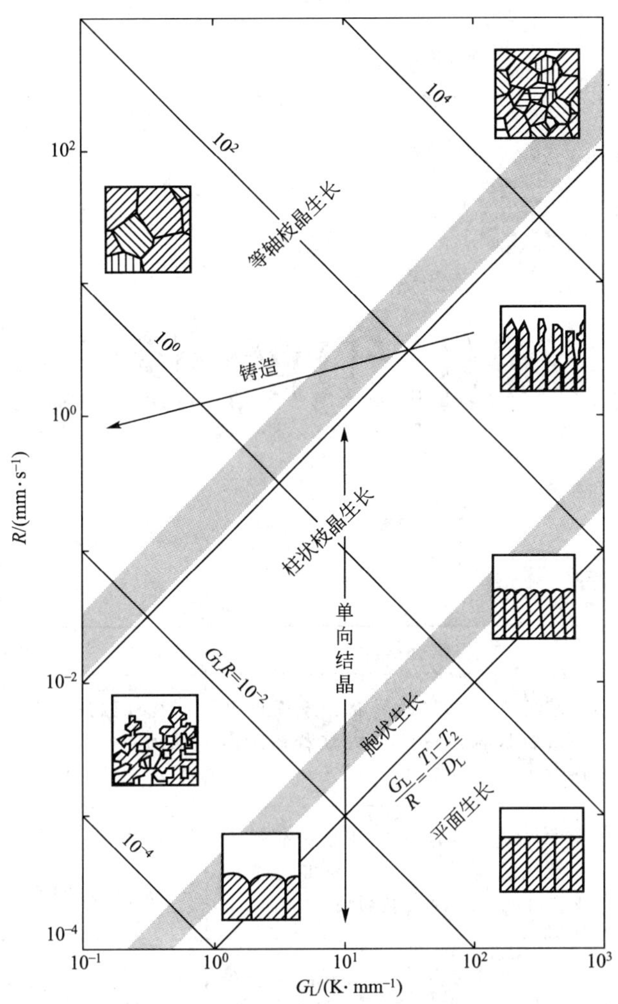

图 4.37　工艺参数 G_L 和 R 对单相合金结晶特点的影响($T_1-T_2\approx 50K$)

12. 规则共晶生长时可为棒状或片状组织，试证明当某一相的体积分数小于 $1/\pi$ 时则出现棒状组织；而当某一相的体积分数大于 $1/\pi$ 时则易出现片状组织。

13. 试述非小平面-非小平面共生共晶组织的生核机理和生长机理、组织特点和转化条件。

14. 非小平面-小平面共晶生长的特点是什么？它与变质处理原理之间有何关系？

15. 离异共晶组织的形成原因有哪些？

第5章 铸件宏观组织的形成及控制

知识要点	掌握程度	相关知识
铸件宏观组织的形成	掌握宏观组织的特征、表面细晶粒区和柱状晶区的形成过程；熟悉内部等轴晶形成的几种理论	宏观组织与微观组织的本质区别；表面细晶粒区的形成条件；择优生长；晶粒游离的形成
铸件宏观组织对铸件性能的影响	掌握柱状晶区和等轴晶区的组织和性能特点；了解组织对高温条件下工作的零件的性能影响	晶粒大小、枝晶发达程度、晶界特点与材质性能的关系
铸件宏观组织的控制	掌握细化等轴晶的措施；掌握孕育处理和变质处理的区别与联系；熟悉孕育剂的作用机制；了解悬浮铸造法	宏观组织控制和晶粒细化措施；细化等轴晶措施的具体作用原理

导入案例

还是在1964年夏天，在北大西洋看到无数浮游着的冰山的时候，促使我开始研究金属凝固的机制问题。

1970年，我的导师宫田進先生收到了从东京轻合金制作所小松二郎社长那里寄来的一封信。在这封信中，附上了“金属材料”杂志中登载的大型发动机工业公司铸造研究科长佐佐木五真男写的题为“铝凝固理论的发展”一文的复印件。

在这篇文章中，他非常详细地以名著的方式介绍了我的研究成果。他在写到我“驳倒了传统理论，打开了铸造技术者心灵的窗户”后继续写道：“这些研究成果作为铸件质量健全化基础理论的进展，是很值得铸造技术工作者们重视的。”

小松社长发出一封想让我到他那里去进行讲演的邀请信。在同宫田先生一起到埼玉县行田市的株式会社东京轻合金制作所时，他对我说：“你的理论我至今为止只听到一些片断，但想听听完整的。”

显然，在演讲会上，我所说的“我已经亲眼观察到了凝固现象”的话给宫田教授留下了深刻的印象。他劝我说：“今天的讨论如果只是停留在演讲上的话，则太可惜了，一定要把它写成书。”这样，在1973年，出版了我的第一版《金属凝固学》。

1975年，我到德国的亚琛工业大学演讲，在那里我受到了从新日铁来的留学生平岡照祥的招待，他特意把我所著的《金属凝固学》带到了德国。他把此书放在我前面，要求我给他写几句话。我写了我平生经常作为座右铭的一句话：“要适应所给予你的环境”。

这时，平岡又对我说：“请先生一定把您最初的想法以及研究的经历写下来，我深信这对年轻人来说是非常有用的”。因此，这一次的《金属的凝固》一书就是应平岡的这一要求而产生的。在我的脑海里至今为止仍回荡着平岡那时热切的话语和我们干杯时玻璃杯发出的清脆悦耳的声音。

在这以后，我不仅在美国、欧洲，而且在中国、南美和澳大利亚等国外许多大学和企业进行过多次演讲。在这过程中，我一直记着平岡要我出版一本新书的要求。因此，在每次演讲中我都不断地对原稿进行修改。

1980年，这个原稿的一部分在“铸锻造及热处理”上以“铸造组织的控制原理”为题，作为连载讲义登载出来。在该讲义中，我从为什么进行金属凝固研究开始，讨论了所提出的结晶游离论，以及基于这个理论来控制铸造组织的原理。

在这以后，我出乎意料地得知这份连载讲义的读者比原来预想的要多得多。许多大学和企业把它复印后发给学生和技术工作者。

因此，我就产生了在这份连载讲义的基础上再进一步把结晶游离论的应用加进去，整理成书这个想法。这样，在随后的讲演中，我又对原稿进行了修改。我想，怎样才能使读者更好地理解结晶游离论，以及怎样解释才能使它能够更有效地应用到实际的铸造过程中去呢？于是，我把讲演后别人提出的问题作为一个宝贵材料，把这些问题的答案充实到书的内容中来。

最近，我应用结晶游离论开发了使凝固从铸锭内部先进行，在中心部位没有空洞和偏析等缺陷的而且完全没有等轴晶只有单向凝固组织的连续铸造法。这种完全没有等轴晶，表面呈镜状的光滑长铸锭的出现，使我感到结晶有游离论能够被理解的时候终于到来了。

从原稿开始着手至今已经5年了，每次阅读都不断地进行修改。为了最后检查我的原稿，我到曾给予我的研究工作影响最大的加拿大多伦多大学进行访问，在那里的一个星期中，终于渐渐地趋于脱稿了。

当我将要脱稿的时候，我想向不仅对于许多曾使我得到很多启发的人们，以及曾给我许多协助的共同研究者和学生们，而且对于提出许多反对意见的人们表示深深的感谢。我所进行的金属凝固研究，像下象棋一样，正是因为有了高明的对手，反而使我的研究成为一件非常有趣的事情。

1983年6月5日于多伦多
大野笃美

［日］大野笃美著，邢建东译，周庆德校.《金属的凝固——理论、实践与应用》一书的序. 机械工业出版社，1990年.

铸件凝固组织的形成是由合金的成分和铸造条件决定的，它对铸件的各项性能尤其是力学性能有显著的影响。因此，生产上控制铸件的性能通常是通过控制凝固组织来实现的。铸件凝固组织可从宏观状态和微观状态两方面来描述。就宏观状态而言，指的是铸态晶粒的形状、尺寸、取向和分布等情况；而微观组织结构主要指晶粒内部的结构形态，如树枝晶、胞状晶等结构状态，共晶团内部的结构形态以及细化程度等。关于铸件的微观组织结构形态问题，已在第4章进行了详细的阐述，本章将讨论铸件宏观组织的特征、形成及控制方法。

5.1 铸件宏观组织的形成

5.1.1 铸件宏观组织的特征

铸件的宏观组织一般包括3个晶区：表面细晶粒区、柱状晶区和内部等轴晶区，如图5.1(a)所示。表面细晶粒区是指紧靠铸型壁的激冷组织，所以又称激冷区，由无规则排列的细小等轴晶组成，该层比较薄，只有几个晶粒厚。柱状晶区由垂直于型壁(沿热流方

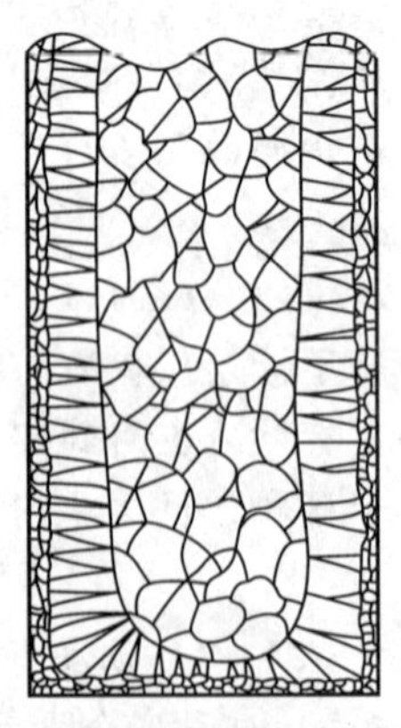
(a) 含有3个晶区的凝固组织

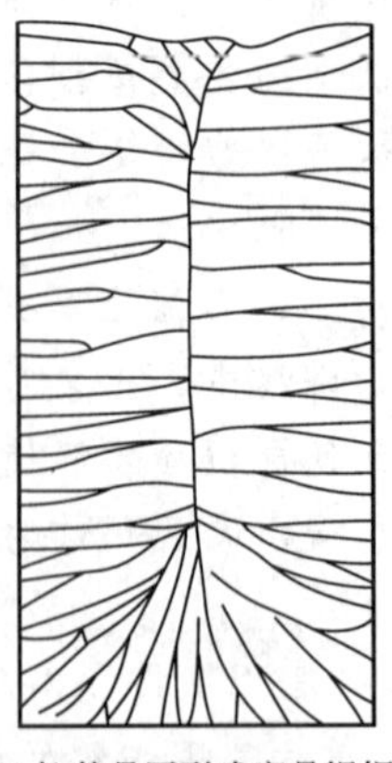
(b) 柱状晶区形成穿晶组织

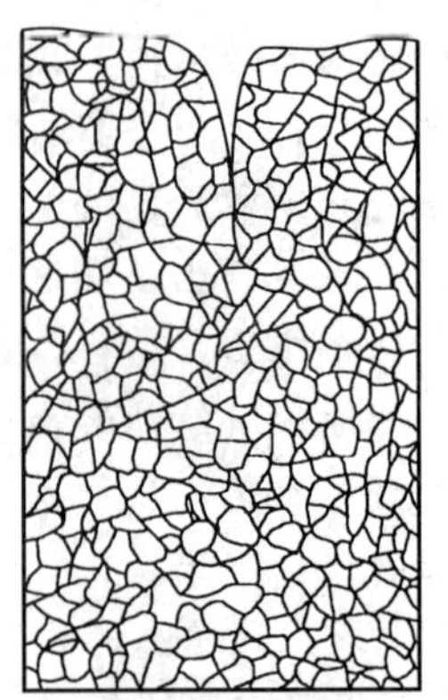
(c) 全部等轴晶的凝固组织

图5.1 铸件宏观组织示意图

向)且彼此平行排列的柱状晶粒组成。内部等轴晶区由各向同性的等轴晶组成，晶粒比表面细晶粒区的晶粒尺寸粗大。通常，后两个晶区的厚度较大。

当然，实际生产中的铸件，不一定3个晶区同时出现，各晶粒区的薄厚也会随合金的性质和铸造条件的不同而变化。在某些条件下，可能获得完全柱状晶组成的“穿晶”组织(图5.1(b))或完全等轴晶组织(图5.1(c))。

5.1.2 铸件宏观组织的形成

1. 表面细晶粒区的形成

传统理论认为，液态金属浇注到铸型中后，受到温度较低的型壁的激冷作用，在型壁附近的液体产生较大的过冷而大量生核，这些晶核又在较强的散热条件下迅速长大并相互接触，从而形成大量无规则排列的细小等轴晶粒。根据这种理论，表面细小晶粒的形成与型壁附近液体内的形核数量有关，形核量越大，表面细小等轴晶区就越大，晶粒尺寸也越小。因此，所有影响异质形核的因素，如外来核心的数量、铸型传热条件都将直接影响表面细小等轴晶区的宽窄和晶粒大小。后来的研究表明，除了激冷晶区大量异质形核作用外，各种形式的晶粒游离也是形成表面细等轴晶的“晶核”来源，包括型壁晶粒脱落、枝晶熔断与增殖等各种形式产生的游离晶(将在后面详细论述)。

如果大量表面细等轴晶粒相互接触，会形成具有一定厚度的凝固壳层，随着这一固体外壳的产生，型壁附近的液体形成有利于单向散热的条件，促进晶体沿着与热流相反的方向择优生长为柱状晶。而大量的游离晶粒的存在会抑制稳定的凝固外壳形成，因而有利于表面细小等轴晶区的形成。因此，型壁附近液体内部的大量形核是表面细晶粒区形成的必要条件，而抑制形成稳定的凝固壳层则为其充分条件。另外，铸型的激冷能力对于表面细小等轴晶区的形成具有双重作用，增强铸型的激冷作用一方面可以提高型壁附近液体的非均质形核能力，促进表面细等轴晶区的形成，另一方面，也使型壁上的晶核数量大大增加，从而促使型壁晶粒很快连接而成稳定的凝固外壳，限制了表面细等轴晶区的扩大。所以，如果没有较强的晶粒游离条件，过强的型壁激冷能力反而不利于表面细粒晶区的形成与扩大。

2. 柱状晶区的形成

一般情况下，柱状晶区是由表面细晶粒区发展而成的，但也可能直接从型壁处生长。稳定的凝固壳层一旦形成，处于凝固界面前沿的晶粒原来的各向同性生长条件即被破坏，转而在垂直于型壁的单向热流作用下，以枝晶方式沿热流的反向延伸生长。由于各枝晶主干方向互不相同，那些主干与热流方向相平行的枝晶，较之取向不利的相邻枝晶生长得更为迅速，它们优先向内伸展并抑制相邻枝晶的生长。在逐渐淘汰掉取向不利晶体的生长过程中发展成柱状晶组织(图5.2)。这种互相竞争淘汰的晶体生长过程称为晶体的择优生长。由于择优生长，在柱状晶向前发展的过程中，离开型壁距离越远，取向不利的晶体被淘汰得就越多，柱状晶的方向就越集中，同时晶粒的平均尺寸也就越大。

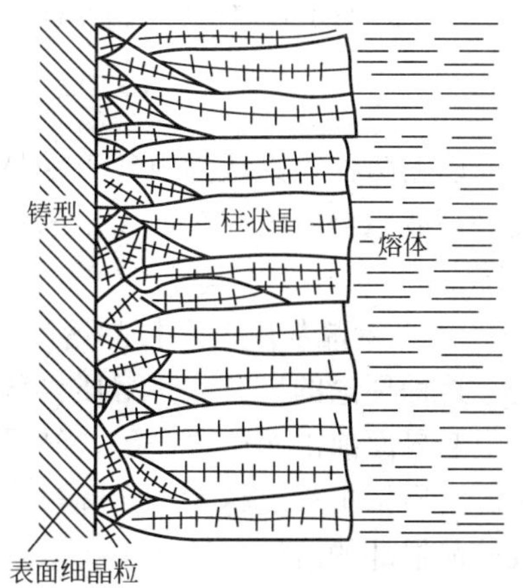

图5.2 柱状晶发展示意图

决定柱状晶持续发展的关键因素是其生长前端是否出现一定数量的等轴晶。如果柱状晶生长前沿的液体中始终不利于等轴晶的形成和生长，则柱状晶区可以一直延伸到铸件中心，直到与对面生长过来的柱状晶相遇为止从而形成所谓的“穿晶组织”，如图 5.1(b)所示。一旦柱状晶前沿出现等轴晶，柱状晶的生长即被抑制，而在铸件中心形成等轴晶区。内部等轴晶形成的越早，柱状晶区越窄。如果稳定的凝固壳层还未形成，即没来得及形成柱状晶区，内部就已经大范围形成等轴晶，则整个铸件完全是等轴晶组织，如图 5.1(c)所示。

3. 内部等轴晶区的形成

柱状晶生长前沿的液体内部一旦出现等轴晶，则将在剩余的液体内部自由生长，形成粗大的等轴晶区。关于等轴晶晶核的来源和等轴晶区的形成过程，存在不同的理论和观点，现分述如下。

1）过冷液体中非均质形核理论

该理论认为，随着柱状晶层向内推移，固相散热能力逐渐减弱，液体中温度梯度趋于平缓，同时溶质再分配造成的液相中溶质富集越来越多，从而使界面前方成分过冷逐渐增大，当成分过冷大到足以发生非均质生核时，液体内部则大量生核，导致内部等轴晶的形成。

2）激冷晶粒卷入理论

大野篤美等认为，浇注过程中，由于浇注系统和铸型型壁处的激冷作用，通过异质形核产生大量等轴晶，这些小晶粒随液体的流动漂移到铸型的中心区域。如果液态金属的温度不高，小晶粒就不会全部熔化掉，残存下来的就会作为内部等轴晶的核心，如图 5.3 所示。

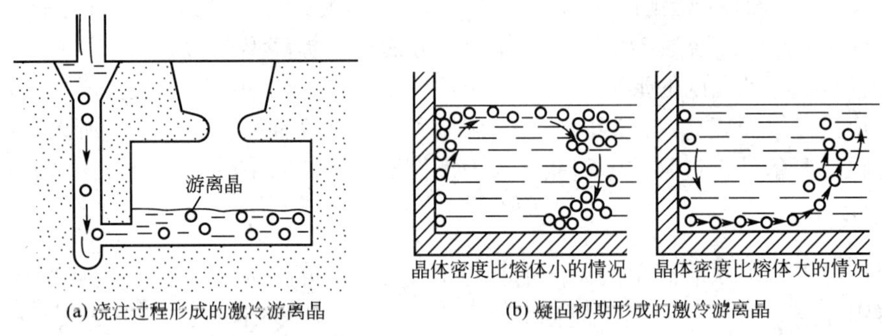

(a) 浇注过程形成的激冷游离晶　　(b) 凝固初期形成的激冷游离晶

图 5.3　激冷晶进入液体内部形成游离晶

以上两种理论认为内部等轴晶区是由于非均质形核以及晶粒的游离、长大的结果，尤其是当液态金属内部存在大量的有效形核质点时，内部等轴晶区的宽度增加，等轴晶尺寸下降。

3）型壁晶粒脱落和枝晶熔断理论

这种理论的出发点是溶质再分配。依附型壁形核的晶粒或生长着的枝晶，在生长过程中引起界面前沿溶质再分配，结果导致界面前沿液态金属熔点降低，从而使实际过冷度减小。溶质偏析程度越大，实际过冷就越小，晶体的生长速度就越慢。由于紧靠型壁的晶体或枝晶根部的溶质在液体中扩散均化的条件最差，故其偏析程度最为严重，因而侧向生长受到强烈抑制。与此同时，远离枝晶根部的其他部位则由于界面前沿液体中的溶质易于通过扩散和对流而均匀化，因此获得较大的过冷度，其生长速度要快得多。因此在晶体生长过程中将产生型壁晶体或枝晶根部“缩颈”现象，在液体对流的机械冲击和温度起伏引起的热冲击作用下，枝晶根部的缩颈部位很容易断开，从而成为游离晶，这种现象称为型壁晶粒脱落或枝晶熔断。型壁晶粒脱落示意图如图 5.4 所示，枝晶分枝缩颈的形成示意图如图 5.5 所示，环己烷枝晶分枝的缩颈如图 5.6 所示。

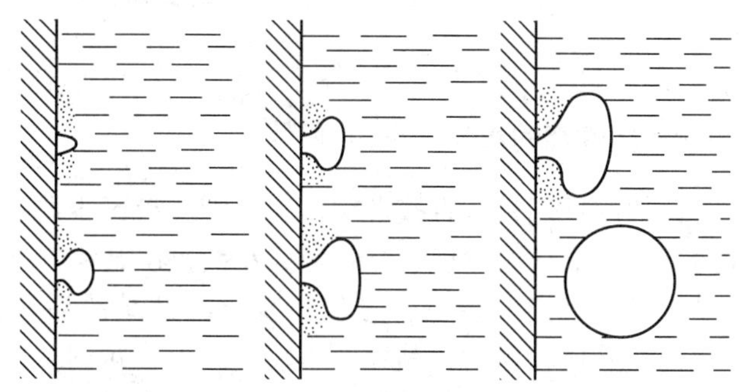

图 5.4　型壁晶粒脱落示意图

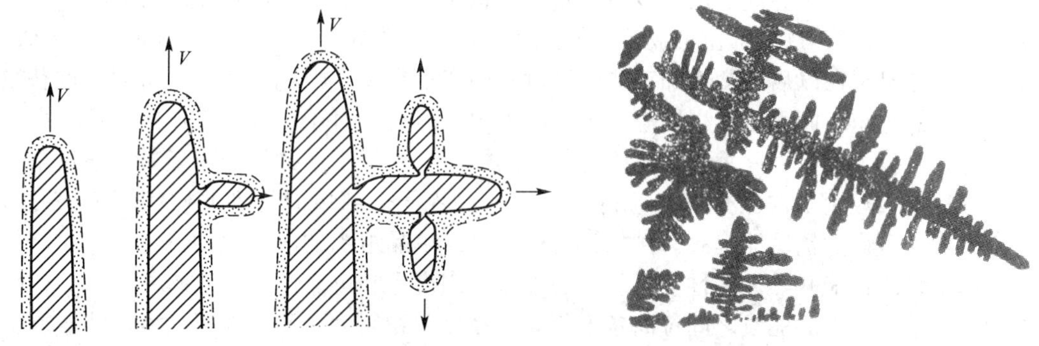

图 5.5　枝晶分枝缩颈的形成　　**图 5.6　环己烷枝晶(分枝的缩颈)**

由上述原因产生的游离晶一般都具有树枝晶结构，它们在游离过程中，通过不同的温度区域和浓度区域会受到温度起伏与浓度起伏的影响，从而使其处于反复局部熔化和反复生长的状态之中。这样，游离树枝晶分枝根部缩颈就可能断开而使一个晶粒破碎成几部分，然后在低温下各自生长为新的游离晶，如图 5.7 所示。这个过程称为晶粒增殖。

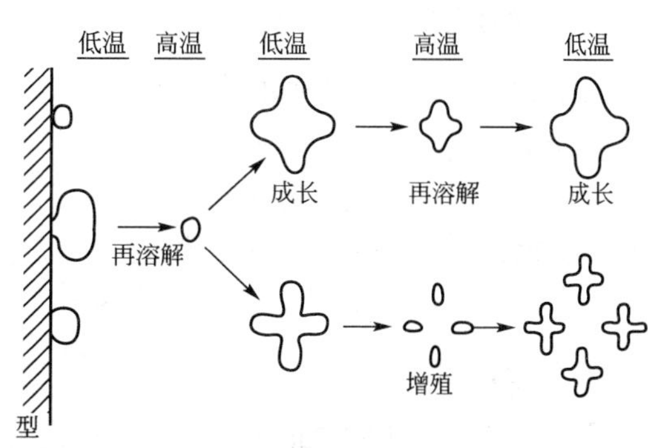

图 5.7　游离晶的增殖过程

4)“结晶雨”理论

凝固初期在液面处的液体中产生成分过冷，形成晶核并生长成小晶体。这些小晶体或顶面凝固层脱落的分枝，由于密度比液态金属大而像雨滴一样降落，形成游离晶体。这种现象多发生在大型铸锭凝固过程中。

上述 4 重理论均有实验依据，因此认为内部等轴晶区的形成可能是多种途径的。在某一具体的凝固条件下，可能某一种或几种机制起主导作用，而在另外的条件下，则可能有其他机制起主导作用。实际上，内部等轴晶区的形成大多是几种机制综合作用的结果，因而可以根据上述 4 种理论采用综合措施才能对铸锭或铸件的宏观组织予以正确地控制。

5.2 铸件宏观组织的控制

5.2.1 铸件宏观组织对铸件性能的影响

铸件的宏观组织对铸件的性能具有直接影响。表面细晶粒区很薄，对铸件性能的影响较小。而柱状晶区和内部等轴晶区的宽度、晶粒的大小则是决定铸件性能的主要因素。

柱状晶区的树枝晶没有得到充分发展，分枝较少。因此结晶后显微缩松等晶间杂质少，组织比较致密。但柱状晶比较粗大，晶界面积较小。由于排列位向一致，因此，其性能具有明显的方向性。一般来讲，沿柱状晶生长方向的性能优异，而垂直生长方向的性能则较差，即纵向好，横向差。另外，柱状晶生长过程中某些杂质元素、非金属夹杂物及气体等被排斥在晶体生长界面前沿，最后分布于柱状晶与柱状晶或与等轴晶的交界处，形成所谓的性能“弱面”，这些部位形成了性能的薄弱环节，凝固末期容易在该处形成热裂纹。如是铸锭，还易于在以后的塑性加工或轧制过程中产生裂纹。因此，通常不希望铸件获得粗大的柱状晶组织，而希望获得细小的等轴晶组织。但是，对于高温下工作的零件，由于晶界降低蠕变抗力，特别是垂直于拉应力方向的横向晶界是工件的最薄弱环节。通过采用定向凝固技术，控制单向散热，以获得没有横向晶界、全部单向排列的柱状晶组织的零件，其性能和寿命大幅度地提高。例如具有柱状晶或单晶组织的航空发动机叶片，由于极大地提高了纵向性能和热疲劳性能，从而提高了使用寿命和可靠性。

内部等轴晶区中的晶粒之间位向各不相同，晶界面积较大，而且偏析元素、非金属夹杂物和气体的分布比较分散，等轴枝晶彼此嵌合，结合比较牢固，因而不存在所谓的“弱面”，性能比较均匀，没有方向性，即所谓各向同性。但是，如果晶粒比较粗大，枝晶发达，显微缩松较多，凝固组织不够致密，从而使铸件性能显著降低。细化等轴晶可以使杂质元素和非金属夹杂物等缺陷弥散分布，因此显著提高材料的力学性能和抗疲劳性能。生产上往往采用措施细化等轴晶粒，以获得较多甚至全部是细小等轴晶的组织。

5.2.2 铸件宏观组织的控制

控制铸件宏观组织主要是控制铸件中柱状晶区和等轴晶区的相对比例及晶粒的大小。一般铸件希望获得全部细等轴晶组织，为了获得这种组织，可以通过创造有利于等轴晶形成的条件来抑制柱状晶的形成和生长。根据第一节所述的等轴晶的形成机理，可以通过强化非均质生核、促进晶粒游离、创造利于游离晶残存的条件来获得所需组织。具体措施如下。

1. 孕育处理

孕育处理是在浇注之前或浇注过程中向液态金属中添加少量物质以达到细化晶粒、改善宏观组织之目的的一种方法。实际生产中孕育处理(inoculation)和变质处理(Modification)的概念往往不很明晰。孕育处理主要是影响生核过程和促进晶粒游离以细化等轴晶。变质处理是改变晶粒的生长机理，从而影响晶体形貌，在改变共晶合金的非金属相的结晶形貌上有着重要的应用。

孕育处理过程添加的物质称孕育剂，关于孕育剂的作用机理，存在两类观点。一类观点认为，孕育剂的作用主要是促进非自发形核；另一类观点认为，孕育剂促进枝晶熔断和游离而细化晶粒。

促进非自发形核的观点认为孕育剂的作用可能有以下 3 种情况。

第一种情况，孕育剂直接作为形核剂。它们在液态金属中可直接作为欲细化相的有效衬底而促进非均质形核。如，高锰钢中加入锰铁、高铬钢中加入铬铁都可以直接作为欲细化相的非均质晶核而细化晶粒并消除柱状晶组织。

第二种情况，孕育剂与液相中某些元素反应生成稳定的化合物而产生非均质晶核。此化合物与欲细化相具有界面共格对应关系。如钢中的 V、Ti 就是通过形成能促进非均质生核的碳化物和氮化物而达到细化等轴晶的目的。在这种情况下，构成包晶反应的形核剂具有特别大的优越性。先析出的化合物 B_nMe_m 弥散分布在液相中，当 α 相结晶时则可作为 α 相的晶核。在 Al 合金中加入的几种形核剂便是利用包晶反应的原理。表 5 - 1 中列出了细化 α(Al)常用的几种形核剂。

表 5 - 1　细化 α(Al)的常用形核剂

状态图	形核剂	状态图分析			B_nAl_m			工业用量
		特征点成分		T_P/℃	名称	点阵/m		
		w_P/%	w_F/%					
T/℃; L; L+B_nAl_m; P; F; T_P; α; 660; 一般用量; Al; w_B	Ti	0.19	0.28	665	$TiAl_3$	正方	$a=5.44\times10^{-10}$ $c=8.59\times10^{-10}$	>0.05%最好 0.2%～0.3%
	Zr	0.11	0.28	660.5	$ZrAl_3$	正方	$a=4.01\times10^{-10}$ $c=17.32\times10^{-10}$	0.1%～0.2%
	V	0.10	0.37	661	VAl_{10}	面心立方	$a=3.0\times10^{-10}$	0.03%～0.05%

如在铝合金铸件或铸锭的铸造过程中添加孕育剂 Al - Ti 中间合金晶粒细化剂，已成为最经济、最有效的广泛应用的工艺。Al - Ti 孕育剂中的 $TiAl_3$ 通过包晶反应使 α(Al)成核，即 L＋$TiAl_3$→α(Al)，是因为 $TiAl_3$ 与 α(Al)之间有良好的共格关系。

第三种情况，通过在液相中造成很大的微区富集而迫使结晶相提前弥散析出而生核。如 Fe - Si 合金加入铁液中瞬间形成了很多富硅区，造成局部过共晶成分迫使石墨提前析出。同时，硅的脱氧产物 SiO_2 及硅铁中的某些微量元素形成的化合物可作为石墨析出的有效衬底而促进非均质形核。

关于孕育剂促进枝晶熔断和游离的观点认为，孕育剂的作用在于使枝晶根部产生缩颈，其结果是易于通过液体流动及冲击产生晶粒的游离。孕育剂之所以能使枝晶根部产生缩颈，是由于其偏析造成的。在凝固过程中，孕育剂在枝晶侧向的偏析，使此处的成分过冷度减小，从而使晶体的长大受到抑制而产生缩颈。有人又称此类孕育剂为强成分过冷元

素孕育剂。对于溶质分配系数 $k_0<1$ 的合金来讲，k_0 越小，凝固时溶质偏析越大，溶质对晶粒细化作用越大。对于 $k_0>1$ 的合金来讲，k_0 越大，凝固时溶质偏析越大，溶质对晶粒细化作用越大。因此可以用偏析系数 $|1-k_0|$ 来衡量孕育剂元素对晶粒细化作用的大小。偏析系数 $|1-k_0|$ 越大的元素，对晶粒细化的作用就越大。

实际上，孕育作用是一个极其复杂的物理化学过程，至今尚没有统一的认识，不同的观点从不同的侧面揭示了不同孕育剂的作用机制，且各个观点均有其实验依据，并分别在生产技术中得到了成功的实践。实践证明，多元复合孕育剂往往比单一组元的孕育剂效果更佳，到目前为止，反复进行试验仍然是寻找有效孕育剂的一个非常重要的手段。表 5-2 列出了常用合金的孕育剂。

表 5-2　常用合金的孕育剂

合金种类	孕育剂主要元素	加入量(质量分数,%)	加入方法
碳钢及合金钢	Ti	0.1～0.2	铁合金
	V	0.06～0.30	
	B	0.005～0.01	
铸铁	Si-Fe，Ca，Ba，Sr	0.1～1.0，与 Si-Fe 复合	铁合金
铝合金	Ti，Zr，Ti+B，Ti+C	Ti：0.15；Zr：0.2 复合：Ti 0.01 B 或 C0.05；	Al-Ti，Al-Zr， Al-Ti-B， Al-Ti-C 中间合金
过共晶 Al-Si 合金	P	≥0.02	Al-P，Cu-P，Fe-P 中间合金
铜合金	Zr，Zr+B，Zr+Mg， Zr+Mg+Fe+P	0.02～0.04	纯金属或中间合金
镍基高温合金	WC，NbC		碳化物粉末

孕育剂加入合金液后要经历一个孕育期和衰退期。在孕育期内，作为孕育剂的中间合金的某些组分完成熔化过程，或与合金液反应生成化合物，使起细化作用的质点均匀分布并与合金液充分润湿，逐渐达到最佳的细化效果。当细化效果达到最佳时浇注是最理想的。随合金熔化温度和孕育剂种类的不同，达到最佳细化效果所需的时间也不同。大多数孕育剂的细化效果均与其在液态金属中存在的时间有关，即随着时间的延长，孕育效果减弱甚至消失，这种现象称为孕育衰退。达到最佳孕育效果后出现了孕育衰退现象，便进入了衰退期。孕育效果不仅取决于孕育剂本身，与孕育处理工艺也密切相关。如处理温度、孕育剂粒度、孕育处理方法等，近年来发展了一系列后期(瞬时)孕育方法，也不断开发了各种合金的长效孕育剂。

2. 控制凝固条件

1) 较低的浇注温度

大量试验及生产实践表明，适当降低浇注温度可以有效减小柱状晶区比例，从而获得细小等轴晶组织，尤其是对于导热性较差的合金而言，效果更为显著，如高锰钢。较低的浇注温度一方面利于各种游离晶的残存，减少被重新熔化的数量；另一方面，由于液态金属的过热度小，利于产生较多的游离晶粒。这两个方面均有利于抑制柱状晶的成长和等轴晶的细化。当然，浇注温度过低会引起液态金属流动性下降而导致产生浇不足或冷隔、夹杂等缺陷。

2）适当的浇注工艺

根据上一节所述的激冷晶粒卷入理论，等轴晶的晶核部分来源于浇注期间和凝固初期的激冷游离晶，而游离晶体的产生与液态金属的流动密切相关。因此，凡是能够促进液态金属对流及其对型壁冲刷作用的浇注工艺均能扩大并细化等轴晶区。大野篤美对几种浇注方法进行了对比试验，如图 5.8 所示。采用单孔中间浇注时(图 5.8(a))，由于对型壁的冲刷较弱，柱状晶发达，等轴晶区较窄。而采用单孔沿型壁浇注时(图 5.8(b))，由于液流沿型壁冲刷，结果柱状晶区缩小，内部等轴晶区扩大，且晶粒细化。当采用沿型壁圆周均布 6 孔浇注时(图 5.8(c))，液流对型壁的冲刷作用大大增强，因而全部获得了细小等轴晶组织。

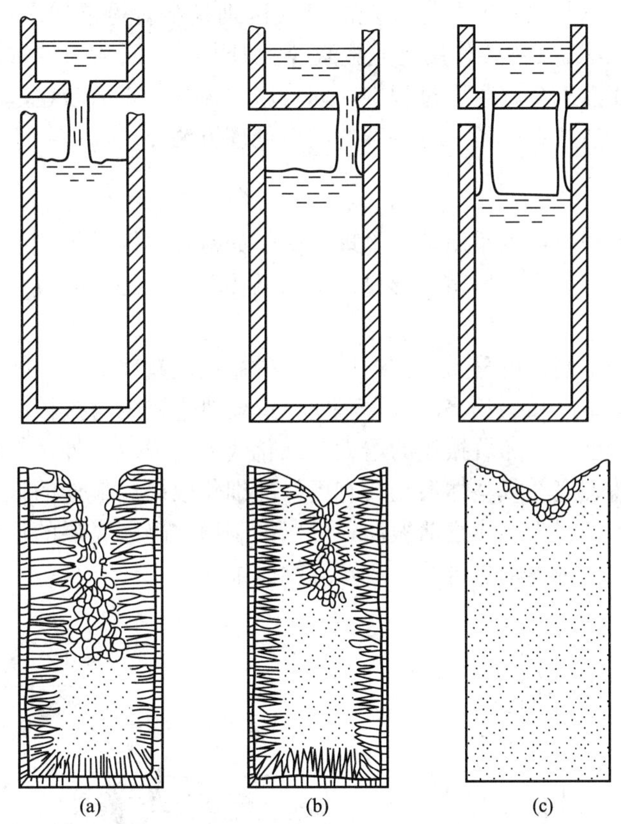

图 5.8 不同浇注方法得到的不同铸件宏观组织

3）控制冷却条件

控制冷却条件的目的是形成宽的凝固区域和获得大的过冷，从而促进非均质形核和晶粒游离。对于薄壁铸件而言，激冷可以使整个断面同时产生较大的过冷，液态金属形核能力强，有利于促进细小等轴晶组织的形成。因此，薄壁铸件采用金属型铸造比采用砂型铸造更容易获得细等轴晶的断面组织。对于壁厚较大或导热性较差的铸件而言，只有型壁附近的金属才受到激冷作用，因此，等轴晶区的形成主要依靠各种形式的晶粒游离。这时，如铸型的冷却能力强，则促使稳定凝固壳层的过早形成。而冷却能力小的铸型对组织的影响却有两面性：一方面，冷却能力较低的铸型能延缓铸件表面稳定凝固壳层的形成，有助于凝固初期激冷晶粒的游离，同时液态金属内部温度梯度较小，凝固区域加宽，从而对等轴晶的形成有利；另一方面，铸型冷却能力低减缓了液态金属过热量的散失，不利于游离晶粒的残存，从而减少了等轴晶的数量。通常，第一方面是矛盾的主要因素。因此，对于厚壁铸件，一般总是采用冷却能力小的铸型以确保等轴晶的形成，再辅以其他晶粒细化措施以得到细小等轴晶组织。如果采用金属型则需配合更强有力的晶粒游离措施才能得到预期效果，因此，比前者要困难得多。

在合理控制冷却条件方面的一个比较理想的方案是既不使铸型有较大的冷却作用，目的是降低温度梯度，又要使液态金属能够快速冷却。悬浮铸造法可以满足这一要求。所谓悬浮铸造法，就是在浇注过程中向液态金属中加入一定数量的金属粉末，这些金属粉末像极多的小冷铁均匀地分布于液态金属中，起着显微激冷作用，加速液态金属的冷却促进等轴晶的形成和细化。它与通常的孕育处理的最大区别是金属粉末加入量较大(一般为液态金属的2%～4%)，因此其主要作用是显微激冷。但由于金属粉末的选择也需要遵循界面共格对应原则，而在液态金属凝固过程中，即将熔化掉的粉末微粒也起着非均质形核的作用，所以也把悬浮铸造法看成是一种特殊的孕育处理方法。

3. 动态下结晶

在铸件凝固过程中，可以采用某些物理方法，如搅拌、振动等能引起固相和液相的相对运动导致枝晶脱落、破碎与增殖，形成大量结晶核心，以细化晶粒。

1）振动

根据振动方法的不同，可分为机械振动、电磁振动、超声振动，按是否对铸型内液态金属施振可分为振动结晶和振动浇注(图 5.9)。晶粒细化程度与振幅、振动部位、振动时间等因素有关。试验证明，随着振幅的增大，细化效果增强。另外，对铸型上部或液态金属表面施加振动较铸型底部或整体振动具有更好的细化效果。最佳的振动时间是在凝固初期，即在稳定的凝固壳层为形成之前振动，可以抑制稳定凝固壳层的形成，从而抑制柱状晶区的形成与扩展，促进等轴晶区的形成及等轴晶细化。

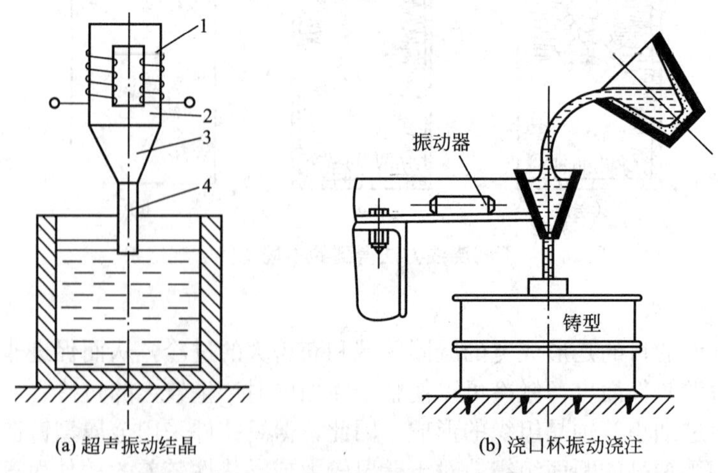

图 5.9　振动结晶和振动浇注原理示意图

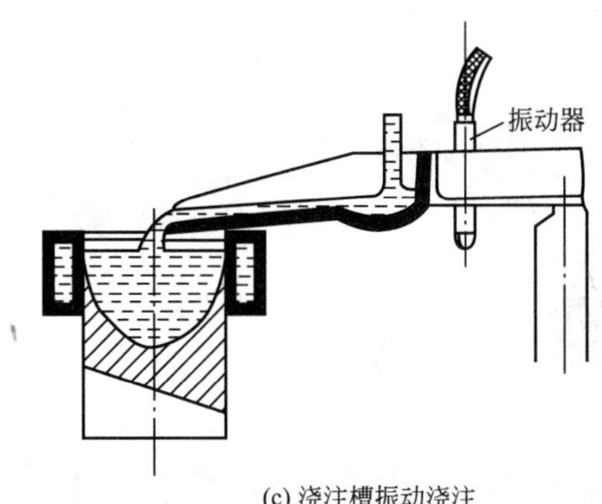

(c) 浇注槽振动浇注

图 5.9　振动结晶和振动浇注原理示意图(续)

1—线圈；2—磁导体；3—弹性振动变幅杆；4—磁导体

2）搅拌

采用机械搅拌、电磁搅拌或气泡搅拌均可造成液相相对固相的运动，引起枝晶的脱落、破碎与增殖，达到细化晶粒的目的。在实际生产中，除连铸过程与铸锭外，一般铸件采用机械搅拌是难以实现的。而电磁搅拌则不同，充满液态金属的铸型在旋转磁场作用下，其中的液态金属由于旋转产生搅拌作用并冲刷型壁，从而细化晶粒。

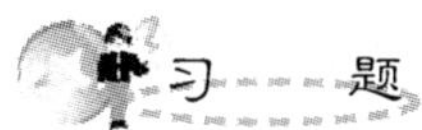

习　题

1. 铸件典型的宏观组织由哪几部分组成？它们的形成机理如何？
2. 说明引起晶粒游离的几种途径。
3. 试分析溶质再分配对游离晶粒的形成和晶粒细化的影响。
4. 为什么在一般情况下希望获得细等轴晶组织？如何获得？
5. 什么是孕育处理？阐述孕育处理与变质处理之间的区别与联系。
6. 孕育剂的作用机理是什么？并举例说明。
7. 说明什么是悬浮铸造法？与孕育处理有何区别？

第6章

特殊条件下的凝固技术

知识要点	掌握程度	相关知识
定向凝固	掌握定向凝固基本原理；熟悉定向凝固具体方法；了解单晶生长方法	柱状晶组织和单晶组织形成条件
快速凝固	掌握快速凝固基本原理；了解快速凝固微观组织特征和快速凝固方法	冷却速度和过冷度对凝固过程的影响
其他特殊条件下凝固技术	了解微重力、超重力条件下凝固特点；了解半固态铸造技术	超重力、微重力场的概念；半固态铸造工艺过程

导入案例

快速凝固及定向凝固技术的发展

快速凝固的研究开始于20世纪50年代末60年代初，是在比常规工艺过程快得多的冷却速度或大得多的过冷下，合金以极快的凝固速率由液态转变为固态的过程。1960年美国加州理工学院的P Duwez等采用一种独特的熔体急冷技术，第一次使液态合金在大于10^7K/s的冷却速度下凝固。他们的发现，在世界的物理冶金和材料学工作者面前展开了一个新的广阔的研究领域。在快速凝固条件下，凝固过程的一些传输现象可能被抑制，凝固偏离平衡。经典凝固理论中的许多平衡条件的假设不再适应，成为凝固过程研究的一个特殊领域。

自1965年美国普拉特·惠特尼航空公司采用高温合金定向凝固技术以来，这项技术已经在许多国家得到应用。采用定向凝固技术可以生产具有优良的抗热冲击性能、较长的疲劳寿命、较好的蠕变抗力和中温塑性的薄壁空心涡轮叶片。应用这种技术能使涡轮叶片的使用温度提高10～30℃，涡轮进口温度提高20～60℃，从而提高发动机的推力和可靠性，并延长使用寿命。

资料来源：http：//wenku. baidu. com/view/c4c21d0203d8ce2f0066234e. html
http：//baike. baidu. com/view/936110. htm

本章介绍金属(合金)在特殊条件下的凝固技术，如定向凝固，快速凝固，失重、超重条件下凝固以及其他与传统凝固过程不同的凝固技术。

定向凝固技术能够较好地控制凝固组织的晶粒取向，在柱状晶生长、单晶制备及自生复合材料制备方面都有重要的意义。由于定向凝固技术能得到一些具有特殊组织取向和优异性能的材料，因而自它诞生以来得到了迅速发展。

快速凝固技术指的是在比常规工艺过程中快得多的冷却速度下，金属或合金以极快的速度从液态转变为固态的过程。利用快速冷却的技术不仅可以显著改善合金的微观组织，提高其性能，而且可以研制在常规铸造条件下无法获得的具有优异性能的新型合金。在快速凝固条件下，凝固过程的各种传输现象可能被抑制，凝固偏离平衡，经典凝固理论中假设的许多平衡条件不再适应，成为材料凝固学研究的一个特殊领域。

除了定向凝固技术和快速凝固技术，本章还将简单介绍失重、超重条件下凝固技术及半固态凝固技术。

6.1 定向凝固技术

定向凝固是利用合金凝固时晶粒沿热流相反方向生长的原理，在凝固过程中采用强制手段控制热流方向，在凝固合金和未凝固液态金属中建立起特定方向的温度梯度，使铸件沿规定方向结晶的铸造技术。

定向凝固技术是在高温合金的研制中建立和完善起来的，最初用来消除结晶过程中生成的横向晶界，从而提高材料的单向力学性能，改善材料抗高温蠕变和疲劳的能力。

该技术最突出的成就是在航空发动机中薄壁涡轮叶片的应用。该技术的进一步发展是单晶生产技术，如用该技术研制了高温合金单晶叶片。除此之外，还逐渐推广到半导体材料、磁性材料、复合材料的研究中，成为现代凝固成型的重要手段之一。

6.1.1 定向凝固基本原理

实现定向凝固过程，液态金属(金属熔体)中的热量需要严格按单一方向导出，并垂直于生长中的固液界面，使金属(或合金)按柱状晶或单晶的方式生长。其原理示意图如图 6.1 所示。

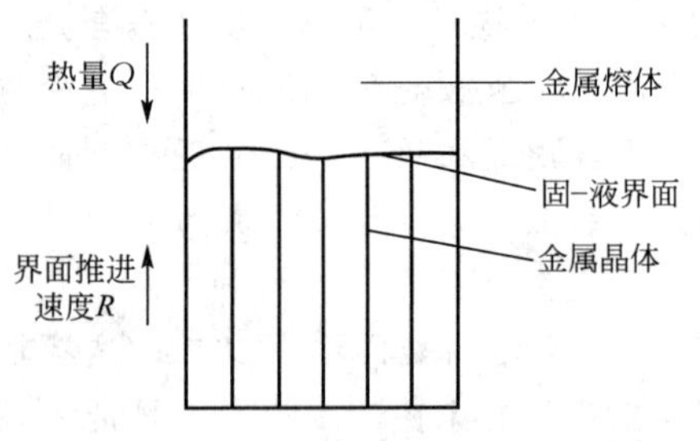

图 6.1 定向凝固原理示意图

根据第五章对宏观组织形成过程的分析可知，铸件要得到定向凝固组织需要满足以下两个条件。

首先要在开始凝固的部位形成稳定的凝固壳。凝固壳的形成阻止了该部位的型壁晶粒游离，并为柱状晶提供了生长基础。该条件可通过各种激冷措施达到。

其次，要确保凝固壳中的晶粒按既定方向通过择优生长而发展成平行排列的柱状晶组织。当然，为使柱状晶的纵向生长不受限制，并且在其组织中不夹杂有异向晶粒，固-液界面前方不应存在生核和晶粒游离现象。这个条件可通过下述措施来满足。

(1) 严格的单向散热。要使凝固系统始终处于柱状晶生长方向的正温度梯度作用下，并且要绝对阻止侧向散热，以避免界面前方型壁及其附近的生核和长大。

(2) 要有足够大的液相温度梯度与固液界面向前推进速度比值，即足够大的 G_L/R，以使成分过冷限制在允许的范围内，这是保证定向柱晶和单晶生长挺直、取向正确的基本要素。同时要减少液态金属的非均质生核能力，最好使得晶体生长前方的液态金属中没有稳定的结晶核心，这样就能避免界面前方的生核现象。提高液态金属的纯净度，减少因氧化等而形成的杂质污染，对已有的有效衬底则通过高温加热或加入其他元素来改变其组成和结构等方法，均有助于减少液态金属的非均质生核能力。

(3) 要避免液态金属的对流、搅拌和振动，从而阻止界面前方的晶粒游离。对晶粒密度大于熔体密度的合金，避免自然对流的最好方法就是自下而上地进行单向结晶，当然也可以通过安置固定磁场的方法阻止其单向结晶过程中的对流。

由上述分析可以看出，凝固过程中固液界面前沿液相中的温度梯度 G_L 和固液界面向前推进速度(晶体生长速度)R 是定向凝固技术中两个比较重要的工艺参数。G_L/R 值是控制晶体长大形态的重要判据。在提高 G_L 的条件下，增加 R，才能在获得所要求的晶体形态的前提下，细化组织，提高生产率。但是并不是 G_L 越大越好，特别是在制备单晶时，液态金属温度过高，会导致液相剧烈地挥发、分解和受到污染，从而影响晶体质量。固相温度梯度过大，会使生长着的晶体产生大的内应力，甚至晶体开裂。

6.1.2 定向凝固方法

1. 炉外单向凝固法

该方法示意图如图 6.2 所示，将铸型预热至一定温度后，浇入熔化好的液态金属。铸型侧壁绝热，底部冷却，顶部覆盖发热剂，这样会在金属液和已凝固金属中建立起一个自下而上单向凝固的温度梯度。或者采用发热铸型，铸型不预热，而是将发热材料充在型壁四周，底部采用喷水冷却的方式建立上述的温度梯度。这两种方法的缺点是铸件一经浇注，G_L 和 R 就无法控制。单向散热能力随界面推进而逐渐减弱，柱状晶组织也逐渐变粗。当其长度超过 50～100mm 后，便出现等轴晶。因此，该法不适于大型、优质铸件的生产。但其工艺简单、成本低，可用于制造单件小批及短的柱状晶铸件。

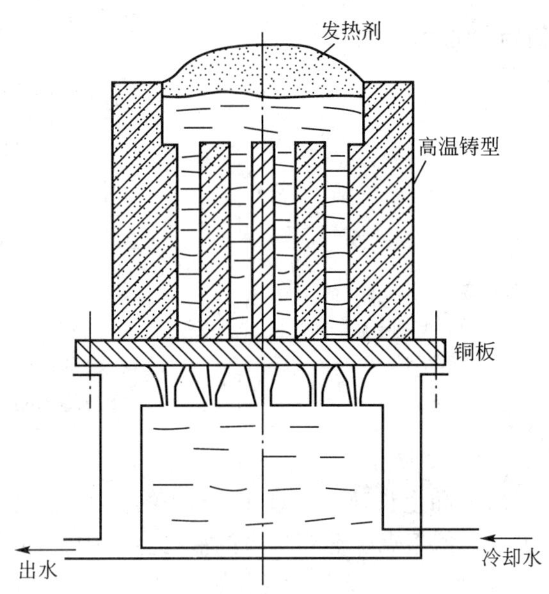

图 6.2　炉外单向凝固法示意图

2. 功率降低法(PD 法)

该方法装置如图 6.3 所示，铸件在保温炉内浇注和冷却，保温炉的加热器分成几组，能使炉体分段加热。先将铸型加热到浇注温度以上 30～60℃，进行浇注，在底部对铸件冷却的同时，自下而上顺序关闭加热器，金属则自下而上逐渐凝固，从而在铸件中实现定向凝固。通过选择合适的加热器件，可以获得较大的冷却速度，但是在凝固过程中温度梯度是逐渐减小的，致使所能允许获得的柱状晶区较短，一般不超过 180mm。此法 G_L 和 R 仍不能人为地控制，加之设备相对复杂，且能耗大，限制了该方法的应用。

3. 快速凝固法(HRS 法)

为了改善功率降低法在加热器关闭后冷却速度慢的缺点，发展了一种新的定向凝固技术，即快速凝固法。该方法装置如图 6.4 所示，铸件以一定的速度从炉中移出或炉子移离铸件。另外，在热区底部使用辐射挡板和水冷套，在挡板附近产生较大的温度梯度。这种方法与功率降低法相比，可以大大缩小凝固前沿两相区，局部冷却速度增大。由于避免了热炉膛的影响，且利用空气冷却，因而也可获得较高的温度梯度，所获得的柱状晶较长，可达 300mm 以上。而且组织细密挺直、均匀，使铸件的性能得以提高，在生产中有一定的应用。

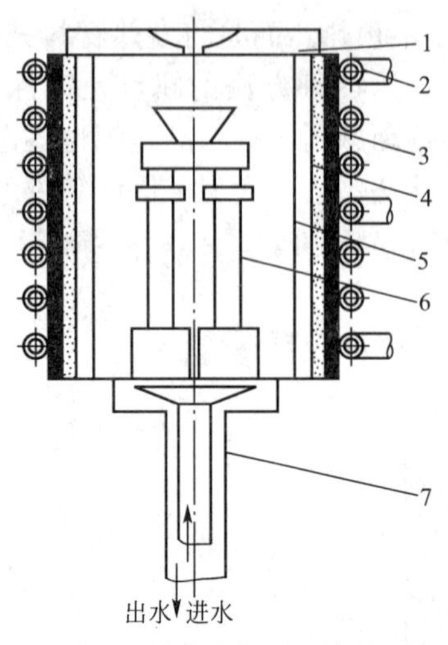

图 6.3　功率降低法示意图

1—保温盖；2—感应圈；3—玻璃布；4—保温层；
5—石墨套；6—模壳；7—结晶器

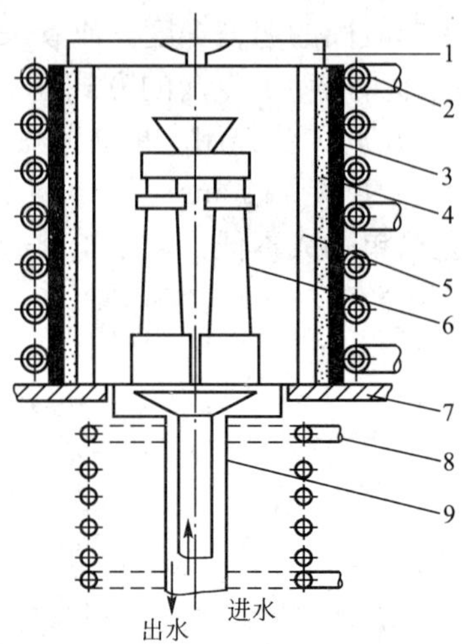

图 6.4　快速凝固法示意图

1—保温盖；2—感应圈；3—玻璃布；4—保温层；
5—石墨套；6—模壳；7—挡板；
8—冷却圈；9—结晶器

4. *液态金属冷却法(LMC 法)*

为了获得更高的温度梯度和生长速度，在 HRS 法的基础上，将抽拉出的铸件部分浸入具有高导热系数、高沸点、低熔点、热容量大的液态金属中，形成了一种新的定向凝固技术，即液态金属冷却法(LMC)法，该方法装置如图 6.5 所示。用于冷却的液态金属的水平面保持在固液界面附近，并使其保持在一定的温度范围内。这种方法提高了铸件的冷却

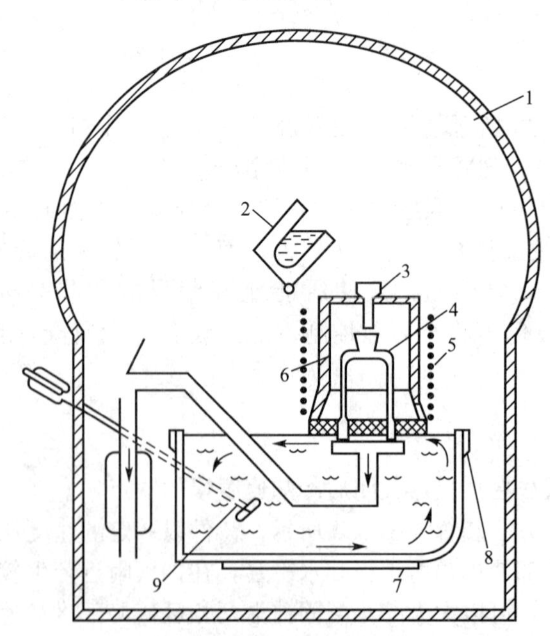

图 6.5　液态金属冷却法示意图

1—真空室；2—熔炼坩埚；3—浇杯；4—模壳；5—加热线圈；
6—炉体；7—锡浴加热器；8—锡浴池；9—锡浴搅拌器

速度和固液界面的温度梯度，而且在较大的生长速度范围内可使界面前沿的温度梯度保持稳定，结晶在相对稳态下进行，能得到极长的单向柱状晶。常用的液态金属有 Ga—In 合金和 Ga—In—Sn 合金，以及 Sn，前两者熔点低，但价格昂贵，因此在工业生产中难以采用，只适于在实验室条件下使用。Sn 熔点稍高(232℃)，但由于价格相对比较便宜，有理想的热学性能，冷却效果也比较好，因而适于工业应用。该法已被美国、前苏联等国用于航空发动机叶片的生产。

上述 4 种定向凝固技术的主要缺点是冷却速度慢，使得凝固组织有充分的时间长大、粗化，以致产生严重的枝晶偏析，限制了材料性能的提高。为了进一步细化材料的组织结构，减轻甚至消除元素的微观偏析，有效地提高材料的性能，就需提高凝固过程的冷却速度。在定向凝固技术中，冷却速度的提高，可以通过提高界面前沿的温度梯度和生长速度来实现，从而出现了区域熔化液态金属冷却法(ZMLMC 法)、深过冷定向凝固法(DUDS 法)、电磁约束成型定向凝固技术(DSEMS)、激光超高温度梯度快速定向凝固技术(LRM)等新型的定向凝固技术，这些技术尚处于试验研究阶段，在此不做详述。

6.1.3 单晶制备方法

晶体生长的研究内容之一是制备成分准确，尽可能无杂质、无缺陷的单晶体。单晶不仅是人们认识固体的基础，而且，对单晶的研究，使人们发现了许多金属新的性质。铁、钛、铬都是软金属，而单晶晶须强度要比多晶体高出许多倍。研究晶体结构、各项异性、超导性、核磁共振等都需要完整的单晶体。在工业上，半导体技术的发展，实际上很大程度取决于单晶生长研究的进展。20 世纪 60 年代开始，美国普拉特·惠特尼(Pratt & Whitney)公司用单向凝固高温合金制造航空发动机单晶涡轮叶片，与定向柱状晶相比，在使用温度、热疲劳强度、蠕变强度和抗热腐蚀性等方面都具有更为良好的性能。

定向凝固是制备单晶体最有效的方法。为了得到高质量的单晶体，首先要在液态金属中形成一个“籽晶”，而后“籽晶”生长成为单晶体。“籽晶”的形成可以通过植入法或自生法，分别称为“植入籽晶法”和“自生籽晶法”。单晶在生长过程中要避免固液界面不稳定而长成胞晶或柱状晶，因此固液界面前沿不允许有热过冷或成分过冷。固液界面前沿的液态金属要处于过热状态，结晶过程的潜热只能通过生长着的晶体导出。显然，定向凝固满足上述热传输的要求，只要适当地控制固液界面前沿液态金属的温度和晶体生长速度，即可以得到高质量的单晶体。常用的单晶制备方法有坩埚(炉体)移动法、晶体提拉法和区熔法。

1) 坩埚移动法

图 6.6 所示为坩埚垂直及水平移动法示意图。下面以坩埚垂直下降为例来说明坩埚移动法实现单晶生长的工艺过程。

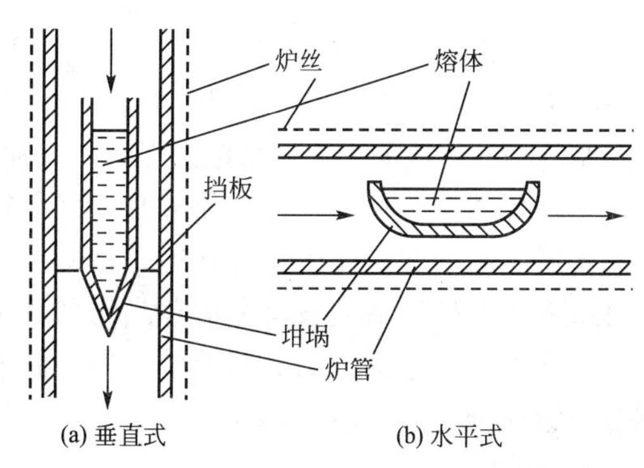

图 6.6 坩埚垂直及水平移动法示意图

坩埚移动定向凝固一般在圆筒形的炉体中进行，炉体分为加热区和冷却区两部分。在实际生产过程中，将装满原料的坩埚在加热区加热至原料完全熔化，再使液态金属温度降低使其稍高于其熔化温度，然后将装有金属液的坩埚缓慢通过预先设定的温度梯度区，并沿炉体下降，单晶体从坩埚尖底部位缓慢生长。也可以将“籽晶”放在坩埚底部，当坩埚向下移动时，“籽晶”处开始结晶，随着固-液界面移动，单晶不断长大。

异型高温合金单晶铸件大都是采用垂直坩埚移动单向凝固法获得的，图 6.7 是铸造单晶叶片装置。

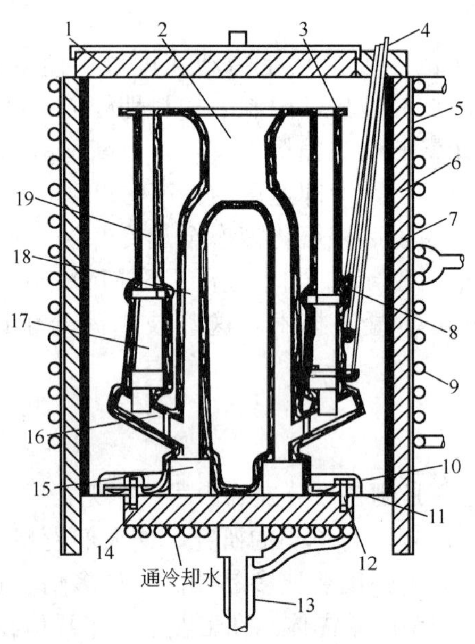

图 6.7　单晶叶片单向凝固装置

1—模盖；2—浇口；3—熔模模壳；4—热电偶；5—套筒；6—石墨毡；7—石墨感应套；8—氧化铝套管；9—感应圈；10—氧化铝水泥；11—模子凸缘；12—螺栓；13—支持轴；14—水冷铜板；15—开始结晶器；16—双转折收缩；17—叶片；18—下浇道；19—补充冒口

此法生产单晶铸件的关键是利用柱状晶生长过程中的竞争和淘汰，最终在铸件本体中保留一个柱晶晶粒。为了加速选晶过程，可以在铸件本体下部，靠近水冷结晶处安置一个“空腔”，作为柱晶竞争生长的场所，这种方法即为“自生籽晶法”。该自生籽晶法生产单晶叶片示意图如图 6.8 所示，铸件本体下部设置的空腔，称为“晶粒选择器”。合金液浇入模壳后，激冷结晶器表面形成等轴晶，在单向凝固的条件下，经过一定高度的择优生长，得到一束接近［0 0 1］取向的柱状晶，再经过多次接近直角拐弯的通道，即选晶段将其余晶粒全部抑制，只有一个柱晶晶粒长入铸件本体。这种方法和“植入籽晶法”相比，不需预先制备籽晶，使工艺比较简单。因此，这种选晶法在国内外单晶叶片生产时被广泛采用。

坩埚移动法最大的优点是能够制造大直径的晶体，而且生长的晶体品种也很多。载有液态金属的坩埚在炉体内下降速度非常慢(1～10mm/h)，因为在此过程中，坩埚少许振动都将影响单晶的清洁度或者造成单晶局部的不均匀性。因此，还可以采用坩埚固定，通过提升炉体的方法来实现结晶前沿的推移，但该方法的不足之处是晶体生长周期长，温度场调节不够精确，对高质量、大尺寸单晶的生长有一定局限。

2）提拉法

提拉法是一种常用的晶体生长方法，图 6.9 所示为晶体提拉法示意图。将坩埚内的原料加热至熔化，在坩埚的上方有一根可以旋转和升降的提拉杆，杆的下端带有一个装有籽晶的夹头。降低提拉杆，使籽晶插入液态金属中，只要温度合适，可以使籽晶表面稍熔，籽晶既不熔掉也不长大，在籽晶和金属液界面上不断进行原子或分子的重新排列，然后慢慢地向上提拉和转动晶杆。同时，缓慢地降低加热功率，使界面处液态金属因处于过冷状态而结晶于籽晶上，籽晶就逐渐长粗，从而得到所需直径的单晶体。采用晶体提拉的方法，晶体是在液体自由表面生长，而不是与坩埚直接接触，因此可以避免金属液在坩埚壁上附着生核。晶体生长过程中可以直接进行测试与观察，有利于控制生长条件，因此可以采用较快的生长速度以得到比较完整的晶体。该方法已经成功地制备出了半导体、氧化物和其他绝缘类型的尺寸较大的单晶体。

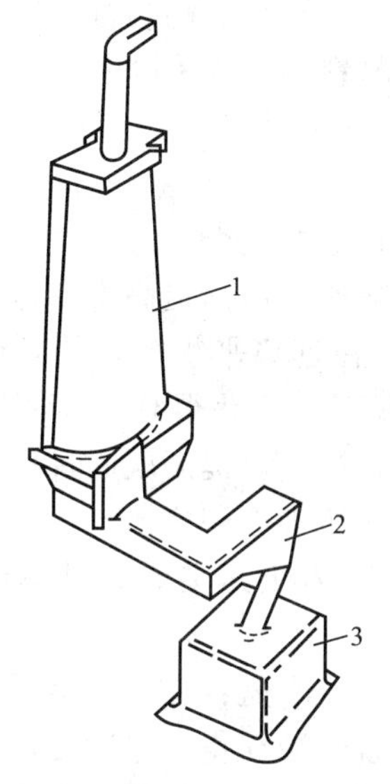

图 6.8 自生籽晶法生产单晶叶片

1—铸件；2—选晶段；3—起始段

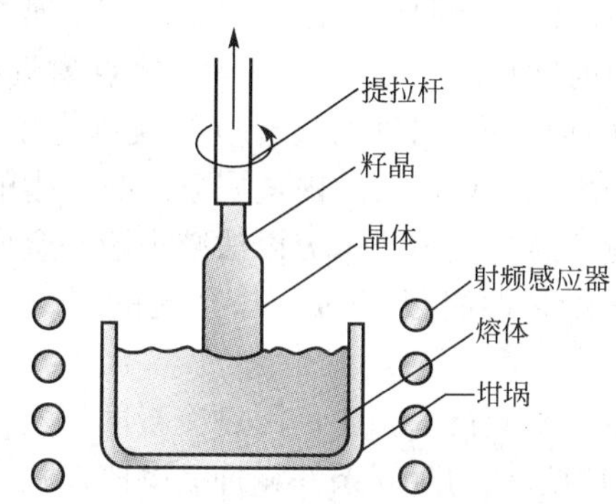

图 6.9 晶体提拉法示意图

3）区熔法

区熔法生长单晶体如图 6.10 所示，将一个多晶材料棒，通过一个狭窄的高温区，使材料形成一个狭窄的熔区，其余部分保持固态，然后使这一熔区沿锭的长度方向移动，使整个晶锭的其余部分依次熔化后又结晶。在料锭的端部放置一小块单晶即籽晶，结晶后则得到单晶。当一个熔区通过料锭时，有两个固-液界面，凝固界面会排出一些溶质而吸收另一些溶质，金属内部溶质在结晶过程中重新分布。这方法可以使单晶材料在结晶过程中纯度提得很高，或使掺杂均匀化。

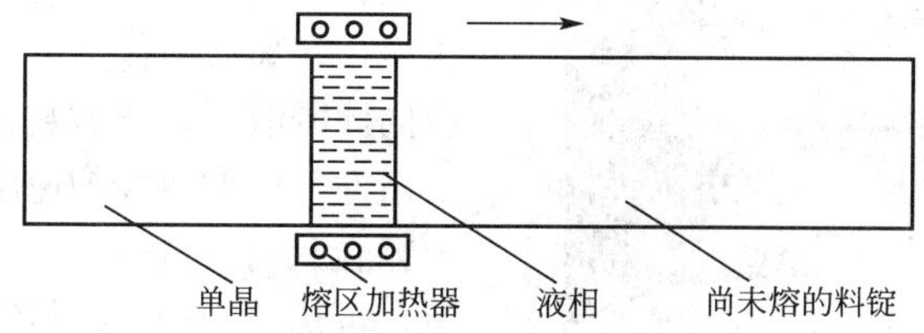

图 6.10 区熔法生长单晶体示意图

6.2 快速凝固技术

前面的章节，已经讨论过传热强度和凝固速度对凝固过程及合金组织的影响，所涉及的主要是常规工艺条件下可能出现的冷却速度(一般不会超过 10^2K/s)和凝固速度(一般小于 1cm/s)。快速凝固是指比常规工艺过程快得多的冷却速度(10^4～10^{10}K/s)或大得多的过冷度(可达几十至几百 K)下获得很高的凝固前沿推进速率(常大于 10cm/s，甚至到达 100m/s)的凝固过程，从而获得超细组织、过饱和固溶体、亚稳相或新的结晶相以及微晶、纳米晶或金属玻璃，使铸件具有优异的强度、塑性、耐磨性、耐腐蚀性等。因此，快速凝固技术是挖掘现存材料性能潜力和研究开发高性能材料的重要手段之一。

6.2.1 快速凝固基本原理

快速凝固技术可以分为急冷凝固技术和深过冷凝固技术两大类。

急冷法的基本原理是通过提高液态金属凝固时的传热速率从而提高冷却速率，使液态金属形核时间极短，来不及在平衡熔点附近凝固而只能在远离平衡熔点的较低温度下凝固，因而具有很大的凝固过冷度和凝固速率。用急冷凝固方法获得高的凝固速率的条件是：第一，减少单位时间内金属凝固时产生的熔化潜热，第二，提高凝固过程中的传热速度。因此，急冷凝固技术应设法减小液态金属体积与其散热表面积之比，并设法减小液态金属与热传导性能很好的冷却介质的界面热阻，控制散热使其主要通过热传导的方式进行。

与急冷凝固技术相比，深过冷凝固技术比较简单，其原理是：在液态金属中形成尽可能接近均匀形核的凝固条件，抑制凝固过程的形核，使合金液获得大过冷度，从而使凝固过程中释放的潜热被过冷液体吸收，可大大减少凝固过程需要导出的热量，获得很大的凝固过冷和非常高的凝固速度。

6.2.2 快速凝固方法

1）雾化技术

雾化技术主要有流体雾化法、离心雾化法和机械雾化法，原理是在离心力、机械力或高速流体冲击力等作用下将液态金属分散成尺寸极小的雾状熔滴，在与气流或冷模接触中迅速冷却凝固。图 6.11 所示为离心雾化法示意图，它是将熔融的合金射向一高速旋转的铜制急冷盘上，在离心力作用下，合金雾化并凝固成细粒向周围散开，通过装在盘四周的气体喷嘴喷吹惰性气体加快冷却速度。用雾化法制得的合金颗粒尺寸一般为 10～100μm。在理想条件下，可达到 10^6K/s 的冷却速度。这些合金粉末通过动态紧实、热等静压或热挤等工艺，制成块料及成型零件。

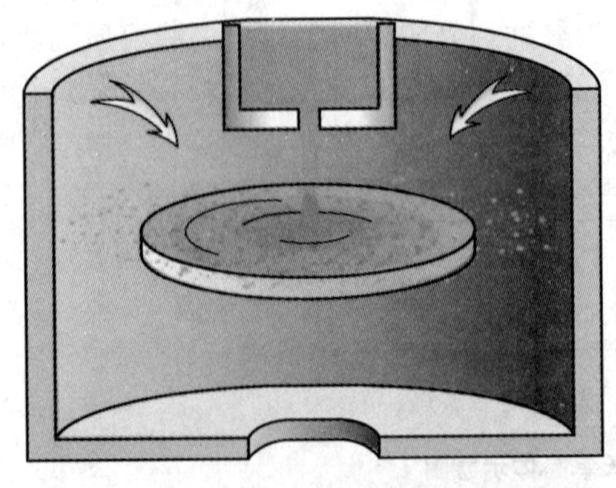

图 6.11 离心雾化示意图

2）模冷技术

模冷技术是指将液态金属分离成连续或者半连续的、界面尺寸很小的液态金属流，然后使液态金属流与传热良好的冷模迅速接触并冷却凝固的方法。显然，采用模冷技术时，快速凝固是通过与急冷基体之间的接触传热得到的，其方法很多，如可将液态金属射入模具空腔内、将液态金属在锤砧或活塞砧之间锻造成薄片、将液态金属挤压在一个急冷面上、用旋转盘提取液态金属等。下面介绍气枪法、液态金属旋铸法。

图6.12所示为气枪法快速凝固示意图，这种方法的基本原理是将合金液滴在高压(2～3GPa)惰性气体流(如Ar或He)的突发冲击作用下，分离成细小的熔滴，并使其加速到每秒几百米的速度，然后射向用高导热系数材料(经常为纯铜)制成的急冷衬底上，由于极薄的液态合金与衬底紧密相贴，因而获得极高的冷却速度($>10^9$K/s)。这样得到的是一块多孔的合金薄膜，其最薄的厚度小于0.5～1.0μm。由于熔滴的速度很高，像子弹一样，所以该方法称之为“气枪法”。

图6.13所示为旋铸法快速凝固示意图，旋铸法是将熔融的合金液自坩埚底孔射向一高速旋转的、以高导热系数材料制成的辊子表面。由于辊面运动的线速度很高($>$30～50m/s)，故金属液体在辊面上凝固为一条很薄的条带(最薄可达15～20μm左右)。合金条带在凝固时是与辊面紧密相贴的，因而可达到10^6～10^7K/s的冷却速度。显然，辊面运动的线速度越高，合金液的流量越小，所获得的合金条带就越薄，冷却速度也就越高。这种方法目前已成为制取非晶合金条带而普遍采用的一种方法，由于合金条带连续、致密，所以可以方便地用于各种物理、化学性能的测试。

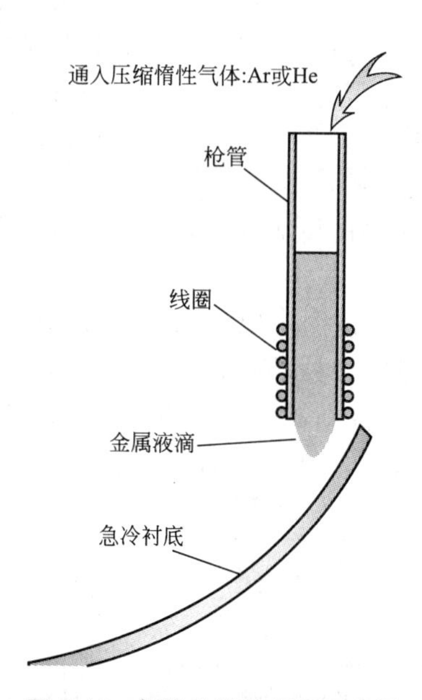

图6.12 气枪法快速凝固示意图

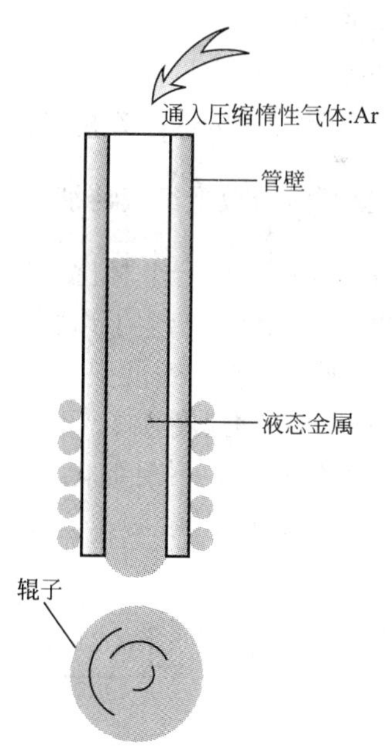

图6.13 旋铸法快速凝固示意图

3）表面熔化技术

该技术可利用脉冲或连续热源(如激光源)，对一大块材料的表面进行快速熔化，在工件表面形成瞬间的薄层小熔池，材料的大块未熔化部分在后续快速凝固过程中充当散热器的角色，如图6.14所示。这样，尽管快速凝固将可能产生非常不同的组织，快速冷却的材料与

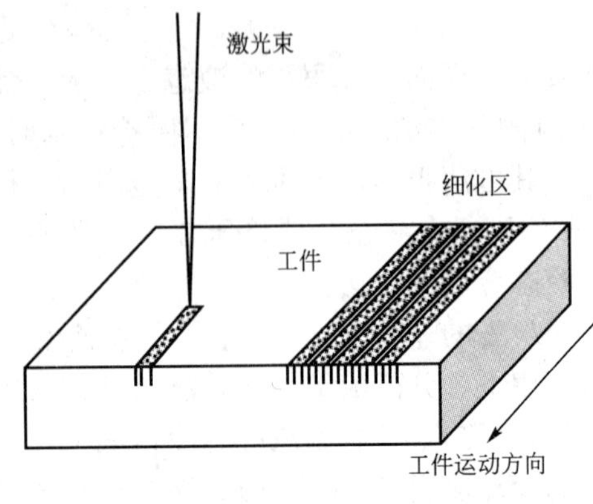

图 6.14　表面熔化法示意图

母材基本上具有相同的化学成分。另一个方法是在材料表面预先放置或喷射合金，或者分散添加剂，以使它们混合到熔化区中，产生一个与所在基体材料成分不同的表面区。第 3 个方法是对预先放置在表面上的材料进行熔化，使其与基体合金的混合限制在形成有效结合的最小程度。以上三种方法，都可以在基体材料上形成一种寿命更长的表面，而基体材料在其他方面都可以满足应用需要。

4）深过冷法

深过冷凝固技术希望液态金属尽可能在接近均质形核的条件下凝固，而液态金属中促进非均质形核的质点主要来自于液态金属内部的夹杂和容器壁，因此，深过冷凝固技术可为分为两类，一类是小体积大过冷度凝固方法，另一类是在较大体积的液态金属中获得大过冷度的方法。

小体积大过冷度凝固方法是将液态金属分散成细小的熔滴，以减小熔滴中含有的杂质的几率，这样有可能形成大量的不含杂质粒子的熔滴，同时也减小了单个熔滴中含有杂质粒子的数量，进而产生接近均匀形核的条件。在较大体积的液态金属中获得大过冷度的方法是将液态金属与容器壁隔离开或者在熔化与凝固过程中不用容器，以减小或消除由容器壁引入的形核媒介。其主要方法有玻璃体包裹法和悬浮熔炼法。玻璃体包裹法是用流体玻璃体把大块液态金属与容器分开，使凝固时不受容器壁的影响。悬浮熔炼法主要是通过无容器熔炼消除合金熔体与容器接触对形核的促进作用，目前采用的悬浮熔炼方法主要有电磁悬浮、静电悬浮、声悬浮等技术。

6.2.3　快速凝固的微观组织特征

与常规铸态凝固的合金相比，快速凝固合金具有极高的凝固速度，因而使合金在凝固中形成的微观组织结构产生了许多变化。

图 6.15 所示为冷却速度引起的显微组织的变化，从该图可以看出，从普通铸造生产中的冷却速度到冷却速度为 10^8K/s 左右，由于凝固过程中枝晶粗化的时间缩短，因此结晶组织(包括显微偏析)不断细化。随着凝固冷速的逐步提高，液态金属的过冷逐渐加深，固液界面越来越离开平衡状态，溶质元素的截留不断发展，最后成为完全的无扩散、无偏析的凝固。

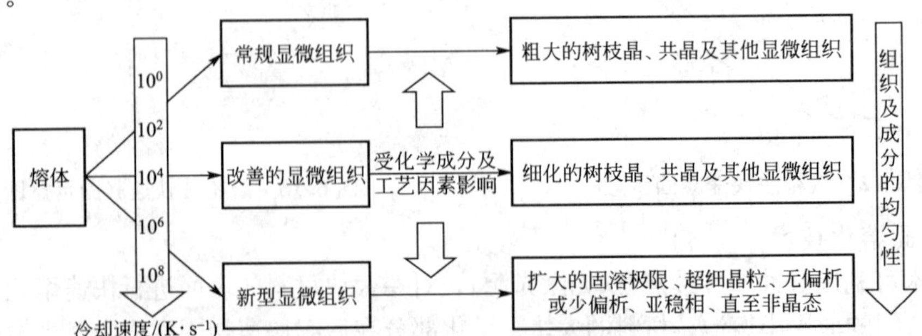

图 6.15　冷却速度引起的显微组织的变化

由快速凝固引起的合金微观组织的变化具体包括以下几点。

1. 扩大了的固溶极限

表6-1汇集了快速凝固的铝合金中所达到的溶质固溶量数据。

表6-1 铝合金的固溶极限

合金系	平衡最大固溶极限×100	快速凝固固溶量×100	平衡共晶点成分×100
Al-Cu	2.35	18	17.3
Al-Si	1.78	16	11.3
Al-Mg	18.90	40	37.0
Al-Ni	<1	8	
Al-Cr	<1.2	6	
Al-Mn	<2	9	
Al-Fe	<1	6	
Al-Co	微量	5	

在诸如Al-Cu、Al-Si、Al-Mg等合金中，快速凝固时所达到的固溶量不仅大大超过了最大的平衡固溶极限，并且超过了平衡共晶点的成分。因此，通过快速凝固，过共晶成分的合金，形成了单相的铝固溶体组织。

表6-2是铁基置换固溶体中，通过快速凝固后所获得的合金元素溶解度。

表6-2 置换固溶元素在铁中的溶解度

溶质元素	固溶体	平衡最大固溶度×100	快速凝固后固溶度×100
Cu	γ	7.2	15.0
Ga	α	18.0	50.0
Ti	α	9.8	16.0
Rh	γ	50.0	100.0
Mo	α	26.0	40.6
W	α	13.0	20.8

可以看出，快速凝固时各溶质元素在铁中固溶量明显增大。

通过快速凝固也可使铬在铁中的溶解度得到扩大，因而快速凝固的不锈钢中可含有更多的铬而不用担心出现θ相，从而使耐蚀性显著改善。快速凝固可显著地扩大碳在纯铁及铁基合金中的固溶度。在Fe-C系中，可获得$w_C=2.0\%$的马氏体及$w_C=3.5\%$的奥氏体。在镍、铬奥氏体不锈钢中，通过固态淬火可能达到的最大固溶碳量为0.25%～0.30%，而快速凝固可使固溶碳量增至0.87%。

由上述可见，无论是铝合金还是钢，快速凝固均使溶质元素的固溶量获得了显著的扩大。

2. 超细晶粒

快速凝固大大提高了凝固形核速率，而且晶粒在极短的凝固时间难以充分长大，因此，快速的凝固合金具有比常规合金低几个数量级的晶粒尺寸，一般小于0.1～1.0μm，甚至可以达到纳米级的超细铸态晶粒，这成为快速凝固合金在组织上的又一个重要特征。另外，已有的研究表明，当在快速凝固的合金中出现第二相或夹杂物时，其晶粒尺寸也相应地细化。

3. 极少偏析或无偏析

常规铸造合金中出现的胞状晶及树枝晶总是伴随着成分的显微偏析，特别在树枝晶中，偏析尤为显著。在快速凝固的合金中，如果冷速不够快，局部也会出现胞状或树枝状枝晶，但这些胞状或树枝晶与常规合金相相比已大大细化，因此表现出的显微偏析的分散度也大大提高，显著改善了化学成分的均匀性。因此，为减少和消除偏析，所需的均匀化退火时间可大大缩短。通常用产生树枝晶偏析的二次枝晶臂间距作为成分偏析范围或偏析距离的标志，快速凝固时，偏析范围从一般铸态合金的几毫米到几十微米减小到0.1～0.25μm。

如果凝固速率超过了界面上的溶质原子的扩散速率，即进入了完全的“无偏析、无扩散凝固”时，便可在铸件的全部体积内获得完全不存在任何偏析的组织。

4. 形成亚稳相

亚稳相是指介于不稳定相与稳定相之间的过渡相。亚稳相的形成是合金快速凝固微观组织结构的一个重要特征。这些亚稳相的晶体结构可能与平衡状态图上相邻的某一中间相的结构极为相似，因此可看作是快速冷却和达到大的过冷的条件下，中间相的亚稳浓度范围扩大的结果。另一方面，也有可能形成某些在平衡状态图上完全不出现的亚稳相。对于具体的一种快速凝固的合金来说，究竟出现了哪一种亚稳组织，决定于冷却速度与过冷度。

同一化学成分的材料，其亚稳态时的性能不同于平衡态时的性能，而且亚稳态可因形成条件的不同而呈多种形式，它们所表现的性能迥异，在很多情况下，亚稳态材料的某些性能会优于其处于平衡态时的性能，甚至出现特殊的性能。因此，对材料亚稳态的研究不仅有理论上的意义，更具有重要的实用价值。

5. 非晶态的形成

在通常情况下，金属(合金)从液体凝固成固体时，原子总是从液体的无序排列转变成有规律的排列，即成为晶体。但是，如果金属(合金)的凝固速度非常快，原子来不及有规律的排列便被冻结住了，最终的原子排列方式类似于液体，是无序的，这就是非晶态金属(合金)。与晶态金属相比，非晶金属是一种特殊的物质状态，其微观结构特征决定了它具有许多优异性能，如优异的软磁性能、力学性能、耐腐蚀性能、催化性能、电学性能及对中子射线和γ射线的耐辐照性能等。研究最多、应用最广的非晶金属是非晶态软磁合金，有铁基、钴基、铁镍基和铁钴镍基等合金。

6.3 其他特殊条件下的凝固技术

6.3.1 微重力条件下的凝固

在重力场中，采取某种技术措施，使在某一有限区域内的重力加速度小于应有的重力加速度，则可使该区域内物体“失重”。失重达到某种程度，比如失去99%以上，则可称该区域为微重力环境。失重状态下，物体在引力场中自由运动时有质量而不表现重量，因此又称零重力。失重有时泛指零重力和微重力环境。

在重力降低的条件下，在界面上缺少液体流动，使质量和热量传输仅通过扩散过程来实现，这样具有两个或更多不同成分的液体就能够长时间共存。因此可以减少常规重力场下液态金属对流造成的偏析、位错、杂晶、条带等缺陷。另外，还可以利用微重力条件制备难混熔偏晶合金，这是当前微重力技术应用于材料领域的一个重要方面。重力的减小及对流的削弱达到一定程度后，会使晶核数目减少，使晶体长大速度增加，因此，在微重力场下结晶出的晶体尺寸比地面上的大。

由于合金在微重力场下凝固具有特殊性，因此微重力场常被用于制造有特殊要求的材料。在微重力条件下，向液态金属中引入气体或发泡物质，凝固时气体可更均匀地分布在金属中，制成多孔发泡材料。由于重力受到抑制，扩散和界面张力作用突出，两物质相互润湿时，界面张力会使液体沿界面无限制地延伸；不相互润湿时，液体则倾向于成球形。利用这些现象已开发了扩展铸造工艺及液态金属直接拉丝、制带工艺和空间钎焊工艺。微重力场中，若将液态金属送到铸型表面，液态金属由于润湿作用可以扩展到铸型表面的每个角落，凝固之后形成厚度均匀的金属壳，然后在第一层金属壳的表面再送入第二层金属液，按此法进行，可制作多种材料、任意形状的多层结构的复合材料铸件。

6.3.2 超重力条件下的凝固

一般只要物体加速度与重力加速度的比值超过1时，就可以认为该物体处于超重力状态，即超重力就是指物体的合成加速度大于重力加速度的状态。与微重力条件相反，达到超重力条件时，能改变固液界面前沿的对流，对流流动的增强也能稳定晶体生长的固液界面，并且可以获得组织均匀、性能良好的晶体。

应用超重力凝固技术中，多采用离心机。离心力场的作用在于对传递过程的极大强化。因此，超重力技术被认为是强化传递的一项突破性技术。

在重力场下制备晶体材料时，由于晶体生长系统是非等温、非等浓度系统，温度的不均匀导致液态金属密度的不均匀。密度大的流体下沉，密度小的则上浮，这就形成了无规则的热对流，使材料会出现溶质偏析和杂质带，严重影响晶体材料的质量。如前面所述，微重力下，浮力对流得以消除，可获得溶质分布高度均匀的无晶体缺陷的材料。研究发现，超重力状态下也可以获得组织与性能都类同于微重力条件下生长的晶体。根据研究结果，增大重力加速度会增强浮力对流，当浮力对流增强到一定程度时，可极大地提高凝固界面的热稳定性，为制备无偏析晶体创造了必要的条件。重力下的凝固产生生长条纹缺陷，这是一种微观不均匀性。在超重力条件下，可消除这种生长条纹。

前苏联科学院空间研究院研究认为，超重力引起的对流对大量形核有利，也使生长方向更有序，Johnston等研究了重力对对流的影响，重力降低，使枝间金属液的对流强度减小，结果使浓度梯度增大，造成在低重力阶段较大的枝晶间距。相反，在超重力阶段浓度梯度小，粗化的驱动力也变小，枝晶粗化速率减慢。

6.3.3 半固态铸造技术

当液态金属冷却到液相线温度以下时，其内部开始结晶而析出固相晶粒，这种在结晶温度区间内出现的固态与液态并存的金属，被称为半固态金属。等轴、细小的初生相均匀分布于液相中时，称其为半固态浆料，可将此半固态浆料直接成形，也可将其完全凝固成坯料，之后把这种坯料重新加热到两相区成形，这种加工技术称为半固态成形技术。

半固态成形技术可以通过铸造、挤压、轧制、模锻等方法来实现，下面以铸造方法为例来讨论半固态成形技术特点及方法，以下称半固态铸造。

1）半固态铸造特点

在普通铸造过程中，如果初晶以枝晶方式长大，当固相率达到0.2左右时，枝晶就形成连续网络骨架，金属失去宏观流动性。如果在液相到固相转变过程中进行强烈搅拌，或通过控制凝固条件抑制树枝晶生长，使初生相以颗粒状组织形态均匀地悬浮于液相中，就形成了半固态浆料。这种浆料在外力作用下，当固相率达0.5～0.6时仍具有一定的流动性，从而可利用常规的成型工艺，如压铸、挤压等铸造方法实现成型。

由于铸造时所用的原料为半固态的浆料，其中大部分金属在铸造前已经是固相，所以最终铸件的凝固收缩率小，尺寸精度较高。半固态浆料中固体呈颗粒状组织形态均匀悬浮于液相中，因此，金属凝固过程中不会发生长程的枝晶间液相流动，铸件则不形成宏观偏析。半固态铸造打破了传统的枝晶凝固模式，因而可以显著细化铸件晶粒组织(图6.16)。由于半固态铸造时，成型温度低，利于减轻铸件凝固收缩产生的缩松，尤其在压力下凝固时，抑制缩松的效果更佳。同时半固态金属黏度较大，成型时无涡流现象，卷入空气少，故气孔、夹杂等缺陷少，使铸件组织致密，铸件质量较高。由于半固态铸件具有上述晶粒细小、组织致密等特点，因此与普通液态铸造相比，半固态铸件强度、塑性等力学性能有明显提高，且半固态铸造能够改善铸件的疲劳性能和耐磨性能。

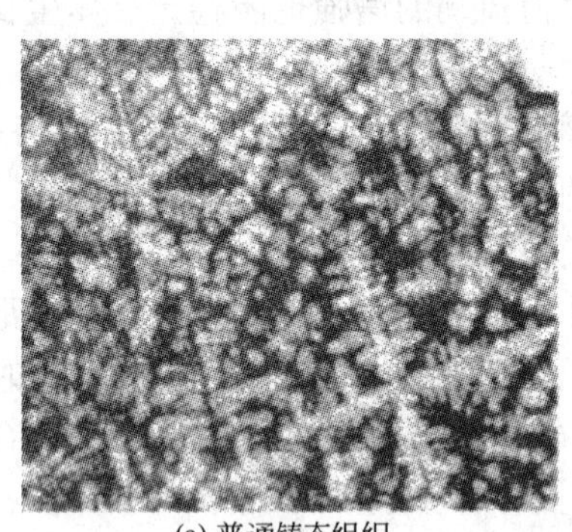
(a) 普通铸态组织

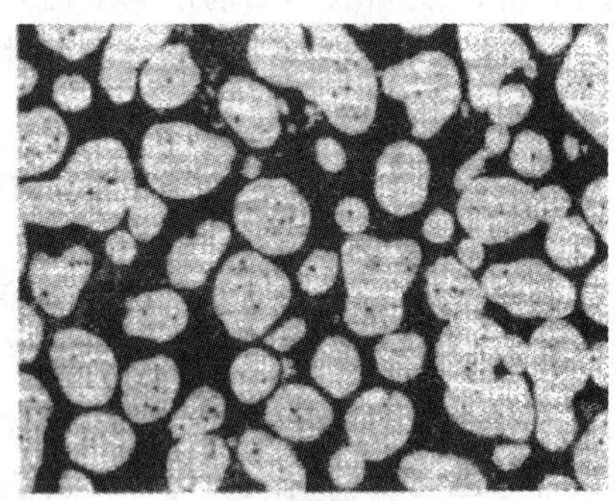
(b) 半固态成型组织

图6.16 ZA12合金的普通铸态组织与半固态成型组织X100

由于半固态铸造的以上优点，使之已成为生产高质量铸件的新技术，并在发达的工业化国家中得到应用。因此，该技术被视为具有划时代意义的金属加工新工艺。

2）半固态铸造工艺过程

半固态铸造的第一步是获得流动性好的浆料，通常在凝固过程一开始就采用强烈搅拌，使初生树枝晶破碎成球形或近球形(截面为圆形或近圆形)的初晶，图6.17所示为在搅拌条件下树枝晶破碎成细小的圆形或近圆形初晶的示意图。

图6.18为制备半固态浆料的几种方法。图6.18(a)所示为简单搅拌的方法，不需要复

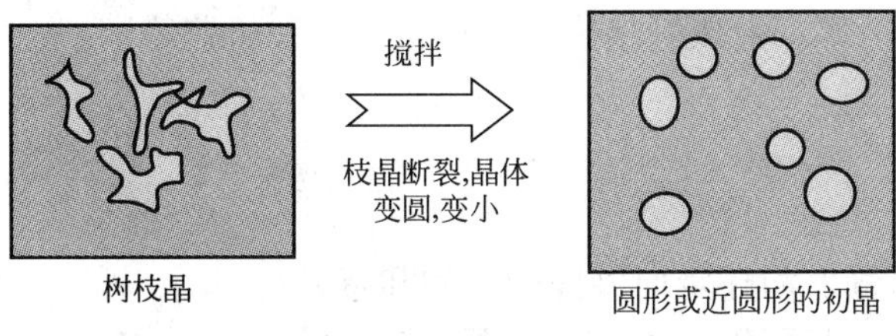

图 6.17　树枝晶被搅拌破碎成圆形或近圆形

杂的设备，但只能间断进行。图 6.18(b)所示为采用内轴旋转产生的摩擦力使枝晶破碎并球化，进行糊状金属连续生产的方法。图 6.18(c)所示则是采用电磁搅拌方法进行铸锭连续生产。由于浆料在制备成型过程中没有过热度，从而能够明显降低能耗，缩短合金的凝固时间，提高生产效率。

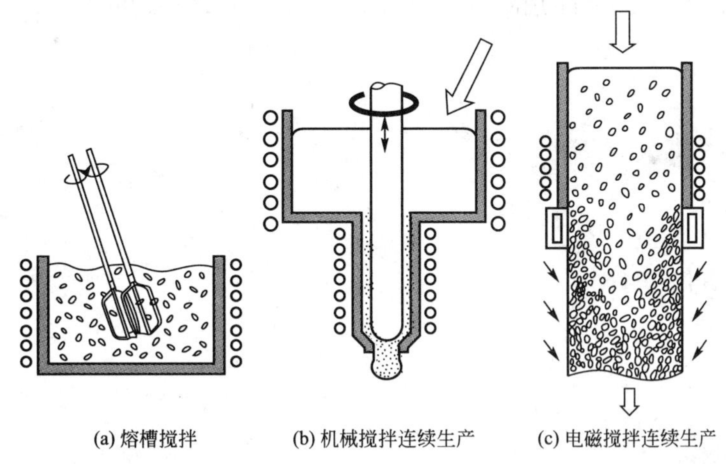

图 6.18　制备球状或近球状初生晶体的半固态浆料几种方法示意图

浆料制备完成以后，铸造成型工艺可分为两种：一种是将半固态浆料保持在固液两相区温度范围内，直接进行浇注成型，此法称为“流变铸造”；另一种是将半固态浆料铸成一定形状的铸锭，使用时从锭材中切坯，然后重新加热到固液两相区温度范围内，使其获得一定的流动性，并加压铸造成型，此法称为“触变铸造”。

由于半固态浆料的黏度往往与搅拌的剪切速率以及时间有关，因而如何保存和输送半固态浆料，控制其在成型过程中的温度变化以及一定的剪切速率成为流变铸造商业化生产亟待解决的关键问题。触变铸造成型方法需要对合金进行二次加热，相对提高了能耗，但由于半固态合金坯料便于进行二次加热和输送，同时易于控制成型过程，因而成为当今半固态铸造成型商业化生产的主要工艺形式。但是从节省能源、缩短工艺流程和设备简单化角度出发，流变铸造依然会成为未来的半固态铸造成型技术的重要发展方向。

由于半固态合金浆料的制备需要在固液两相区内进行，因而半固态铸造成型工艺通常适用于具有较宽固液两相区的合金体系，如铝合金、镁合金、铜合金、锌合金、镍合金以及钢铁类合金等。随着半固态制浆和成型工艺的不断拓展，合金的应用种类以及牌号还将日益扩大。目前，采用半固态成型的铝和铝合金件已经大量用于汽车工业的特殊零件上。生产的汽车零件主要有汽车轮毂、主制动缸体、反锁阀体、盘式制动钳、动力转向壳体、离合器泵体、发动机活塞、液压管接头、空压机本体和机盖等。

习 题

1. 什么是定向凝固？简述定向凝固的目的和意义。

2. 铸件要得到定向凝固组织可以采取哪些工艺措施？

3. 简述定向凝固晶体生长中单晶生长常用的方法。

4. 什么是快速凝固？请根据实现快速凝固技术的方式，对快速凝固方法进行分类，并简要说明各自的主要技术要点。

5. 叙述快速凝固的微观组织和性能特征。

6. 简述失重、超重力条件下凝固的特点及组织和性能特点。

7. 简述半固态铸造铸件的组织和性能特点，以及半固态铸造的方法。

第7章 焊接材料

知识要点	掌握程度	相关知识
焊条	了解焊条的组成、分类、牌号和型号； 掌握各种焊条的性能及选用原则	酸性焊条、碱性焊条； 焊条的牌号和型号； 焊条的工艺性能
焊丝	了解焊丝的分类、牌号和型号； 掌握焊丝的选用原则	实芯焊丝、药芯焊丝； 焊丝的牌号和型号； 焊丝的工艺性能
焊剂	了解焊剂的分类、型号和牌号； 掌握焊剂与焊丝的匹配原则	烧结焊剂、熔炼焊剂

导入案例

随着国民经济的发展，我国焊接所需的焊条、焊丝、焊剂等材料的产量超过了世界总产量的一半以上，且消耗量一直保持增长趋势。钢材品质的提高及品种的完善，各类装备制造业、基础设施和重点工程的品质提升，对焊接材料提出了更高的技术要求。

21世纪的前几十年，中国的工作重点是工业化建设，伴随着经济建设的进程，中国城市化建设的步伐逐步加快，焊接结构的广泛应用，焊接用钢的高强轻量化、高纯洁净化、细晶微合金化发展，推动了焊接材料向高强、低氢、特色、环保、节能、减排、高效自动化方向发展。中国粗钢及焊接材料产量连续13年均居世界首位，近几年中国粗钢产量占世界总产量的1/3以上；焊接材料产量占世界总产量的1/2以上。因此中国已成为世界最大的焊接材料研发、生产、销售、消耗基地，焊接材料及焊接技术在中国具有广阔的发展前景。

根据近年中国主要焊接材料产量的统计数据可知，焊条产品的比例逐年下降，埋弧焊焊接材料的发展趋于稳定，自动化水平较高的气体保护焊实芯焊丝及药芯焊丝发展迅速。今后十年，甚至更长一段时间内，中国钢材及焊接材料的消耗量仍有持续增长的趋势。工业化和城镇化发展的大环境，促进着焊接钢种及焊接材料的更新换代，鞭策着焊接技术的飞速发展。焊接材料产品的战略逐步转移，由机械化程度较高的高效优质型产品逐步替代手工型产品，一些特种焊接材料将逐步实现国产化，重点将关注产品的优化升级、品种完善及结构调整，以满足不同钢种、不同焊接结构、不同服役条件下的焊接技术要求。开发研制节能减排、高效优质的新型焊接材料势在必行。这不但是中国焊接材料企业今后的发展方向，也是国外焊接材料企业看好的市场增长方向。因此，企业只有大力发展优质高效、节能减排的新型焊接材料，不断调整产品结构、优化升级，企业才会立于不败之地。

资料来源：李连胜，栾敬岳，孙晓红. 我国焊接材料发展状况浅析［J］. 电器工业，2010(1)：10－16.

焊接过程中的各种填充金属及为了提高焊接质量而添加的保护物质统称焊接材料。在熔化焊中焊接材料包括焊条、焊丝、焊剂、气体等。不同的焊接方法选择不同的焊接材料，例如焊条电弧焊选择焊条，埋弧焊选择焊丝(或板状电极)与焊剂，气体保护焊选择焊丝与保护气体等。焊条和焊丝是焊接回路的一个组成部分，作为电极传导电流，并熔化填充焊缝；焊条药皮、焊剂及保护气体，是进行冶金反应和保证焊接质量的必需的重要材料。焊接材料参与整个焊接过程，不仅影响焊接过程的稳定性、焊接接头的性能及质量，同时也会影响焊接生产效率。因此，了解和掌握焊接材料的相关知识，对于提高焊接质量和效率是很有意义的。

本章重点介绍焊条的组成、作用和性能，同时简要介绍焊剂及焊丝的种类和用途。

7.1 焊　　条

7.1.1　焊条的组成

焊条就是涂有药皮的供焊条电弧焊使用的熔化电极，它由药皮和焊芯两部分组成。焊条内部的金属丝称为焊芯，压涂在焊芯表面上的涂料层称为药皮，根据焊条药皮与焊芯的重量比即药皮重量系数 K_b，将焊条分为厚皮焊条(K_b＝30％～50％)和薄皮焊条(K_b＝1％～2％)两大类。由于厚皮焊条使用广泛，在此只讨论这一类焊条。

1. 焊芯

(1) 焊芯的作用。焊芯主要起两个作用：一是传导焊接电流，产生电弧；二是作为填充金属，与熔化的母材形成焊缝。

(2) 焊芯的种类和成分。焊芯作为焊缝的填充金属，它的成分和性能将直接影响焊缝的成分、组织和性能，根据国家标准，用于焊芯的专用金属丝(即焊丝)分为碳素结构钢、低合金结构钢和不锈钢三大类，一般焊芯与被焊母材的种类之间存在大致的对应关系，见表7-1。

表7-1　焊芯与母材的对应关系

焊芯种类	低碳钢	低碳钢或低合金钢	耐热钢	不锈钢	铸铁或合金	镍或镍合金	铝或铝合金	铜或铜合金
焊条种类	碳钢	低合金钢	耐热钢	不锈钢	铸铁	镍及其合金	铝及其合金	铜及其合金
母材种类	碳钢	低合金钢	耐热钢	不锈钢	铸铁	镍及其合金	铝及其合金	铜及其合金

焊芯一般是通过冶炼的方法铸成钢锭，后经热轧、拉拔、切断等工序加工而成。焊接碳钢和低合金钢时，通常选用低碳钢焊芯，如H08。“H”表示焊条用钢丝的“焊”字汉语拼音的第一个字母，“08”表示焊芯的平均含碳量为0.08％；“A”表示优质钢，其硫、磷含量限制在0.03％以内。“E”表示特优钢，“C”表示超优钢，即对于硫、磷等杂质的限量更加严格。

表7-2列出了低碳钢焊芯的牌号及化学成分，其他焊条所用焊芯的成分可参看有关手册。

表7-2　低碳钢焊芯的化学成分(GB/T 14597—1994)

牌号	化学成分(质量分数)(％)							
	C	Mn	Si	Ni	Cr	Cu	S	P
H08A	≤0.10	0.30～0.55	≤0.03	≤0.30	≤0.20	≤0.20	≤0.030	≤0.030
H08E	≤0.10	0.30～0.55	≤0.03	≤0.30	≤0.20	≤0.20	≤0.020	≤0.020
H08C	≤0.10	0.30～0.55	≤0.03	≤0.10	≤0.10	≤0.10	≤0.015	≤0.015
H08Mn	≤0.10	0.80～1.10	≤0.07	≤0.30	≤0.20	≤0.20	≤0.035	≤0.035

（续）

牌号	化学成分(质量分数)(%)							
	C	Mn	Si	Ni	Cr	Cu	S	P
H08MnA	≤0.10	0.80～1.10	≤0.07	≤0.30	≤0.20	≤0.20	≤0.030	≤0.030
H15A	0.11～0.18	0.30～0.065	≤0.03	≤0.30	≤0.20	≤0.20	≤0.030	≤0.030
H15Mn	0.11～0.18	0.80～1.10	≤0.03	≤0.30	≤0.20	≤0.20	≤0.035	≤0.035

低碳钢焊芯中含碳量的增加可提高焊缝强度，但也增大了气孔、裂纹和飞溅的倾向，导致焊接过程不稳定。所以，低碳钢焊芯中的含碳量，应在保证焊缝与母材等强的前提下越低越好，一般应当控制在0.10%以下。

锰是焊芯中的有益元素，具有固溶强化的作用，且能脱氧、脱硫和降低焊缝结晶裂纹的倾向，但过高或过低都会降低焊缝的韧性。对于低碳钢焊芯，一般以0.30%～0.55%为宜。

硅具有固溶强化的作用，也能起到脱氧的作用，但会增大形成 SiO_2 夹杂物的倾向，严重时会引起热裂纹。

铬、镍对于低碳钢焊芯是作为杂质混入的，其含量控制在国家标准规定的范围内时，对焊接冶金过程不会产生大的影响。

硫、磷对焊缝具有明显的危害作用，不仅增大焊缝的结晶裂纹倾向，而且增大焊缝的脆性。因此应当严格控制硫和磷的含量，其质量分数一般应在0.04%以下，焊接质量要求高时应低于0.015%。

2. 药皮

指压涂在焊芯表面的涂料层，是决定焊缝金属质量的主要因素之一。

1）药皮的作用

(1) 机械保护作用。由于电弧焊的热作用使药皮熔化形成熔渣，同时在焊接冶金过程中还会产生气体，在渣-气联合保护作用下，实现了焊接区内金属熔滴、焊接熔池与周围空气的隔离，防止有害气体侵入焊缝。

(2) 冶金处理作用。在焊接过程中，药皮的组成物质通过冶金反应，去除氮、氢、氧、硫、磷等有害杂质，保护并补充有益的合金元素，实现了焊缝的净化和合金化，使焊缝金属满足性能要求。

(3) 改善焊接工艺性能。合理的药皮组分可使电弧容易引燃且能稳定燃烧，焊缝成型美观，减少飞溅，易脱渣和提高熔敷效率等。

2）药皮的组成

药皮是由多种具有不同物理性质和化学性质的细颗粒物质的混合物组成的，包括氧化物、碳酸盐、硅酸盐、有机物、氟化物、铁合金等数十种原材料，按一定的配方混合而成，根据原材料在焊接过程中所起的作用，将其分为七类，见表7-3。

每种材料可以具有多种作用，如氟石主要起造渣和稀渣作用，可降低焊缝含氢量，但它会造成电弧不稳并产生有毒气体。在进行焊条药皮配方设计和药皮材料选择时，重点考虑主要作用的同时，还要兼顾其副作用，如氧化、增氢、增磷等。

表 7-3 焊条药皮原料的种类及其作用

原料种类	原料名称	作用
稳弧剂	碳酸钾，碳酸钠，长石，大理石，钛白粉，钠水玻璃，钾水玻璃	改善引弧，提高电弧燃烧的稳定性
造气剂	淀粉，木屑，纤维素，大理石	产生一定量的气体，形成保护气氛，隔绝空气
造渣剂	大理石，氟石，菱苦土，长石，锰矿，钛铁矿，黄土，钛白粉，金红石	形成熔渣，覆盖在熔池表面，起机械保护和冶金处理的作用
脱氧剂	锰铁，硅铁，钛铁，铝铁，石墨	使焊缝金属脱氧，提高焊缝的力学性能
合金剂	锰铁，硅铁，铬铁，钼铁，钒铁，钨铁	向焊缝渗入合金元素，提高其力学性能或使焊缝获得某些特殊性能
粘结剂	钾水玻璃，钠水玻璃	将各种药粉粘附在焊芯上
成型剂	云母，白泥，钛白粉	改善涂料的塑性和滑性，便于机器压涂药皮

3）药皮的类型

根据焊条药皮的主要组成物的种类及其含量不同，可以把焊条药皮分为以下八类。

（1）氧化钛型，简称钛型。焊条药皮中加入35%以上的二氧化钛和相当数量的硅酸盐、锰铁及少量的有机物。

（2）氧化钛钙型，简称钛钙型。焊条药皮中加入30%以上的二氧化钛和20%以下的碳酸盐，以及相当数量的硅酸盐、锰铁，一般不加或少加有机物。

（3）钛铁矿型。药皮中加入30%以上的钛铁矿和一定数量的硅酸盐、锰铁以及少量的有机物，不加或少加碳酸盐。

（4）氧化铁型。药皮中加入大量的铁矿石和一定数量的硅酸盐、锰铁和少量的有机物。

（5）纤维素型。药皮中加入15%以上的有机物和一定数量的造渣剂及锰铁等。

（6）低氢型。药皮加入大量的碳酸盐、相当数量的氟石和铁合金以及少量的硅酸盐和二氧化钛等。

（7）石墨型。药皮中加入适量的石墨，以保证焊缝金属的石墨化作用，配以低碳钢芯或铸铁钢芯可用于铸铁焊条。

（8）盐基型。药皮由氟盐组成，如氟化钠、氟化钾和冰晶石等。

7.1.2 焊条的种类

焊条的分类方法很多，可分别按焊条的实际用途、焊接熔渣的酸碱度、焊条药皮的类型、焊条性能特征等不同标准进行分类。

1. 按焊条的实际用途分类

通常焊条按用途分为十大类，各大类按主要性能的不同又分为若干小类。

（1）结构钢焊条。此类焊条一般采用低碳钢或低合金钢作为焊芯材料，其熔敷金属的抗拉强度在420MPa以上，主要用于焊接碳钢和低合金高强度钢。

（2）不锈钢焊条。此类焊条的焊芯成分中含有相当数量的铬和镍，分为铬不锈钢焊条和铬镍不锈钢焊条，主要用于焊接不锈钢和耐热钢。

(3) 铬和铬钼耐热钢焊条。此类焊条的焊芯成分中含有一定数量的铬和钼，主要用于焊接珠光体耐热钢。

(4) 低温钢焊条。此类焊条的焊芯中含有改善低温性能的合金元素，其熔敷金属具有良好的低温工作性能，主要用于焊接在低温下工作的构件。

(5) 铸铁焊条。此类焊条的焊芯材料采用铸铁、碳钢、镍铁合金、镍铜合金或铜铁合金等，采用石墨作为药皮材料，主要用于焊接或焊补铸铁构件。

(6) 堆焊焊条。此类焊条的焊芯材料采用具有特殊性能的合金，主要用于表面堆焊，从而获得耐热、耐磨及耐蚀等特殊性能的堆焊层。

(7) 镍及镍合金焊条。此类焊条的焊芯材料采用纯镍、镍铜合金等，主要用于焊接镍及高镍合金，也可用于焊接异种金属。

(8) 铜及铜合金焊条。此类焊条的焊芯材料采用纯铜、青铜或白铜等，主要用于焊接铜及铜合金。

(9) 铝及铝合金焊条。此类焊条的焊芯材料采用纯铝、铝硅合金或铝锰合金等，主要用于焊接铝及铝合金。

(10) 特殊用途焊条。此类焊条的焊芯材料采用具有特殊成分或特殊性能的合金，主要用于特殊场合的焊接，比如水下焊接或水下切割等特殊工作。

2. 按熔渣的酸碱性分类

在实际生产中，根据熔渣的碱度的不同，将焊条分为酸性焊条和碱性焊条两类。

酸性焊条指药皮中含有较多的 SiO_2、TiO_2 等酸性氧化物、熔渣为酸性的焊条。药皮中的 SiO_2、TiO_2、FeO 等物质的氧化性较强，因此在焊接过程中合金元素烧损较多，同时由于焊缝金属中氧和氢含量较多，因而熔敷金属的塑性、冲击韧性较低。但酸性焊条的工艺性能好，电弧柔软，飞溅小，熔渣流动性和覆盖性好，焊缝外表美观，焊波细密，成型平滑，交、直流弧焊机均可使用，常用于一般焊接结构的焊接。

碱性焊条指药皮中含有较多的 CaO、Na_2O 等碱性氧化物、熔渣为碱性的焊条。药皮中主要含有 $CaCO_3$、CaF_2 等物质，有较多的铁合金作为脱氧剂和合金剂，弧柱气氛中的氧分压较低，因此药皮具有足够的脱氧能力，且氟化钙在高温时与氢结合成氟化氢(HF)，降低了焊缝中的含氢量，故碱性焊条又称为低氢焊条。碱性焊条的焊缝金属中氧和氢含量较少，非金属夹杂元素也少，因而焊缝具有较高的塑性和冲击韧性。但由于氟的反电离作用，碱性焊条的电弧不够稳定，熔渣的覆盖性差，焊缝形状凸起，其焊缝外观波纹粗糙，一般采用直流反接进行焊接。常用于焊接重要结构(如承受动载荷的结构)或刚性较大的结构。

3. 按焊条药皮的类型分类

焊接药皮由多种原料组成，按药皮的主要成分将焊条分为氧化钛型、氧化钛钙型、钛铁矿型、氧化铁型、纤维素型、低氢型、石墨型、盐基型焊条等。

4. 按焊条性能分类

按性能分类的焊条，是根据其特殊使用性能而制造的专用焊条，如超低氢焊条、低尘低毒焊条、立向下焊条、躺焊焊条、打底层焊条、高效铁粉焊条、防潮焊条、水下焊条、重力焊条等。

7.1.3 焊条的型号与牌号

1. 焊条型号

焊条型号是以焊条国家标准为依据，反映焊条主要特性的一种表示方法。型号包括以下含义：焊条类别、焊条特点(使用温度、焊芯金属类型、熔敷金属化学组成或抗拉强度等)、药皮类型及焊接电源。不同类型的焊条，型号表示方法不同。常用的焊条型号的类别代号见表7-4。

表7-4 常用焊条型号的类别代号

焊条名称	碳钢焊条	低合金钢焊条	不锈钢焊条	铸铁焊条
类别代号	E	E	E	EZ
国家标准	GB/T 5117—1995	GB/T 5118—1995	GB/T 983—1995	GB/T 10044—1988
焊条名称	堆焊焊条	镍及镍合金焊条	铝及铝合金焊条	铜及铜合金焊条
类别代号	ED	ENi	EAl	ECu
国家标准	GB/T 984—2001	GB/T 13814—1992	GB/T 3669—2001	GB/T 3670—1995

下面以碳钢焊条为例，说明焊条型号所代表的具体含义，如图7.1所示。根据国家标准GB/T 5117—1995规定，碳钢焊条的型号是由字母“E”和四位数字组成，其中字母“E”表示焊条；前两位数字表示熔敷金属抗拉强度的最小值，单位为kgf/mm^2；第三位数字表示焊条适用的焊接位置，其中“0”或“1”均表示适于全位置焊接；“2”表示适于平焊及平角焊；“4”表示适于立向下焊。第三、四位数字组合表示焊接电流种类及药皮类型，见表7-5。

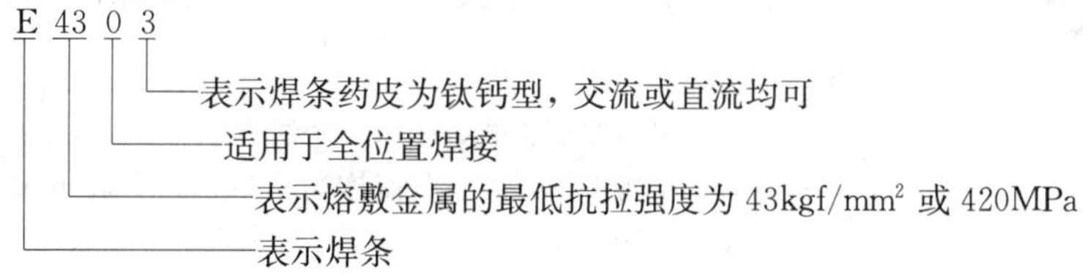

图7.1 碳钢焊条的型号

表7-5 碳钢焊条及低合金钢焊条第三、四位数字组合的含义

<table>
<tr><th>第三、四位数字</th><th>药皮类型</th><th>电流种类</th><th>第三、四位数字</th><th>药皮类型</th><th>电流种类</th></tr>
<tr><td>00</td><td>特殊型</td><td rowspan="3">交流，直流正反接</td><td>16</td><td>低氢钾型</td><td rowspan="2">交流，直流反接</td></tr>
<tr><td>01 仅对碳钢</td><td>钛铁矿型</td><td>18</td><td>铁粉低氢型</td></tr>
<tr><td>03</td><td>钛钙型</td><td>20</td><td rowspan="2">氧化铁型</td><td>交流，直流正接</td></tr>
<tr><td>10</td><td>高纤维素钠型</td><td>直流反接</td><td>22 仅对碳钢</td><td rowspan="3">交流，直流正反接
交流，直流正接</td></tr>
<tr><td>11</td><td>高纤维素钾型</td><td>交流，直流反接</td><td>23 仅对碳钢</td><td>铁粉钛钙型</td></tr>
<tr><td>12 仅对碳钢</td><td>高钛钠型</td><td>交流，直流反接</td><td>24 仅对碳钢</td><td>铁粉钛型</td></tr>
<tr><td>13</td><td>高钛钾型</td><td></td><td>27</td><td>铁粉氧化铁型</td><td>交流，直流正接</td></tr>
<tr><td>14 仅对碳钢</td><td>铁粉钛型</td><td>交流，直流正反接</td><td>28 仅对碳钢</td><td rowspan="2">铁粉低氢型</td><td rowspan="2">交流，直流反接</td></tr>
<tr><td>15</td><td>低氢钠型</td><td>直流反接</td><td>48 仅对碳钢</td></tr>
</table>

2. 焊条牌号

焊条牌号是对焊条产品的具体命名，一般由焊条制造厂制定。从 1968 年起焊条行业开始采用统一牌号，凡属于同一药皮类型，符合相同焊条型号，性能相似的产品统一命名为一个牌号，并同时注明该产品是“符合 GB＊＊型”或“相当 GB＊＊型”或不加标注(即与国标不符)，以便用户结合产品性能要求对照标准去选用。每种焊条产品只有一个牌号，但多种牌号焊条可以同时对应于一种型号。

焊条牌号通常用一个汉语拼音字母或汉字与 3 位数字来表示，拼音字母或汉字表示焊条各大类，后面的三位数字中，前两位数字表示各大类焊条中的若干小类，第三位数字表示焊条药皮类型及焊接电源种类，常用的焊条牌号的类别代号见表 7－6。

表 7－6　常用焊条牌号的类别代号

序号	焊条大类	代号		序号	焊条大类	代号	
		拼音	汉字			拼音	汉字
1	结构钢焊条	J	结	6	铸铁焊条	Z	铸
2	铝及铬钼钢耐热钢焊条	R	热	7	镍及镍合金焊条	Ni	镍
3	铬不锈钢焊条	G	铬	8	铅及钢合金焊条	T	铜
	铬镍不锈钢焊条	A	奥				
4	堆焊焊条	D	堆	9	铝及铝合金焊条	L	铝
5	低温钢焊条	W	温	10	特殊用途焊条	TS	特

下面以碳钢焊条为例，说明焊条牌号所代表的具体含义，如图 7.2 所示。

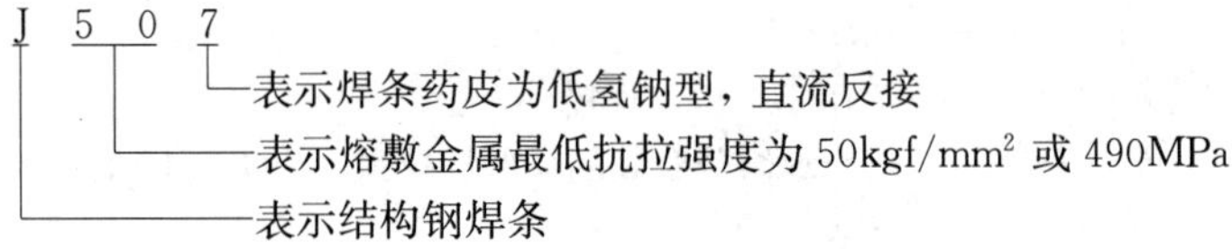

图 7.2　碳钢焊条的牌号

7.1.4　焊条的性能

焊条的性能主要包括工艺性能和冶金性能两个方面，二者都与焊条药皮的具体组成有关。表 7－7 列出了常用结构钢焊条药皮的典型配方，以便于讨论。

表 7－7　结构钢焊条药皮的典型配方(质量分数)(%)

焊条型号	E4300	E4313	E4303	E4301	E4320	E5011	E5016	E5015
人造金红石	30	40	28	—	—	—	5	—
钛白粉	10	6	9	8	—	9	4	2
钛铁矿	—	—	6	28	—	36	—	—
赤铁矿	—	—	—	—	35	—	—	—

（续）

大理石	13	—	9	—	—	—	48	44
锰矿	—	—	—	—	—	11	—	—
白云石	—	7	10	12	—	—	—	—
菱苦土	7	—	—	—	—	7	—	—
硅砂	—	—	—	—	—	—	—	7
白泥	12	10	14	14	—	—	—	—
花岗石	—	—	—	—	33	—	—	—
长石	5	9	—	14	—	—	—	—
氟石	—	—	—	—	—	—	18	24
云母	8	7	10	6	—	—	5	—
氟化钠	—	—	—	—	—	—	2	—
纯碱	—	—	—	—	—	—	—	1
锰铁	15	12	14	17	27	6	—	4
45＃硅铁	—	—	—	—	—	—	10	—
低度硅铁	—	—	—	—	—	—	—	3
钛铁	—	—	—	—	—	—	5	13
钼铁	—	—	—	—	—	4	3	—
木粉	—	—	—	1	—	27	—	—
淀粉	—	4	—	—	5	—	—	—
纤维素	—	5	—	—	—	—	—	—

1. 焊条的工艺性能

焊条的工艺性能是指焊条在使用操作中表现出来的性能，是衡量焊条质量的重要指标之一。它主要包括焊接电弧的稳定性、焊缝成型、焊接位置的适应性、焊接飞溅、熔敷效率、脱渣性、焊接烟尘及药皮发红等内容。

1）焊接电弧的稳定性

焊接电弧的稳定性是指电弧维持稳定燃烧的程度。如不产生断弧、飘移以及偏吹等，它直接影响焊接过程的稳定性，从而影响最终的焊接质量和可靠性。焊条药皮的类型、焊接电源的特性和焊接参数的选择等许多因素都影响着焊接电弧的稳定性。

就焊条药皮的类型而言，焊条药皮中常常加入电离电位低的物质，如云母、长石、钛白粉或金红石等，能有效提高电弧空间带电粒子的密度，增强电弧的导电能力，从而使电弧能够稳定燃烧。但某些焊条药皮中因加入了具有反电离作用的氟石而降低了电弧的导电能力，致使交流电弧不能稳定燃烧，只有采用直流反接才能稳定工作。在这种情况下，可在焊条药皮中加入稳弧作用强的物质如碳酸钾和水玻璃等，保证交流电弧燃烧的稳定性。

当焊条药皮的熔点过高或药皮太厚时，在焊条端部易形成较长的套筒，导致电弧过长而易于熄灭。因此，应合理控制焊条药皮的熔点和厚度。

2）焊缝成型

焊缝成型是描述焊缝表面光滑程度、表面是否存在缺陷以及几何形状和尺寸是否正确的宏观指标。焊缝成型不仅影响美观，而且影响接头的力学性能。成型良好的焊缝表现为表面光滑、波纹细密美观、几何形状和尺寸正确、向母材圆滑过渡、无咬边等缺陷。成型不好的焊缝不但不美观，而且会造成应力集中，导致接头过早破坏。

影响焊缝成型的因素除操作原因外，还有熔渣的物理性质，如熔渣的熔点、熔渣的黏度及表面张力等。这部分内容将在本书第 8 章熔渣的性质中详细介绍。

3）焊接位置的适应性

焊接位置的适应性是指焊条对不同空间位置焊接的适应能力。当焊接位置不同时，焊接的难易程度是不同的。一般来讲，平焊较易，而横焊、立焊和仰焊较难。这是因为非平焊位置焊接时，在重力作用下熔滴不易向熔池过渡，熔池金属和熔渣向下流以致不能形成正常的焊缝。

不同类型的焊条对焊接位置的适应性是不同的，有些焊条能适应全位置焊接，而有些焊条只能进行平焊。因此，若要适应全位置焊接，就要合理设计焊条药皮的组成，使其具有不同的性质和作用。例如，通过调节熔渣的熔点、黏度和表面张力，可防止熔渣和熔池金属下淌，并使高温熔渣尽快凝固。此外，适当增加电弧和气流的吹力，也有利于将熔滴推向熔池并阻止熔池金属和熔渣向下流，从而有利于全位置焊接。

4）焊接飞溅

焊接飞溅是指焊接过程中由熔滴或熔池中飞出的金属颗粒。它不仅影响焊缝及其附近部位的表面质量，增加清理工作量，而且降低焊条的熔敷效率，过多的焊接飞溅还会破坏正常的焊接过程。

影响焊接飞溅的因素很多，如药皮中含水量过多、熔渣黏度较大、焊条偏心率过大等，均会造成较大的飞溅；增大焊接电流及电弧长度，飞溅也随之增加；熔滴过渡形态对于飞溅有一定的影响，一般钛钙型焊条电弧稳定性较好，熔滴为细颗粒过渡，飞溅较小，而低氢型焊条的电弧稳定性较差，熔滴多为大颗粒短路过渡，所以飞溅较大。

5）熔敷效率

熔敷效率是反映焊接生产率高低的指标，用熔敷系数 α_H 来表示。熔敷系数是指单位电流在单位时间内所能熔敷在工件上的金属重量，其数值越大，熔敷效率越高，焊接生产率越高。表 7－8 列出了几种典型焊条的熔敷系数。

表 7－8　几种典型焊条的熔敷系数

焊条型号	E4303	E4301	E4320	E4315	E5015
α_H/[g/(A·h)]	8.3	9.7	8.2	9.0	8.5

不同药皮类型的焊条，其熔敷系数是不同的，这是因为，药皮组成直接影响电弧电压，电弧气氛的电离电位越低，电弧的热量越少，所以焊条的熔敷效率就越小；药皮组成影响熔滴过渡形式，进而影响焊接飞溅和熔敷效率；当药皮中含有放热反应的物质或加入铁粉时，能提高熔敷效率。

应当指出，凡是影响焊接飞溅大小的因素，均影响熔敷效率。因为焊接飞溅造成熔化金属不能有效地进入焊缝之中，从而降低了熔敷效率。

6）脱渣性

脱渣性是指焊后从焊缝表面清除焊接渣壳的难易程度，脱渣性差的焊条不仅造成清渣困难，降低焊接生产率，而且在多层焊施工时往往会产生夹渣的缺陷。影响脱渣性的主要因素主要有以下几个方面。

（1）熔渣线膨胀系数。熔渣与焊缝金属的线膨胀系数相差越大，冷却时熔渣越容易与焊缝金属脱离，脱渣性越好。由于不同类型焊条的熔渣具有不同的线膨胀系数，因而不同焊条的脱渣性是不同的。如图7.3所示，钛型焊条E4313的熔渣与低碳钢的线膨胀系数相差最大，所以用它来焊接低碳钢时，脱渣性最好；而低氢型焊条E4315的熔渣与低碳钢的线膨胀系数相差较小，因而用它来焊接低碳钢时脱渣性较差。

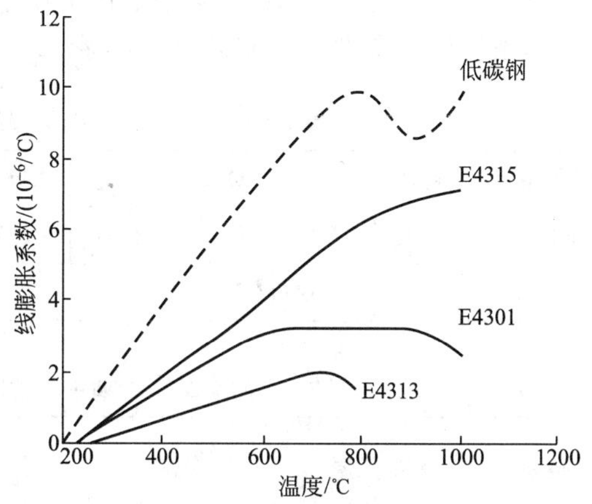

图7.3　几种焊条熔渣和低碳钢的线膨胀系数与温度的关系

（2）熔渣氧化性。对于合金结构钢的焊接来讲，熔渣的氧化性越强，脱渣性越难。这是因为在熔池结晶的开始阶段，尚未凝固的液态熔渣与处于高温状态的焊缝金属仍会发生一定的冶金反应，而且熔渣氧化性越强，在焊缝表面越易生成一层氧化膜，其主要成分FeO，晶格结构为体心立方晶格。FeO的晶格与焊缝金属的α－Fe体心立方晶格之间产生了牢固的冶金结合，从而导致脱渣困难。实践证明，增加焊条的脱氧能力可显著改善脱渣性。

（3）熔渣松脆性。一般来讲，熔渣越疏松，脆性越大，越容易被清除，脱渣性越好。特别是在角接或深坡口底层焊接时，由于熔渣夹在母材之间造成脱渣困难，钛型焊条熔渣的结构比较密实坚硬，脱渣性较差，低氢型焊条的脱渣性最不理想，而钛钙型酸性焊条的脱渣性较好。

7）焊接烟尘

在焊接电弧高温作用下产生的高温金属和非金属蒸气，从电弧区被吹出后迅速被氧化和冷凝，这些飘浮在空气中的细小的固态颗粒，形成了焊接烟尘。烟尘常常含有各种毒性物质，不仅污染工作环境，而且危害焊工健康。我国的国家标准GB 5748—85《作业场所空气中粉尘测定方法》和GB 16194—1996《车间空气中电焊烟尘卫生标准》规定了相应的工业卫生标准、焊接场所粉尘测定方法及相关标准，以降低焊接烟尘的含量和毒性。

焊接烟尘主要取决于药皮成分，不同药皮类型的焊条具有不同的发尘速度和发尘量，见表7－9。可以看出，低氢型焊条的发尘速度和发尘量均高于其他类型的焊条。

表7－9　不同类型焊条的发尘速度和发尘量

焊条类型	钛钙型	高钛型	钛铁矿型	低氢型
发尘速度/(mg/min)	200～280	280～320	300～360	360～450
发尘量/(g/kg)	6～8	7～9	8～10	10～20

不同类型药皮的焊条，其烟尘组成成分、所含化学元素及可溶性物质的数量也是不同的，见表7－10和表7－11。可以看出，低氢型焊条E5015烟尘中含氟量很高，并以CaF_2、NaF和KF等可溶性物质的形式存在，而氧化铁的质量分数约占25%；非低氢型焊条E4303烟尘中不含氟，其主要组成成分是氧化铁，约占50%左右。这充分说明，低氢型焊条的烟尘毒性高于非低氢型焊条。

表7－10　不同类型焊条烟尘的组成成分(质量分数)(%)

焊条型号	Fe_2O_3	SiO_2	MnO	TiO_2	MgO	CaO	Na_2O	K_2O	CaF_2	NaF	KF
E4303	48.12	17.93	7.18	2.61	0.27	0.95	6.03	6.81	—	—	—
E5015	24.93	5.62	6.30	1.22	—	10.34	6.39	—	19.92	13.71	7.95

表7－11　不同类型焊条烟尘所含的化学元素及可溶性物质的质量分数

焊条型号	大量元素	中量元素	少量元素	可溶性氟的质量分数/%	可溶性物质的质量分数/%
E4303	Fe	Si、Mn、Na、Ca	K、Mg、Al	0	20.5
E5015	Fe、F、Na	Ca、K	Mn、Si、Ti	9.1	49.3

8）药皮发红

焊条约皮的发红是指焊条在使用到后半段时由于温度上升过高而使药皮发红、开裂甚至脱落的现象。药皮发红会丧失其应有的保护作用和冶金处理作用，造成工艺性能变差，焊接质量降低，同时也浪费材料，降低焊接生产效率。

焊条药皮发红问题主要出现在不锈钢焊条中，因为不锈钢焊芯的电阻率高，比热容小，导热性差，焊接过程中产生的电阻热多，温度上升高，从而使药皮温度升高、发红甚至脱落。实践证明，通过调整焊条药皮配方及熔滴过渡形式，可成功解决这一问题。

综上所述，焊条的所有工艺性能取决于焊条药皮的组成。不同药皮类型的焊条具有不同的工艺性能，具体情况见表7－12。在进行焊条设计和选用中要合理确定焊条药皮配方，以获得工艺性能良好的焊条。

表7－12　不同药皮类型的结构钢焊条的工艺性能

焊条型号		E4313	E4303	E4301	E4320	E5011	E5016	E5015
药皮类型		钛型	钛钙型	钛铁矿型	氧化铁型	纤维素型	低氢钾型	低氢钠型
熔渣性质		酸性短渣	酸性短渣	酸性较短渣	酸性长渣	酸性短渣	碱性短渣	碱性短渣
焊接电弧的稳定性		柔和稳定	稳定	稳定	稳定	稳定	较差	较差
焊接位置的适应性	平焊	易	易	易	易	易	易	易
	立向上焊	易	易	易	不可	极易	易	易
	立向下焊	易	易	难	不可	易	易	易
	仰焊	稍易	稍易	易	不可	极易	稍难	稍难

（续）

焊缝成型	焊缝外观	纹细美观	美观	美观	美观	粗糙	稍粗	稍粗
	焊脚形状	凸	平	平或稍凸	平	平	平或凹	平或凹
	熔深	小	中	中	稍大	大	中	中
	咬边	小	小	中	小	大	小	小
焊接飞溅与熔敷效率	焊接飞溅	少	少	中	中	多	较多	较多
	熔敷效率	中	中	稍高	高	高	中	中
脱渣性		好	好	好	好	好	较差	较差
焊接烟尘		少	少	稍多	多	少	多	多

2. 焊条的冶金性能

焊条的冶金性能主要是指它对焊缝金属的净化和合金化作用，最终反映在焊缝金属的化学成分、力学性能及抗气孔、抗裂纹的能力等方面。为获得性能良好的焊缝，就必须合理设计和选用冶金性能良好的焊条。净化作用是指通过各种冶金反应去除氮、氧、氢、硫和磷等有害元素，合金化是指通过药皮向焊缝添加有益的合金元素。关于净化和合金化的具体内容将在第 8.4 和 8.5 节进行详细分析和讨论，这里只从典型焊条的药皮组成出发，对比介绍净化作用的结果。

参考表 7-7，以酸性焊条 E4303 和碱性焊条 E5015 为例，介绍对氧、氢、氮、硫和磷的控制。

(1) 对氧的控制。酸性焊条熔渣中的 SiO_2 和焊接气氛中其他含氧气体将铁氧化成 FeO 而使焊缝增氧，采用锰铁进行脱氧形成的 MnO 进入熔渣，与酸性氧化物 SiO_2 和 TiO_2 等结合形成复合物进入熔渣，能取得较好的脱氧效果。碱性焊条焊接气氛中的含氧气体将铁氧化成 FeO 而使焊缝增氧，在碱性渣的环境下如用锰铁进行脱氧形成的 MnO 属于碱性氧化物，不能与碱性氧化物结合形成复合物进入熔渣。因此碱性焊条采用硅-锰和硅-钛联合脱氧的效果很好，焊缝金属的含氧量很低。

(2) 对氢的控制。酸性焊条熔渣中的强氧化物 SiO_2、MnO 及 FeO 等具有一定的脱氢能力，但焊缝金属中含氢量还相对较高。碱性焊条焊接气氛中的 CO_2 具有较强的脱氢能力，而药皮中的氟石脱氢能力更强，所以焊缝金属中的含氢量很低。

(3) 对氮的控制。焊条药皮中含有大量的造气剂和造渣剂，形成以渣为主的渣-气联合保护，隔离空气的作用较好，焊缝的含氮量较低。碱性焊条比酸性焊条的焊缝含氮量更低。

(4) 对硫的控制。酸性焊条药皮中的锰铁具有较好的脱硫作用，同时熔渣中 MnO 和 CaO 也能起到脱硫的作用。碱性焊条熔渣中含有大量的 CaO 和很少的 FeO，熔渣碱度相对较大，有利于脱硫，而且药皮中的氟石也起到脱硫的作用，但总的来看脱硫效果与酸性焊条相差不大，而且不够理想。

(5) 对磷的控制。酸性焊条熔渣中的 FeO 和 CaO 共同起到脱磷的作用，但由于酸性渣的碱度较低以及 CaO 含量较少而使脱磷效果变差。碱性焊条也是通过熔渣中的 FeO 和 CaO 起到脱磷作用的，由于熔渣碱度和 CaO 含量均较高，且有大量氟石的辅助作用，因而使脱磷效果好于酸性焊条，但总的来看脱磷效果仍然受到限制。

7.1.5　焊条的选用原则

焊条的选用应在确保焊接结构安全、可靠使用的前提下，根据被焊材料的化学成分、板厚、焊接结构特点、力学性能、受力状态、使用条件对焊缝性能的要求，以及焊接施工条件和技术经济效益等综合分析后，有针对性地选用焊条，必要时还需要进行焊接性试验。根据实际工作可分为以下几种情况考虑。

1. 同种钢材焊接时焊条选用

(1) 考虑力学性能和化学成分。普通结构钢通常要求焊缝金属与母材等强度，应选用熔敷金属抗拉强度等于或稍高于母材的焊条。合金结构钢有时还需要合金成分与母材相同或者相近。在焊接结构刚性大、接头应力高、焊缝容易产生裂纹的不利情况下，应考虑选用比母材强度低的焊条。当母材中碳、硫、磷等元素的含量偏高时，焊缝中容易产生裂纹，应选用抗裂性能好的低氢型焊条。

(2) 考虑焊接构件使用性能和工作条件。对承受动载荷和冲击载荷的焊件，除满足强度要求外，主要应保证焊缝金属具有较高的冲击韧性和塑性，选用塑性、韧性指标较高的低氢型焊条。接触腐蚀介质的焊件，应根据介质的性质及腐蚀特征选用不锈钢焊条或其他耐腐蚀焊条。在高温、低温、耐磨或者其他特殊条件下工作的焊件，应选用相应的耐热钢、低温钢、堆焊或其他特殊用途焊条。

2. 异种钢焊接时焊条选用

(1) 强度级别不同的碳钢与低合金钢(或低合金钢与低合金高强钢)。一般要求焊缝金属或接头的强度不低于两种被焊金属的最低强度，选用的焊条熔敷金属的强度应保证焊缝及接头的强度不低于强度较低侧母材的强度，同时焊缝金属的塑性和冲击韧性应不低于强度较高而塑性较差侧母材的性能。因此可按两者之中强度级别较低的钢材选用焊条。为了防止焊接裂纹，应按强度级别较高、焊接性较差的钢种确定焊接工艺，包括焊接规范、预热温度及焊后热处理等。

综上所述，从冶金性能来看，碱性焊条优于酸性焊条，焊缝具有良好的力学性能和抗裂性，适合于重要结构钢的焊接，见表 7 - 13。但碱性焊条的工艺性能较差，而且由于熔渣不具有氧化性而对铁锈、油污和水分非常敏感，所以必须严格防止含氢物质直接侵入。

表 7 - 13　不同药皮类型的结构钢焊条的冶金性能

焊条型号		E4313	E4303	E4301	E4320	E4311	E4316	E4315
药皮类型		钛型	钛钙型	钛铁矿型	氧化铁型	纤维素型	低氢钾型	低氢钠型
熔渣碱度 B_1 的理论值		0.40～0.50	0.65～0.76	1.06～1.30	1.02～1.40	1.10～1.34	1.60～1.80	1.60～1.80
焊缝金属的化学成分(质量分数)(%)	C	0.07～0.10	0.07～0.08	0.07～0.10	0.08～0.10	0.08～0.10	0.07～0.10	0.07～0.10
	Si	0.15～0.20	0.10～0.15	<0.10	～0.10	0.06～0.10	0.35～0.45	0.35～0.45
	Mn	0.25～0.35	0.35～0.50	0.40～0.50	0.52～0.80	0.25～0.40	0.70～1.10	0.70～1.10
	S	0.018～0.030	0.015～0.025	0.016～0.028	0.018～0.025	0.016～0.022	0.015～0.025	0.012～0.025
	P	0.020～0.032	0.020～0.030	0.022～0.035	0.030～0.050	0.025～0.035	0.025～0.028	0.020～0.025

（续）

焊缝中氧、氮的质量分数(%)	O	0.06～0.08	0.06～0.10	0.08～0.11	0.10～0.12	0.06～0.09	0.025～0.035	0.025～0.035
	N	0.025～0.030	0.024～0.030	0.025～0.030	0.020～0.025	0.010～0.020	0.010～0.022	0.007～0.020
氢含量	H/(ml/100g)	25～30	25～30	24～30	26～30	30～40	8～10	6～8
焊缝金属力学性能	σ_b/MPa	430～490	430～490	420～480	430～470	430～490	470～540	470～540
	δ(%)	20～28	22～30	20～30	25～30	20～28	22～30	24～35
	ψ(%)	60～65	60～70	60～68	60～68	60～65	68～72	70～75
	A_{KV}/J	常温 50～75	0℃ 70～115	0℃ 60～110	常温 60～110	−30℃ 100～130	−30℃ 80～180	−30℃ 80～180
锰对硫的质量比		8～12	13～16	12～18	14～28	8～14	30～38	30～38
锰对硅的质量比		1.5～1.8	2.5～3.0	4～5	6～8	3.5～4.0	2.0～2.5	2.0～2.5
夹杂物总质量分数(%)		0.109～0.131		0.134～0.203		～0.10	0.028～0.090	
抗裂性能		一般	尚好	尚好	较好	一般	良好	良好
抗气孔性能		一般			较好	一般		
对铁锈和水分敏感性		不太敏感			不敏感	不太敏感	非常敏感	
备注		以锰脱氧为主		氧化性强		造气保护	正接时易出现气孔	

（2）低合金钢与奥氏体不锈钢。应按照对熔敷金属化学成分限定的数值来选用焊条，一般选用铬、镍含量较高的塑性、抗裂性较好的Cr25－Ni13型奥氏体钢焊条，以避免因产生脆性淬硬组织而导致的裂纹。但应按焊接性较差的不锈钢确定焊接工艺及规范。

（3）不锈钢复合钢板。应考虑对基层、覆层、过渡层的焊接要求选用3种不同性能的焊条。对基层(碳钢或低合金钢)的焊接，选用相应强度等级的结构钢焊条，覆层直接与腐蚀介质接触，应选用相应成分的奥氏体不锈钢焊条，过渡层(即覆层与基层交界面)的焊接，必须考虑基体材料的稀释作用，应选用铬、镍含量较高、塑性和抗裂性好的Cr25－Ni13型奥氏体钢焊条。

7.2 焊　　丝

焊丝是焊接时作为填充材料或同时兼有导电作用的金属丝。与焊条相比，具有生产效率高、焊接质量好、综合成本低等特点，它是气体保护焊、埋弧焊、自保护焊、电渣焊等工艺方法的焊接材料。随着焊接工艺方法的不断发展，焊丝的种类和性能也在不断发展和完善。本节重点介绍气体保护焊、埋弧焊用的实芯焊丝和药芯焊丝。

7.2.1 焊丝的分类

焊丝的分类方法很多，可分别按其适用的焊接方法、被焊材料和焊丝的形状结构进行划分。

1. 按焊丝适用的焊接方法

可将焊丝分为钨极氩弧焊焊丝、熔化极氩弧焊焊丝、二氧化碳焊焊丝、埋弧焊焊丝、电渣焊焊丝、堆焊焊丝、气焊焊丝及自保护焊焊丝等。

2. 按焊丝适用的被焊材料

可将焊丝分为碳素结构钢焊丝、低合金钢焊丝、不锈钢焊丝、铸铁焊丝、硬质合金焊丝、铝及铝合金焊丝、铜及铜合金焊丝以及镍及镍合金焊丝等。

3. 按焊丝本身的形状结构

可将焊丝分为实芯焊丝和药芯焊丝等。对于药芯焊丝，还可进一步细分为熔渣型、金属粉芯型和自保护型。目前常用的是按制造方法和适用的焊接方法进行分类如图 7.4 所示。

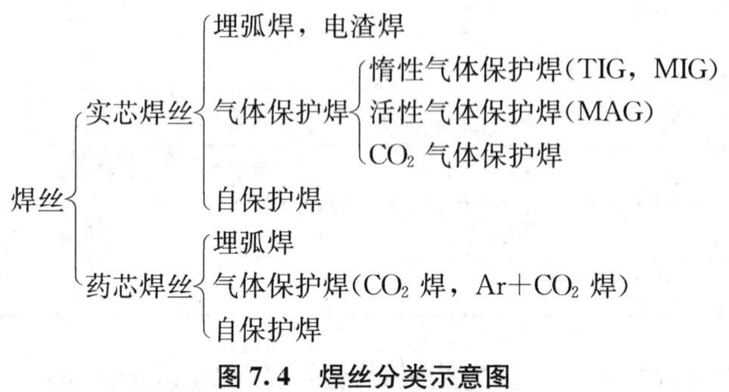

图 7.4 焊丝分类示意图

7.2.2 焊丝的型号和牌号

实芯焊丝是目前最常用的焊丝，由热轧线材经拉拔加工而成。为了防止焊丝生锈和改善焊丝和导电嘴的接触状况，需对焊丝(不锈钢焊丝和有色金属焊丝除外)表面进行镀铜处理。药芯焊丝是将药粉包在薄钢带内卷成不同的截面形状经拉拔加工制成的焊丝。药芯焊丝粉剂的作用与焊条药皮相似，区别在于焊条的药皮涂敷在焊芯的外层，而药芯焊丝的粉剂被钢带包裹在芯部，药芯焊丝可以制成盘状，易于实现机械化焊接。

1. 实芯焊丝的型号与牌号

1) 实芯焊丝的型号

实芯焊丝的型号由字母和数字组成，主要表示焊丝的类别、熔敷金属的抗拉强度、化学成分或金属类型等。一些实芯焊丝型号名称的代表字母见表 7－14。

表 7－14 部分实芯焊丝型号名称的代表字母

焊丝名称	碳钢焊丝	合金钢焊丝	铸铁焊丝	铝及铝合金焊丝	镍及镍合金焊丝
代表字母	ER	ER	RZ	SAl	ERNi

为了说明实芯焊丝型号的具体含义，在此以气体保护焊用碳钢和低合金钢实芯焊丝型号及其含义为例说明，如图 7.5 所示，其他实芯焊丝型号的含义可参看有关标准和手册。

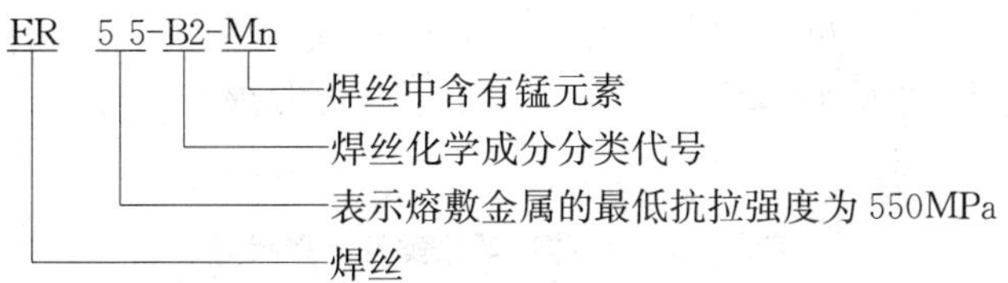

图7.5 气体保护焊用碳钢和低合金钢实芯焊丝型号

气体保护焊用碳钢与合金钢实芯焊丝型号是按熔敷金属的力学性能和焊丝化学成分分类的，并用ER××-×表示。

(1) ER表示焊丝。

(2) ER之后的两位数字表示熔敷金属的最低抗拉强度值。

(3) 短横后面的字母或数字表示焊丝化学成分分类代号。

(4) 如还附加其他化学元素时，直接用元素符号表示，并以短横与前面数字分开。

2) 实芯焊丝的牌号

牌号主要是按焊丝的化学成分编制的，部分实芯焊丝牌号的代表字母见表7-15。

表7-15 部分实芯焊丝牌号名称的代表字母

焊丝名称	碳钢焊丝	合金钢焊丝	铸铁焊丝	铝及铝合金焊丝	铜及铜合金焊丝
代表字母	H	H	HS	HS	HS

以碳钢实芯焊丝为例说明其牌号的含义，如图7.6所示。

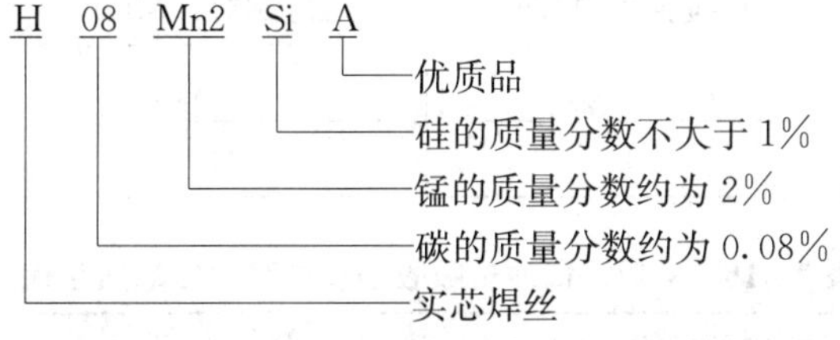

图7.6 碳钢实芯焊丝牌号含义举例

(1) 焊丝牌号中的首位字母“H”表示焊接用实芯焊丝。

(2) 后面的一位或两位数字表示含碳量的万分之几，其他合金元素含量的表示方法与钢材表示方法大致相同。

(3) 牌号尾部标有“A”或“E”，表示优质焊丝或特优焊丝，即S、P含量较低或更低。

2. 药芯焊丝的型号与牌号

1) 药芯焊丝的型号

型号由焊丝类型代号和焊缝金属的力学性能两部分组成，即EF××-××××，药芯焊丝型号含义举例如图7.7所示。

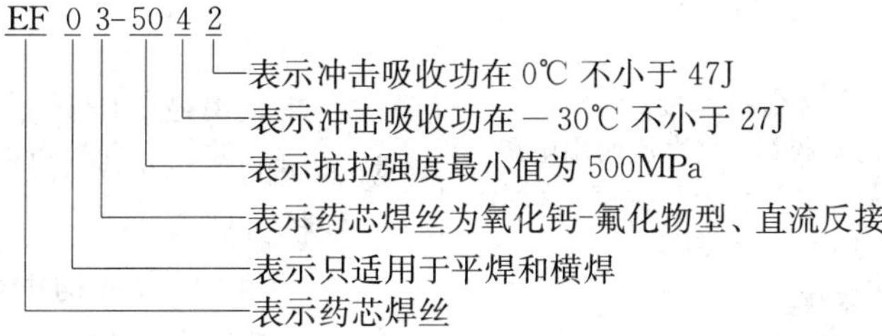

图7.7 药芯焊丝型号含义举例

(1) 第一部分以英文字母“EF”表示药芯焊丝；代号后面的第一位数字表示适用的焊接位置，“0”表示用于平焊和横焊，“1”表示用于全位置焊。代号后面的第二位数字或字母为分类代号见表7-16。

表7-16　药芯焊丝分类及类型代号

焊丝类型	药芯类型	保护气体	电源种类	适用性
EF X1-	氧化钛	CO_2	直流反接	单道焊和多道焊
EF X2-	氧化钛	CO_2	直流反接	单道焊
EF X3-	氧化钙-氟化物	CO_2	直流反接	单道焊和多道焊
EF X4-	—	自保护	直流反接	单道焊和多道焊
EF X5-	—	自保护	直流正接	单道焊和多道焊
EF XG-	—	—	—	单道焊和多道焊
EF XGS-	—	—	—	单道焊

(2) 第二部分在短线“-”后用四位数字表示焊缝力学性能，前两位数字表示抗拉强度(表7-17)，后两位数字表示冲击吸收功(表7-18)。

表7-17　药芯焊丝焊缝强度系列

强度系列	抗拉强度/MPa	屈服强度/MPa	延伸率/%
43	430	340	22
50	500	410	22

表7-18　V形缺口冲击吸收功和试验温度的数字代号

<table>
<tr><th rowspan="2">第一位数</th><th colspan="2">冲击吸收功/J</th><th rowspan="2">第二位数</th><th colspan="2">冲击吸收功/J</th></tr>
<tr><th>温度/℃</th><th>冲击功不小于</th><th>温度/℃</th><th>冲击功不小于</th></tr>
<tr><td>0</td><td>没有规定</td><td>—</td><td>0</td><td>没有规定</td><td>—</td></tr>
<tr><td>1</td><td>+20</td><td rowspan="5">27</td><td>0</td><td>+20</td><td rowspan="5">47</td></tr>
<tr><td>2</td><td>0</td><td>2</td><td>0</td></tr>
<tr><td>3</td><td>-20</td><td>3</td><td>-20</td></tr>
<tr><td>4</td><td>-30</td><td>4</td><td>-30</td></tr>
<tr><td>5</td><td>-40</td><td>5</td><td>-40</td></tr>
</table>

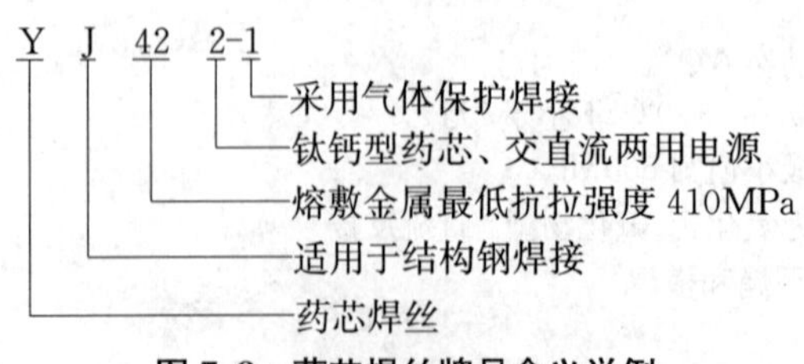

图7.8　药芯焊丝牌号含义举例

2) 药芯焊丝的牌号

药芯焊丝的牌号是按焊丝的类别、熔敷金属的化学成分或抗拉强度、药芯类型及保护方式等编制的，牌号形式为Y××××-×，典型结构钢药芯焊丝牌号含义的实例如图7.8所示。

(1) 牌号中的Y表示药芯焊丝。

(2) 第二个字母表示焊丝大的类别，之后的前两位数字表示若干小类，第三位数字表示药芯类型和焊接电源种类。

(3) 短横后面的数字表示焊接时的保护方式，其中1为气保护，2为自保护，3为气保护和自保护两用，4为其他保护形式。

(4) 当药芯焊丝有特殊性能和用途时，在牌号后面加注起主要作用的元素和主要用途的字母，一般不超过两个。

7.2.3 焊丝的选用

与焊条相似，选用焊丝要根据被焊结构的焊接性、焊丝的工艺性、经济性等因素综合考虑。对于碳钢及低合金钢的焊接，主要是根据焊接工艺性能来选择焊丝。采用实芯焊丝和药芯焊丝进行气体保护焊的焊接工艺性能对比见表7-19。

表7-19 实芯焊丝和药芯焊丝气体保护焊的焊接工艺性能对比

焊接工艺性能			实芯焊丝		CO_2 焊接，药芯焊丝	
			CO_2 焊接	$Ar+CO_2$ 焊接	熔渣型	金属粉型
操作难易	平焊	超薄板($\delta \leqslant 2mm$)	稍差	优	稍差	稍差
		薄板($\delta < 6mm$)	一般	优	优	优
		中板($\delta > 6mm$)	良好	良好	良好	良好
		厚板($\delta > 25mm$)	良好	良好	良好	良好
	横角焊	单层	一般	良好	优	良好
		多层	一般	良好	优	良好
	立焊	向下	良好	优	优	稍差
		向下	良好	良好	优	稍差
焊缝外观		平焊	一般	优	优	良好
		横角焊	稍差	优	优	良好
		立焊	一般	优	优	一般
		仰焊	稍差	良好	优	稍差
其他		电弧稳定性	一般	优	优	优
		熔深	优	优	优	优
		飞溅	稍差	优	优	优
		脱渣性	—	—	优	稍差
		咬边	优	优	优	优

1. 实芯焊丝的选用

1) 埋弧焊用实芯焊丝

埋弧焊焊丝主要作为填充金属，要向焊缝添加合金元素，同时参与冶金反应，而焊剂对焊缝金属起保护和冶金处理作用。对于给定的焊接结构，应根据钢种成分、对焊缝性能的要求及焊接工艺参数的变化等进行综合分析后，再选择合适的焊丝和焊剂。

(1) 低碳钢和低合金钢用焊丝。低碳钢和低合金钢埋弧焊常用焊丝有如下三类。

低锰焊丝(如 H08A)：常配合高锰焊剂用于低碳钢及强度较低的低合金钢焊接。

中锰焊丝(如 H08MnA、H10MnSi)：主要用于低合金钢焊接，也可配合低锰焊剂用于低碳钢焊接。

高锰焊丝(如 H10Mn2、H08Mn2Si)：用于低合金钢焊接。

(2) 低合金高强钢用焊丝。低合金高强钢用焊丝含 Mn 1%以上，含 Mo 0.3%～0.8%，如 H08MnMoA、H08Mn2MoA，用于强度较高的低合金高强钢焊接。此外，根据低合金高强钢的成分及使用性能要求，还可在焊丝中加入 Ni、Cr、V 及 Re 等元素，提高焊缝性能。

强度级别 590MPa 级的合金钢的焊接多采用 Mn－Mo 系焊丝，如 H08MnMoA、H08Mn2MoA、H10Mn2Mo 等。强度级别 690～780MPa 级的合金钢的焊接多采用 Mn－Cr－Mo 系、Mn－Ni－Mo 系或 Mn－Ni－Cr－Mo 系焊丝。当对焊缝韧性要求较高时，可采用含 Ni 的焊丝，如 H08CrNi2MoA 等。

焊接强度级别 690MPa 级以下的钢种时，可采用熔炼焊剂和烧结焊剂。焊接强度级别 780MPa 级高强度钢时，为了得到高韧性，除了选用适当的焊丝，最好采用烧结焊剂。

表 7－20 为埋弧焊实芯焊丝的特点。

表 7－20　埋弧焊实芯焊丝的力学性能、特点和用途

焊丝牌号	直径/mm	特点和用途	熔敷金属力学性能			
			抗拉强度/MPa	屈服强度/MPa	伸长率(%)	冲击功
H08A	2.0～5.0	在埋弧焊中用量最大，配合焊剂 HJ430、H1431、HJ433 等焊接。用于低碳钢及某些低合金钢结构	410～550	≥330	≥22	≥27(0℃)
H08MnA	2.0～5.8	用于碳钢和相应强度级别的低合金钢锅炉压力容器的埋弧焊	410～550	≥330	≥22	≥27(0℃)
H10Mn2	2.0～5.8	配合焊剂 HJ130、HJ330、HJ350 焊接，用于碳钢及低合金钢焊接结构的埋弧焊	410～550	≥330	≥22	—
H10MnSi	2.0～5.0	焊接效率高，焊接质量稳定可靠。用于焊接重要的低碳钢和低合金钢结构	410～550	≥330	≥22	≥27(0℃)

2) 气体保护焊用实芯焊丝

(1) 钨极氩弧焊焊丝。钨极氩弧焊简称 TIG 焊(Tungsten Inert Gas)，焊接有时不加填充焊丝，被焊母材加热熔化后直接连接起来，有时加填充焊丝。由于保护气体为纯氩，无氧化性，焊丝熔化后成分基本不发生变化，所以常选用与母材成分基本相同的焊丝，有时甚至从母材上切取细条直接作为填充金属。钨极氩弧焊时焊接线能量小，焊缝强度和塑、韧性良好，容易满足使用性能要求。

(2) 熔化极氩弧焊焊丝。熔化极氩弧焊简称 MIG 焊(Metal Inert Gas Arc Welding)，

为了改善电弧特性，在 Ar 气中加入适量 O_2 或 CO_2，即称为 MAG 焊(Metal Active Gas Arc Welding)。焊接超低碳不锈钢时不能采用 Ar+5%CO_2 混合气体，只可采用 Ar+2%O_2 混合气体以防焊缝增碳。目前低合金钢的 MIG 焊接正在逐步被 Ar+20%CO_2 的 MAG 焊接所取代。MAG 焊接时由于保护气体有一定的氧化性，应适当提高焊丝中 Si、Mn 等脱氧元素的含量，其他成分可以与母材一致，也可以有若干差别。焊接高强钢时，焊缝中碳的含量通常低于母材，Mn 的含量则明显高于母材，这不仅为了脱氧，也是焊缝合金成分的要求。为了改善低温冲击韧性，焊缝中的 Si 含量不宜过高。

(3) CO_2 焊焊丝。CO_2 是活性气体，具有较强的氧化性，因此 CO_2 焊所用焊丝必须含有较高的 Mn、Si 等脱氧元素。CO_2 焊通常采用 C-Mn-Si 系焊丝，如 H08MnSiA、H08Mn2SiA、H04Mn2SiTiA 等，H08Mn2SiA 焊丝是一种广泛应用的 CO_2 焊焊丝，它有较好的工艺性能，适合于焊接 500MPa($50kgf/mm^2$)级以下的低合金钢。对于强度级别要求更高的钢种，应采用焊丝成分中含有 Mo 元素的 H10MnSiMo 等牌号的焊丝。

2. 药芯焊丝的选用

(1) 药芯焊丝的种类与特性。根据焊丝外层的结构，药芯焊丝可分为有缝焊丝和无缝焊丝两种，无缝焊丝可以镀铜，性能好、成本低，是今后发展的方向。根据是否使用保护气体，药芯焊丝可分为气体保护焊丝和自保护焊丝。根据药芯焊丝内部粉剂中有无造渣剂，可分为“药粉型”(有造渣剂)焊丝和“金属粉型”(无造渣剂)焊丝；按照形成渣系的碱度，可分为钛型(酸性渣)、钙钛型(中性或弱碱性渣)和钙型(碱性渣)焊丝。

钛型渣系药芯焊丝的焊道成型美观，电弧稳定、飞溅小，但焊缝金属的韧性和抗裂性能较差；与此相反，钙型渣系药芯焊丝形成焊缝的韧性和抗裂性能优良，但焊道成型和焊接工艺性能稍差；钛钙型渣系药芯焊丝的特性介于上述二者之间。

“金属粉型”药芯焊丝的焊接工艺性能类似于实芯焊丝，其熔敷金属效率和抗裂性能优于“药粉型”焊丝。粉芯中大部分是金属粉(铁粉、脱氧剂等)，还加入了特殊的稳弧剂，可保证焊接时造渣少、效率高、飞溅小、电弧稳定，而且焊缝扩散氢含量低，抗裂性能得到改善。

药芯焊丝的截面形状越复杂、越对称，电弧越稳定，药芯的冶金反应和保护作用越充分。但是随着焊丝直径的减小，这种差别逐渐缩小，当焊丝直径小于 2.0mm 时，截面形状的影响已不明显了。目前，小直径(≤2.0mm)药芯焊丝一般采用 O 形截面，大直径(≥2.4mm)药芯焊丝多采用 E 形、T 形等折叠形复杂截面。药芯焊丝的焊接工艺性能好，焊缝质量好，对钢材的适应性强，可用于焊接各种类型的钢结构，包括低碳钢、低合金高强钢、低温钢、耐热钢、不锈钢及耐磨堆焊等。所采用的保护气体有 CO_2 和 Ar+CO_2 两种，前者用于普通结构，后者用于重要结构。药芯焊丝适于自动或半自动焊接，直流或交流电源均可。

(2) 低碳钢及低合金高强钢用药芯焊丝。这类焊丝大多数为钛型渣系，焊接工艺好、焊接生产率高，主要用于造船、桥梁、建筑、车辆制造等生产中。从低碳钢及低合金高强钢用药芯焊丝的焊缝强度级别上看，抗拉强度 490MPa 级和 590MPa 级的药芯焊丝已普遍使用；从性能上看，有的侧重于工艺性能，有的侧重于焊缝力学性能和抗裂性能，有的适用于包括向下立焊在内的全位置焊，也有的专用于角焊缝。部分低碳钢及低合金高强钢用药芯焊丝牌号见表 7-21。

表 7-21 部分低碳钢及低合金高强钢用药芯焊丝力学性能、用途

牌号	直径/mm	特点和用途	熔敷金属力学性能			
			抗拉强度/MPa	屈服强度/MPa	断后伸长率/%	冲击功/J
YJ502	1.6～3.8	CO_2 气体保护焊用，钛钙型渣系，可焊接较重要的低碳铜和普低钢结构，如船舶、压力容器等	≥490	—	≥22	80(0℃) 47(-20℃)
YJ502CuCr	1.6～2.0	CO_2 气体保护焊用，钛钙型渣系，用于焊接耐大气腐蚀的低合金结构钢，如铁道、车辆、集装箱等	≥490	≥350	≥20	≥47 (0℃)
YJ502-1	1.6～2.0	钛钙型渣系，CO_2 保护自动，半自动焊接船舶、石油、压力容器、化工等的重要结构	≥490	—	≥22	≥47 (-20℃)
YJ507	1.6～3.8	CO_2 气体保护焊用，低氢型渣系，可焊接较重要的低碳钢和普低钢结构，如船舶，压力容器等	≥490	—	≥22	80(-30℃) 47(-40℃)
YJ507-1	1.6～2.0	低氢型渣系，直流，CO_2 保护自动、半自动焊接船舶、石油、压力容器、起重机械、化工设备等的重要结构	≥490	—	≥22	≥47 (-20℃)
YJ607	1.6～2.0	CO_2 气体保护焊用，低氢型渣系，可焊接低合金钢，中碳钢等，如 15MnV、15MnVN 钢结构	≥590	≥530	≥15	≥27 (-50℃)
YJ707	1.6～2.0	CO_2 气体保护焊用，低氢型渣系，可焊接低合金高强钢结构，如大型起重机、推土机等	≥600	≥590	≥15	≥27 (-30℃)

(3) 自保护药芯焊丝。自保护药芯焊丝是指不需要外加保护气体或焊剂，就可进行电弧焊，从而获得合格焊缝的焊丝。自保护药芯焊丝是把作为造渣、造气、脱氧作用的粉剂和金属粉置于钢皮之内，焊接时粉剂在电弧作用下变成熔渣和气体，起到造渣和造气保护作用，不用另加气体保护。

自保护药芯焊丝的熔敷效率明显比焊条高，野外施焊的灵活性和抗风能力优于其他气体保护焊。因为不需要保护气体，适于野外或高空作业，故多用于安装现场和建筑工地。

与气体药芯焊丝相比，自保护焊丝的焊缝金属塑、韧性一般较低，目前主要用于低碳钢普通结构的焊接，不宜用于焊接重要结构。此外，自保护焊丝施焊时烟尘较大，在狭窄空间作业时要注意加强通风换气。

7.3 焊　　剂

焊剂是埋弧焊和电渣焊所需的一种颗粒状焊接材料，在焊接过程中焊剂的作用相当于焊条药皮，熔化形成熔渣，对焊接熔池起保护、冶金处理和改善焊接工艺性能的作用。焊

剂的组成及其性质对焊缝的成分和性能有重要影响，如何选择焊剂及其与焊丝合理组配是获得高质量接头的关键所在，因此本节将重点介绍焊剂的种类、组成、特点及用途，以便正确选择和使用。

7.3.1 焊剂的分类

1. 焊剂的分类

焊剂的分类方法很多，如按制造方法、按焊剂化学成分、按焊剂的熔渣碱度以及按焊剂的颗粒结构等来分类，但无论按哪一种分类方法都不能概括焊剂所有的特点，因而需要将这些类别加以复合应用，才能较为全面地说明焊剂的主要特性。了解焊剂的分类是为了更好地掌握焊剂的特点，以便进行正确的选择和使用。

1）按焊剂的制造方法分类

按焊剂的制造方法分类可以把焊剂分成熔炼焊剂和非熔炼焊剂两大类。

(1) 熔炼焊剂。把各种矿物性原料按配方比例混合配成炉料，然后在电炉或火焰炉中加热熔炼后，出炉经过水冷粒化、烘干、筛选得到的焊剂称为熔炼焊剂。

(2) 非熔炼焊剂。把各种粉料按配方比例混合后加入粘结剂，制成一定粒度的小颗粒，经烘焙或烧结后得到的焊剂，称为非熔炼焊剂。根据焊剂烘焙的温度不同，在较低温度(350～500℃)烘焙的焊剂称为粘结焊剂，因其吸潮倾向大、颗粒强度低等缺点，作为产品在我国供应量还不多；在较高温度(700～1000℃)烘培的焊剂称为烧结焊剂。

2）按焊剂用途分类

(1) 根据被焊材料，焊剂分为钢用焊剂和有色金属用焊剂，钢用焊剂又可分为碳钢、合金结构钢及高合金结构钢用焊剂。

(2) 根据焊接工艺方法，焊剂可以分为埋弧焊、电渣焊焊剂和堆焊焊剂。

3）按焊剂的化学成分分类

(1) 根据 SiO_2 含量分为高硅焊剂($SiO_2>30\%$)、中硅焊剂($10\%<SiO_2\leqslant30\%$)和低硅焊剂($SiO_2\leqslant10\%$)。

(2) 根据 MnO 含量分为高锰焊剂($MnO>30\%$)、中锰焊剂($15\%<MnO\leqslant30\%$)低锰焊剂($2\%<MnO\leqslant15\%$)和无锰焊剂($MnO\leqslant2\%$)。

(3) 根据 CaF_2 含量分为高氟焊剂($CaF_2>30\%$)、中氟焊剂($10\%<CaF_2\leqslant30\%$)和低氟焊剂($CaF_2\leqslant10\%$)。

(4) 按 SiO_2、MnO 和 CaF_2 含量组合可分为多种组合类型，如高锰高硅低氟焊剂、中锰中硅中氟焊剂、无锰无硅高氟焊剂。

(5) 按焊剂的主要成分与特性可分为锰-硅型($MnO+SiO_2>50\%$)、钙-硅型($CaO+MnO+SiO_2>60\%$)、铝-钛型($Al_2O_3+TiO_2>45\%$)、氟-碱型($CaO+MgO+MnO+CaF_2>50\%$，$CaF_2\geqslant1\ 5\%$，$SiO_2\leqslant20\%$)、铝-碱型($Al_2O_3+CaO+MgO>45\%$、$Al_2O_3\approx20\%$)及特殊型焊剂，这种分类方法直观性强，易于分辨焊剂的主要成分与特性，我国的烧结焊剂采用这种分类方法。

4）按焊剂化学性质分类

(1) 氧化性焊剂。焊剂对焊缝金属有较强的氧化作用。有两种类型的氧化性焊剂，一种是含有大量的 SiO_2、MnO 的焊剂，另一种是含有 FeO 较多的焊剂。

(2) 弱氧化性焊剂。焊剂含 SiO_2、MnO、FeO 等活性氧化物较少。焊剂对焊缝金属有较弱的氧化作用。

(3) 惰性焊剂。焊剂由 Al_2O_3、CaO、MgO、CaF_2 等组成，基本上不含 SiO_2、MnO、FeO 等活性氧化物。焊剂对焊缝金属基本上没有氧化作用。

5) 按焊剂的熔渣碱度分类

碱度是焊剂的重要性质，它对焊剂的工艺性能和冶金性能有决定性影响，国际焊接学会推荐的碱度公式如下式所示：

$$B_1=\frac{CaO+MgO+BaO+Na_2O+K_2O+CaF_2+0.5(MnO+FeO)}{SO_2+0.5(Al_2O_3+TiO_2+ZrO_2)} \tag{7-1}$$

式中，各氧化物及氟化物的含量是按重量百分数计算，根据计算结果作如下分类。

(1) $B_1<1.0$ 为酸性焊剂。工艺性能良好，焊缝成型美观，但焊缝金属含氧量高，冲击韧性较低。

(2) $1.0\leqslant B_1\leqslant 1.5$ 为中性焊剂。熔敷金属的化学成分与焊丝的化学成分相近，焊缝含氧量较低。

(3) $B_1>1.5$ 为碱性焊剂。采用碱性焊剂得到的熔敷金属含氧量低，可以获得较高的焊缝冲击韧性，抗裂性能好，但焊接工艺较差。随碱度的提高，焊缝形状变得窄而高，并容易产生咬边、夹渣等缺陷。

按照以上碱度公式计算出的部分国产焊剂碱度值见表 7-22。

表 7-22 部分国产焊剂的碱度值

焊剂牌号	130	131	150	172	230	250	251	260	330	350	360	430	431	433
碱度值	0.78	1.46	1.30	2.68	0.80	1.75	1.68	1.11	0.81	1.0	0.94	0.78	0.79	0.67

6) 按焊剂的颗粒结构

按焊剂的颗粒结构可以分为三种，玻璃状焊剂呈透明状颗粒，结晶状焊剂的颗粒具有结晶体的特点，浮石状焊剂是泡沫状颗粒。玻璃状焊剂和结晶状焊剂的结构比较致密，其松装密度为 1.1～1.8g/cm^3；浮石状焊剂的结构比较疏松，其松装密度为 0.7～1.0g/cm^3。

2. 对焊剂的质量要求

(1) 焊剂应有良好的冶金性能。焊剂配以适宜的焊丝，选用合理的焊接规范，焊缝金属应具有适宜的化学成分和良好的力学性能，以满足国标或焊接产品的设计要求，还应有较强的抗气孔和抗裂纹能力。

(2) 焊剂应有良好的焊接工艺性。熔渣应具有适宜的熔点、黏度和表面张力，在规定工艺参数下焊接时，能保证焊接过程中电弧燃烧稳定，熔合良好，焊缝成型好，脱渣容易，焊接过程中产生的有害气体少。

(3) 焊剂应有一定的颗粒度。焊剂应有一定的颗粒度，利于发挥它的保护作用和冶金处理作用，还应具有一定的颗粒强度，以利于多次回收使用。

(4) 焊剂应具有较低的含水量和良好的抗潮性。出厂焊剂中水的质量分数不得大于 0.10%；焊剂在温度 25℃、相对湿度 70%的环境条件下，放置 24 小时，吸潮率不应大于 0.15%。

(5) 机械夹杂物(碳粒、铁屑、原料颗粒及其他杂物)的质量分数不应大于0.30%。

(6) 焊剂应有较低的S、P含量。其质量分数一般S≤0.06%，P≤0.08%。

7.3.2 焊剂的型号和牌号

1. 焊剂的型号

焊剂的型号是依据国家标准的规定进行划分的，本节以碳钢埋弧焊用焊剂为例，说明焊剂型号的含义，其他种类的焊剂型号可参考相关标准。

在GB/T 5293—1999《埋弧焊用碳钢焊丝和焊剂》中，将焊剂与其匹配的焊丝在同一个标准中编写，可更加全面地理解焊丝、焊剂与熔敷金属力学性能的关系，标准中的型号是根据焊丝-焊剂组合的熔敷金属力学性能、热处理状态进行划分，标注形式如F×××-H×××。

完整的焊丝-焊剂型号举例如图7.9所示。

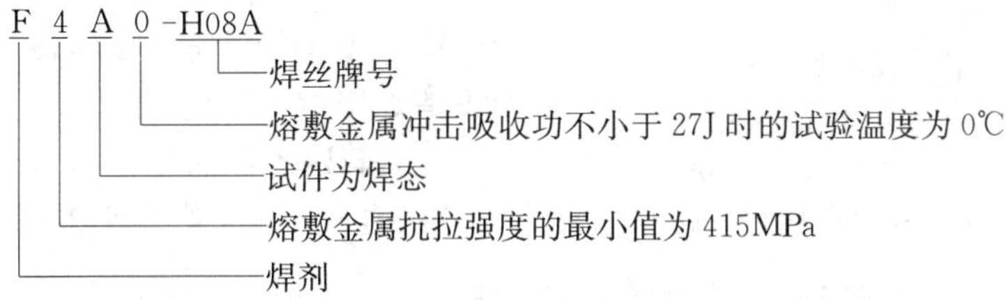

图7.9 焊剂型号含义的实例

其中：

(1) 字母“F”表示焊剂。

(2) 第二位上的数字表示焊丝-焊剂组合的熔敷金属抗拉强度的最小值，见表7-23。

表7-23 焊剂型号中第二位上数字所代表的含义

第二位上的数字	抗拉强度/MPa	屈服强度/MPa	伸长率(%)
4	415～550	≥330	≥22
5	480～650	≥400	≥22

(3) 第三位上的字母表示试件的热处理状态，“A”表示焊态，“P”表示焊后热处理状态。焊后热处理按以下工艺参数进行：试件装炉时炉温不得高于300℃，然后以不大于200℃/h的升温速度加热到620℃±15℃，保温1h，保温后以不大于190℃/h的冷却速度炉冷至120℃，然后炉冷或空冷至室温。也可根据供需双方协议，采用其他热处理规范。

(4) 第四位上的数字表示熔敷金属冲击吸收功不大于27J时的最低试验温度，见表7-24。

表7-24 焊剂型号中第四位上数字所代表的含义

第四位上的数字	0	2	3	4	5	6
试验温度/℃	0	−20	−30	−40	−50	−60

(5)“-”后面所有的字母和数字表示焊丝的牌号，其含义已在焊丝一节中作过介绍。

这种焊剂型号的表示方法有以下特点。

第一，每种型号的焊剂不特别规定其制造方法，可以是熔炼型，也可以是非熔炼型。

第二，每一种型号的焊剂是按照焊缝金属的力学性能划分的，不是根据焊剂的化学成分或焊缝金属的化学成分来划分的，但对S、P含量有所控制(S≤0.06%，P≤0.08%)。这与碳钢焊条的型号划分原则一致。

2. 焊剂的牌号

焊剂的牌号是由生产部门依据一定的规则来划分的。无论是熔炼焊剂还是烧结焊剂，牌号的编制都是按焊剂的主要化学组成物进行的。

1) 熔炼焊剂的牌号

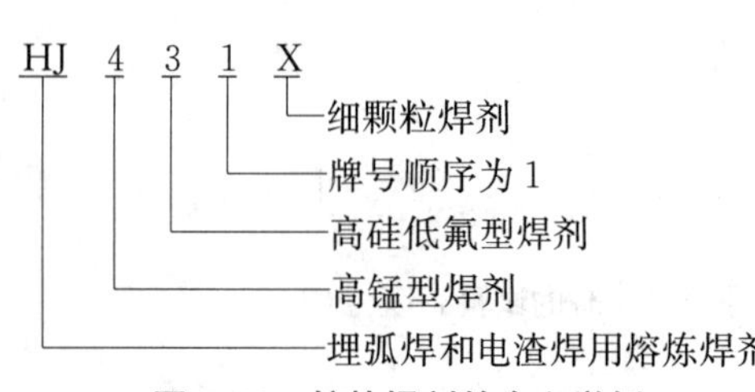

图7.10 熔炼焊剂的含义举例

熔炼焊剂主要用于电弧焊及电渣焊，并用“HJ×××”表示其牌号，牌号含义如图7.10所示。

(1) 牌号中的前两个字母HJ表示埋弧焊及电渣焊用熔炼焊剂。

(2) HJ之后的第一位数字表示焊剂中MnO的含量，具体数值范围见表7-25。

表7-25 熔炼焊剂牌号中第一位数字所代表的含义

焊剂牌号	焊剂类型	MnO质量分数/%
HJ1××	无锰	<2
HJ2××	低锰	2～15
HJ3××	中锰	15～30
HJ4××	高锰	>30

(3) HJ之后的第二位数字表示焊剂中SiO_2和CaF_2的含量，具体数值范围见表7-26。

表7-26 熔炼焊剂牌号中第二位数字所代表的含义

焊剂牌号	焊剂类型	SiO_2质量分数/%	CaF_2质量分数/%
HJ×1×	低硅低氟	<10	<10
HJ×2×	中硅低氟	10～30	<10
HJ×3×	高硅低氟	>30	<10
HJ×4×	低硅中氟	<10	10～30
HJ×5×	中硅中氟	10～30	10～30
HJ×6×	高硅中氟	>30	10～30
HJ×7×	低硅高氟	<10	>30
HJ×8×	中硅高氟	10～30	>30
HJ×9×	其他	不规定	不规定

(4) HJ之后的第三位数字表示同一类型焊剂的不同牌号，并按0、1、2、…、9的顺序编排。

(5) 同一牌号中的焊剂有两种颗粒度时，在细颗粒焊剂牌号后加字母X。

2) 烧结焊剂的牌号

烧结焊剂主要用于电弧焊，并用“SJ×××”表示其牌号，牌号含义如图7.11所示。

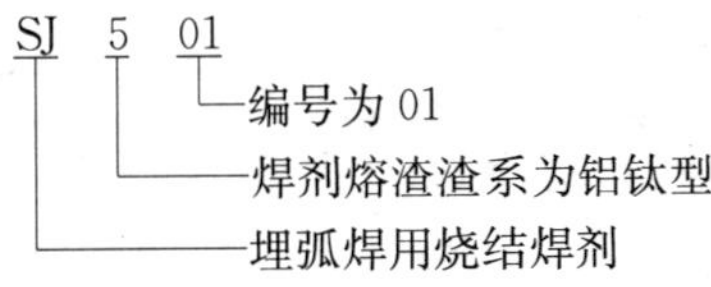

图7.11 烧结焊剂牌号含义的实例

(1) 牌号中的前两个字母SJ表示埋弧焊用烧结焊剂。

(2) SJ之后的第一位数字表示焊剂熔渣的渣系类型，见表7-27。

表7-27 烧结焊剂牌号中第一位数字所代表的含义

焊剂牌号	焊剂类型	主要组分的质量分数/%
SJ1××	氟碱型	$CaF_2 \geqslant 15\%$、$CaO+MgO+MnO+CaF_2>50\%$、$SiO_2 \leqslant 20\%$
SJ2××	高铝型	$Al_2O_3 \geqslant 20\%$、$Al_2O_3+CaO+MgO>45\%$
SJ3××	硅钙型	$CaO+MgO+SiO_2>60\%$
SJ4××	硅锰型	$MnO+SiO_2>50\%$
SJ5××	铝钛型	$Al_2O_3+TiO_2>45\%$
SJ6××	其他型	不规定

(3) SJ之后的第二和第三位数字表示同一渣系类型焊剂的不同牌号，并按01、02、…、09的顺序编排。

7.3.3 焊剂的特点及应用

1. 熔炼焊剂

熔炼焊剂采用的原料主要有锰矿、硅砂、铝矾土、镁砂、萤石、生石灰、钛铁矿等矿物性原料，另外还加入冰晶石、硼砂等化工产品。熔炼前所用的原料应进行烘干，以清除原料中的水分。由于熔炼焊剂制造中要熔化原料，焊剂中不能加碳酸盐、脱氧剂和合金剂，所以制造高碱度焊剂也很困难。而且，熔炼焊剂不可能保持原料的原组分不变，所以，熔炼焊剂实质上是各种化合物的组合体。

熔炼焊剂中的SiO_2、MnO的含量较高时，焊剂具有向焊缝过渡硅和锰的作用，如图7.12所示。典型熔炼焊剂的化学成分见表7-28。

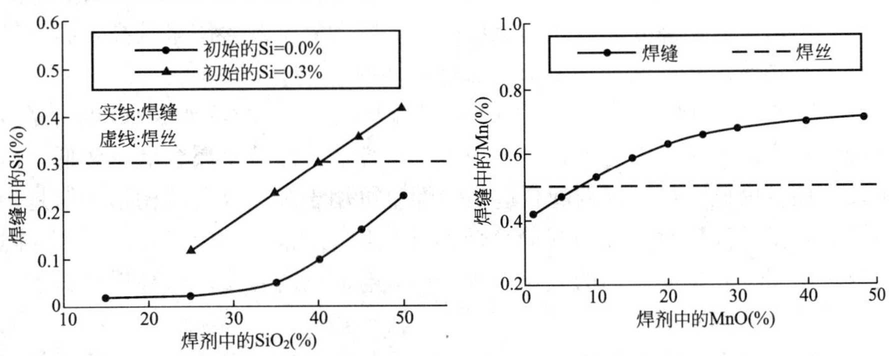

图7.12 焊剂中的SiO_2和MnO对焊缝含硅量和含锰量的影响

表 7-28 典型熔炼焊剂的化学成分

焊剂牌号	焊剂类型	组成物的质量分数(%)												
		SiO_2	MnO	CaF_2	Al_2O_3	CaO	MgO	FeO	R_2O	TiO_2	ZrO_2	NaF	S≤	P≤
HJ130	无锰高硅低氟	35～40	—	4～7	12～16	10～18	14～19	2	—	7～11	—	—	0.05	0.05
HJ131	无锰高硅低氟	34～38	—	2～5	6～9	48～55	—	≤1.0	≤3	—	—	—	0.05	0.08
HJ150	无锰中硅中氟	21～23	—	25～33	28～32	3～7	9～13	≤1.0	≤3	—	—	—	0.08	0.08
HJ151	无锰中硅中氟	24～30	—	18～24	22～30	≤6	13～20	—	—	—	—	—	0.07	0.08
HJ172	无锰低硅高氟	3～6	1～2	45～55	28～35	2～5	—	≤0.8	≤3	—	2～4	2～3	0.05	0.05
HJ230	低锰高硅低氟	40～46	5～10	7～11	10～17	8～14	10～14	≤1.5	—	—	—	—	0.05	0.05
HJ250	低锰中硅中氟	18～22	5～8	23～30	18～23	4～8	12～16	≤1.5	≤3	—	—	—	0.05	0.05
HJ251	低锰中硅中氟	18～22	7～10	23～30	18～23	3～6	14～17	≤1.0	—	—	—	—	0.08	0.05
HJ252	低锰中硅中氟	18～22	2～5	18～24	22～28	2～7	17～23	≤1.0	—	—	—	—	0.07	0.08
HJ260	低锰高硅中氟	29～34	2～4	20～25	19～24	4～7	15～18	≤1.0	—	—	—	—	0.07	0.07
HJ330	中锰高硅低氟	44～48	22～26	3～6	≤4	≤3	16～20	≤1.5	≤1	—	—	—	0.06	0.08
HJ350	中锰中硅中氟	30～35	14～19	14～20	13～18	10～18	—	≤1.0	—	—	—	—	0.06	0.07
HJ351	中锰中硅中氟	30～35	14～19	14～20	13～18	10～18	—	≤1.0	—	2～4	—	—	0.04	0.05
HJ360	中锰高硅中氟	33～37	20～26	10～19	11～15	4～7	5～9	≤1.0	—	—	—	—	0.10	0.10
HJ430	高锰高硅低氟	38～45	38～47	5～9	≤5	≤6	—	≤1.8	—	—	—	—	0.06	0.08
HJ431	高锰高硅低氟	40～44	40～44	3～7	≤6	≤8	5～8	≤1.8	—	—	—	—	0.06	0.08
HJ433	高锰高硅低氟	42～45	42～45	2～4	≤3	≤4	—	≤1.8	≤0.5	—	—	—	0.06	0.08
HJ434	高锰高硅低氟	40～50	40～50	4～8	≤6	3～9	≤5	≤1.5	—	1～8	—	—	0.05	0.05

(1) 高硅焊剂。高硅焊剂是以硅酸盐为主的焊剂，其 SiO_2 质量分数达到 30%以上，属于氧化性焊剂。用于焊接低碳钢和对冷脆性无特殊要求的低合金钢结构，采用高硅焊剂焊接时，焊剂有向焊缝过渡硅的作用，需选择相应含锰量的焊丝。

焊接低碳钢和某些合金钢时，高硅无锰或低锰焊剂应配合高锰焊丝，高硅中锰焊剂应配合低锰焊丝，而高硅高锰焊剂应配合低碳钢焊丝或低锰焊丝。其中，后者是应用最广泛的一种配合，但由于采用高硅高锰焊剂所形成的焊缝含氧量及含磷量较高，脆性转变温度较高，因此不宜用于焊接低温韧性要求高的重要结构。

(2) 中硅焊剂。中硅焊剂的 SiO_2 含量较少，碱性氧化物 CaO 或 MgO 的含量较多，所以焊剂的碱度较高。大多数中硅焊剂属于弱氧化性焊剂，焊缝金属含氧量较低，所以焊缝的韧性更高一些。因此，这类焊剂配合适当的焊丝可用于焊接合金结构钢。但是中硅焊剂的焊缝金属含氢量较高，对于提高焊缝金属抗冷裂纹的能力是很不利的。在中硅焊剂中，加入一定数量的 FeO，提高焊剂的氧化性减少焊缝金属的含氢量。这种焊剂属于中硅氧化性焊剂，用于焊接高强度钢。

(3) 低硅焊剂。这类焊剂是由 CaO、Al_2O_3、MgO、CaF_2 等组成的。焊剂对于金属基本上没有氧化作用，配合相应焊丝可用来焊接高合金钢，如不锈钢、热强钢等。

2. 烧结焊剂

烧结焊剂所采用的原材料与焊条药皮的原材料基本相同，由于这种焊剂的成分可以根据需要灵活调整，因而拥有一些熔炼焊剂不具备的特点。如烧结焊剂可以在较大的范围内调节碱度而能保持良好的工艺性能，可以加入脱氧剂与合金剂，获得强度、塑性和韧性良好的匹配，适合于大电流高速焊，但烧结焊剂的存放条件要求较严，否则吸潮后可能导致焊缝增氢，焊缝成分随焊接工艺参数变化波动大。

典型烧结焊剂的化学成分见表7-29。

表7-29 典型烧结焊剂的化学成分

焊剂牌号	焊剂渣系类型	主要组成物的质量分数/(%)					
		SiO_2+TiO_2	Al_2O_3+MnO	CaO+MgO	CaF_2	S	P
SJ101	氟碱型	20～30	20～30	25～35	15～25	≤0.06	≤0.08
SJ102	氟碱型	10～15	15～25	35～45	20～30	≤0.06	≤0.08
SJ201	高铝型	16	40	4	30	—	—
SJ203	高铝型	25	30	30	10	—	—
SJ301	硅钙型	35～45	20～30	20～30	5～15	≤0.06	≤0.06
SJ302	硅钙型	20～25	30～40	20～25	8～10	≤0.06	≤0.06
SJ303	硅钙型	40	20	30	10	—	—
SJ401	硅锰型	45	40	10	—	—	—
SJ402	硅锰型	35～45	40～50	5～15	—	≤0.06	≤0.06
SJ403	硅锰型	35～45	20～35	10～20	—	≤0.04	≤0.04
SJ501	铝钛型	25～35	50～60	—	3～10	≤0.06	≤0.08
SJ502	铝钛型	45	30	10	5	—	—
SJ503	铝钛型	20～35	50～55	—	5～15	≤0.06	≤0.08
SJ601	专用碱性	5～10	30～40	6～10	40～50	≤0.06	≤0.06
SJ605	高碱性	10	20	35	30	—	—
SJ608	碱性	≤20	30～40	6～10	40～50	—	—

(1) 氟碱型焊剂。氟碱型焊剂是以碱性氧化物和氟化钙为主要成分的焊剂，所含的$CaO+MgO+MnO+CaF_2$总质量分数达到50%以上，属于碱性焊剂。在这种类型的焊剂中，SJ101是一个典型牌号。它具有较好的焊接工艺性能，如电弧燃烧稳定、焊缝成型美观、容易脱渣等。同时，焊剂本身的抗潮性好，焊缝金属的低温冲击韧度较高。因此，该焊剂配合H08MnA、H08MnMoA及H08Mn2MoA等焊丝，可以焊接低合金结构钢组成的锅炉、压力容器以及管道等重要结构，适合于多丝埋弧焊和大直径容器的双面单道焊。

(2) 高铝型焊剂。高铝型焊剂是以氧化铝和碱性氧化物为主要成分的焊剂，所含的$Al_2O_3+CaO+MgO$总质量分数达到45%以上，焊剂呈现中性或碱性。如SJ201属于这种类型，碱性焊剂，具有电弧稳定、焊缝成型美观、脱渣性能优异和焊缝金属冲击韧度高等特点。可配合 H08MnA、H10Mn2 及 H08Mn2MoA 等焊丝，可以焊接低合金结构钢结构，特别是厚板窄坡口或窄间隙结构。

(3) 硅钙型焊剂。硅钙型焊剂是以二氧化硅和氧化钙为主要成分的焊剂，所含的 SiO_2 + CaO+MgO 总质量分数达到 60%以上，属于中性焊剂，如 SJ302 属于这种类型，具有较好的焊接工艺性能和焊缝低温冲击韧性。配合 H08MnA、H10Mn2 及 H08Mn2MoA 等焊丝，可以焊接普通结构钢、锅炉压力容器用钢、管道用钢等，适于环缝和角焊缝的焊接。

(4) 硅锰型焊剂。硅锰型焊剂是以二氧化硅和氧化锰为主要成分的焊剂，所含的 SiO_2 + MnO 总质量分数达到 50%以上，属于酸性焊剂。如 SJ402 属于这种类型，具有较好的焊接工艺性能，电弧稳定、脱渣容易、成型好，对铁锈、油污等不敏感。配合 H08A 焊丝，可以焊接低碳钢及某些低合金结构钢，如机车构件、金属梁柱、管线等。

(5) 铝钛型焊剂。铝钛型焊剂是以氧化铝和二氧化钛为主要成分的焊剂，所含的 TiO_2 + Al_2O_3 总质量分数达到 45%以上，属于酸性焊剂。如 SJ503 属于这种类型，具有优良的焊接工艺性能，电弧稳定、脱渣容易、成型好，对铁锈、油污等不敏感，抗气孔能力强。配合 H08A 及 H08MnA 焊丝，可以焊接碳素结构钢、船用钢等，用于船舶、桥梁、压力容器等产品的焊接。

熔炼焊剂和烧结焊剂的比较列于表 7-30 中，可供选择焊剂时参考。

表 7-30 熔炼焊剂与烧结焊剂的比较

比较项目		熔炼焊剂	烧结焊剂
焊接工艺性能	高速焊接性能	焊道均匀，不易产生气孔和夹渣	焊道无光泽，易产生气孔，夹渣
	大电流焊接性能	焊道凸凹显著，易粘渣	焊道均匀，易脱渣
	吸潮性能	比较小，可不必再烘干	比较大，必须再烘干
	抗锈性能	比较敏感	不敏感
焊缝性能	韧性	受焊丝成分和焊剂碱度影响大	比较容易得到较好的韧性
	成分波动	焊接规范变化时成分波动小，均匀	成分波动大，不容易均匀
	多层焊性能	焊缝金属的成分变动小	焊缝金属成分波动比较大
	合金剂的添加	几乎不可能	容易

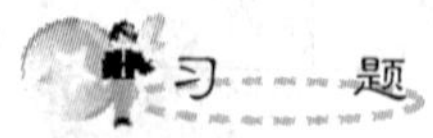

1. 焊条由哪几部分组成？它们的作用是什么？

2. 按主要组成物的种类和含量，可将焊条药皮分为哪几种类型？

3. 指出焊条型号和牌号所代表的意义，并以 E4313、E5015、J422 为例加以说明。

4. 从酸性焊条和碱性焊条的组成出发，对比分析它们的冶金性能和工艺性能。

5. 综合分析碱性焊条药皮中 CaF_2 的作用及对焊缝性能的影响。

6. 配置 CaO-SiO-TiO_2-CsF_2 渣系焊条，经初步试验发现药皮套筒过长，电弧不稳，此时应该如何调整该焊条的药皮配方？

7. 以 ER55 - B2 - Mn、EF03 - 5042、H08Mn2SiA 和 YJ422 - 1 为例，解释焊丝型号和牌号所代表的含义。

8. 药芯焊丝的工艺特性是什么?

9. 对焊剂的质量有何要求?

10. 举例说明焊剂与焊丝如何匹配使用。

第 8 章 液态成型过程中的化学冶金

知识要点	掌握程度	相关知识
液态成型过程中的化学冶金特点	熟悉液态成型过程中的化学冶金的特点	铸造成型的化学冶金特点； 焊接成型的化学冶金特点
气体与金属之间的相互作用	了解液态成型过程中气体在金属中的溶解与析出； 掌握气体对焊缝金属的影响及控制措施	铸造过程中的气体的来源； 焊接区内的气体的来源； 气体在金属中的溶解规律； 氮、氢、氧化性气体与金属之间的作用
熔渣与金属之间的相互作用	了解熔渣的作用、性质； 了解熔渣的结构理论； 掌握熔渣对金属的氧化	熔渣的作用； 熔渣的碱度和黏度； 熔渣的熔点和表面张力； 扩散氧化； 置换氧化
液态金属的净化	了解液态金属净化的目的； 掌握脱氧的措施； 了解脱硫和脱磷的措施	脱氧剂的选择原则； 先期脱氧、沉淀脱氧、扩散脱氧； 液态金属脱硫； 液态金属脱磷
液态金属的合金化	了解液态金属合金化的目的； 掌握合金过渡系数及影响因素	合金化的目的与方式； 合金过渡系数； 熔合比

导入案例

随着焊接新技术、新产品的快速发展，社会对产品的焊接质量要求也越来越严格。焊缝的成分、组织和性能主要由焊接化学冶金过程决定，这是一个复杂的高温多相反应系统，是一个典型的非平衡的化学冶金过程。焊接化学冶金的目的是获得满足使用性能的焊接接头，一般情况下，焊接过程是以焊接材料作为填充金属的，因此焊接材料是决定焊缝成分和焊接接头性能的关键因素。焊接材料又取决于配方设计，因此先进的设计方法对焊缝质量有重要的影响。用传统的人工方法设计焊接材料的试验次数多，不易实现；如减少次数，又会产生较大的误差，而且试验所得信息片面性较大，难以找到最优配方。而且采用传统的研究方法难以获得令人满意的研究结果，多数是处于定性的研究阶段，缺乏定量指导。随着计算机技术的发展和边缘学科的渗入，20 世纪 80 年代以来，定量焊接冶金逐步获得了发展，国内外专家学者开发了一批定量焊接化学冶金的计算机分析与预测系统，逐步走向成熟。

比如，前苏联建立过研究药皮组分与焊条性能指标间的数学模型，但其精度较差。天津大学开发了焊接材料计算机辅助设计软件，不考虑复杂的化学反应实质，只考虑输入、输出结果，即根据焊接材料性能的要求，利用试验优化技术设计试验方案，最后建立数学模型，求解最优配方，实现了焊接材料设计由定性到定量，由经验到科学的发展，并得到了实际应用。德国汉诺威大学与华南理工大学的合作研究成果“焊接质量分析仪”借助数理统计方法，并通过专门知识库的支持，能有效地进行焊接材料的工艺性能及其质量的评定，向焊接材料测试的信息可视化和定量化迈出了重要的一步。焊接质量分析仪通过对电压、电流的统计分析，得出反映焊接过程的特征数据，如电压概率密度分布、电流概率密度分布、短路时间频数分布等，从而定量地对焊接过程进行评定，克服了只靠人的感觉和经验判断，可靠性差等缺点。

相信随着计算机科学技术的日益快速发展和人们对焊接冶金过程的深入研究，定量焊接冶金必将得到进一步发展。

资料来源：刘军，董俊慧. 计算机在定量焊接冶金中的应用及发展［J］. 焊接技术，2003(4)：1－3.

在金属材料的液态成型过程中，液态金属与其周围的物质在高温下发生相互作用，这个极其复杂的物理化学变化过程称之为化学冶金过程。参与化学冶金反应的物质，除液态金属外，还有气体、熔渣及型壁等。化学冶金过程涉及气体在液态金属中溶解、氧化性气体和熔渣对液态金属的氧化、金属的脱氧、脱硫、脱磷及合金化等，对成型制品的成分、性能以及形成气孔、裂纹等缺陷的倾向产生很大的影响。因此研究化学冶金反应与铸件或焊缝成分和性能之间的关系及其变化规律，从而利用这些规律来合理选择或配制炉料、造渣材料、焊接材料等，以控制铸件或焊件的质量。

由于铸造成型与焊接成型过程的材料、设备、工艺条件不同，在高温下进行的化学冶金过程也不完全相同，所以在分析和研究化学冶金规律时必须注意它们各自的特点，找出规律，使冶金反应向有利的方向发展，从而得到优质的铸件或焊件。

8.1 概　　述

1. 铸造成型的化学冶金

从铸造生产过程来看，冶金反应主要发生于金属的熔炼阶段。金属的熔炼选用矿石、焦炭、废钢铁等材料，在特定的熔炼炉中，经过装料、熔化期、氧化期、还原期提炼金属，之后再浇注入铸型，冷却成型。另外，金属在浇注、凝固、冷却过程中还要与铸型发生物理化学作用，即铸型会影响铸造的化学冶金过程。

1）熔炼阶段的物理化学反应

熔炼阶段主要涉及的物理化学反应有金属的氧化、脱氧，及金属的脱磷、脱碳、脱硫和合金化等。

与焊接成型相比，铸造熔炼过程的温度较低，一般比金属的熔点温度稍高(在 1600℃以下)，温度变化的范围不大，熔炼的时间相对较长，为化学冶金过程的进行提供了充足的时间保证。在整个熔炼过程中，金属炉料逐步经过预热、熔化和过热等过程，炉渣和炉气可以与液态金属充分接触，使各种冶金反应彻底进行。与焊接熔池相比，铸造合金熔炼时，液态金属的体积较大，冶金反应进行得比较充分，其化学冶金反应具有平衡性。因此，可采用物理化学中的平衡方程式来分析与计算，使得铸造成型的化学冶金反应具有高度可控性，能较为容易地控制铸件中各种合金元素的含量，保证铸件的化学成分达到设计的要求。

2）金属与铸型表面的物理化学作用

金属与铸型表面间的作用包括铸型中的气体侵入金属液中、金属液从铸型吸收气体、金属液渗入砂粒间空隙、金属液与铸型材料或铸型中气体发生化学作用生成新的化合物等。因金属液与铸型的物理化学作用，有可能使铸件产生气孔、粘砂等缺陷。但也可以利用铸型表面涂料中的合金元素，使铸件表面合金化，从而提高铸件表面质量。

2. 焊接成型的化学冶金

与铸造成型相比，焊接成型(以熔焊为例)的化学冶金反应开始于焊条或焊丝的受热熔化，经熔滴过渡，最后到达熔池中，具有区域性或阶段性的特点。不同的焊接方法，反应区的多少也不同，如不添加材料的气焊、钨极氩弧焊等只有熔池反应区；对于熔炼焊剂或熔化极气体保护焊，有熔滴反应区和熔池反应区；焊条电弧焊包括药皮反应区、熔滴反应区和熔池反应区，最具代表性，如图 8.1 所示。

1）药皮反应区

药皮反应区是指焊条端部药皮开始反应的温度至药皮熔点之间的区域。主要发生的反应有水分的蒸发、药皮中某些物质(如有机物、大理石、高价氧化物等)的分解和铁合金的氧化等。特点是温度较低(钢焊条温度为 100～1200℃)，这一反应阶段可视为熔滴反应和熔池反应的准备阶段，其生成物可视为熔滴反应阶段和熔池反应阶段的反应物。因此药皮反应区是焊接冶金反应的准备阶段，对焊接化学冶金过程和焊接质量有一定的影响。

2）熔滴反应区

熔滴反应区是指熔滴从形成、长大到过渡至熔池的区域。主要发生的反应有气体的分

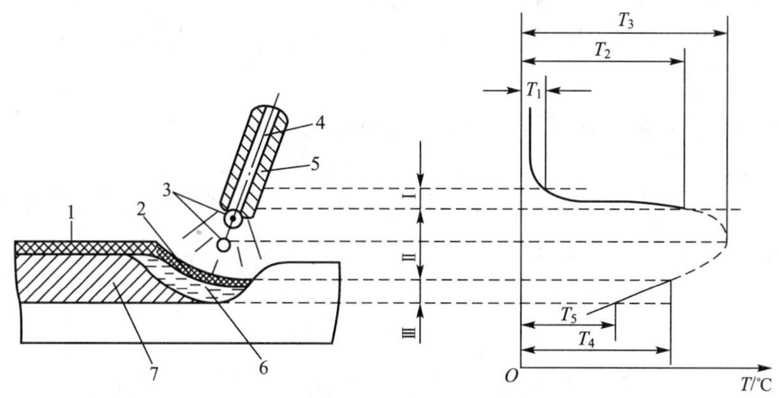

图 8.1 焊条电弧焊的冶金反应区

1—渣壳；2—熔渣；3—熔滴；4—焊芯；5—药皮；6—熔池；7—焊缝；
T_1—药皮开始反应温度；T_2—焊条端熔滴温度；T_3—弧柱间熔滴温度；
T_4—熔池最高温度；T_5—熔池凝固温度

解和溶解、金属的蒸发、金属及其合金的氧化、还原等。从反应条件来看，熔滴反应区的特点如下。

(1) 反应温度高。在钢材的电弧焊中，随焊接参数的变化，熔滴平均温度在 1800～2400℃范围内变化，从而使熔滴金属发生 300～900℃的过热。熔滴活性斑点处的温度接近焊芯材料的沸点，高达 2800℃左右。因此，熔滴阶段的反应温度很高。

(2) 反应时间短。熔滴在焊条末端停留时间约 0.01～0.1s，熔滴向熔池过渡的速度高达 2.5～10.0m/s，经过弧柱区的时间极短，只有 0.0001～0.001s，在这个区各相接触的平均时间约为 0.01～0.1s，熔滴阶段各相之间的反应时间很短。

(3) 相的接触面积大。正常焊接条件下，熔滴细小，比表面积可达 1000～10000cm^2/kg，比炼钢时大 1000 倍左右，熔滴与气体和熔渣的接触面积很大。

(4) 相的混合强烈。熔滴从形成、长大到过渡，由于受到多种力的作用，熔滴的形状不断变化，导致局部表面发生收缩或扩张，使熔滴表面上的渣层发生破坏而相互混合，甚至被熔滴金属所包围，故熔滴与熔渣发生了强烈的混合作用。

所以熔滴反应区的冶金反应最激烈，对整个冶金反应的贡献最大，对焊缝成分和性能影响最大。

3) 熔池反应区

熔池反应区是指由熔滴和熔渣同熔化的母材相混合所形成的反应区。在熔滴和部分熔渣以很大的速度落入熔池后，同熔化的母材金属混合，并向熔池尾部和四周运动；同时各相之间进一步发生物化反应，直至金属凝固，形成固态焊缝金属。与熔滴反应区相比，熔池反应区的特点如下。

(1) 反应速度低。与熔滴相比，熔池平均温度较低，熔池平均温度为 1600～1900℃，比表面积较小，约为 300～1300cm^2/kg。熔池存在时间稍长，但也不超过几十秒，如焊条电弧焊时为 3～8s，埋弧焊时为 6～25s。正因为这样，熔池阶段的反应速度较低。

(2) 反应不同步。熔池的温度分布极不均匀，其前部比后部温度高，一般在高温的熔池前部发生金属的熔化、气体的溶解吸收和氧化反应，在熔池的后部发生金属的结晶、气体的逸出和还原反应。这样的过程可以达到相对稳定的状态，从而使焊缝成分趋于平衡。

(3) 存在对流和搅拌作用，有助于加快反应速度、熔池成分的均匀化、气体和非金属夹杂物的逸出。

由此可见，熔池阶段的反应速度比熔滴阶段小，并且在整个反应过程中的贡献也较小。

总之，焊接化学冶金系统是不平衡的反应系统，焊接化学冶金反应时间短，而且是分区域连续进行的。因此，不能直接应用热力学平衡的计算公式定量分析焊接化学冶金问题。

8.2 气体与液态金属的相互作用

在液态金属成型过程中，液态金属会与多种气体发生作用，从而对铸件或焊件的性能产生影响。了解气体的来源及其与液态金属的相互作用机制，对于控制金属中气体的含量、提高铸件或焊件质量的影响至关重要。

8.2.1 气体的来源

1. 铸造过程中的气体

1) 气体的来源

铸造过程中的气体主要来源于熔炼过程、与铸型的相互作用和浇注过程。

(1) 熔炼过程。气体主要来自炉气，炉气本身就含有一定数量的水分、氧气和氮气。冲天炉熔炼时焦炭与氧发生化学反应，生成 CO 和 CO_2。另外，炉料的锈蚀或油污、使用潮湿或含硫较高的燃料等也会导致炉气中的水蒸气、氢气和二氧化硫等气体的含量增加，增加液体金属吸气。

(2) 与铸型的相互作用。来自铸型中的气体主要是型砂中的水分，即使烘干的铸型在浇注前也会吸收水分，并且粘土在液态金属的热作用下其结晶水还会分解。金属液与铸型在接触界面会发生化学反应析出气体。有机物的燃烧和砂型组分的分解也会产生大量气体。

① 水蒸气与合金元素反应。在金属液的热作用下，铸型中迅速产生出大量水蒸气。未能及时通过铸型排出去的高温水蒸气，在界面处与金属液表面接触，将使后者氧化。金属液中元素 Me 与氧的亲和力若比氢大，就会被氧化发生如下反应：

$$m\mathrm{Me}+n\mathrm{H_2O}\longrightarrow \mathrm{Me}_m\mathrm{O}_n+n\mathrm{H_2} \tag{8-1}$$

式中，Me 为液态金属中的元素，如 Fe、C、Si、Mn、Al 等，反应的结果生成了金属氧化物和氢气，使铸件表面形成氧化膜或产生夹杂物，型腔及界面处气体压力升高。

② 固体碳燃烧。在充填铸型的初始阶段，界面处及砂粒间的自由氧使合金氧化，同时使造型材料中的自由碳(煤粉等)及有机物燃烧，产生 CO 和 CO_2 气体，即

$$2\mathrm{C}+\mathrm{O_2}\longrightarrow 2\mathrm{CO} \tag{8-2}$$

$$\mathrm{CO}+\frac{1}{2}\mathrm{O_2}\longrightarrow \mathrm{CO_2} \tag{8-3}$$

③ 砂型组分的分解。高温下砂型组分也会发生分解反应，释放出气体。树脂砂中的尿素、乌洛托品［$(CH_2)_6N_4$］等在高温下，首先分解生成氨(NH_3)，氨又继续分解。

$$2NH_3 \xrightarrow{\triangle} N_2 + 3H_2 \tag{8-4}$$

此外，还有烷烃的分解和无机物的分解。

$$CH_4 \xrightarrow{\triangle} C + 2H_2 \tag{8-5}$$

$$C_nH_{2n+2} \xrightarrow{\triangle} nC + (n+1)H_2 \tag{8-6}$$

$$CaCO_3 = CaO + CO_2\uparrow \tag{8-7}$$

(3) 浇注过程。浇包未烘干、铸型浇注系统设计不当、铸型透气性差、浇注速度控制不当、型腔内的气体不能及时排除等，都会使气体进入液态金属。

2）铸型内气相的平衡

经氧化-分解反应后，在液态金属与铸型界面处形成的气相成分主要有 H_2O、H_2、CO、CO_2，还有少量的 N_2 和 CH_4 等。铸型表面残留的固体碳将继续与气相发生相互作用。

$$2C + O_2 \longrightarrow 2CO \tag{8-8}$$

$$C + H_2O \longrightarrow CO + H_2 \tag{8-9}$$

$$C + 2H_2O \longrightarrow CO_2 + 2H_2 \tag{8-10}$$

$$CO_2 + H_2 \longrightarrow CO + H_2O \tag{8-11}$$

在一定温度下，若 $H_2-CO-CO_2-H_2O$ 气相中各成分达到平衡浓度，从式(8-11)可得到平衡常数 K。

$$K = \frac{p_{CO}p_{H_2O}}{p_{CO_2}p_{H_2}} = f(T) \tag{8-12}$$

式中，平衡常数 K 是温度 T 的函数；p_{CO}、p_{CO_2}、p_{H_2}、p_{H_2O}是界面上各气相的分压。

同样可得出其余反应式的平衡常数，它们与温度的关系见表 8-1。在高温平衡状态下，液态金属与铸型界面处气相成分中 H_2 和 CO 含量较高，CO_2 含量较少。

表 8-1 平衡常数 K 与温度的关系

温度 T/℃		800	1000	1200	1400	1600
平衡常数	$K=\frac{p_{CO}^2}{p_{O_2}}$	7	135	1150	6026	22390
	$K=\frac{p_{CO}p_{H_2}}{p_{H_2O}}$	9	86	557	2150	6150
	$K=\frac{p_{CO}p_{H_2O}}{p_{CO_2}p_{H_2}}$	0.98	1.99	2.92	4.52	5.44
	$K=\frac{p_{CO_2}p_{H_2}^2}{p_{H_2O}^2}$	8	48	179	550	1250

3）铸型内气体的成分

铸型内气体的组成和含量是随温度、造型材料的种类、浇注后停留时间等因素的变化而变化的。在不同的铸型内浇注铁液后，铸型内气相的成分主要是 H_2、CO 和 CO_2，在含氮的树脂砂型中还含有一定量的 N_2，无机物铸型以 H_2、CO 还原性的气氛为主，有机物铸型因热分解速度比无机物铸型快得多，所以浇注后 O_2 含量迅速降低，H_2 含量迅速上升。

此外，浇注温度越高，铸型内自由碳越多，越有利于还原性气氛的形成；反之，浇注温度越低，铸型内自由碳越少，N_2 和氧化性气体 CO_2、O_2 含量较高，而 H_2、CO 含量较低。

2. 焊接区内的气体

1）气体的来源

焊接区的气体主要来源于焊接材料（如焊条药皮、焊剂及药芯焊丝中的造气剂、高价氧化物和水分等）和热源周围的空气。一部分通过直接输入或侵入的方式，另一部分通过物化反应生成进入焊接区。

（1）直接输入或侵入。直接输入焊接区的气体主要指气体保护焊中的保护气体，如 CO_2 气体保护焊中所用的 CO_2，直接侵入焊接区的气体是指周围的空气和保护气体中的 N_2、H_2O、O_2 等。

（2）有机物的分解和燃烧。制造焊条时常用淀粉、纤维素等有机物作为造气剂和涂料增塑剂，这些物质被加热到 220～250℃以后，将发生复杂的热氧化分解反应。反应生成的气态产物主要是 CO_2，还有 CO、H_2、烃和水气。纤维素的热氧化分解反应可表示为

$$(C_6H_{10}O_5)_m + 7/2mO_{2(气)} = 6mCO_{2(气)} + 5mH_{2(气)} \tag{8-13}$$

（3）碳酸盐和高价氧化物的分解。焊接材料中常用的碳酸盐有 $CaCO_3$、$MgCO_3$ 等，当其被加热到一定温度后，开始发生分解并放出 CO_2 气体。

$$MgCO_3 = MgO + CO_2 \tag{8-14}$$

在空气中 $CaCO_3$、$MgCO_3$ 开始分解的温度分别为 545℃和 325℃，剧烈分解的温度分别为 910℃和 650℃。可见，在焊接条件下，它们能够完全分解。

焊接材料中常用的高价氧化物主要有 Fe_2O_3 和 MnO_2，它们在焊接过程中将发生逐级分解：

$$6Fe_2O_3 = 4Fe_3O_4 + O_2 \tag{8-15}$$

$$2Fe_3O_4 = 6FeO + O_2 \tag{8-16}$$

$$4MnO_2 = 2Mn_2O_3 + O_2 \tag{8-17}$$

$$6Mn_2O_3 = 4Mn_3O_4 + O_2 \tag{8-18}$$

$$2Mn_3O_4 = 6MnO + O_2 \tag{8-19}$$

反应结果生成大量的氧气和低价氧化物 FeO 和 MnO。

（4）材料的蒸发。焊接过程中，除了焊接材料和母材表面的水分发生蒸发外，金属元素和熔渣的各种成分在电弧高温作用下也会发生蒸发，形成相当多的蒸气。

金属材料中 Zn、Mg、Pb、Mn 和氟化物中 AlF_3、KF、LiF、NaF 的沸点都比较低，见表 8-2，在焊接过程中极易蒸发。铁合金的沸点虽然较高，但焊接时其浓度较大，所以气相中铁蒸气的数量相当可观。焊接电流和电弧电压增加时，材料的蒸发也会加剧。

表8-2 一些金属和氟化物的沸点

物质	Zn	Mg	Pb	Mn	Cr	Al	Ni	Si	Cu	Fe
沸点/℃	907	1126	1740	2097	2222	2327	2459	2467	2547	2753
物质	Ti	C	Mo	AlF_3	KF	LiF	NaF	BaF_2	MgF_2	CaF_2
沸点/℃	3127	4502	4804	1260	1500	1670	1700	2137	2239	2500

焊接时的蒸发现象不仅使气相成分和冶金反应复杂化，而且造成合金元素损失，甚至产生焊接缺陷，增加焊接烟尘，污染环境，影响焊工身体健康。

2）气体的分解

进入焊接区内的气体在电弧高温作用下将进一步分解或电离，从而影响气体在金属中的溶解或其与金属的作用。

(1) 简单气体的分解。简单气体是指N_2、H_2、O_2、F_2等双原子气体，气体受热，当原子获得足够的能量后，将分解为单个原子或离子和电子。表8-3给出了一些气体分解反应在标准状态下的热效应ΔH_{298}^0，由表中数据可以比较各种气体和同一气体按不同方式进行分解的难易程度。

表8-3 几种气体的分解反应

反应式	$F_2=F+F$	$H_2=H+H$	$H_2=H+H^++e$	$O_2=O+O$	$N_2=N+N$
ΔH_{298}^0/(kJ/mol)	−270	−433.9	−1745	−489.9	−711.4
反应式	$CO_2=CO+1/2O_2$	$H_2O=H_2+1/2O_2$	$H_2O=OH+1/2H_2$	$H_2O=H_2+O$	$H_2O=2H+O$
ΔH_{298}^0/(kJ/mol)	−282.8	−483.2	−532.8	−977.3	−1808.3

N_2、H_2、O_2的分解度α(已分解的分子数与原始分子数之比)随温度变化的曲线如图8.2所示。由图可见，在焊接温度(5000K)下，H_2、O_2的分解度很大，绝大部分以原子状态存在，而N_2的分解度很小，基本上以分子状态存在。

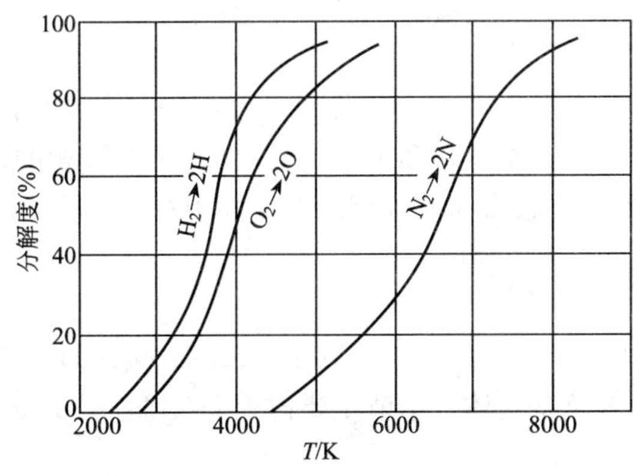

图8.2 双原子气体分解度与温度的关系

(分解后混合气体的总压力=101kPa)

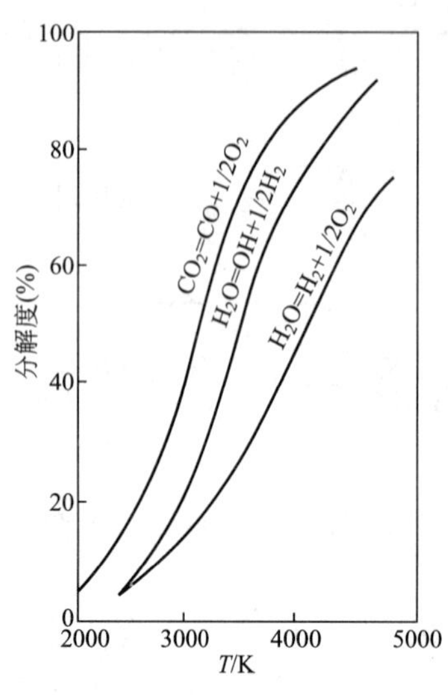

图 8.3 多原子气体分解度与温度的关系

(2) 复杂气体的分解。H_2O、CO_2 是焊接过程中最常见的复杂气体，它们在高温下将分解出 O_2，如图 8.3 所示，使气相的氧化性增加。由表 8-3 可知，水蒸气在不同的温区有不同的分解途径，分解产物除了 O_2 和 O 外，还有 H_2、H 和 OH 等，这不仅增加了气相的氧化性，而且还会增加气相中的氢分压。

3) 气相的组分

焊接区内的气体是由 H_2O、CO_2、N_2、H_2、O_2、金属和熔渣的蒸气以及它们分解和电离的产物的混合物。焊接区内气相的组分和数量随焊接方法、焊接材料和焊接规范的不同而变化，表 8-4 给出了焊接碳钢时实际气体冷却至室温后的成分分析结果。尽管室温成分与高温成分存在差别，但对于定性分析冶金反应进行的条件和可能的结果还是有参考价值的。

表 8-4 焊接碳钢冷至室温时的气相组分

焊接方法	焊条或焊剂类型	气相组分的体积分数(%)					备注
		CO	CO_2	H_2	H_2O	N_2	
焊条电弧焊	钛型	46.7	5.3	35.5	13.5	—	焊条在 110℃ 烘干 2h
	钛钙型	50.7	5.9	37.7	5.7	—	
	氧化铁型	55.6	7.3	24.0	13.1	—	
	钛铁矿型	48.1	4.8	36.6	10.5	—	
	纤维素型	42.3	2.9	41.2	12.6	—	
	低氢型	79.8	16.9	1.8	1.5	—	
埋弧焊	HJ330	86.2	—	9.3	—	4.5	玻璃状焊剂
	HJ431	89～93	—	7～9	—	<1.5	

由表 8-4 可以看出，用低氢型焊条焊接时，气相中含 H_2O 和 H_2 都很少，故称“低氢型”焊条，埋弧焊时气相中含 CO_2 和 H_2O 都很少，所以气相的氧化性很小，焊条电弧焊时因含 CO_2 和 H_2O 的总量较多而使气相的氧化性相对增大。

8.2.2 气体在液态金属中的溶解

在液态金属成型过程中，与液态金属接触的气体有 N_2、H_2、O_2 等简单气体(又称单质气体)和 CO_2 和 H_2O 等复杂气体。本节主要讨论 N_2、H_2、O_2 在金属中的溶解规律。

1. 简单气体的溶解过程

气体如果以原子或离子状态存在可直接溶入液态金属，而分子状态的气体必须分解为原子或离子，才能溶解到液态金属中。

双原子气体分子一般通过两种方式溶解于液态金属中，如图 8.4 所示。

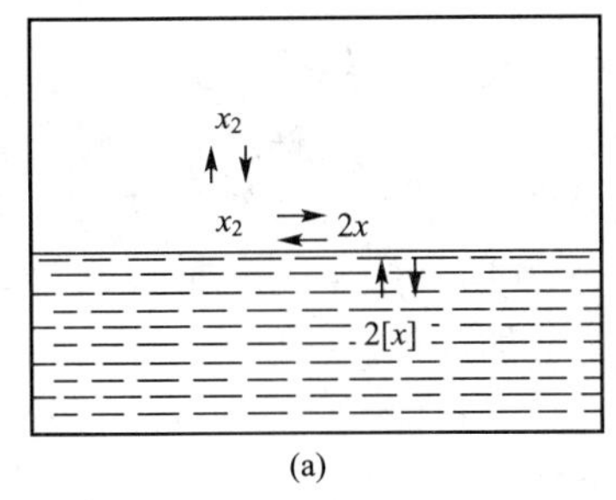

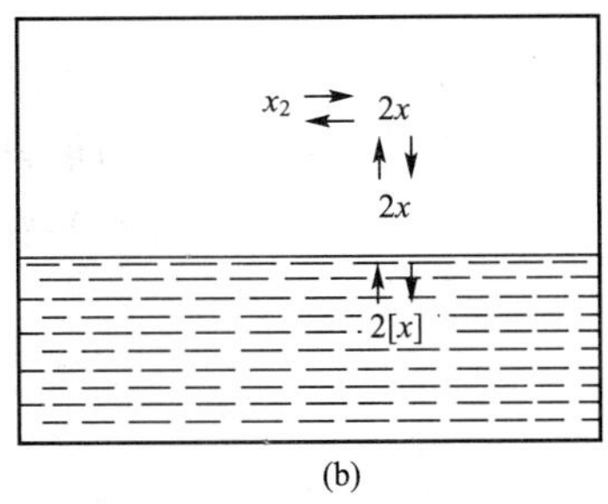

图 8.4 双原子气体 x_2 溶解过程示意图

一种方式是“吸附-分解-溶入”，如图 8.4(a)所示，气体分子向金属-气体界面运动，被金属表面吸附，气体分子在金属表面上分解为原子，原子穿过金属表面层向金属内部扩散。氮在高温下多呈分子状态，溶解过程以这种方式为主。

另一种方式是“分解-吸附-溶入”，如图 8.4(b)所示，气体分子首先分解为原子，向金属-气体界面运动，被金属表面吸附，原子穿过金属表面层向金属内部扩散。氢在高温时分解度较大，电弧温度下可完全分解为原子氢，故焊接时氢的溶解过程以这种方式为主。

2. 简单气体的溶解度

在一定温度和压力条件下，气体溶入金属的饱和浓度称为该条件下的溶解度，常用 100g 金属所能溶解的气体在标准状态下的体积来表示，即 ml/(100g)，有时也用质量分数表示。气体在金属中的溶解度与压力、温度和合金成分等因素有关。

1) 温度和压力的影响

如不考虑金属蒸气压的影响，简单气体在金属中的溶解度与温度和压力的关系为

$$S=K_0\sqrt{p}\exp\left(1-\frac{\Delta H}{2RT}\right) \tag{8-20}$$

式中，S 为气体溶解度，p 为气相中该气体的分压，ΔH 为气体溶解热，R 为气体常数，T 为热力学温度，K_0 为系数。

(1) 压力的影响。当温度一定时，双原子气体的溶解度与其分压的平方根成正比，这一规律称为平方根定律。可表示为

$$S=K\sqrt{p} \tag{8-21}$$

式中，K 为溶解反应的平衡常数。氮和氢在铁和钢中的溶解度、氢在 Al、Cu、Mg 等金属及其合金中的溶解度均符合平方根定律。由平方根定律可知降低气相中氮或氢的分压，可以减少金属中的氮含量或氢含量。

(2) 温度的影响。当压力不变时，温度对气体溶解度的影响主要视溶解过程的热效应而定。对于溶解气体为吸热过程的金属，$\Delta H>0$，气体溶解度随温度升高而增加；反之，对放热反应，$\Delta H<0$，气体溶解度随温度升高而降低，如图 8.5 所示。

氢和氮在铁中的溶解反应是吸热反应，因此氢和氮在铁中的溶解度将随温度升高而增大；氢在 Ti、V 等金属中的溶解反应都是放热反应。因此氢在 Ti 和 V 中溶解度将随温度

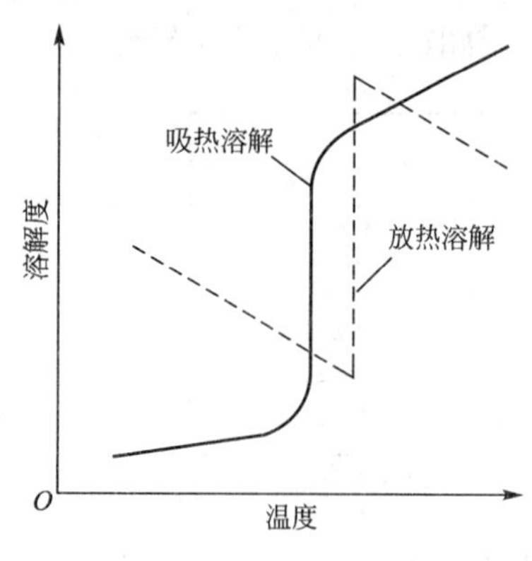

图 8.5 热效应和温度与气体溶解度关系示意图

升高而下降。

2) 合金成分的影响

液态金属中常含有多种合金元素，它们与气体相互作用，进而影响气体的溶解度。如氢和氮在铁液中的溶解度随碳含量的增高而降低，溶解度随锰含量的增高而增加。当铁液中存在第二种合金元素时，随着合金元素含量的增加，氧的溶解度下降。

若加入的合金元素能与气体形成稳定的化合物(即氮、氢、氧化合物)，且又不溶于该金属，则可降低气体的溶解度；但若化合物溶于金属的话，则气体溶解度会增大。

合金元素还能改变金属表面膜的性质及金属蒸气压，从而影响气体的溶解度。例如，铁中加入微量的铝会加速水蒸气在铁液表面的分解，从而加速氢在铁液中的溶解。

3) 其他因素的影响

(1) 电流极性的影响。电流极性决定了电弧气氛中阳离子 N^+ 和 H^+ 的运动方向，从而影响气体的溶解量。直流正接时，熔滴处于阴极，阳离子将向熔滴表面运动，由于熔滴温度高，比表面积大，故熔滴中将溶解大量的氢或氮；直流反接时，阳离子仍向阴极运动，但此时阴极已是温度较低的熔池，故氢或氮的溶解量要少。

(2) 焊接区气氛性质的影响。在还原性介质中，氮的质点主要为 N^+、N 和 N_2；而在氧化性气氛中，氮还以 NO^- 的形式溶入液态金属。此外，电弧气氛中存在少量氧时，能提高阴极电压，促使 N^+ 在阴极中的溶解。氧还可减少液态金属对氢的吸附，有效降低氢在铁、低碳钢和低合金钢中的溶解度。

在电弧焊条件下，氢和氮在金属熔池中的溶解度比用平方根定律计算出来的标准溶解度要高得多。这主要是由于电弧焊时气体溶解过程要复杂得多，其特点是：熔化金属过热度大；在熔池表面上通过局部活性部分和熔滴吸收气体；电弧气氛中有受激的分子、原子、离子等，增加了气体的活性，使其在金属中的溶解度增加，在实际分析时要注意。

8.2.3 气体对液态金属的作用

本节主要分析焊接过程中 N_2、H_2、O_2、CO_2 和 H_2O 等气体对金属的作用。

1. 氮与金属的作用

在焊接过程中，氮总会或多或少侵入焊接区残留到焊缝中，影响焊缝的性能。根据氮与金属作用的特点，大致可分为两种情况。一种是不与氮发生作用的金属，如铜和镍等，它们既不溶解氮，也不形成氮化物，在此情况下氮可以作为保护气体使用。另一种是与氮发生作用的金属，如铁、钛等金属既能溶解氮，又能与氮形成稳定的氮化物，因此须防止这类金属的氮化。

1) 氮的溶解

根据平方根定律，氮在金属中的溶解度 S_N 为

$$S_N = K_{N_2}\sqrt{p_{N_2}} \qquad (8-22)$$

式中，K_N 是溶解反应的平衡常数，p_{N_2} 是气相中氮分子的分压。氮在铁中的溶解度与温度的关系式为

$$\lg S_N = -\frac{1050}{T} - 0.815 + 0.5\lg p_{N_2} \quad (8-23)$$

经计算得到的氮在铁中的溶解度与温度的关系如图 8.6 所示。

由图 8.6 看出，氮在液态铁中的溶解度随温度的升高而增大，在 2200℃左右，其溶解度达到最大值 47mL/100g，继续升温后由于金属蒸气压快速增加，气体的溶解度急剧下降，至铁的沸点(2750℃)溶解度变为 0。当液态铁凝固时，氮的溶解度突然下降到 1/4 左右。氮的溶解度与铁的晶格类型有关，氮在面心立方晶格(γ-Fe)中的溶解度比在体心立方晶格(δ-Fe 和 α-Fe)中的大。

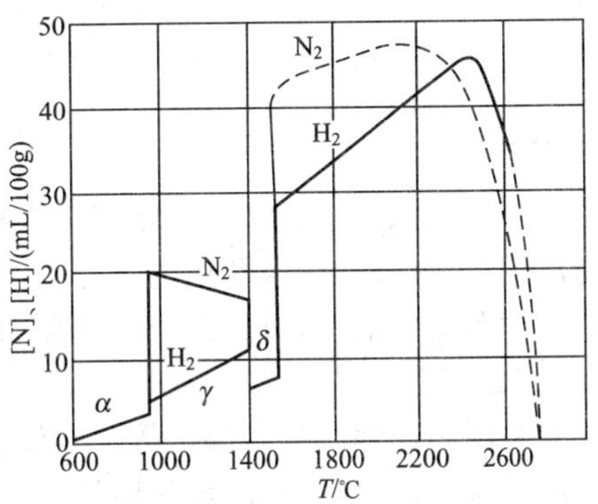

图 8.6 氮和氢在铁中的溶解度与温度的关系

(p_{N_2}=0.1MPa p_{H_2}=0.1MPa)

实际上，弧焊熔池的溶氮量要比用平方根定律计算出的标准溶解度高几倍之多。原因是氮原子或氮分子受激使溶解速度加快，在电弧高温下形成 N^+ 可在阴极直接溶解；在氧化性电弧气氛中形成的 NO，遇到较低温度的液态金属时，可分解为氮原子和氧原子而溶入液态金属中。

2) 氮的影响

由图 8.6 可知，氮在高温液态铁中有很高的溶解度，室温时氮在 α-Fe 中的溶解度很低，只有 0.001%(质量分数)。在焊接熔池快速冷却、结晶时，会有大量的氮需要析出，若氮的析出速度小于焊接熔池的结晶速度，则氮就将残留在焊缝中，带来以下 3 个方面的问题。

(1) 促进气孔的形成。若过饱和的氮因脱溶析出在熔池中形成气泡，且气泡从熔池中析出的速度小于熔池的结晶速度时，残留在焊缝中形成所谓的氮气孔，导致焊缝的承载能力下降。

(2) 使材料变脆。当氮以过饱和形式存在于固溶体中，或过饱和的氮与铁结合成针状的 Fe_4N 析出，分布于晶界或晶内，使低碳钢和低合金钢焊缝金属的强度和硬度升高，塑性和韧性下降，特别是低温韧性的下降。

(3) 氮是促进时效脆化的元素。过饱和氮在金属中处于不稳定状态，随着时间的延长也将逐渐析出，并形成稳定的针状 Fe_4N，导致金属的强度和硬度提高，塑性、韧性下降，即带来时效脆化。在焊缝金属中加入能形成稳定氮化物的元素，如钛、铝、锆等，可以抑制或消除时效现象。

3) 氮的控制措施

(1) 加强保护。焊接区周围的空气是氮的主要来源，它一旦进入液态金属，去除就比较困难。因此，控制氮的首要措施是加强对金属的保护，防止空气与金属接触。

在焊接时，不同焊接方法的保护效果不同，可用焊缝的含氮量来反映，见表 8-5。这主要与不同焊接方法所采用的保护方式(气保护、渣保护、气渣联合保护等)、焊条药皮的成分、药芯焊丝的形状系数有关。

表 8-5 不同方法焊接低碳钢时焊缝的氮含量

焊接方法		氮的质量分数(%)	焊接方法	氮的质量分数(%)
焊条电弧焊	光焊丝	0.080～0.228	埋弧焊	0.002～0.007
	钛型焊条	0.015	熔化极氩弧焊	0.0068
	钛铁矿型焊条	0.014	CO_2 焊	0.008～0.015
	纤维素型焊条	0.013	气焊	0.015～0.020
	低氢型焊条	0.010	药芯焊丝明弧焊	0.015～0.040

在焊条电弧焊中，保护效果在很大程度上取决于药皮的成分。一般来讲，造渣型焊条的药皮重量系数(指焊条药皮与焊芯的重量比)越大，保护效果越好，焊缝含氮量越低。当药皮中含有造气剂时，可形成渣-气联合保护，保护效果更好，能使焊缝中氮的质量分数降至 0.02%以下。

在采用药芯焊丝的自保护焊中，保护效果取决于药芯焊丝中保护组分的含量和焊丝横截面的形状系数(单位长度焊丝腔体内部金属带的质量与外壳金属带的质量之比)。一般来讲，适当增加保护组分的含量和焊丝横截面的形状系数，能提高保护效果，降低焊缝金属的含氮量。

(2) 控制工艺参数。增大焊接电弧电压时，保护效果变差，氮与熔滴的作用时间变长，导致焊缝含氮量增加，为减少焊缝中的含氮量应尽量采用短弧焊；增大焊接电流，熔滴过渡频率增加，氮与熔滴的作用时间减少，焊缝含氮量降低。直流正接时焊缝的氮含量比反极性要高，另外焊接方法、熔滴过渡特性、电流种类等也有一定的影响。

(3) 利用合金元素脱氮。增加焊丝或药皮中的含碳量可降低焊缝中的含氮量，如图 8.7 所示。这是因为碳能降低氮在铁中的溶解度；碳氧化生成的 CO_2 和 CO 降低了气相中氮的分压，碳氧化引起的熔池沸腾有利于氮的逸出。

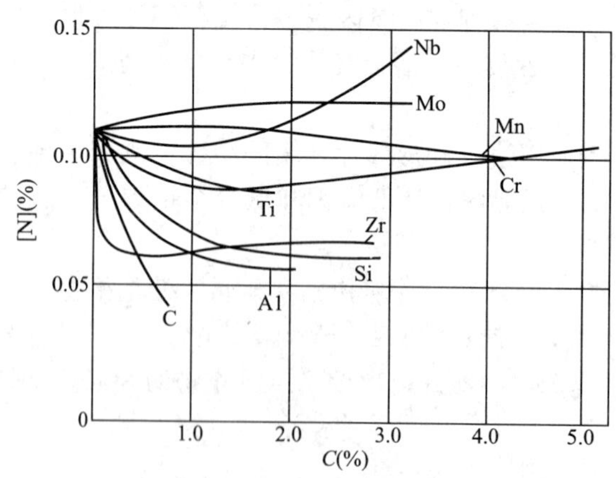

图 8.7 焊丝中合金元素浓度 C 对焊缝含氮量的影响

在 0.1MPa 空气中焊接，直流反接，25V、250A、20cm/min

液态金属中加入 Ti、Al 和稀土等对氮有较大亲和力的元素，可形成不溶于液态金属的稳定氮化物而进入溶渣，从而减少金属的氮含量。同时这几种元素与氧有较大的亲和力，可减少气相中氧的分压，减少 NO 的量，降低金属中的含氮量，但要严格控制加铝量。

2. 氢与金属的作用

根据氢与金属作用的特点，可把金属分为两大类。第一类是不形成稳定氢化物的金属，如 Al、Fe、Ni、Ce、Cr、Mo 等，氢在这些金属中的溶解是吸热反应，温度升高氢的溶解度增大，这类金属焊接时，要防止高温下溶氢。第二类能形成稳定氢化物的金属，如 Zr、Ti、V、Ta、Nb 等，这类金属温度升高时氢的溶解度下降。因此，这类金属焊接时要防止固态吸收大量氢。氢在不同金属中的溶解度情况如图 8.8 所示，这里以第一类金属为例说明氢的影响。

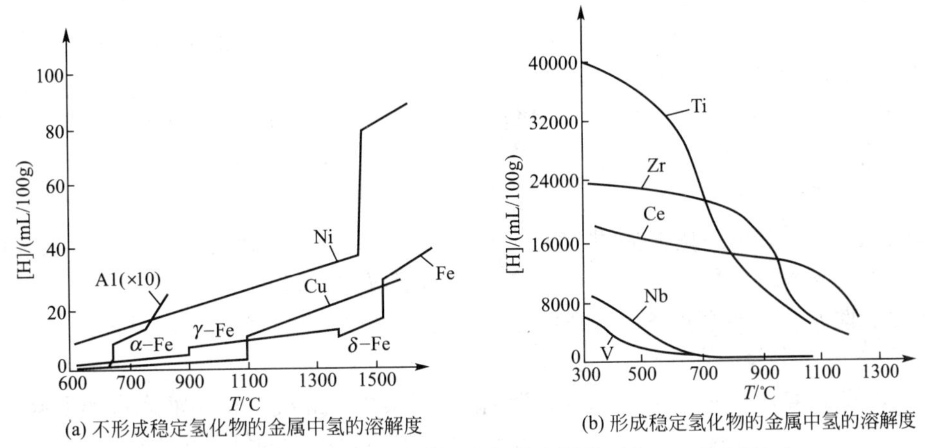

(a) 不形成稳定氢化物的金属中氢的溶解度　　(b) 形成稳定氢化物的金属中氢的溶解度

图 8.8　氢在不同金属中的溶解度与温度的关系($p_{H_2}=0.1MPa$)

1) 氢的溶解

氢向金属中的溶解途径主要有两种：一种是氢通过气相与金属的界面以原子或质子的形式溶入金属，另一种是氢通过渣层过渡后再进入金属。

(1) 氢通过熔渣向金属中溶解时，首先氢或者水蒸气溶于熔渣，主要以 OH^- 离子的形式存在，再通过一些反应进入金属。

含有自由氧离子的酸性或碱性渣进行以下的溶解反应，其中( )表示在熔渣中的成分

$$H_2O_{气}+(O^{2-})\rightleftharpoons 2(OH^-) \tag{8-24}$$

不含自由氧离子的渣进行如下的溶解反应：

$$H_2O_{气}+(Si_mO_n^{q-})\rightleftharpoons 2(OH^-)+(Si_mO_{n-1}^{(q-2)-}) \tag{8-25}$$

由式(8-24)可以看出，渣中自由氧离子浓度越大(即熔渣的碱度越大)，水在渣中的溶解度越大。式(8-25)可知，在含 SiO_2 多的熔渣中自由氧离子很少，水的溶解是依靠断开 Si—O 离子键实现的，因此其溶解度比较小。氧离子活度是决定水在渣中溶解度的主要因素。若渣中含有氟化物，则发生以下反应，使水在渣中的溶解度下降。

$$(OH^-)+(F^-)\rightleftharpoons(O^{2-})+HF \tag{8-26}$$

氢从熔渣中向金属中过渡是通过如下反应进行，其中 [ ] 表示在金属中的成分。

$$(Fe^{2+})+2(OH^-)\rightleftharpoons[Fe]+2[O]+2[H] \tag{8-27}$$

$$[Fe]+2(OH^-)\rightleftharpoons(Fe^{2+})+2(O^{2-})+2[H] \tag{8-28}$$

$$2(OH^-)\rightleftharpoons(O^{2-})+2[H]+[O] \tag{8-29}$$

总之，当氢通过熔渣向金属中过渡时，其溶解度取决于气相中氢和水蒸气的分压、熔渣的碱度、氟化物的含量和金属中的含氧量等因素。

(2) 当氢通过气相向金属中过渡时，其溶解度取决于氢的状态。

如果氢在气相中以分子状态存在，则它在金属中的溶解度 S_H 符合平方根定律：

$$S_H = K_{H_2}\sqrt{p_{H_2}} \tag{8-30}$$

式中，K_H 是溶解反应的平衡常数，p_{H_2} 是气相中氢分子的分压。

经计算得到的氢在铁中的溶解度与温度的关系如图 8.6 所示。由图看出，氢在液态铁中的溶解度随温度的升高而增大，在 2400℃左右，其溶解度达到最大值 43mL/100g，也就是说，熔滴阶段吸收的氢比熔池阶段多。继续升温后由于金属蒸气压快速增加，气体的溶解度急剧下降，至铁的沸点(2750℃)溶解度变为零。氢的溶解度与铁的晶格类型有关，它在面心立方晶格(γ-Fe)中的溶解度比在体心立方晶格(δ-Fe 和 α-Fe)中大。当液态铁凝固时，氢的溶解度陡降容易导致缺陷产生。

实际上，电弧焊时气相中的氢不完全以分子状态存在，还有相当多的原子氢和质子。弧焊熔池的溶氢量要比用平方根定律计算出的标准溶解度高几倍之多，在实际计算中应考虑原子状态的氢的溶解量。

合金元素对氢在铁中的溶解度也有影响，如图 8.9 所示。Ti、Zr、Nb 及某些稀土元素可提高氢的溶解度，而 Si、C、Al 可降低氢的溶解度，Mn、Ni、Cr、Mo 的影响不大。氧是表面活性元素，能有效降低氢在液态铁、低碳钢和低合金钢中的溶解度。

2) 焊缝金属中氢的存在形式与扩散

(1) 焊缝金属中氢的存在形式。由于熔池冷却很快，焊接过程中液态金属所吸收的氢，有相当多的部分来不及逸出而被留在焊缝金属中。在钢焊缝中的氢大部分以 H 或 H^+ 形式存在，并与焊缝金属形成间隙固溶体。由于氢的原子和离子的半径很小，使这部分氢能在焊缝金属晶格中自由扩散，故称之为扩散氢。另一部分氢扩散聚集到金属的晶格缺陷、显微裂纹和非金属夹杂物边缘的空隙中，结合为氢分子，因其半径增大，不能自由扩散，故称之为残余氢。

焊缝金属中的氢因扩散而随时间变化的情况如图 8.10 所示。焊后随放置时间延长，由于一部分扩散氢从焊缝表面逸出，一部分变为残余氢，因此扩散氢显著减少、残余氢增加，总氢量下降。一般认为总氢量中扩散氢含量所占比例大(约占 80%～90%)，且是造成各种氢损害的要素，因此对接头性能影响较大。但残余氢的影响也不能忽视，因为残余氢只要获得足够高的激活能，就可重新转变为扩散氢。

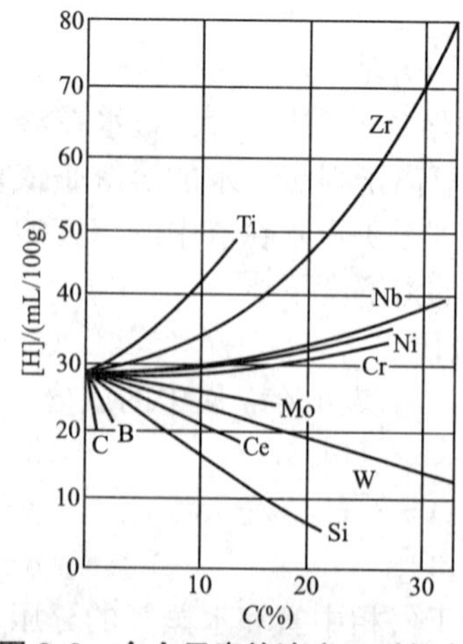

图 8.9　合金元素的浓度 C 对氢在铁液中的溶解度的影响(1600℃)

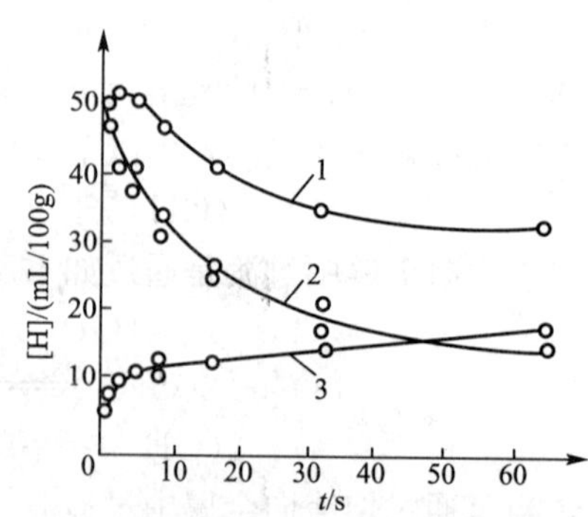

图 8.10　焊缝中的含氢量随焊后放置时间的变化量

1—总氢量；2—扩散氢；3—残余氢

许多国家都制定了测定熔敷金属中扩散氢含量的标准方法，我国规定的是甘油法，国际焊接学会规定的是水银法。熔敷金属中的扩散氢含量是指焊后立即按标准方法测定并换算成标准状态下的含氢量，而残余氢的含量是指在真空室内将试样加热到650℃析出的氢。用各种焊接方法焊接碳钢时，熔敷金属的含氢量见表8-6。

表8-6 焊接碳钢时熔敷金属中的含氢量

焊接方法		扩散氢/(mL/100g)	残余氢/(mL/100g)	总氢量/(mL/100g)	备注
焊条电弧焊	纤维素型	35.8	6.3	42.1	低碳钢板和焊丝的含氢量为0.2～0.5mL/(100g)。 在40～50℃停留48～72h测定扩散氢；真空加热测定残余氢
	钛型	39.1	7.1	46.2	
	钛铁矿型	30.1	6.7	36.8	
	氧化铁型	32.3	6.5	38.8	
	低氢型	4.2	2.6	6.8	
埋弧焊		4.40	1～1.5	5.90	
CO_2保护焊		0.04	1～1.5	1.54	
氧乙炔气焊		5.00	1～1.5	6.50	

可见，所有焊接方法都使熔敷金属增氢。焊条电弧焊时低氢型焊条扩散氢含量最小。应用实芯焊丝或药芯焊丝的CO_2焊是一种超低氢的焊接方法。

(2) 氢在焊接接头中的扩散和分布。氢可因浓度梯度引起浓度扩散；也可由温度分布不均匀，接头各部位的氢浓度与饱和浓度之差不同引起热扩散；氢在不同晶格结构中溶解度的差异可导致相变诱导扩散；氢原子易向晶格歪扭处及三向应力较高的区域聚集，因此有焊接应力场或缺陷形成的三向应力场引起的扩散。后面三种扩散可能是从低浓度区向高浓度区方向的扩散，即上坡扩散。

氢在不同类型的组织中的扩散速度主要决定于它的扩散系数。由表8-7可见，氢在铁素体等体心立方晶格组织中的扩散速度远大于其在奥氏体组织中的扩散速度。

表8-7 氢在不同组织中的扩散系数(C=0.54%)

	铁素体、珠光体	索氏体	托氏体	马氏体	奥氏体
室温 $D/(cm^2/s)$	4.0×10^{-7}	3.5×10^{-7}	3.2×10^{-7}	2.5×10^{-7}	2.1×10^{-12}

但母材和焊缝的组织类型匹配不同时，熔合区附近氢的扩散动力学曲线会有明显的不同，氢在奥氏体中扩散较慢，而溶解度很高。因而用奥氏体焊缝可以明显降低熔合区和热影响区内氢的含量，见图8.11所示。

3) 氢的影响　就结构钢的焊接而言，氢对焊接质量的影响包括两个方面，即暂态影响和永久影响。暂态影响包括氢脆和白点，永久影响包括气孔和冷裂纹。

(1) 氢脆。氢在室温附近使钢的塑性严重下降的现象称为氢脆，它是由溶解在金属晶格中的原子氢发生扩散、聚集引起的。对含氢量高的铁素体焊缝，其塑性显著下降，而强度几乎不受影响。

氢脆现象是由溶解在金属晶格中的氢引起的。在试样拉伸变形过程中，金属中的位错

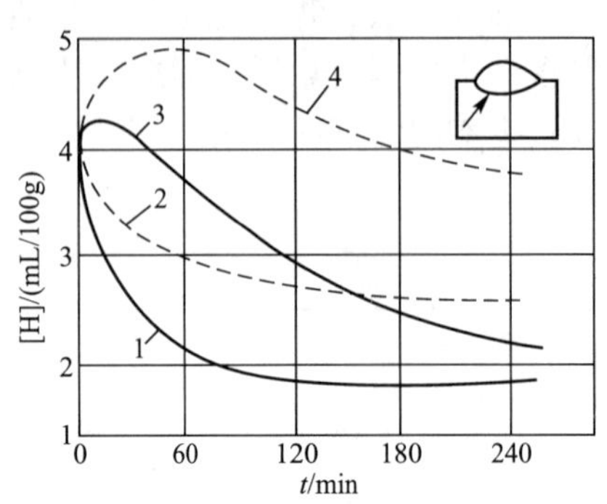

图 8.11　熔合区附近部分的含氢量随时间的变化

1—Q235＋奥氏体焊缝；2—45 钢＋奥氏体焊缝；3—Q235＋铁素体焊缝；4—45 钢＋铁素体焊缝

发生运动堆积，形成显微空腔；而溶解在金属晶格中的原子氢沿位错运动方向扩散，聚集到显微空腔内形成分子氢。这个过程的不断发展，必然造成显微空腔内产生很高的压力，最后导致金属变脆。

焊缝金属的脆化程度取决于含氢量、试验温度、变形速度及焊缝金属的组织结构等。对焊缝进行焊后脱氢处理，可明显减小脆化倾向。

(2) 白点。白点是氢含量较高的碳钢和低合金钢拉伸或弯曲断面上出现的银白色圆形脆断点，其直径一般为 0.5～3mm，其周围为韧性断口，在多数情况下，白点的中心常有夹杂物或气孔，又称鱼眼。金属的氢含量越高，出现白点的可能性越大。一旦产生白点，金属的塑性就会大大下降。

白点的产生也是由氢的行为引起的。在金属的塑性变形过程中，小夹杂物边缘的空隙和气孔像“陷阱”一样可以捕捉原子氢，并使原子氢在其内结合为分子氢，造成“陷阱”内的压力不断升高，最后导致局部发生脆断。

焊缝金属对白点的敏感性与含氢量、金属的组织结构及变形速度等有关。氢在铁素体中溶解度小，扩散速度快，易于逸出，因而铁素体钢不出现白点；而氢在奥氏体中的溶解度大，扩散很慢，难以聚集，因而奥氏体钢焊缝也不出现白点；但碳钢和用较多 Cr、Ni 和 Mo 合金化的焊缝，对白点很敏感。对焊缝进行焊后脱氢处理，可消除白点倾向。

(3) 气孔。氢在液态金属中的溶解度远高于它在固态金属中的溶解度，当熔池结晶时，过饱和的氢因脱溶析出在熔池中形成气泡。当气泡从熔池中逸出的速度小于熔池的结晶速度时，气泡将残留在焊缝金属中形成氢气孔。关于氢气孔的形成机理、影响因素以及预防措施等详细内容，将在本书第 10 章成型缺陷中详细介绍。

(4) 延迟裂纹。延迟裂纹是焊接过程结束之后经过一段时间才出现的一种危害性很大的裂纹，而氢是促使产生这种裂纹的主要因素之一。关于延迟裂纹的形成机理、影响因素以及预防措施等详细内容，将在本书第 10 章中加以专门论述。

4) 氢的控制措施

(1) 控制氢的来源。首先，限制焊接材料的含氢量。制造焊条、焊剂和药芯焊丝的原材料，如有机物、天然云母、白泥、长石和水玻璃等都不同程度地含有吸附水、结晶水、化合水或溶解的氢。因此，制造低氢焊接材料时，应尽量选用不含或含氢少的原材料，或对含结晶水的物质进行适当温度的烘焙或化学处理，降低其中含水量。焊接材料在大气中长期放置会吸潮，因此焊接材料在使用前应按规定进行烘干，烘干后应立即使用或放于低温(100℃)烘箱中，以防再次受潮。这是生产中最有效的去氢方法，尤其适用于低氢型焊条。烘干温度越高，去除水分的效果越好，但烘干温度不可过高，否则焊条药皮就会丧失其冶金作用。气体保护焊的保护气应采用低露点的气体，水分超标时应采用去水、干燥等措施。其次，清除焊丝和焊件表面上的杂质，如焊丝和焊件坡口附近的铁锈、油污和吸附水等，是增加焊缝含氢量的原因之一，需仔细清除。

(2) 冶金措施脱氢。可通过调整焊接材料的成分，使氢在焊接过程中生成比较稳定的、不溶于液态金属的氢化物，如 HF、OH 及其他稳定氢化物，降低氢在气相中的分压，减少氢在液态金属中的溶解度。具体措施如下。

① 在药皮和焊剂中加入氟化物。例如在焊条药皮中加入 7%～8%(质量分数)的 CaF_2、BaF_2、MgF_2 等，可有效降低接头的含氢量。氟化物的去氢机理主要有以下两种。

在高硅焊剂或酸性焊条药皮中加入氟石，CaF_2 与 SiO_2 共同作用，发生反应

$$2CaF_2+3SiO_2=2CaSiO_3+SiF_4 \tag{8-31}$$

生成的气体 SiF_4 沸点很低(90℃)，它以气态形式存在，并与气相中的原子氢和水蒸气发生反应，反应生成的 HF 在高温下比较稳定，既不发生分解，也不溶于液态金属，能散发到大气中，故能降低焊缝的氢含量。

$$SiF_4+3H=SiF+3HF \tag{8-32}$$

$$SiF_4+2H_2O=SiO_2+4HF \tag{8-33}$$

在碱性焊条药皮中加入氟石，CaF_2 首先与药皮中的水玻璃发生反应(以钠水玻璃为例)，结果是生成了 HF 气体，从而达到了脱氢的目的。

$$Na_2O\cdot nSiO_2+H_2O=2NaOH+nSiO_2 \tag{8-34}$$

$$2NaOH+CaF_2=Ca(OH)_2+2NaF \tag{8-35}$$

$$2NaF+H_2O+CO_2=Na_2CO_3+2HF \tag{8-36}$$

同时，在焊接气氛下，氟石可直接与氢原子和水分子发生反应：

$$CaF_2+2H=Ca+2HF \tag{8-37}$$

$$CaF_2+H_2O=CaO+2HF \tag{8-38}$$

② 控制焊接材料的氧化势。因为氧化性气体和熔渣可夺取氢生成高温稳定的 OH，从而使气相中的氢分压减小。因此，适当提高气相的氧化性，有利于降低焊缝的氢含量。

焊条药皮中碳酸盐受热分解形成的 CO_2 以及气体保护焊中所用的 CO_2，可与氢发生如下冶金反应：

$$CO_2+H=CO+OH \tag{8-39}$$

同样，焊条药皮中的 Fe_2O_3 以及其他物质分解出的氧，也可与氢发生冶金反应：

$$O+H=OH \tag{8-40}$$

$$O_2+H_2=2OH \tag{8-41}$$

反应的结果是生成了较为稳定的 OH，减小了气相中的氢分压，从而降低了焊缝金属的含氢量。

相反，如果在药皮中加入脱氧剂如钛铁时，由于降低了气氛的氧化性，导致焊缝的含氢量增加。因此，要得到含氢量和含氧量都比较低的焊缝，在加强脱氧的同时必须采取其他措施脱氢。

③ 在药皮或焊芯中加入微量的稀土元素。如微量稀土元素钇(Y)加入到药皮或焊芯中，能显著降低焊缝中扩散氢的含量，而且能提高焊缝的韧性。

(3) 采取工艺措施脱氢

① 控制焊接参数。在焊条电弧焊时，增大焊接电流，导致熔滴的吸氢量增加；增加

电弧电压使焊缝含氢量有某些减少。电流的种类和极性对焊缝含氢量也有影响，一般来讲，交流焊的焊缝含氢量比直流焊高，而直流反接的焊缝含氢量比直流正接低。因此，在可能的情况下，尽量选择直流反接。

应当指出，尽管焊接参数对焊缝含氢量有一定的影响，但通过控制焊接参数来控制焊缝含氢量的方法是很有限的。

② 进行焊后脱氢处理。焊后加热焊件，促使氢扩散外逸，从而减少接头中氢含量的工艺称为脱氢处理。一般将焊件加热到350℃，保温1h，即可将绝大部分的扩散氢去除，达到降低焊缝含氢量的目的。一般加热温度越高，保温时间越长，脱氢效果越明显，如图8.12所示。在焊接生产中，对易产生延迟裂纹的焊件常常要求焊后及时进行脱氢处理，对于奥氏体钢焊接接头进行脱氢处理效果不大。

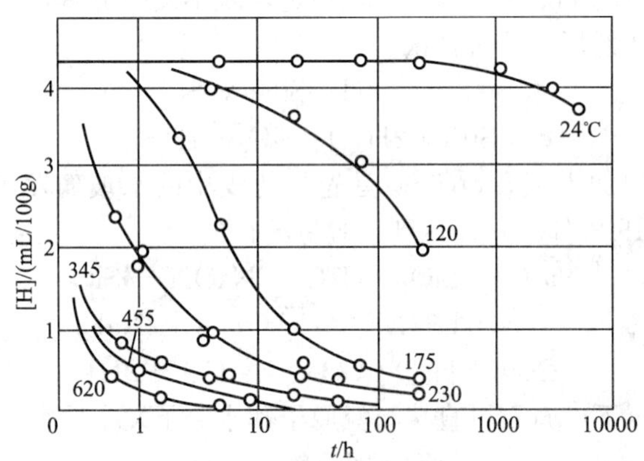

图8.12 焊后脱氢处理对焊缝含氢量的影响

3. 氧与金属的作用

根据氧与金属作用的特点，可把金属分为两大类。第一类金属(如Al、Mg等)焊接时发生激烈氧化，但不溶解氧；第二类金属(如Fe、Ni、Cu、Ti等)焊接时也发生氧化，能有限溶解氧，也能溶解相应的金属氧化物。如FeO可溶于铁及其合金中，这里介绍氧与铁的作用。

1) 氧在金属中的溶解

氧是以原子氧和FeO两种形式溶于液态铁中。如果与液态铁平衡的是纯FeO熔渣，则氧在其中的最大溶解度 $[O]_{max}$ 与温度的关系为

$$\lg[O]_{max}=-\frac{6320}{T}+2.734 \tag{8-42}$$

由此可见，氧在液态铁中的溶解度随着温度的升高而增大，如图8.13所示。

当液态铁中有第二种合金元素时，随着合金元素含量的增大，氧的溶解度降低，如图8.14所示。在液态铁的冷却过程中，氧的溶解度急剧下降，室温下α-Fe中几乎不溶解氧。钢和焊缝金属中所含的氧绝大部分是以氧化物如FeO、SiO_2、MnO、Al_2O_3等和硅酸盐夹杂物的形式存在，焊缝含氧量是指总含氧量而言，即包括溶解的氧和非金属夹杂物中的氧。

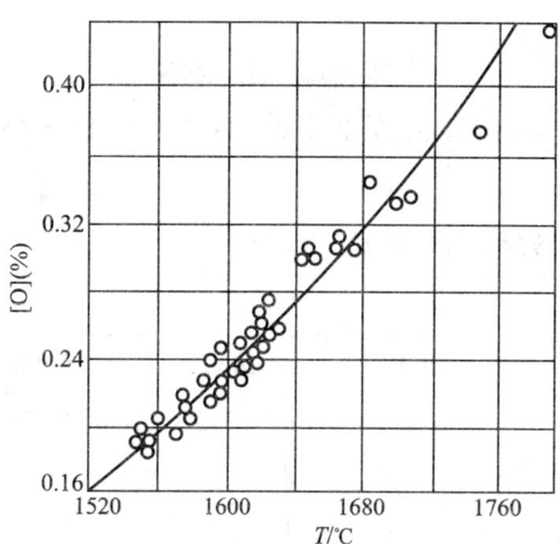

图 8.13 氧在液态铁中的溶解度与温度的关系

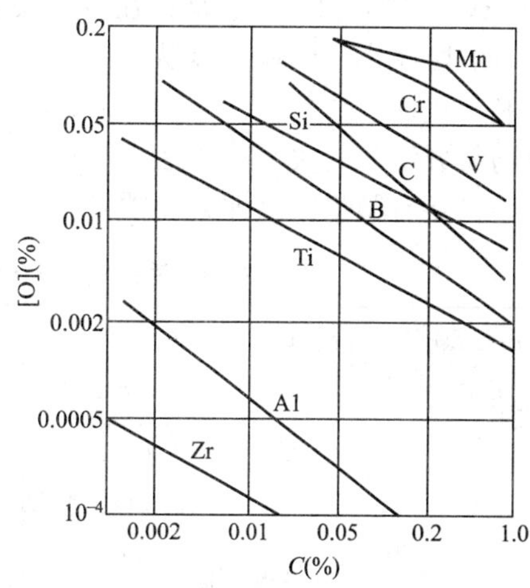

图 8.14 合金元素对氧在铁液中的溶解度的影响(1600℃)

2）氧化性气体对金属的氧化

焊接时金属的氧化是在各个反应区通过氧化性气体或熔渣与金属相互作用实现的，关于熔渣对金属的氧化在下一节介绍。焊接区里的氧化性气体主要指 O_2、H_2O、CO_2 及其混合气体等，它们与金属发生氧化反应，烧损合金元素，并使焊缝金属增氧，降低接头的性能。

(1) 金属氧化还原方向的判据。在一个由金属、金属氧化物和氧化性气体组成的系统中，判断金属是否被氧化，可用金属氧化物的分解压 p_{O_2} 作为判据。所谓分解压是指氧化物分解反应达到平衡状态时氧的分压，其数值越高，氧化物越易分解，金属越不易被氧化。

假设在金属-氧-金属氧化物系统中氧的实际分压为 $\{p_{O_2}\}$ 则

$\{p_{O_2}\}>p_{O_2}$ 时，金属被氧化；

$\{p_{O_2}\}=p_{O_2}$ 时，处于平衡状态；

$\{p_{O_2}\}<p_{O_2}$ 时，金属被还原。

金属氧化物的分解压是温度的函数，它随温度的升高而增加，如图 8.15 所示。

可以看出，除 Ni 和 Cu 外，在同样温度下 FeO 的分解压最大，即最不稳定。在 FeO 为纯凝聚相时，其分解压为

$$\lg p_{O_2}=-\frac{26730}{T}+6.43 \qquad (8-43)$$

实际上，FeO 不是纯凝聚相，而是溶于液态铁中，这时其分解压 p'_{O_2} 可用下式表示：

$$p'_{O_2}=p_{O_2}\frac{[FeO]^2}{[FeO]^2_{max}} \qquad (8-44)$$

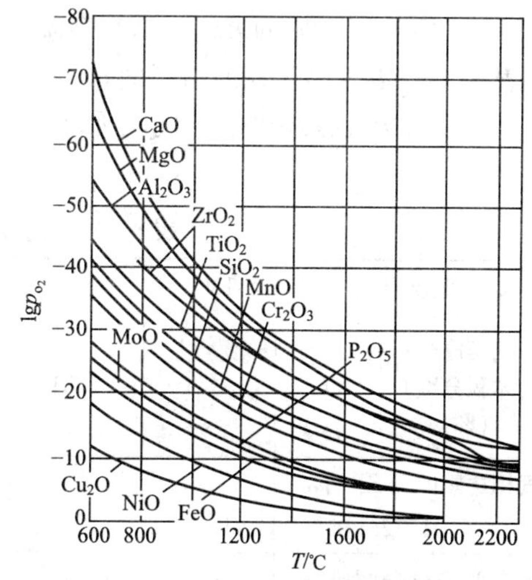

图 8.15 金属氧化物的分解压与温度的关系

式(8-44)中，[FeO] 是指溶解在液态铁

中的 FeO 浓度，$[FeO]_{max}$是指在液态铁中 FeO 的饱和浓度。由于 FeO 溶于液态铁中，使它的分解压减小，即铁更容易氧化。

利用式(8-42)、式(8-43)、式(8-44)，可计算出在不同温度下液态铁中［FeO］的浓度与其分解压的关系，见表 8-8。由此可见，在焊接温度下 FeO 的分解压是很小的，气相中只要有微量的氧即可使铁氧化。

表 8-8　液态铁中 FeO 的质量分数对其分解压 p'_{O_2} 的影响

在液态铁中含量(%)		p'_{O_2}				
[FeO]	[O]	1540	1600	1800	2000	2300
0.10	0.0222	7.4×10^{-11}	1.7×10^{-10}	1.56×10^{-9}	6.1×10^{-9}	4.8×10^{-8}
0.20	0.0444	2.9×10^{-10}	6.7×10^{-10}	6.25×10^{-9}	2.4×10^{-8}	1.9×10^{-7}
0.50	0.1110	1.8×10^{-9}	4.2×10^{-9}	3.9×10^{-8}	1.5×10^{-7}	1.2×10^{-6}
1.00	0.2220	—	—	1.5×10^{-7}	6.1×10^{-7}	4.8×10^{-6}
2.00	0.4440	—	—	—	2.4×10^{-6}	1.9×10^{-5}
3.00	0.6660	—	—	—	—	4.3×10^{-5}
$[FeO]_{max}$	—	4.0×10^{-9}	1.5×10^{-8}	3.4×10^{-7}	4.8×10^{-6}	1.08×10^{-4}

(2) 自由氧对金属的氧化。各种焊接方法中，自由状态的氧或多或少会进入焊接区中，气相中 O_2 的分压超过 FeO 的分解压时，将使 Fe 氧化。

$$[Fe]+1/2O_2=FeO+26.97kJ/mol \tag{8-45}$$

$$[Fe]+O=FeO+515.76kJ/mol \tag{8-46}$$

由这两个反应的热效应看，原子氧对铁的氧化比分子氧更激烈。除了铁以外，钢液中其他对氧亲和力比铁大的元素也会发生氧化，如

$$[C]+1/2O_2=CO\uparrow \tag{8-47}$$

$$[Mn]+1/2O_2=(MnO) \tag{8-48}$$

$$[Si]+O_2=(SiO_2) \tag{8-49}$$

(3) CO_2 对金属的氧化。CO_2 高温分解得到的平衡气相成分和气相中氧的分压 $\{p_{O_2}\}$ 见表 8-9。温度高于铁的熔点时，$\{p_{O_2}\}$ 远大于 FeO 的分解压 p_{O_2}。当温度高于 3000K 时，CO_2 的氧化性超过了空气。所以高温下 CO_2 对液态铁和其他许多金属均为活泼的氧化剂。

表 8-9　CO_2 分解得到的平衡气相成分

温度/K		1800	2000	2200	2500	3000	3500	4000
气相成分(体积分数)(%)	CO_2	99.34	97.74	93.94	81.10	44.26	16.69	5.92
	CO	0.44	1.51	4.04	12.60	37.16	55.54	62.72
	O_2	0.22	0.76	2.02	6.30	18.58	27.77	31.36
气相中氧的分压 $\{p_{O_2}\}$ /×101.325kPa		2.2×10^{-3}	7.6×10^{-3}	2.02×10^{-2}	6.3×10^{-2}	18.58×10^{-2}	27.77×10^{-2}	31.36×10^{-2}
饱和时 FeO 分解压 p_{O_2} /×101.325kPa		3.81×10^{-9}	1.08×10^{-7}	1.35×10^{-6}	5.3×10^{-5}	—	—	—

CO_2 对液态铁的氧化反应及反应平衡常数为

$$CO_2+[Fe]=CO+[FeO] \tag{8-50}$$

$$\lg K=-\frac{11576}{T}+6.855 \tag{8-51}$$

温度升高时，平衡常数 K 增大，有利于反应向铁氧化的方向进行，表明 CO_2 在熔滴阶段比在熔池阶段对金属的氧化能力强。即使气相中只有少量的 CO_2，对铁也有很大的氧化性。因此，用 CO_2 作保护气体只能防止空气中氮的侵入，不能避免金属的氧化。实际上在 CO_2 气体保护焊的焊丝中必须采用硅和锰作为脱氧剂，在含碳酸盐的焊条药皮中要加入脱氧剂，以获得质量合格的焊缝。

(4) H_2O 对金属的氧化。H_2O 气在高温下能分解生成自由氧，H_2O 气对液态铁的氧化反应及反应平衡常数为

$$H_2O+[Fe]=[FeO]+H_2 \tag{8-52}$$

$$\lg K=-\frac{10200}{T}+5.5 \tag{8-53}$$

可见，温度越高，H_2O 的氧化性越强。在液态铁存在的温度，H_2O 气的氧化性比 CO_2 小。但应注意，H_2O 气除了使金属氧化外，还会提高气相中 H_2 的分压，导致金属增氢。因此在考虑脱氧的同时，也必须同时脱氢。

(5) 混合气体对金属的氧化。焊条电弧焊时，焊接区的气相是多种气体的混合物。理论计算表明，在温度高于 2500K 时，钛铁矿型焊条和低氢型焊条电弧气氛中氧的分压 $\{p_{O_2}\}$ 大于 FeO 的分解压 p_{O_2}，因此混合气体对铁是氧化性的，药皮中必须加入脱氧剂。

气体保护焊时，为改善电弧的电、热和工艺特性，常采用氧化性混合保护气体，如 $Ar+O_2$、$Ar+CO_2$、$Ar+CO_2+O_2$，或 CO_2+O_2 等。目前评价混合气体氧化能力的指标为 $\sum O$(g/100g 金属)，即与 100g 焊缝金属反应的总氧量，可由各种合金元素的氧化损失量计算得到。

图 8.16 给出了 $\sum O$ 和焊缝氧含量与保护气体成分之间的关系。由图可见，在 CO_2 和 O_2 体积分数相同的条件下，$Ar+O_2$ 的氧化能力比 $Ar+CO_2$ 大；$Ar+15\%O_2$(体积分数)的氧化能力与纯 CO_2 相当。在所有混合气体中，随着 CO_2 和 O_2 含量的增加，焊缝中的氧含量增加。

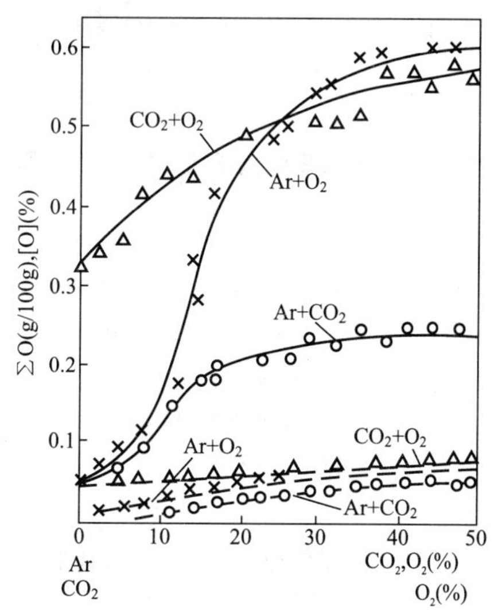

图 8.16 保护气体成分与 $\sum O$、焊缝含氧量之间的关系

实线—$\sum O$；虚线—焊缝含氧量

3) 氧对焊接质量的影响

焊接低碳钢时，尽管母材和焊丝的含氧量很低，但因为金属与气相和熔渣的作用，会使焊缝的含氧量增加，见表 8-10。不过焊接方法、焊接材料、工艺参数不同，焊缝的含氧量也不同。

表 8-10 不同焊接方法焊接低碳钢时焊缝的含氧量

焊接方法及焊接材料		氧的质量分数(%)	焊接方法及焊接材料	氧的质量分数(%)
焊条电弧焊	光焊丝	0.15～0.30	H08 焊丝	0.01～0.02
	钛型焊条	0.065	低碳钢母材	0.01～0.02
	钛钙型焊条	0.05～0.07	气焊	0.045～0.050
	钛铁矿型焊条	0.101	埋弧焊	0.03～0.05
	氧化铁型焊条	0.122	CO_2 焊	0.02～0.07
	纤维素型焊条	0.090	电渣焊	0.01～0.02
	低氢型焊条	0.02～0.03	氩弧焊	0.0017

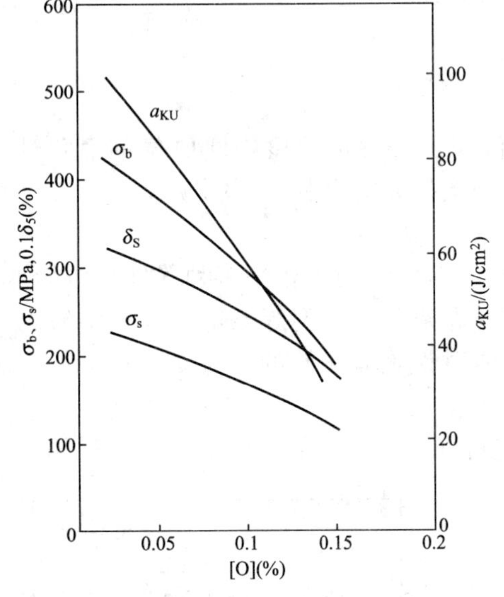

图 8.17 氧对低碳钢常温力学性能的影响

(1) 降低焊缝的力学性能。焊缝中的氧无论以何种形式存在，都会使焊缝的力学性能降低。如图 8.17 所示，随焊缝含氧量的增加，焊缝强度、塑性和韧性显著降低，尤其是低温冲击韧性急剧下降。

氧导致钢中有益元素的烧损，使焊缝性能变差，还可能引起焊缝的热脆、冷脆和时效硬化。

(2) 影响焊接过程稳定性和焊接质量。在钢材焊接中，当熔滴含氧和碳较多时，反应生成的 CO 气体受热膨胀，使熔滴爆炸，造成飞溅，从而影响焊接过程的稳定性。溶解在熔池中的氧与碳可发生反应，生成不溶于液态金属的 CO 气体，当液态金属凝固速度较快而 CO 来不及逸出时，将会在焊缝中形成 CO 气孔。

焊接材料具有氧化性并不都是有害的，比如为了减少焊缝含氢量，改进电弧的特性，有时要在焊接材料中特意加入一定量的氧化剂。

4) 氧的控制措施

在一般焊接过程中，焊接气氛和焊接熔渣具有一定的氧化性，导致焊接区内的金属必然会受到不同程度的氧化。因此，必须采取各种有效的控制措施，降低氧对焊接质量的不利影响，提高焊接接头的性能。

(1) 限制焊接材料的含氧量。在焊接活性金属、合金以及合金钢时，应尽量选用不含氧或含氧量少的焊接材料。比如采用高纯度的惰性保护气体，采用低氧甚至无氧的焊条及焊剂等。

(2) 控制焊接工艺参数。在焊接方法一定时，焊接参数对焊缝含氧量也有影响。一般来讲，电弧电压增加时，电弧长度增大，空气易于侵入，同时也增加了氧对熔滴的作用时间，从而使焊缝含氧量增加。因此，宜采用短弧进行焊接。

不同的焊接方法、电流种类、极性以及熔滴过渡特性等也都对焊缝含氧量有影响，但影响效果较为复杂，应根据具体情况具体分析。

(3) 采取冶金措施脱氧。实际上，通过控制焊接工艺参数来降低焊缝含氧量的方法是很有限的。除了限制对焊接材料的含氧量以外，控制焊缝含氧量的最有效措施就是冶金脱氧，具体内容参见下一节。

8.3 熔渣与液态金属的反应

在铸造的熔炼过程中，加入的固体熔渣材料如石灰石、氟石、硅砂等，熔化后形成低熔点复杂化合物，称为铸造熔渣。在焊接过程中，焊条药皮、药芯或埋弧焊用的焊剂，在电弧高温下也会发生熔化而形成焊接熔渣。液态熔渣与液态金属接触并发生化学冶金反应，影响铸件或焊件的性能。

8.3.1 熔渣及其性质

1. 熔渣的作用

熔渣在金属熔炼和焊接过程中具有以下作用。

(1) 机械保护作用。由于熔渣的熔点比液态金属低，密度一般比液态金属小，因此熔渣在高温下覆盖在液态金属的表面(包括焊接熔滴的表面)，将液态金属与空气隔离，这样可以减少热损失，避免液态金属的氧化和氮化，熔渣凝固后形成的渣壳，覆盖在金属的表面，可以防止处于高温的金属在空气中被氧化。

(2) 冶金处理作用。熔渣和液态金属之间可以通过一系列的物化反应，影响金属的成分与性能。适当的熔渣成分可以去除金属中的有害杂质，如脱氧、脱硫、脱磷、去氢等，熔渣还可以起到吸附或溶解液态金属中非金属夹杂物的作用，焊接熔渣还起到过渡合金元素的作用。通过控制熔渣的成分和性能，调整金属的成分和改善金属的性能。

(3) 改善成型工艺性能。适当的熔渣构成，可以改善焊接工艺性能，如电弧容易引燃、稳弧、减少飞溅、改善脱渣性能及焊缝外观成型等。在电弧炉中熔炼时，熔渣可起到稳定电弧燃烧的作用，采用熔渣保护浇注可减少铸件和铸型间的粘合，提高铸件表面质量并降低内应力。

当然，熔渣也有不利的作用，如强氧化性熔渣可以使液态金属增氧；密度或熔点与金属接近的熔渣易残留在金属中形成夹渣。因此对于不同的成型工艺过程，应合理地选择熔渣的组成，以控制成型件的质量与生产效益。

2. 熔渣的成分与分类

熔渣由多种化合物构成，其性能主要取决于熔渣的成分与结构。焊接熔渣按其成分可分为三类：

(1) 盐型熔渣。这类熔渣主要由金属氟酸盐、氯酸盐和不含氧的化合物组成。如 $CaF_2—NaF$、$CaF_2—BaCl_2—NaF$、$KCl—NaCl—Na_3AlF_6$、$BaF_2—MgF_2—CaF_2—LiF$ 等。盐型熔渣的氧化性很小，主要用于铝、钛等化学活性金属及其合金的焊接，也可用于焊接含活性元素的高合金钢。

(2) 盐-氧化物型熔渣。这类熔渣主要由氟化物和金属氧化物组成。常见的有 $CaF_2—CaO—Al_2O_3$、$CaF_2—CaO—SiO_2$、$CaF_2—MgO—Al_2O_3—SiO_2$ 等。这类熔渣的氧化性较小，主要用于焊接合金钢及低碳钢的重要结构件。

(3) 氧化物型熔渣。这类熔渣主要是由金属氧化物组成。如应用很广泛的 $MnO—SiO_2$、$FeO—MnO—SiO_2$、$CaO—TiO_2—SiO_2$ 等渣系都属于这个类型，此渣系一般含有较多的 MnO、SiO_2 等，具有较强的氧化性，主要用于焊接低碳钢和低合金钢的一般结构件。

表 8-11 中，列出了几种焊条和焊剂的熔渣成分，可见焊接熔渣实质上是由多种成分组成的复杂渣系，为研究方便，往往把含量少、影响小的次要成分舍去，简化为由含量多、影响大的成分组成的渣系。比如，低氢型焊条的熔渣可以看做是 $CaO—SiO_2—CaF_2$ 组成的三元简化渣系。

表 8-11 焊接熔渣的成分举例

焊条和焊剂类型	熔渣化学成分(%)										熔渣碱度		熔渣类型
	SiO_2	TiO_2	Al_2O_3	FeO	MnO	CaO	MgO	K_2O	Na_2O	CaF_2	B_1	B_2	
钛铁矿型	29.2	14.0	1.1	15.6	26.5	8.7	1.3	1.1	1.4	—	0.88	−0.1	氧化物型
钛型	23.4	37.7	10.0	6.9	11.7	3.7	0.5	2.9	2.2	—	0.43	−2.0	氧化物型
钛钙型	25.1	30.2	3.5	9.5	13.7	8.8	5.2	2.3	1.7	—	0.76	−0.9	氧化物型
纤维素型	34.7	17.5	5.5	11.9	14.4	2.1	5.8	4.3	3.8	—	0.60	−1.3	氧化物型
氧化铁型	40.4	1.3	4.5	22.7	19.3	1.3	4.6	1.5	1.8	—	0.60	−0.7	氧化物型
低氢型	24.1	7.0	1.5	4.0	3.5	35.8	—	0.8	0.8	20.3	1.86	+0.9	盐-氧化物型
HJ251	18.2～22.0	—	18.0～23.0	≤1.0	7.0～10.0	3.0～6.0	14.0～17.0	—	—	23.0～30.0	1.15～1.44	+0.048～+0.49	盐-氧化物型
HJ430	38.5	—	1.3	4.7	43.0	1.7	0.45	—	—	6.0	0.62	−0.33	氧化物型

铸造合金熔炼时，熔渣的组成与分类比较复杂。钢铁熔炼熔渣的主要成分有 SiO_2、CaO、Al_2O_3，另外，还包括 FeO、MgO、MnO 和少量的 CaF_2，表 8-12 列出了常见的冲天炉熔炼熔渣的组成。

表 8-12 冲天炉熔渣的化学成分(%)

熔渣	SiO_2	CaO	Al_2O_3	MgO	FeO	MnO	P_2O_5	FeS
酸性渣	40～55	20～30	5～15	1～5	3～15	2～10	0.1～0.5	0.2～0.8
碱性渣	20～35	35～50	10～20	10～15	～2	～2	～0.1	1～5

3. 熔渣的结构

熔渣的物化性质、熔渣与金属的作用都与液态熔渣的微观结构有密切的关系。目前有多种理论描述液态熔渣的结构，在此介绍分子理论、离子理论及分子-离子共存理论。

1) 分子理论

熔渣的分子理论是以凝固熔渣的相分析和化学成分分析结果为依据的，能定性地解释熔渣与金属之间的冶金反应，其要点如下。

(1) 液态熔渣是由化合物的分子组成的理想溶液。化合物分子包括简单氧化物的分子(如 CaO、SiO_2、Al_2O_3 等)、由氧化物结合而成的复合物的分子(如 $CaO \cdot SiO_2$、$MnO \cdot SiO_2$ 等)，以及氟化物、硫化物的分子等。自由氧化物分为酸性氧化物(如 SiO_2、TiO_2 等)、碱性氧化物(如 CaO、MnO 等)、中性氧化物(如 Fe_2O_3、Al_2O_3 等)3 类。

(2) 氧化物与其复合物之间处于化合与分解的动平衡状态。例如:

$$CaO + SiO_2 \rightleftharpoons CaO \cdot SiO_2 \tag{8-54}$$

升温时,上式向左进行,使渣中自由氧化物的含量增高;降温时,上式向右进行,使渣中自由氧化物的含量降低,复合物的含量增加。一般,强酸性氧化物与强碱性氧化物反应生成的复合物的稳定性好。

(3) 只有自由氧化物才能参与和液态金属的冶金反应。例如只有渣中自由的 FeO 才能参与下面的反应:

$$(FeO) + [C] = [Fe] + CO \tag{8-55}$$

而硅酸铁 $(FeO)_2 \cdot SiO_2$ 中的 FeO 不能参与上面的反应。

分子理论建立最早,能简明地、定性地解释熔渣与金属的冶金反应,至今仍广泛应用。但是,分子理论假设的熔渣结构无法解释许多重要现象,如熔渣的导电性,因此又出现了离子理论。

2) 离子理论

离子理论是在研究熔渣电化学性质的基础上提出来的。离子理论也有不同的假说。离子理论的要点如下。

(1) 液态熔渣是由阴阳离子组成的电中性溶液。熔渣中离子是由简单阴离子、简单阳离子以及复杂离子组成的。一般说,负电性大的元素得到电子以阴离子的形式存在,如 F^-、O^{2-}、S^{2-} 等;负电性小的元素失去电子形成阳离子,如 K^+、Na^+、Ca^{2+}、Mg^{2+}、Fe^{2+} 等。还有一些负电性比较大的元素,如 Si、Al 等,其阴离子往往不能独立存在,而与氧离子形成复杂的阴离子,如 SiO_4^{4-}、$Al_3O_7^{5-}$、PO_4^{3-} 等。

(2) 离子的分布和相互作用取决于它的综合矩。离子的综合矩可表示为

$$综合矩 = \frac{z}{r} \tag{8-56}$$

式中,z 是指离子的电荷(静电单位);r 是指离子的半径(10^{-1}nm)。

各种离子在 0℃时的综合矩见表 8-13。当升高温度时,离子半径 r 增大,综合矩减小,但表中各种离子的综合矩大小的顺序不变。离子的综合矩越大,说明它的静电场越强,与异号离子的引力越大。

表 8-13 离子的综合矩

离子	离子半径/nm	综合矩×10^2 (静电单位/cm)	离子	离子半径/nm	综合矩×10^2 (静电单位/cm)
K^+	0.133	3.61	Ti^{4+}	0.068	28.2
Na^+	0.095	5.05	Al^{3+}	0.050	28.8
Ca^{2+}	0.106	9.0	Si^{4+}	0.041	47.0
Mn^{2+}	0.091	10.6	F^-	0.133	3.6
Fe^{2+}	0.083	11.6	PO_4^{3-}	0.276	5.2
Mg^{2+}	0.078	12.9	S^{2-}	0.174	5.6
Mn^{3+}	0.070	20.6	SiO_4^{4-}	0.279	6.9
Fe^{3+}	0.067	21.5	O^{2-}	0.132	7.3

阳离子中Si^{4+}的综合矩最大，而阴离子中O^{2-}的综合矩最大，所以二者最易结合为复杂的硅氧阴离子，如SiO_4^{4-}。它的结构最简单，为一个四面体。随着渣中SiO_2含量的增多，经过不同的聚合反应可以形成链状、环状和网状结构的硅氧离子。硅氧离子的结构越复杂，其尺寸越大。

综合矩的大小还影响离子在渣中的分布。相互作用力大的异号离子彼此接近形成集团，相互作用力弱的异号离子也形成集团。所以当离子的综合矩相差较大时，熔渣的化学成分在微观上是不均匀的，离子的分布是近程有序的。

(3) 熔渣与金属的作用过程是原子与离子交换电荷的过程。例如硅还原铁氧化的过程是铁原子和硅离子在两相界面上交换电荷的过程，即

$$(Si^{4+})+2[Fe]=2(Fe^{2+})+[Si] \tag{8-57}$$

3) 分子-离子共存理论

实际的熔渣是十分复杂的，有些熔渣中不仅有离子，而且还有少量分子，单独使用分子理论和离子理论不能很好地解释一些物理现象。正因如此，提出了分子-离子共存理论。

分子-离子共存理论认为，复杂离子SiO_4^{4-}、PO_4^{3-}等是不稳定的，可以分解成SiO_2、P_2O_5、O^{2-}，比如SiO_4^{4-}的分解反应为

$$SiO_4^{4-}=SiO_2+2O^{2-} \tag{8-58}$$

因此熔渣是由金属阳离子(如Me^{2+}和Me^{+})、非金属阴离子(如O^{2-}、F^{-}、S^{2-})、SiO_2、硅酸盐和磷酸盐等具有共价键的化合物分子共同组成的。

4. 熔渣的性质

1) 熔渣的碱度

碱度是判断熔渣碱性强弱的指标，是熔渣的重要化学性质。它与熔渣在冶金过程中的行为有密切关系，如熔渣的氧化能力、黏度和表面张力等都与熔渣的碱度有密切关系。碱度的倒数称为酸度。

(1) 碱度的分子理论。根据分子理论，熔渣碱度就是熔渣中碱性氧化物与酸性氧化物浓度的比值。综合考虑到各种氧化物酸、碱性强弱程度的差别，以及酸性氧化物和碱性氧化物形成中性复合物的情况，用下面的公式计算熔渣碱度：

$$B_1=\frac{\sum_{i=1}^{m}a_iw_i}{\sum_{i=1}^{n}a_jw_j} \tag{8-59}$$

式中，w_i是指熔渣中第i种碱性氧化物(包括氟化物)的质量分数，a_i是指熔渣中第i种碱性氧化物(包括氟化物)的碱度系数，w_j是指熔渣中第j种酸性氧化物(包括中性氧化物)的质量分数，a_j是指熔渣中第j种酸性氧化物(包括中性氧化物)的碱度系数。

当$B_1>1$时为碱性渣；$B_1<1$时为酸性渣；$B_1=1$时为中性渣。表8-14中列出了各种氧化物(包括氟化物)的碱度系数，表8-11中焊接熔渣的碱度B_1就是按式(8-59)计算的。

表 8-14 分子理论中氧化物(包括氟化物)的碱度系数

分类	碱性氧化物						酸性氧化物			中性氧化物	氟化物
	CaO	MgO	K_2O	Na_2O	MnO	FeO	SiO_2	TiO_2	ZrO_2	Al_2O_3	CaF_2
a_i 或 a_j	0.018	0.015	0.014	0.014	0.007	0.007	0.017	0.005	0.005	0.005	0.006

(2) 碱度的离子理论。根据离子理论，把熔渣中自由氧离子 O^{2-} 的浓度(或氧离子的活度)定义为熔渣的碱度。渣中自由氧离子的活度越大，其碱度越大。用下面公式计算熔渣的碱度：

$$B_2=\sum_{k=1}^{n}a_k x_k \tag{8-60}$$

式中，x_k 是指第 k 种氧化物的摩尔分数，a_k 是指第 k 种氧化物的碱度系数。

$B_2>0$ 时为碱性渣；$B_2<0$ 为酸性渣；$B_2=0$ 为中性渣。表 8-15 中列出了各种氧化物的碱度系数，表 8-11 中焊接熔渣的碱度 B_2 就是按式(8-60)计算的，与 B_1 的结果相对比，所得到的结论基本上是一致的。

表 8-15 离子理论中氧化物(包括氟化物)的碱度系数

分类	碱性氧化物						酸性氧化物			中性氧化物	
	K_2O	Na_2O	CaO	MnO	MgO	FeO	SiO_2	TiO_2	ZrO_2	Al_2O_3	Fe_2O_3
a_k	9.0	8.5	6.05	4.8	4.0	3.4	−6.31	−4.97	−0.2	−0.2	0

2) 熔渣的黏度

熔渣的黏度是指熔渣内部各层之间相对运动时的内摩擦力，是熔渣的重要物理性质之一。黏度对铸造熔炼和焊接过程中的元素扩散、熔渣与金属间的反应、气体的逸出、热量的传递等均有显著的影响。熔渣的黏度往往是液态金属的数十到数百倍，这是熔渣能够保护熔融金属的根本所在。

黏度大时，保护效果差，冶金处理作用小；黏度过小时，保护作用也差，对成型也不利。焊接用熔渣的黏度为 0.1～0.2Pa·s(1500℃)比较合适，炼钢用熔渣的黏度一般在 0.02～0.1Pa·s(1600℃)比较合适。熔渣黏度取决于熔渣的成分和温度，实质上取决于熔渣的内部结构。一般而言，熔渣结构越复杂，阴离子的尺寸越大，熔渣质点的运动越困难，熔渣的黏度越大。

(1) 熔渣成分对黏度的影响。在酸性渣中，SiO_2 可与 O^{2-} 生成 SiO_4^{4-}、$Si_2O_7^{6-}$、$Si_3O_9^{6-}$、$Si_6O_{16}^{6-}$、SiO_4^{4-} 等复杂程度逐渐升高的 Si—O 阴离子。SiO_2 越多，Si—O 阴离子的聚合程度增大，尺寸也越大，熔渣的黏度越高。而加入碱性氧化物时，可提供较多的 O^{2-} 离子，Si—O 阴离子的结构趋于简单，尺寸减小，从而使熔渣黏度降低。

在碱性渣中，加入高熔点的碱性氧化物如 CaO 时，熔渣中可能出现未熔化的固体颗粒，从而使熔渣黏度增加。若此时加入适量的 SiO_2，它会与碱性氧化物形成 $CaO\cdot SiO_2$ 等低熔点的硅酸盐，减少了固体颗粒，有效降低了熔渣的黏度。

加入 CaF_2 均可降低熔渣的黏度。在酸性渣中，F^- 离子能破坏 Si—O 键，降低 Si—O 阴离子的尺寸；而在碱性渣中，CaF_2 能促使高熔点碱性氧化物的熔化，可降低非均匀相碱性渣的黏度。无论是酸性渣还是碱性渣，加入 CaF_2 均可降低熔渣的黏度。

(2) 温度对黏度的影响。熔渣的黏度随温度的升高而降低，但酸性渣和碱性渣黏度下降的趋势不同。

酸性渣中含有较多尺寸较大的 Si—O 阴离子。温度升高时，离子的热振动能增加，使尺寸较大的 Si—O 阴离子的极性键局部断开，形成尺寸较小的 Si—O 阴离子，因而熔渣的黏度下降。但尺寸较大且复杂的 Si—O 阴离子的解体是随温度的升高而逐渐进行的，因而熔渣的黏度是缓慢下降的。碱性渣主要由尺寸较小的离子所构成。当实际温度高于液相线温度时，熔渣的黏度迅速降低；当实际温度低于液相线温度时，渣中出现细小晶体，故熔渣黏度迅速增大。此外，温度升高可减少没有熔化的固体颗粒，也使熔渣的黏度下降。

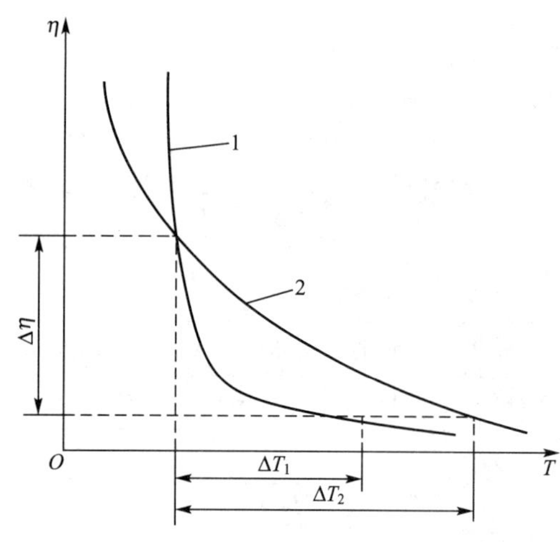

图 8.18 熔渣黏度与温度的关系

1—碱性渣；2—含 SiO_2 多的酸性渣

高温时，熔渣的黏度都很小。在焊条电弧焊中，当酸性渣和碱性渣的黏度同样变化 $\Delta\eta$ 时，对应温度的变化值 ΔT_1、ΔT_2 不同，如图 8.18 所示。含 SiO_2 多的酸性渣，凝固时间 ΔT_2 长，故称其为长渣，它不适于仰焊；碱性渣凝固时间 ΔT_1 短，即凝固时间短，称为短渣。低氢型焊条的熔渣属于短渣，它适于全位置焊接。

3) 熔渣的表面张力

熔渣的表面张力实际上是熔渣与气相之间的界面张力，它对熔滴过渡、焊缝成型、脱渣性能以及熔渣与金属间的冶金反应都有重要影响。

熔渣的表面张力除了与温度有关外，主要取决于熔渣组元质点间化学键的键能。表 8-16 列出了几种氧化物的化学键能和表面张力。其中，具有离子键的物质的键能较大，表面张力也较大，如 MnO、CaO、FeO、Al_2O_3 和 MgO 等。而像 SiO_2、TiO_2、B_2O_3 和 P_2O_5 等具有共价键的氧化物，其键能较小，表面张力也较小。

表 8-16 各种氧化物的化学键能和表面张力

氧化物	MnO	CaO	FeO	Al_2O_3	MgO	Na_2O	TiO_2	SiO_2	B_2O_3
化学键能/(kJ/mol)	1130	1200	1180	1170	1180	710	1040	995	710
表面张力/(10^{-3}N/m)	653	614	590	580	512	297	380	400	100

在熔渣中加入酸性氧化物，如 SiO_2、TiO_2、B_2O_3 等，可以形成综合矩较小的阴离子，与阳离子的结合力较弱，可以降低熔渣的表面张力。

在熔渣中加入碱性氧化物，如 MnO、CaO、MgO 等，可以形成综合矩较大的阳离子，与阴离子的结合力较强，可以增加熔渣的表面张力。

另外，升高温度和加入 CaF_2 都可以减小表面张力。

4) 熔渣的熔点

熔渣是由多种化合物混合而成的多组元体系，其固液转变是在一个温度区间进行的，而不是一个固定的数值，因此常将固态熔渣开始熔化的温度称为熔渣的熔点。

影响熔渣熔点的本质因素是熔渣的成分及颗粒度。熔渣中所含的难熔物质越多，颗粒度越大，熔渣的熔点越高。通过调整熔渣组成物的种类和配比，可以有效调整熔渣的熔点。

熔渣的熔点应与金属熔点相配合。合金熔炼时，在一定的炉温下，熔渣的熔点越低，过热度越高，熔渣的流动性越好，冶金反应越容易进行。如果熔点过低，流动性太好，熔渣对炉壁的冲刷侵蚀作用加重，且在浇注时熔渣不易与金属液分离，容易造成铸件夹杂。一般冲天炉炼铁时熔渣的熔点在1300℃左右。对于焊接过程来讲，若熔渣的熔点过高，会造成液态金属与熔渣的反应不充分，易形成夹渣，并压迫熔池金属影响焊缝外观成型。熔点过低时，熔渣不能在焊缝凝固后及时凝固，使熔渣的覆盖性变差，也会影响对焊缝的保护及外观成型。一般焊接钢时熔渣的熔点在1150～1350℃。另外，焊条药皮的造渣温度即药皮开始熔化的温度要合适。如果造渣温度过高，使焊条药皮套筒过长，电弧不稳定，药皮成块脱落，导致冶金反应波动，焊缝成分不均匀。反之，则药皮过早熔化，保护作用变差，并对电弧集中性和熔滴过渡状态产生不良影响。一般要求药皮的造渣温度比焊芯的熔点低100～250℃。药芯焊丝焊接时，造渣温度过高使药芯落后于钢带外皮熔化，裸露于焊丝端部外；反之，则药芯提前熔化，焊丝端部只是空心管状外皮，也都会产生不利影响。

8.3.2 熔渣对液态金属的氧化

高温下覆盖在液态金属表面的熔渣，会因熔渣自身成分与性能特点污染液态金属，比如氧化性较强的熔渣对液态金属的氧化。熔渣的氧化或还原能力是指熔渣向液态金属中传入氧或从液态金属中导出氧的能力。氧化性较强的熔渣又称为活性熔渣。

熔渣对液态金属的氧化有扩散氧化和置换氧化两种形式。

1. 扩散氧化

扩散氧化是指熔渣中的氧化物通过扩散进入液态金属使其增氧。FeO既能溶于渣中又溶于液态钢中，在一定温度下，它在两相中的平衡浓度符合分配定律：

$$L=(FeO)/[FeO] \quad (8-61)$$

式中，L是指FeO在熔渣和液态铁中的分配系数，(FeO)指FeO在熔渣中的质量分数，[FeO]指FeO在液态铁中的质量分数。

当温度不变时，增加液态熔渣中的含量(FeO)，它将向液态金属中扩散，使金属中的含氧量增加。焊接低碳钢时的情况如图8.19所示。

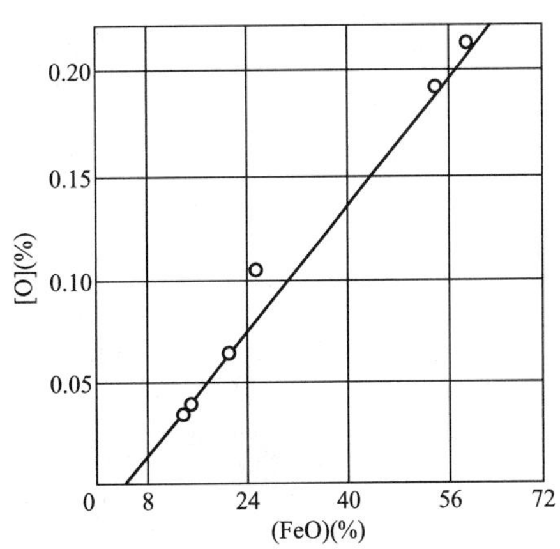

图8.19 低碳钢熔渣中的FeO含量与焊缝中含氧量的关系

FeO的分配常数L与温度和熔渣的性质有关。

在SiO_2饱和的酸性渣中：

$$\lg L=\frac{4906}{T}-1.877 \quad (8-62)$$

在CaO饱和的碱性渣中：

$$\lg L=\frac{5014}{T}-1.980 \quad (8-63)$$

由上面两式可以看出，温度升高，L 值减小，即在高温时，FeO 更容易向钢中扩散。在焊接温度下，$L>1$，所以 FeO 在熔渣中的比例要大一些。在整个焊接过程中，扩散氧化主要发生在熔滴阶段和熔池前部高温区。

比较两式中 L 的大小，在同样温度下，FeO 在碱性渣中比在酸性渣中更容易向金属中分配。也就是说，在熔渣中含 FeO 相同的情况下，碱性渣时金属中的含氧量比酸性渣时大。这种现象可以用熔渣的分子理论来解释，碱性渣中 SiO_2、TiO_2 等酸性氧化物较少，FeO 大部分以自由状态存在，即 FeO 在渣中的活度系数大，因而容易向金属中扩散，使液态金属中增氧。正是由于这个原因，在碱性焊条药皮中一般不加入含 FeO 的物质，并要求焊接时严格清除焊件表面上的氧化皮和铁锈，否则，将使焊缝增氧并可能产生气孔等缺陷，这就是碱性焊条对铁锈和氧化皮敏感性大的原因。相反，在酸性渣中 SiO_2、TiO_2 等酸性氧化物较多，它们能与 FeO 形成复合物，如 $FeO\cdot SiO_2$，使自由 FeO 减少，故在熔渣中 FeO 含量相同的情况下，扩散到金属中的氧较少。但是，不应当由此误认为碱性焊条的焊缝含氧量比酸性焊条的高。恰恰相反，多数情况下碱性焊条的焊缝含氧量比酸性焊条低。这是因为尽管碱性渣中 FeO 的活度系数大，但碱性焊条的药皮一般不含 FeO，而且加入了多种脱氧剂，使碱性渣中 FeO 的含量并不高，因此碱性渣对液态金属的氧化性比酸性渣要小。

实际上，影响扩散氧化进行程度的因素包括渣液界面附近的 FeO 的扩散速度、接触界面面积大小以及扩散反应时间。焊接熔渣在高温液态下的存在时间较短，扩散氧化程度一般不能达到理想的平衡状态。在合金熔炼过程中，熔融熔渣保持的时间较长，扩散氧化进行得较为充分。

2. 置换氧化

置换氧化是指某一金属与其他金属或非金属氧化物发生置换反应而导致的氧化。

焊接钢时，如果熔渣中含有较多易分解的氧化物，便可以与液态铁发生置换反应，使铁氧化，同时氧化物中的合金元素被还原。例如埋弧焊时，用低碳钢焊丝配合高硅高锰焊剂 HJ431 易发生如下反应

$$(SiO_2)+2[Fe]=[Si]+2FeO \quad \begin{matrix}\nearrow (FeO)\\ \searrow [FeO]\end{matrix} \tag{8-64}$$

$$\lg K_{Si}=\lg\frac{(FeO)^2[Si]}{(SiO_2)}=-\frac{13460}{T}+6.04 \tag{8-65}$$

$$(MnO)+[Fe]=[Mn]+FeO \quad \begin{matrix}\nearrow (FeO)\\ \searrow [FeO]\end{matrix} \tag{8-66}$$

$$\lg K_{Mn}=\lg\frac{(FeO)[Mn]}{(MnO)}=-\frac{6600}{T}+3.16 \tag{8-67}$$

反应生成的 FeO 大部分进入熔渣，小部分溶于液态金属，使之增氧。同时反应生成的锰和硅进入液态铁中，使液态金属增硅和增锰。

上述反应的方向和限度，取决于温度、熔渣中 MnO、SiO_2、FeO 的活度和液态金属中 Si、Mn 的原始含量、焊接工艺参数等因素。

由式(8-65)和式(8-67)可以看出，温度升高，平衡常数增大，反应向右进行。因此，置换氧化反应也主要发生在熔滴阶段与熔池前部的高温区。而在熔池的后部，由于温度下降上述反应向左进行，已经还原的 Si、Mn 有一部分会重新被氧化，生成的 SiO_2、MnO 有可能成为非金属夹杂物留在焊缝中。

渣中 SiO_2 和 MnO 的活度 $A_{F(SiO_2)}$、$A_{F(MnO)}$ 与 SiO_2 和 MnO 在渣中的质量分数(SiO_2)、(MnO)及熔渣碱度有关，经验计算式如下：

$$A_{F(SiO_2)}=\frac{(SiO_2)}{100B_1} \tag{8-68}$$

$$A_{F(MnO)}=\frac{0.42B_1(MnO)}{100} \tag{8-69}$$

可见，碱度 B_1 增大时，$A_{F(SiO_2)}$ 降低，$A_{F(MnO)}$ 则增大。熔渣中的 TiO_2 和 B_2O_3 等氧化物也可与 Fe 进行较弱的置换氧化反应。综合反应的激烈程度与熔渣的冶金活性有关，对于熔炼焊剂可用活性系数 A_f 来反映其熔渣的冶金活性，用以评价其对金属的氧化能力。A_f 与碱度 B_1 有关，即

$$A_f=[(SiO_2)+0.5(TiO_2)+0.4(ZrO_2)+0.4(Al_2O_3)+0.42B_1^2(MnO)]/100B_1 \tag{8-70}$$

A_f 越大，氧化性越强。根据 A_f 的大小可将熔炼焊剂区分为高活性($A_f>0.6$)、活性($A_f=0.3\sim0.6$)、低活性($A_f=0.1\sim0.3$)及惰性($A_f<0.1$)4 种。

焊接过程中，当焊丝或焊条药皮中含有 Al、Ti、Cr 等对氧亲和力比铁大的元素时，它们将与 SiO_2、MnO 发生更为激烈的置换氧化反应。例如

$$4[Al]+3SiO_2=2(Al_2O_3)+3[Si] \tag{8-71}$$

$$2[Al]+3MnO=(Al_2O_3)+3[Mn] \tag{8-72}$$

反应生成的 Al_2O_3 使焊缝中非金属夹杂物增多，同时 Si、Mn 的含量增大。这对于合金含量较高的钢种将严重降低接头的力学性能，尤其是低温韧性。因此这类材料的焊接应选择熔渣中 SiO_2、MnO 含量少的盐型或盐-氧化物型熔渣。

焊接低碳钢和低合金钢时，尽管上述反应使焊缝增氧，但因硅和锰同时增加，使焊缝性能仍能满足使用要求，所以高硅高锰焊剂配合低碳钢焊丝埋弧焊广泛用于焊接低碳钢和低合金钢。但焊接中、高合金钢时，焊缝含氧和硅量的增加，会降低焊缝的抗裂性和力学性能，特别是低温韧性会降低很多。在配置高合金钢用焊条或焊剂时，必须控制或去除药皮或焊丝中 SiO_2 量，并利用不含硅酸盐的粘结剂。

对于炼钢来说，金属的氧化主要发生在炉料熔化过程中。炉气中的氧化性气体溶入液态金属中，与炉料中的铁、锰、硅、磷等元素反应，生成 FeO、MnO、SiO_2、P_2O_5 等氧化物进入渣相。Mn 和 Si 等元素与钢液中的 FeO 发生如下的置换反应：

$$2(FeO)+[Si]=(SiO_2)+2[Fe] \tag{8-73}$$

$$(FeO)+[Mn]=(MnO)+[Fe] \tag{8-74}$$

上述两个反应是式(8-64)和(8-66)的逆反应，Mn 和 Si 的氧化反应都是放热反应，在熔化期炉温较低，因此有利于上述氧化反应的进行。同时因为氧化产物 SiO_2 在炉渣中完全被碱性氧化物如 CaO 等结合，无法被还原出来，所以 Si 的氧化是十分彻底的，在炉

料熔化后，一般情况下钢液中只有微量的 Si 残留。而 MnO 是碱性氧化物，故碱渣中不利于 Mn 的氧化，Mn 元素的损失量要比 Si 少一些。

8.4 液态金属的净化

在液态成型的过程中，液态金属与气相、渣相的相互作用，导致气孔、夹杂、裂纹等成型缺陷，影响铸件或焊件的力学性能。为此，利用一定的物理化学原理和采取相应的工艺措施，尽量降低有害元素氮、氢、氧、硫、磷的含量，本节重点讨论脱氧、脱硫、脱磷的问题。

8.4.1 液态金属的脱氧

如前所述氧化性气体与活性熔渣的共同作用导致液态金属的增氧。脱氧的目的是尽量减少金属及其合金中的含氧量。一方面减少氧在液态金属中的溶解，要防止金属氧化；另一方面，注意脱氧产物的排除，因为它们是金属及合金中非金属夹杂物的主要来源，会增加铸件或焊件的含氧量。

冶金脱氧通过在金属的熔炼中或在焊丝、焊剂或药皮中加入脱氧元素，减轻金属及其合金元素的氧化程度或使被氧化的金属从其氧化物中还原出来。用于脱氧的元素或铁合金叫脱氧剂。焊接的脱氧反应是分区域进行的，按其进行的方式和特点分为先期脱氧、沉淀脱氧和扩散脱氧。铸造熔炼的脱氧方式包括沉淀脱氧和扩散脱氧两种。

1. 选择脱氧剂的原则

为了达到脱氧的目的，选择脱氧剂应满足以下要求。

(1) 脱氧剂与氧的亲和力应大于需还原的金属与氧的亲和力。即脱氧产物在钢液中应比需还原金属的氧化物稳定。在 1600℃的温度下，各种元素对氧的亲和力由小到大的排列顺序为 Cr、Nb、Mn、V、C 、Si、B、Ti、Al、Zr 和 Ce。在其他条件相同的情况下，元素对氧的亲和力越大，脱氧能力越强。

(2) 脱氧的产物应不溶于液态金属，其密度也应小于液态金属的密度。尽量使脱氧产物处于液态，这样有利于脱氧产物在液态金属中聚合成大的质点，加快上浮到渣中的速度，减少夹杂物的数量，提高脱氧效果。

(3) 必须考虑未与氧结合的剩余脱氧剂对金属性能的影响，在满足技术要求的前提下，还应考虑成本。

根据以上原则，炼钢和焊接钢时常用的脱氧剂有 Mn、Si、Ti、Al，实际生产上，常用它们的铁合金或金属粉，如锰铁、硅铁、钛铁和铝粉、硅锰合金等形式加入。

2. 先期脱氧

在药皮加热阶段，固态药皮中进行的脱氧反应叫先期脱氧。其特点是，脱氧过程和脱氧产物与高温熔滴不发生直接关系。

在焊条电弧焊中，药皮被加热时，脱氧剂会与高价氧化物和碳酸盐分解出的 O_2 和 CO_2 发生反应，从而降低电弧气氛的氧化性。例如，Mn、Si、Al、Ti 先期脱氧的冶金反应为

$$Fe_2O_3 + Mn = MnO + 2FeO \tag{8-75}$$

$$FeO + Mn = MnO + Fe \tag{8-76}$$

$$MnO_2 + Mn = 2MnO \tag{8-77}$$

$$2CaCO_3 + Ti = 2CaO + TiO_2 + 2CO \tag{8-78}$$

$$3CaCO_3 + 2Al = 3CaO + Al_2O_3 + 3CO \tag{8-79}$$

$$2CaCO_3 + Si = 2CaO + SiO_2 + 2CO \tag{8-80}$$

$$CaCO_3 + Mn = CaO + MnO + CO \tag{8-81}$$

由于Al和Ti对氧的亲和力很大，在先期脱氧中绝大部分被消耗，起到了很好的脱氧作用。也正因为这样，Al和Ti不易过渡到液态金属中，对后续的沉淀脱氧的作用不大。

先期脱氧的效果与脱氧剂对氧的亲和力、数量、粒度以及焊接参数有关。由于药皮加热阶段的温度较低、传质条件差，故先期脱氧的效果是不充分的，仍需进一步脱氧。

3. 扩散脱氧

扩散脱氧是指氧化物通过扩散从液态金属进入熔渣，从而降低金属含氧量的一种脱氧方式。从本质上讲，扩散脱氧是扩散氧化的逆过程，发生在液态金属与熔渣的界面上，是以分配定律为理论基础的。

根据式(8-61)、式(8-62)、式(8-63)的分析可知。当温度下降时，L越大，说明FeO在低温时易向熔渣中分配。在相同温度下，酸性渣比碱性渣易使FeO向熔渣中分配。也就是说，酸性渣比碱性渣有利于扩散脱氧。这是因为，酸性渣中的SiO_2和TiO_2可与FeO生成复合物$FeO \cdot SiO_2$和$FeO \cdot TiO_2$，使FeO的活度减小，有利于扩散脱氧的进行；而碱性渣中FeO的活度大，降低了扩散脱氧的能力。

焊接时熔池与熔渣发生激烈的搅拌，并在气体和电弧的吹力作用下，熔渣不断向熔池后部运动，同时把脱氧产物带到熔渣中去，这有利于扩散脱氧。因为扩散脱氧是在熔池尾部的低温区进行的，低温下氧的扩散速度慢，焊接冷速大扩散时间短，因而导致扩散脱氧的不充分。但由于扩散脱氧是在液态金属与熔渣的界面上进行的，因而不会造成夹杂问题。

炼钢时的扩散脱氧是指将粉状脱氧剂如硅铁粉、碳粉、电石粉等强脱氧剂撒在渣液面上，使脱氧元素与渣中的FeO发生反应而脱氧。

碳的扩散脱氧反应为

$$C + (FeO) = CO + [Fe] \tag{8-82}$$

硅的扩散脱氧反应为

$$Si + 2(FeO) = (SiO_2) + 2[Fe] \tag{8-83}$$

电石粉的扩散脱氧反应

$$CaC_2 + 3(FeO) = 3[Fe] + (CaO) + 2CO \tag{8-84}$$

脱氧生成的铁返回钢液中，SiO_2、CaO等溶解在渣中，而CO则进入炉气中。随着脱氧过程的进行，熔渣中的FeO含量逐渐减少，钢液中的FeO就向熔渣扩散，从而间接达到了除去钢液中FeO的目的。和焊接成型一样，铸造熔炼时扩散脱氧的优点是脱氧产物保留于熔渣中，钢液不易被脱氧产物所沾污，钢的质量较高。但是因为扩散时间较长，脱氧速度慢，炉衬受高温炉渣侵蚀较严重。

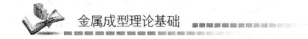

4. 沉淀脱氧

沉淀脱氧主要是指利用溶解在液态金属中的脱氧剂将金属及其合金从其氧化物中还原出来，并使脱氧产物浮到熔渣中去的脱氧方式。其特点是，脱氧速度快，脱氧彻底，但脱氧产物不能清除时将增加金属液中杂质的含量。

常用锰和硅作为沉淀脱氧的脱氧剂，分为锰的脱氧、硅的脱氧和锰硅联合脱氧 3 种类型。

1）锰的脱氧反应

锰是常用的脱氧剂，一般在焊条药皮或焊丝、炼钢的原料中加入锰铁。可与液态金属中的 FeO 进行如下的脱氧反应：

$$[FeO]+[Mn]=(MnO)+[Fe] \tag{8-85}$$

该反应实质上是式(8－66)置换氧化反应的逆反应，故温度降低有利于反应向右进行。由式(8－85)可以看出，增加钢液中锰的含量，减少渣中 MnO 的含量，均可提高锰的脱氧效果。

值得说明的是，熔渣性质对锰的脱氧效果有很大影响。酸性渣中含有较多的 SiO_2 和 TiO_2，它们能与脱氧产物 MnO 生成复合物 $MnO \cdot SiO_2$ 和 $MnO \cdot TiO_2$，降低了渣中 MnO 的活度，故脱氧效果较好。SiO_2 对锰脱氧的影响如图 8.20 所示；而碱性渣正好相反，碱度越大，渣中 MnO 的活度越高，锰的脱氧效果越差。正是由于这个原因，酸性焊条或药芯焊丝常用锰铁作为脱氧剂，而碱性焊条一般不单独用锰铁作为脱氧剂。

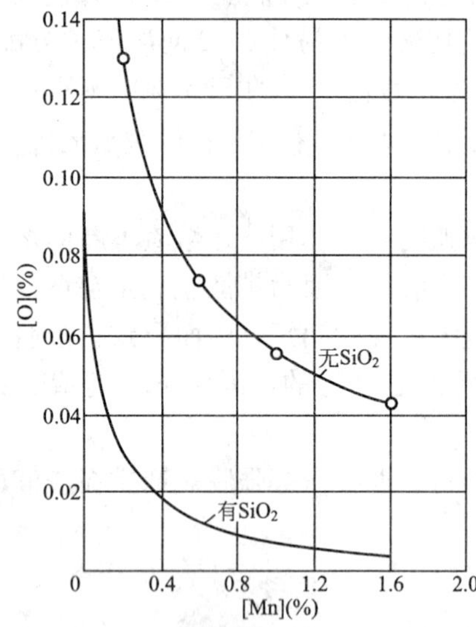

图 8.20　SiO_2 对锰脱氧的影响(1600℃)

2）硅的脱氧反应

一般在焊条药皮或焊丝、炼钢的原料中加入适量的硅铁作为脱氧剂，可与 FeO 进行如下的沉淀脱氧反应：

$$2[FeO]+[Si]=(SiO_2)+2[Fe] \tag{8-86}$$

该反应实质上是式(8－64)置换氧化反应的逆反应，温度降低有利于反应向右进行。由式(8－86)可以看出，增加钢液中硅的含量，减少渣中 SiO_2 的含量，均可提高硅的脱氧效果。而且，由于硅的脱氧产物 SiO_2 为酸性氧化物，故提高熔渣的碱度有利于脱氧。

硅的脱氧能力比锰强，但脱氧产物 SiO_2 的熔点高，见表 8－17，通常认为处于固态，难以聚合为大的质点，不利于上浮；而且 SiO_2 与钢液的界面张力小，润湿性好，难于从钢液中分离出来，容易形成夹杂。因此，一般不单独用硅进行脱氧。

表 8－17　几种化合物的熔点和密度

氧化物	FeO	MnO	SiO_2	TiO_2	Al_2O_3	$(FeO)_2 \cdot SiO_2$	$MnO \cdot SiO_2$
熔点/℃	1370	1580	1713	1825	2050	1205	1270
密度/(g/cm³)	5.80	5.11	2.26	4.07	3.95	4.30	3.60

3）锰硅联合脱氧反应

锰硅联合脱氧是指将锰和硅按适当比例加入，进行共同脱氧的方法。当所加入的锰、硅质量比介于3～7之间时，脱氧产物MnO和SiO_2能够复合生成硅酸盐MnO·SiO_2，有利于脱氧反应的进行。由表8-17可知，MnO·SiO_2的密度小、熔点低，在钢液中处于液态，易于聚合成大的质点而浮到熔渣中，这样既保证高的脱氧能力，又可避免单纯硅脱氧的缺点。

正因如此，在碱性焊条药皮设计中，常常加入锰铁和硅铁作为联合脱氧剂，同时还采用钛铁进行先期脱氧，取得了较好的脱氧效果。

在CO_2气体保护焊中，根据锰硅联合脱氧的原则，在焊丝中加入适当比例的锰和硅，如H08Mn2SiA，从而达到降低焊缝含氧量的目的。在各种实用的焊丝中，锰、硅质量比介于1.5～3。用含有锰和硅的低碳钢焊丝进行CO_2焊时，所形成的熔渣主要由MnO和SiO_2所组成。当锰和硅的比例不同时，焊缝中的夹杂物含量是不同的见表8-18。

表8-18 CO_2气体保护焊焊接低碳钢时焊缝成分与夹杂物的关系

焊丝牌号	焊缝组元的质量分数(%)				熔渣组成物的质量分数(%)				焊缝夹杂物的质量分数(%)
	C	Mn	Si	Mn/Si	MnO	SiO_2	FeO	S	
H08MnSiA	0.14	0.82	0.47	1.7	38.7	48.2	10.6	0.016	0.014
H08Mn2SiA	0.14	0.72	0.23	3.1	47.6	41.9	8.5	0.050	0.009

铸造熔炼时沉淀脱氧的原理和焊接过程相似，但是脱氧剂的加入方式不同。熔炼钢时往往将锰铁、硅铁、铝块等脱氧剂直接加入钢液中，使之与钢中溶解的氧结合成不溶于钢液的氧化物或复合氧化物而析出。这种方法的优点是操作简便，脱氧速度快，节省时间，成本低；其缺点是部分脱氧产物MnO、SiO_2等容易残留在钢液中，降低了钢液的纯净度，使钢的质量受到一定的影响。因此，假若不采取炉外精炼等其他措施，靠这种方法脱氧的转炉就不能生产某些质量要求很严格的钢种，而只能生产一些常用钢种。

采用含两种以上脱氧元素的复合脱氧剂如硅锰、硅钙、硅锰铝等，是钢液脱氧的重要发展方向。因为这种脱氧剂熔点低，熔化快，各种脱氧反应在同一区域进行，有利于低熔点脱氧产物的形成、聚集和排除；而且有利于提高易挥发元素的溶解度，减少元素的损失，提高脱氧元素的脱氧效率。比如钙具有很强的脱氧能力，但其蒸气压高，在钢中溶解度低，脱氧效果不良，而采用硅钙合金作脱氧剂，则可提高钙的溶解度，减少蒸发损失，易生成低熔点的硅酸钙，硅钙合金是有效的脱氧剂。

8.4.2 液态金属的脱硫

1. *硫的危害*

硫是钢中的有害元素之一。当硫以FeS的形式存在时危害最大，因为FeS与液态铁无限互溶，而在室温下固态铁中溶解度很小，仅为0.015%～0.02%，如图8.21所示。在凝固过程中，FeS能与Fe形成熔点为985℃的低熔共晶Fe＋FeS，或与FeO形成熔点为940℃的低熔共晶FeO＋FeS，以片状或链状分布于晶界，增加了金属产生热裂纹的倾向，同时降低了钢的冲击韧性和耐蚀性能。对于高镍合金钢，由于硫与镍能结合成NiS，而

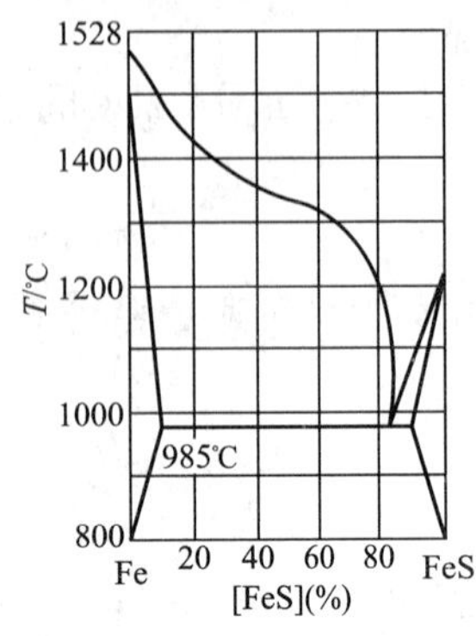

图 8.21 Fe－FeS 状态图

NiS 与镍能形成熔点只有 644℃的低熔共晶 Ni＋NiS，产生热裂纹的倾向会显著增大。当钢中含碳量增加时，更加重了硫在晶界处的偏析行为，使其危害程度进一步加大。

2. 硫的控制

1）限制炉料和焊接材料中的含硫量

铸造熔炼时铁液中硫的来源主要有两个途径：一是金属炉料中原有的硫，二是熔炼过程中从焦炭吸收的硫。因此，熔炼时应尽量选择含硫量低的炉料和焦炭。

焊接时硫的来源主要是母材和焊接材料。母材的硫含量几乎可以完全过渡到焊缝金属中去，焊丝中的硫约有 75%可以过渡到焊缝金属中去，药皮、焊剂和药芯中的硫约有 50%可以过渡到焊缝金属中去。因为母材的含硫量比较低，因此严格控制焊接材料的含硫量是控制焊缝含硫量的关键措施。

2）采用冶金方法脱硫

为减少液态金属的含硫量，可以采用冶金措施脱硫，包括沉淀脱硫和熔渣脱硫两种途径。

(1) 沉淀脱硫。就是在液态金属中加入对硫的亲和力比铁大的元素，把铁从 FeS 中还原出来，生成不溶于此种液态金属的硫化物，上浮入熔渣的脱硫方法。由硫化物的生成自由能可知，Mn、Mg 等元素在高温时对硫有较大的亲和力，可以用来进行沉淀脱硫。

铁水温度相对钢液温度较低，且其中碳、硅含量高，因此硫在铁水中的活度系数比在钢液中大。镁和锰在铁水中的脱硫效果较好，例如在球墨铸铁生产中，作为球化剂的镁有很强的脱硫作用。当金属镁加入到铁水中后，在铁液中发生以下两个脱硫反应：

$$Mg_{(g)}+[S]=(MgS) \qquad (8-87)$$

$$[Mg]+[S]=(MgS) \qquad (8-88)$$

炼钢时很少采用沉淀脱硫。这是因为炼钢时液态持续时间较长，大部分加入钢液的锰和镁参与了脱氧，难以发挥脱硫效果。只有含氧量极低时才能发挥脱硫的作用。

在焊接中常用锰作为脱硫剂，其冶金反应为

$$[FeS]+[Mn]=(MnS)+[Fe] \qquad (8-89)$$

$$\lg K=8220/T-1.86 \qquad (8-90)$$

反应产物 MnS 不溶于钢液，大部分进入熔渣而被脱除。只有少量残留在焊缝中形成硫化物夹杂，但因其熔点较高(1610℃)，夹杂物以点状弥散分布，因而对焊缝造成的危害较小。由式(8－90)可以看出，温度降低，平衡常数增大，应该有利于脱硫。但由于温度低的熔池后部冷却速度快，反应时间短，实际上对脱硫不利。因此，要得到较好的脱硫效果，必须增加熔池的含锰量，其质量分数一般应大于 1%。

(2) 熔渣脱硫。利用熔渣中的碱性氧化物或氟化物与 FeS 反应，生成稳定的不溶于液态金属的硫化物进入熔渣就是熔渣脱硫。脱硫原理类似于扩散脱氧。

液态钢中的硫以 FeS 的形态存在，它能同时存在于熔渣和液态金属中，能够相互转移。在一定温度下达到动态平衡时，熔渣中的 FeS 的含量与钢液中的 FeS 含量成一定的比例。

在钢铁冶炼中，常利用电石和石灰在熔渣中脱硫。工业电石的主要成分为 CaC_2 和 CaO，脱硫化学反应如下：

$$(FeS)+(CaC_2)=(CaS)+[Fe]+2[C] \qquad (8-91)$$

$$3(FeS)+(CaC_2)+2(CaO)=3(CaS)+3[Fe]+2CO \quad (8-92)$$

随着脱硫过程的进行，熔渣中的 FeS 含量逐渐减少，液态金属中的 FeS 就会自动往熔渣中转移，实现脱硫。

对于焊接过程来说，利用熔渣中的 CaO、MnO、MgO 来脱硫，其冶金反应为

$$[FeS]+(MnO)=(MnS)+(FeO) \quad (8-93)$$

$$[FeS]+(CaO)=(CaS)+(FeO) \quad (8-94)$$

$$[FeS]+(MgO)=(MgS)+(FeO) \quad (8-95)$$

反应生成的 MnS、CaS 和 MgS 不溶于钢液，进入熔渣而被脱除。

影响熔渣脱硫的因素主要有熔渣的成分、温度、碱度等。增加渣中 MnO、CaO 和 MgO 的含量，减少渣中 FeO 的含量，均会增强脱硫效果；熔渣的脱硫反应是吸热反应，温度升高有利于脱硫反应的进行；提高熔渣的碱度有利于脱硫。

此外，渣中加入 CaF_2 有助于脱硫。CaF_2 可降低熔渣的黏度，提高 S^{2-} 的扩散能力，同时能形成易挥发的 SF_6，因而有利于脱硫。

目前常用的焊接熔渣的碱度都不高($B<2$)，而且焊接熔池的结晶速度很快，因此焊接脱硫反应的限制比金属熔炼过程大得多，无法充分进行。

(3) 采用稀土元素脱硫。当焊接区氧活度极低时，稀土元素不仅能够脱硫，而且可改变硫化物夹杂的尺寸、形态和分布，还可提高焊缝的韧性。因此，采用稀土元素脱硫可用于对焊缝含硫量要求很高的场合。

8.4.3 液态金属的脱磷

1. 磷的危害

磷在多数铁基合金中是一种有害的杂质，磷在液态铁中具有较高的溶解度，而在固态铁中溶解度很小，多以 Fe_2P 和 Fe_3P 的形式存在。当钢液快速凝固时，磷易发生偏析，在晶界处形成低熔共晶 $Fe+Fe_3P$，其熔点为1050℃，从而使热裂纹倾向增大，如图 8.22 所示。同时，Fe_3P 本身又脆又硬，而且常分布于晶界，削弱了晶粒之间的结合力，因而增加了钢的冷脆性，即冲击韧度降低，脆性转变温度升高。对于高镍合金钢，磷与镍能结合成 Ni_3P，而 Ni_3P 与镍能形成熔点为880℃的低熔共晶 $Ni+Ni_3P$，使热裂纹倾向进一步加大。当钢中含碳量增加时，磷在晶界处的偏析行为会更严重，使其危害程度进一步加大。

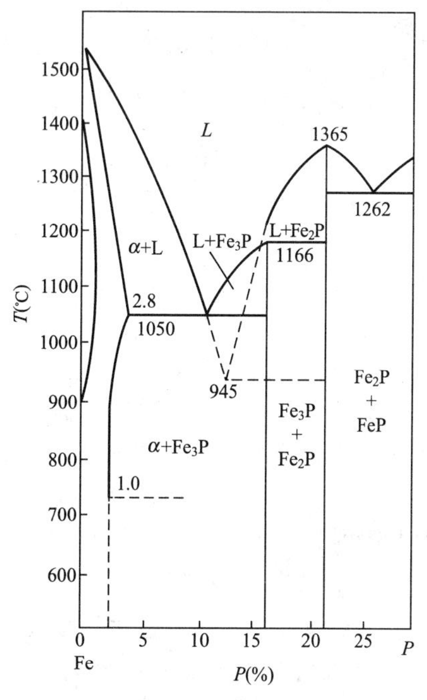

图 8.22 Fe-P 状态图

2. 磷的控制

1) 限制原材料的含磷量

熔炼时应尽量选用低磷配料。焊接时必须限制母材、焊丝、药皮和焊剂中的含磷量。焊接时，在给定母材的前提下，限制焊接材料的含磷量是控制焊缝金属中磷的关键措施。焊条药皮和焊剂中的锰矿是焊缝增磷的主要根源。在制造焊接材料时，应

按照有关标准选择原材料，尽量降低原材料的含磷量。

2）采用冶金方法脱磷

一旦有磷进入液态金属，就必须采用冶金脱磷，具体分为两步进行：

一是渣中的 FeO 与液态铁中的 Fe_3P、Fe_2P 作用生成 P_2O_5，二是使 P_2O_5 与渣中的碱性氧化物 CaO 等生成稳定的磷酸盐，从而进入渣中被除去。两步合并的反应为

$$2[Fe_3P]+5(FeO)+3(CaO)=((CaO)_3\cdot P_2O_5)+11[Fe] \tag{8-96}$$

$$2[Fe_2P]+5(FeO)+4(CaO)=((CaO)_4\cdot P_2O_5)+9[Fe] \tag{8-97}$$

脱磷反应是放热反应，温度降低对脱磷有利。由式(8-94)、式(8-95)可见，为了有效脱磷，要求熔渣具有高碱度、强氧化性。但加强氧化性和降低温度与前面介绍的脱硫要求相矛盾，为解决这个问题，炼钢时脱磷在氧化期进行，然后扒出含磷高的氧化性渣，另造新渣进入还原期，进行脱氧和脱硫。冲天炉熔炼铁时不能满足低温和强氧化性渣的要求，控制含磷量只能通过低磷配料来实现。焊接时碱性渣中不允许含有较多的 FeO，否则会使焊缝增氧，也不利于脱硫，故碱性渣脱磷效果不理想；酸性渣虽然含有较多的 FeO 而有利于脱磷，但因碱度很低而使脱磷效果更差。因此，焊缝含磷量的控制，实际上是通过限制焊接材料的含磷量来实现的。

此外，碱性渣中加入 CaF_2，可降低熔渣的黏度而有利于物质扩散，同时增加了渣中 Ca^{2+} 含量而使 P_2O_5 的活度降低，从而增强了脱磷的作用。

8.5 液态成型中的合金化

将所需要的合金元素通过一定的方式加入到金属中，使其化学成分达到预定要求的过程称为合金化。其中，所需要的合金元素被称为合金化元素或合金剂，它们可以以纯金属、合金以及氧化物的形式被直接加入到钢液或预先加入到焊接材料中。

1. 合金化的目的和方式

1）合金化的目的

对铸造过程来讲，合金化是为了改善金属的组织性能，或为了获得具有特殊性能的金属。如合金钢中加入 Ti、B 等元素，目的是细化晶粒提高金属的强韧性。对焊接过程讲，合金化的目的有 3 个，首先补偿焊接过程中由于蒸发、氧化以及残留等原因造成的合金元素的损失；其次，有利于消除焊接缺陷、改善焊缝金属的组织和性能。例如，为了消除因硫引起的凝固裂纹需要向焊缝中加入锰脱硫；在焊接某些结构钢时，常向焊缝加入微量的 Ti、B 等元素，以细化晶粒，提高焊缝的韧性；第三，可以获得特殊性能的堆焊层以及实现异种金属的焊接。例如，切削刀具、热锻模、轧辊、阀门等，要求表面具有耐磨性、红硬性、耐热性和耐蚀性，用堆焊的方法过渡 Cr、Mo、W、Mn 等合金元素，可在零件表面上得到具有上述性能的堆焊层。

2）合金化的方式

(1) 铸造过程的合金化。在铸造过程中，常采用以下几种合金化方式。

① 液态金属内加入合金剂。将合金元素加在炉料中或直接加入液态金属中，这种方法的优点是操作简便，冶炼周期短，合金元素扩散充分。多数钢种均可以在钢包内完成合

金化，常用的合金剂有铁合金和纯金属，铁合金包括硅铁、锰铁、铬铁、钼铁等，纯金属有铝、钛、镍、铬等。一般情况下，钢液的合金化和脱氧是同时进行的。

② 直接合金化。就是直接用合金元素氧化物作为合金剂，在一定的工艺条件下通过脱氧或还原剂，使得合金元素被还原出来进入金属液，达到合金化的目的。这种合金化方式的优点在于可省去专门炼制铁合金的设备和能源消耗，降低钢的合金化成本。同时，直接合金化可以使用较低品位的合金元素氧化物资源和废弃矿渣，对资源的综合利用具有十分重要的意义。

③ 合金包芯线喂线技术(简称喂线技术)。将各种合金剂破碎成一定的粒度，并用薄钢带将其包裹成包芯线，借助于喂线机使这种包芯线以一定的速度穿过渣层，到达盛有合金液的钢包，或中频炉底部附近的合金液中。随着包芯线包皮的不断熔化，其包裹的合金剂进入合金液实现合金化。

(2) 焊接过程的合金化。在焊接过程中，常采用以下几种合金化方式：

① 应用合金带极或焊丝。把所需要的合金元素加入焊丝、带极或板极内，配合碱性药皮或低氧、无氧焊剂进行焊接或堆焊，从而把合金元素过渡到焊缝或堆焊层中去。其优点是可靠，焊缝成分均匀、稳定，合金损失少；缺点是制造工艺复杂，成本高。对于脆性材料，如硬质合金不能轧制、拔丝，故不能采用这种方式。

② 应用合金药皮或焊剂。把所需要的合金元素以铁合金或纯金属的形式加入药皮或焊剂中，配合普通焊丝使用，通过药皮或焊剂的熔化以及扩散作用将合金化元素过渡到焊缝之中。它的优点是制造简单、生产成本低。但由于氧化损失较大，并有一部分合金元素残留在渣中，故合金利用率较低，合金成分不够稳定、均匀。

③ 应用合金粉末或药芯。将需要的合金元素按比例配制成具有一定粒度的合金粉末，把它直接使用或制成药芯使用。直接使用是指采用气体将合金粉末送到焊接区，或直接涂敷在焊件表面或坡口内，它在热源作用下与母材熔合后就形成合金化的堆焊金属；制成药芯使用是指用合金粉末制成金属型药芯焊丝，进行埋弧焊、气体保护焊和自保护焊，也可以在药芯焊丝表面涂上碱性药皮，制成药芯焊条。其优点是合金成分的比例调配方便，合金的损失小，但制造工艺较复杂。

2. 合金化过程

1) 铸造条件下的合金化过程

在炉料和液态金属中加入铁合金进行合金化时，根据不同合金元素的性能，需在适宜的时间加入。对不易氧化的元素，如镍需要在装料时随同炉料一起装入炉中；对于容易氧化的元素，则应在还原期加入，这样可以减少合金元素的烧损提高其吸收率，为了成分均匀，加入的时间也不能过晚。贵重合金也应在脱氧良好时加入。

在铸造合金熔炼中，通常直接加入含有合金元素的铁合金，如加入钒铁或钒氮合金、铌铁和钛铁等对液态金属进行合金化。注意减少合金元素的烧损，保证合金的成分和降低成本。

2) 焊接条件下的合金化过程

这里主要是讨论通过药皮、焊剂和药芯焊丝合金化的过程。

焊接时熔滴和熔池既与气相接触，又与熔渣接触。合金化过程主要是在液滴与熔渣的界面上进行的，而通过合金元素蒸气和离子合金化的作用是很少的。合金剂的熔点一般比较高，多数情况下是来不及完全熔化就以颗粒状悬浮在液态熔渣中。由于熔渣的运动，使一部分合金剂的颗粒被带到熔渣与液态金属的界面上，并被液态金属的表面层所溶解，然后由表面层向金属内部扩散，并通过搅拌作用使成分均匀化。另外，悬浮在渣中的合金剂颗粒还有一部分没有被带到熔渣与金属的界面上，或虽被带到界面上，但因接触时间很短而没来得及过渡到金属中去。这时，随着温度的下降它们被凝固在渣中，通常称之为残留在渣中的损失。

合金化的过程发生于熔滴阶段还是熔池阶段，取决于焊条药皮厚度。当药皮厚度小于临界药皮厚度时，全部熔渣都可以与熔滴相互作用，合金过渡可以在熔滴阶段完成；当药皮厚度大于临界药皮厚度时，则只有一部分熔渣与熔滴作用，另一部分直接流入熔池，合金过渡会持续到熔池阶段。如图 8.23 所示，当 $K_b \leqslant 0.4$ 时，熔滴中的含锰量等于熔敷金属中的含锰量，并随 K_b 的增加而增大，说明合金过渡过程几乎全部是在熔滴阶段完成的。当 $K_b > 0.4$ 时，熔滴的含锰量与 K_b 无关，为一个常数，而熔敷金属中的含锰量却直线增加，这意味着有一部分熔渣直接与熔池作用，熔池阶段参与了合金化过程。随着药皮厚度的增加，熔池阶段在合金过渡过程中的作用逐渐增大，这使焊缝成分的不均匀性和力学性能的分散度增大，制造焊条时必须注意这一点。

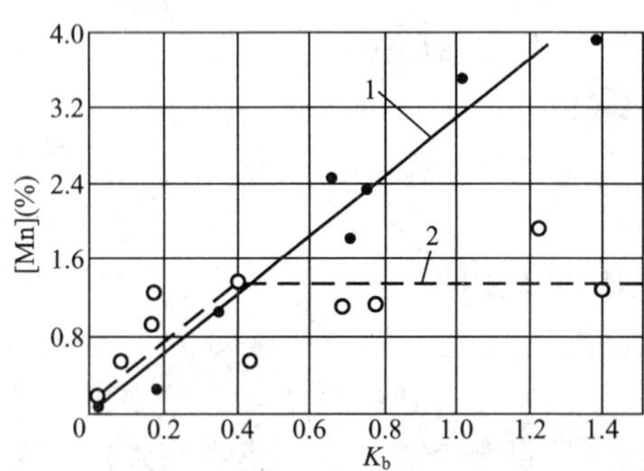

图 8.23　锰在熔滴和熔敷金属中的含量与 K_b 的关系

1—熔敷金属中；2—熔滴中

通过药皮、焊剂和药芯合金过渡时，合金元素的平衡关系为

$$M_d = M_0 - (M_{sl} + M_{0x}) \tag{8-98}$$

式中，M_d 指过渡到熔敷金属中的某元素量，M_0 指某元素的原始含量，M_{sl}指残留在渣中自由的某元素量，M_{0x}指被氧化的某元素量。可见，减少合金元素的残留和氧化损失，可提高它的过渡效果。试验表明，残留损失与合金剂的密度、粒度无关，熔渣成分对它的影响也很小。在渣中含量相同的条件下，各种元素的残留损失是大致相同的。增加熔池的存在时间，加强搅拌运动可以减少残留损失。合金元素的氧化损失，取决于元素对氧的亲和力、气相和熔渣的氧化性等因素。

3. 合金化的效果及影响因素

合金化效果可以用合金元素利用率的高低来衡量。铸造过程中常用合金元素的“吸收率”来表示，焊接过程常用“过渡系数”来表示。

1) 元素吸收率

即进入金属中合金元素的质量占合金元素总加入量的百分比。冶炼时，合金元素在不同的加入时间具有不同的吸收率，不同的合金元素具有不同的吸收率。当钢种一定时，影响其吸收率的主要因素有以下几个方面。

(1) 合金脱氧能力。脱氧能力强的合金吸收率低，脱氧能力弱的合金吸收率高。

(2) 合金加入量。在钢水氧化性相同的条件下，加入某种元素合金的总量越多，则该元素的吸收率也高。

(3) 合金加入的顺序。钢水加入多种合金时，加入次序不同，吸收率也不同。对于同一种钢种，先加的合金元素吸收率就低，后加的则高。但如果实施了预脱氧，后加入的合金元素的吸收率要高一些。

(4) 合金的状态。合金块度应合适，否则吸收率不稳定。块度过大，虽能沉入钢水中但不易熔化，会导致成分不均匀。但块度过小，甚至粉末过多，加入钢包后，易被裹入渣中，合金损失较多，降低最终吸收率。

2) 合金过渡系数

焊接材料中的合金元素向焊缝金属过渡过程中，经受氧化或蒸发损失，通过熔渣过渡到焊缝金属中时，又有一部分残留在渣中的损失。熔化的母材中的合金元素，由于未经历电弧区高温冶金过程，则可认为几乎全部过渡到焊缝金属中。因此合金元素过渡系数 η 忽略了母材中合金元素过渡过程，定义为某元素在熔敷金属中的实际含量与它在焊接材料中的原始含量之比，即

$$\eta=\frac{C_{d}}{C_{e}}=\frac{C_{d}}{C_{co}+C_{cw}} \tag{8-99}$$

式中，C_d 是指合金元素在熔敷金属中的含量；C_e 是指合金元素在焊接材料中的含量；C_{co} 是指合金元素在药皮中的含量；C_{cw} 是指合金元素在焊芯中的含量。常见元素的过渡系数见表 8-19。如果已知 η 值及焊芯中合金元素的含量，就可以依据式(8-99)估算出熔敷金属中的含量。

表 8-19　各种合金剂的过渡系数

<table>
<tr><th rowspan="2">焊接方法</th><th rowspan="2">焊丝或焊芯</th><th rowspan="2">焊剂或药皮</th><th colspan="10">过渡系数 η</th></tr>
<tr><th>C</th><th>Si</th><th>Mn</th><th>Cr</th><th>V</th><th>W</th><th>Nb</th><th>Mo</th><th>Ni</th><th>Ti</th></tr>
<tr><td>无保护焊</td><td rowspan="5">H70W10Cr3Mn2V</td><td>—</td><td>0.54</td><td>0.75</td><td>0.67</td><td>0.99</td><td>0.85</td><td>0.94</td><td>—</td><td>—</td><td>—</td><td>—</td></tr>
<tr><td>氩弧焊</td><td>—</td><td>0.80</td><td>0.79</td><td>0.88</td><td>0.99</td><td>0.98</td><td>0.99</td><td>—</td><td>—</td><td>—</td><td>—</td></tr>
<tr><td rowspan="2">埋弧焊</td><td>HJ251</td><td>0.53</td><td>2.03</td><td>0.59</td><td>0.83</td><td>0.78</td><td>0.83</td><td>—</td><td>—</td><td>—</td><td>—</td></tr>
<tr><td>HJ431</td><td>0.33</td><td>2.25</td><td>1.13</td><td>0.70</td><td>0.77</td><td>0.89</td><td>—</td><td>—</td><td>—</td><td>—</td></tr>
<tr><td rowspan="2">CO_2 焊</td><td>—</td><td>0.29</td><td>0.72</td><td>0.60</td><td>0.94</td><td>0.68</td><td>0.96</td><td>—</td><td>—</td><td>—</td><td>—</td></tr>
<tr><td rowspan="5">H18CrMnSi</td><td>—</td><td>0.60</td><td>0.71</td><td>0.69</td><td>0.92</td><td>—</td><td>—</td><td>—</td><td>—</td><td>—</td><td>—</td></tr>
<tr><td rowspan="7">焊条电弧焊</td><td>赤铁矿</td><td>0.22</td><td>0.02</td><td>0.05</td><td>0.25</td><td>—</td><td>—</td><td>—</td><td>—</td><td>—</td><td>—</td></tr>
<tr><td>大理石</td><td>0.28</td><td>0.10</td><td>0.14</td><td>0.43</td><td>—</td><td>—</td><td>—</td><td>—</td><td>—</td><td>—</td></tr>
<tr><td>石英</td><td>0.20</td><td>0.75</td><td>0.18</td><td>0.80</td><td>—</td><td>—</td><td>—</td><td>—</td><td>—</td><td>—</td></tr>
<tr><td>氟石</td><td>0.67</td><td>0.88</td><td>0.38</td><td>0.89</td><td>—</td><td>—</td><td>—</td><td>—</td><td>—</td><td>—</td></tr>
<tr><td rowspan="3">H08A</td><td>钛钙型</td><td>—</td><td>0.71</td><td>0.38</td><td>0.77</td><td>0.52</td><td>—</td><td>0.80</td><td>0.60</td><td>0.96</td><td>0.13</td></tr>
<tr><td>氧化铁型</td><td>—</td><td>0.14
～
0.27</td><td>0.08
～
0.12</td><td>0.64</td><td>—</td><td>—</td><td>—</td><td>0.71</td><td>—</td><td>—</td></tr>
<tr><td>低氢型</td><td>—</td><td>0.14
～
0.27</td><td>0.45
～
0.55</td><td>0.72
～
0.82</td><td>0.59
～
0.64</td><td>—</td><td>—</td><td>0.83
～
0.86</td><td>—</td><td>—</td></tr>
</table>

为了提高焊接过程合金元素的过渡系数，以便更有效地控制焊缝的成分，就必须了解影响合金元素过渡系数的因素。主要有以下几个方面。

(1) 合金元素的物理化学性质。其中最重要的是元素对氧的亲和力大小。对氧亲和力大的元素，其氧化损失大，过渡系数较小。焊接钢时，按元素对氧亲和力序列位于 Fe 以下的元素几乎无氧化损失，故过渡系数大；而位于 Fe 以上并远离 Fe 的元素，如 Ti、Zr 和 Al 等，因对氧亲和力很大，氧化损失严重，过渡系数小，一般很难过渡到焊缝中去。例如，在碱性药皮中加入 Ti 和 Al，就可以明显提高 Mn 和 Si 的过渡系数。合金元素的沸点越低，饱和蒸气压越大，其蒸发损失越大，过渡系数越小。

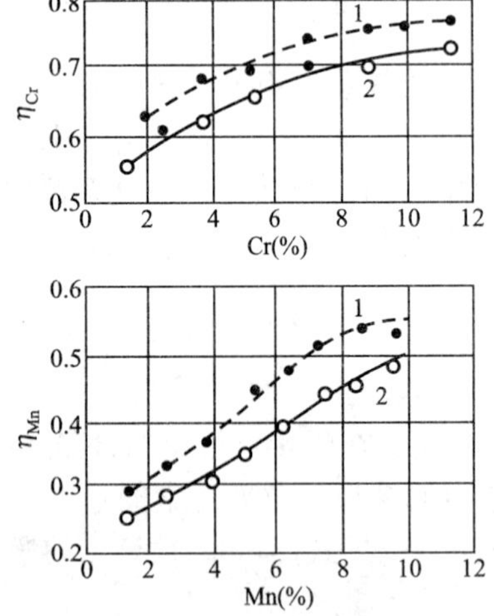

图 8.24 锰和铬的过渡系数与其在焊剂中含量的关系

1—正极性；2—反极性

(2) 合金元素的含量。随焊接材料中合金元素含量的增加，其过渡系数逐渐增加，最后趋于一个定值如图 8.24 所示。这是因为增加合金元素在焊条药皮或焊剂中的含量时，会产生两个结果。一方面，会使药皮或焊剂中其他成分的含量相对减少，减弱了药皮或焊剂的氧化性，使合金过渡系数提高；另一方面，会使合金元素在渣中的残留损失增加，使药皮或焊剂的保护效果下降，使合金过渡系数减小。

(3) 合金剂的粒度。增加合金剂的粒度，其比表面积和氧化损失减少，使过渡系数增加见表 8-20，但如粒度过大，则不易完全熔化，渣中残留损失增加，过渡系数减小。

表 8-20 合金剂的粒度对合金过渡系数的影响

粒度/μm	过渡系数 η			
	Mn	Si	Cr	C
<56	0.37	0.44	0.59	0.49
56～125	0.40	0.51	0.62	0.57
125～200	0.47	0.51	0.64	0.57
200～250	0.53	0.58	0.67	0.61
250～355	0.54	0.64	0.71	0.62
355～500	0.57	0.66	0.82	0.68
500～700	0.71	0.70	—	0.74

(4) 药皮、药芯或焊剂的成分。药皮、药芯或焊剂的氧化性越大，氧化损失越大，合金过渡系数就越小。当合金化元素与其氧化物在药皮或焊剂中共存时，合金过渡系数提高。因此，在药皮或焊剂中添加合金化元素的氧化物，可以提高其过渡系数。在其他条件相同时，当合金化元素的氧化物与熔渣的酸碱性相同时，合金过渡系数提高。例如，硅的氧化物 SiO_2 是酸性的，所以硅的过渡系数随熔渣酸性的提高而提高；锰的氧化物 MnO 是碱性的，故锰的过渡系数随熔渣碱度的提高而提高。

(5) 药皮的重量系数和焊剂的熔化率。当合金化元素在药皮中的含量一定时，增加药皮重量系数，会使氧化损失和残留损失均增加，故合金过渡系数降低，如图 8.25 所示。

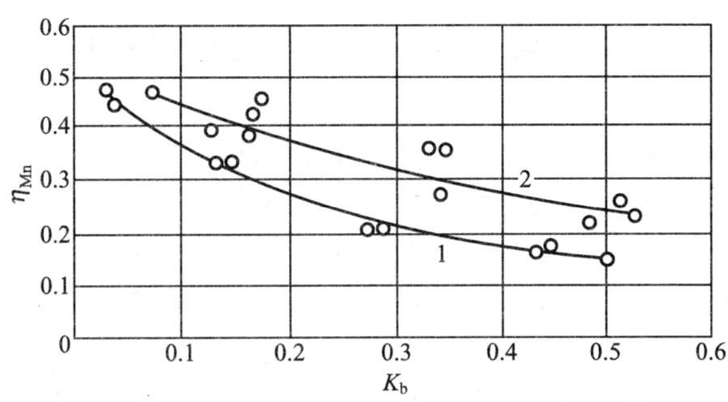

图 8.25 药皮重量系数 K_b 对锰过渡系数的影响

1—锰铁的质量分数为 20%；2—锰铁的质量分数为 50%

同样，当采用粘结焊剂进行埋弧焊时，增加焊剂的熔化率(熔化的焊剂质量与熔化的焊丝质量之比)，一般会导致残留损失增加，故合金过渡系数减小。

除此之外，焊接方法及工艺参数直接影响焊接区的氧化性、焊接材料的熔化情况以及各种冶金反应，从而对合金过渡系数产生显著影响。

4. 熔合比及焊缝成分的控制

所谓熔合比是指焊缝金属中局部熔化的母材所占的比例，即

$$\theta = m_b/(m_b + m_d) \tag{8-100}$$

式中，θ 是指焊缝的熔合比，m_b 是指焊缝中熔化母材所占的质量，m_d 是指焊缝中熔敷金属所占的质量。

熔合比受焊接方法、焊接材料、焊接工艺及接头类型等诸多因素的影响，需通过具体试验加以确定。对于常见的低碳钢焊缝来讲，焊接工艺条件对熔合比的影响见表 8-21。

表 8-21 合金剂的粒度对合金过渡系数的影响

焊接方法	接头形式	母材厚度/mm	熔合比
焊条电弧焊	I 形坡口对接	2～4	0.4～0.5
		10	0.5～0.6
	角接或搭接	2～4	0.3～0.4
		5～20	0.2～0.3
	堆焊	—	0.1～0.14
	V 形坡口对接	4	0.25～0.5
		6	0.2～0.4
		10～20	0.2～0.3
埋弧焊	对接	10～30	0.45～0.75

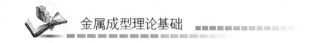

当母材和填充金属的成分不同时，熔合比对焊缝金属的成分有很大的影响。假设焊接时合金元素没有任何损失，依据熔合比的定义，可以计算出焊缝金属中任意合金化元素的质量分数，即

$$C_0 = \theta C_b + (1-\theta) C_d \tag{8-101}$$

式中，C_0 是指焊缝中某合金化元素的质量分数，C_b 是指母材中该合金化元素的质量分数，C_d 是指熔敷金属中该合金化元素的质量分数。

实际上焊条中的合金元素在焊接过程中是有损失的，而母材中的合金元素几乎全部过渡到焊缝金属中。这样，焊缝金属中合金元素的实际浓度 C_w 为

$$C_w = \theta C_b + \eta(1-\theta) C_e \tag{8-102}$$

式中，η 是合金化元素的过渡系数，可以看出，若已知焊缝的熔合比 θ、合金化元素的过渡系数 η 及其在母材和焊接材料中的质量分数 C_b 和 C_e，则可计算出该合金化元素在焊缝金属中的质量分数 C_w。也就是说，可以计算出焊缝金属的化学成分，而计算的准确程度取决于所选取的已知数据的准确程度。

在母材成分一定时，焊缝成分的控制主要有两个途径。一个是调整焊接材料的成分，另一个是控制焊接工艺来改变熔合比及过渡系数。其中，调整焊接材料的成分是控制焊缝金属成分的最主要手段，而改变熔合比可进一步控制焊缝的成分。例如，在堆焊时，应尽量降低熔合比，以减小母材对堆焊层成分及性能的影响；而在异种钢焊接时，由于熔合比对焊缝成分的影响很大，应根据确定的熔合比来选择焊接材料。

习题

1. 焊接和铸造过程的化学冶金特点有哪些？
2. 焊接和铸造过程中的气体是如何产生的？
3. 气体是如何溶解到金属中的？电弧焊条件下，氮和氢的溶解过程一样吗？
4. 哪些因素影响气体在金属中的溶解度？
5. 电弧焊时，气体在金属中的溶解度是否服从平方根定律？为什么？
6. 氮对焊接质量的影响有哪些？如何控制？
7. 焊条电弧焊时氢通过哪些途径向液态金属中溶解？氢对焊接质量有何影响？如何控制焊缝中氢的含量？
8. 氧对焊接质量的影响有哪些？如何控制？
9. CO_2、H_2O 和空气在相同的焊接条件下对金属的氧化性哪个大？
10. 比较熔焊与熔炼过程中熔渣作用的异同点。
11. 由熔渣的离子理论可知，液态碱性中自由氧离子的浓度远高于酸性渣，这是否意味着碱性渣的氧化性要比酸性渣更强？为什么？
12. 本章介绍了熔渣的哪些物理性能？
13. 熔渣的物理性能对熔焊质量有什么影响？
14. 为什么 FeO 在碱性渣中活度系数比在酸性渣中大？这是否说明碱性渣的氧化性高于酸性渣？
15. 冶炼与熔焊过程中熔渣的氧化性强会造成什么不良的后果？
16. 采用碱性焊条施焊时，为什么要求严格清理焊件坡口表面的铁锈和氧化皮，而用

酸性焊条施焊或 CO_2 焊时对焊前清理的要求相对较低？

17. 试比较表8－11中各种焊接熔渣的氧化性强弱。

18. 有人说："焊接过程中熔渣对液态金属的氧化反应比熔炼过程剧烈，但反应程度不如熔炼时彻底。"你认为这句话对吗？请说明原因。

19. 综合分析熔渣的碱度对脱氧、脱磷、脱硫的影响。

20. 试述铸造与焊接冶金工艺中常用的脱氧方式及特点。

21. 试述熔渣脱硫的原理及影响因素。

22. 磷在钢中有何危害？试述影响脱磷的因素有哪些。

23. 脱氧和合金过渡有何区别和联系？选择脱氧剂和合金剂各应遵循的原则有哪些？

24. 已知母材含锰量为1.5％，熔合比为35％，焊芯含锰量为0.45％，药皮重量系数为40％，锰的过渡系数为50％，问要求焊缝含锰量为1.3％时，药皮中应加入多少低碳锰铁(其中含锰80％)？

第9章 焊接接头的组织和性能

知识要点	掌握程度	相关知识
焊接接头	了解熔化焊焊接接头的形成和组成	焊缝、熔合区、热影响区
焊缝的组织和性能	了解焊接熔池结晶的特征、结晶形态； 熟悉焊缝相变组织的特点； 掌握合金元素对焊缝性能的影响规律； 掌握改进焊缝性能的工艺措施	联生结晶、择优成长； 熔池的结晶形态； 焊缝的相变组织； 控制焊缝性能的措施(优化合金成分、调整工艺)
焊接热影响区的组织和性能	了解焊接热影响区组织转变特点； 熟悉热影响区组织分布特点； 掌握热影响区硬度的分布规律，脆化的种类	焊接热循环的主要参数； 焊接热影响区加热、冷却过程组织转变的特点； 不易淬火钢热影响区组织分布； 易淬火钢热影响区组织分布； 硬度及影响因素； 脆化及防止措施
熔合区的组织和性能	了解熔合区的形成、特征； 掌握熔合区的化学成分的不均匀性	熔合区的形成过程； 熔合区的特征

导入案例

三峡水轮发电机是国内外举世瞩目的巨型水轮发电机组。无论是单机容量还是总装机容量堪称世界之最，三峡水轮发电机转轮的焊接是整个制造过程中关键的一环，其制造质量的好坏极大地影响着机组的正常运行。

三峡水轮发电机转轮为全不锈钢焊接结构，其上冠、下环、叶片材料均为ZG0Cr13Ni4Mo马氏体型不锈钢，三峡转轮直径为10070mm，主轴直径3815mm，转轮叶片最大厚度为320mm，座环与蜗壳过渡板厚度为100mm，主轴焊缝厚度185mm，由13个叶片组成，叶片最大厚度为320mm，单侧叶片焊缝长度接近5000mm，叶片型线复杂，焊缝形状呈空间三维曲线、变截面、结构刚度大，焊接难度大，制造周期长，劳动条件恶劣。三峡转轮叶片(包括坡口)全部采用数控加工，坡口规则，所有焊缝均采用富氩熔化极混合气体保护焊和焊条电弧焊。焊接时将每一道坡口沿中点分为2段，即出水边段和进水边段。每一段分为600～700mm的小段，焊接时先焊进水边段靠近中点的小段，然后依次退步焊接进水边各小段，焊完进水边段后，再顺序焊接出水边段。每一段焊接熔敷金属量不得低于40mm厚，如果坡口没有40mm深，则将坡口焊满。每段之间的结合部位用碳弧气刨清理，并由焊工做磁粉检查，经现场检查或工艺人员认可，方能进行下段焊接。分段标记由焊接工艺人员在现场标出。在焊接过程中，若没有经过脱氢处理，焊缝不得冷却至室温。

焊后经过渗透探伤(PT)、超声探伤(UT)及尺寸检查完全符合设计要求，焊接质量达到甚至超过国外制造厂商的水平，为大型水轮机的开发和生产制造提供了可靠的技术保障。

资料来源：冯涛，吴雄斌，许建．三峡水轮机焊接材料及工艺研究［J］．东方电机，2004(3)：38－47.

熔焊时在焊接热源作用下局部被焊金属及焊接材料受热熔化形成熔池，同时焊条、焊丝等熔化形成熔滴并在各种力的作用下脱离焊条，向熔池过渡。随着热源前移，熔池冷却结晶(或凝固)，与母材形成牢固的熔化焊接头。由于接头的各组成部分经历不同的焊接热作用，形成不同的组织，具有不同的性能。因此研究焊接接头的各部分的组织特征及其形成机理，对于提高焊接接头性能有重要的指导意义。

本章重点介绍焊缝金属的相变组织和性能控制、热影响区的组织特征和性能，简要介绍了熔合区的形成和特征，为控制接头的性能奠定理论基础。

9.1 焊接接头的形成过程

1. 焊接接头的形成过程

熔焊时焊接接头的形成，一般都要经历加热、熔化、冶金反应、结晶(或凝固)、固态相变等过程，这些过程随时间和温度的变化如图9.1所示。

焊接接头的形成过程可归结为以下几个相互联系的过程。

(1) 焊接热过程。熔焊时，被焊金属及焊接材料在高温热源作用下熔化，热源移走后

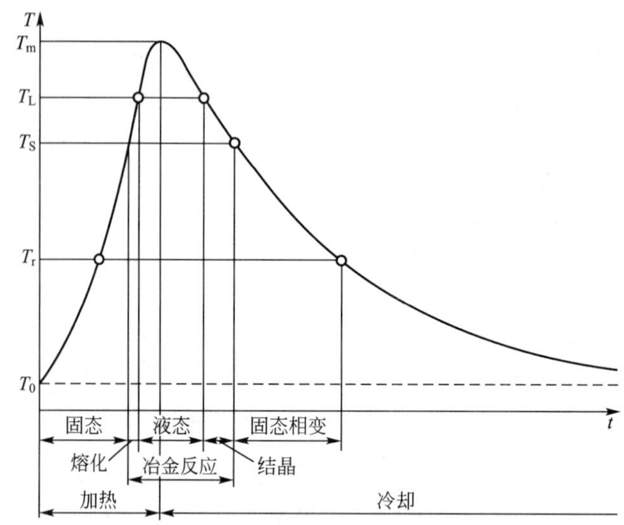

图 9.1　焊接接头形成所经历的热循环过程

T—温度；t—时间；T_0—初始温度；T_r—相变温度；

T_s—固相线；T_L—液相线；T_m—最高加热温度

冷却结晶，焊接过程自始至终都是在焊接热过程中发生和发展的。它与冶金反应、结晶(或凝固)、固态相变、焊接温度场等有密切关系，同时影响应力变形、焊接质量等。

(2) 焊接化学冶金过程。指熔焊时金属、熔渣和气相之间进行的一系列的化学冶金反应，如金属的氧化、还原、渗氢、除氢、脱硫、脱磷以及合金化等，这些冶金反应直接影响焊缝的成分、组织和性能。控制焊接化学冶金反应是提高焊接质量的重要途径。

(3) 焊接物理冶金过程。随着热源的离开，经过化学冶金反应的液态金属的原子由近程有序排列转变为远程有序排列，即开始结晶。随着温度的降低，具有同素异构转变的材料，在不同冷却条件下，会发生不同的固态相变。控制和调整焊接物理冶金反应是提高焊接质量的又一重要途径。

应当指出，以上所述的各个过程并不是孤立进行的，而是相互联系的，甚至是共同发生和发展的。在整个焊接接头形成过程中，还会由于各种原因使焊接接头产生偏析、夹杂、气孔、热裂纹、冷裂纹以及脆化等焊接缺陷。因此，控制焊接接头的形成过程目的是保证焊接质量。

2. 焊接接头的组成

熔化焊的焊接接头由焊缝、熔合区和热影响区组成，如图 9.2 所示。

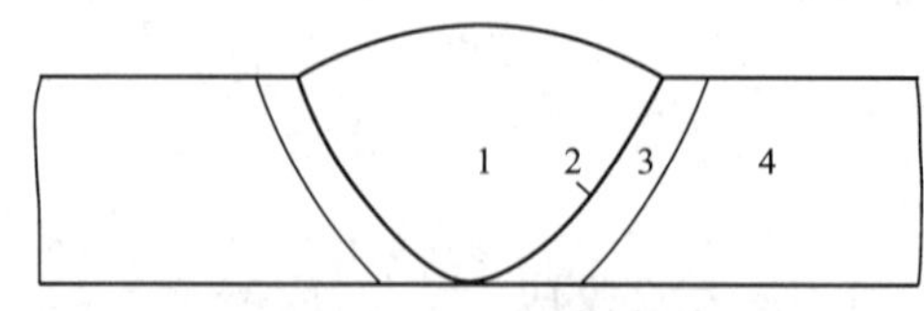

图 9.2　焊接接头的组成

1—焊缝；2—熔合区；3—热影响区；

4—未受影响的母材

(1) 焊缝。它是构成焊接接头的主体部分，熔焊的焊缝一般是由熔化的母材和添加材料(或仅由母材)经结晶后所形成的。无论是否采用添加材料，焊缝的组织和性能都不同于母材。

(2) 热影响区。母材上距离焊缝的远近不同，所经历的热过程不同。因受焊接热的影响

(但未熔化)而发生金相组织和力学性能变化的区域称为热影响区。

(3) 熔合区。它是指介于焊缝与热影响区之间的相当窄小的过渡区。从宏观上讲，熔合区是焊缝与热影响区的分界线，因此又将其称为熔合线。但从微观角度来讲，熔合区是由部分熔化的母材和部分未熔化但晶粒严重长大的母材所组成的区域，又被称为部分熔化区或半熔化区。

9.2 焊缝的组织和性能

9.2.1 熔池的结晶特点

1. 熔池的形成

焊件上，由熔化的局部母材和熔化的焊接材料所组成的具有一定几何形状的液态区域称为焊接熔池。熔池的形成需经过一个过渡时期，此后就进入准稳定期，这时熔池的形状、尺寸和质量不再发生变化。电弧焊时准稳定期熔池的形状如图 9.3 所示，其形状很像不标准的半椭球，外形轮廓处为温度等于母材熔点的等温面。

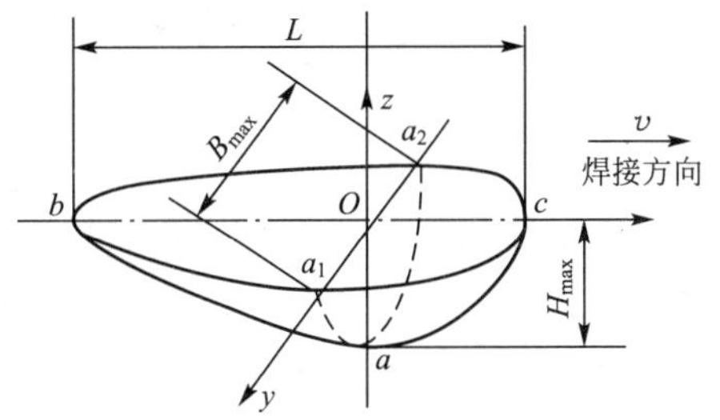

图 9.3 典型熔池的形状

熔池的形状和大小，受母材的热物理性质、尺寸、焊接方法和工艺参数等因素的影响。一般情况下，当焊接电流增大时熔池的最大宽度 B_{max} 没有多大变化(或略增大)，而最大深度 H_{max} 增大；当电弧电压增大时，B_{max} 增大，H_{max} 略有减小。熔池的长度 L 可表示为

$$L=kP=KUI \tag{9-1}$$

式中，k 是比例系数(取决于焊接方法和焊接电流)，P 是电弧功率，U 是电弧电压，I 是焊接电流。

焊条电弧焊时熔池的质量通常在 0.6～16g 的范围之内，一般为 5g 以下。而在埋弧焊自动焊时，由于焊接电流值较大，熔池的质量也较大，但熔池的质量一般也小于 100g。熔池存在的最大时间为

$$t_{max}=\frac{L}{v} \tag{9-2}$$

式中，L 是熔池的长度，v 是焊接速度。焊接方法和焊接工艺不同，熔池的最大存在时间不同。

实验表明，熔池各点的温度是不均匀的，熔池的平均温度主要取决于母材的性质和散热条件。在熔池的前部，由于输入的热量大于散失的热量，所以随着焊接热源的向前移动，母材不断被熔化。在电弧下的熔池中部，具有最高的温度。在熔池的后部，由于输入的热量小于散失的热量，温度逐渐降低，于是产生金属结晶的过程。

2. 熔池的结晶条件

(1) 熔池体积小、冷却速度大。在一般电弧焊条件下，熔池的体积一般不超过 $30cm^3$，

重量不超过100g。熔池周围被温度较低的母材金属所包围，熔池界面导热条件很好，故熔池冷却速度很快，通常可达4～100℃/s，远远高于一般铸件的冷却速度。冷速快、温度梯度大，致使焊缝中柱状晶得到充分发展。对于含碳高、合金元素较多的钢种，冷却速度快容易产生淬硬组织，这是高碳钢、高合金钢焊接性差的主要原因之一。

(2) 熔池中的液态金属处于过热状态。对于低碳钢或低合金钢，电弧焊时的熔池平均温度可达到(1770±100)℃，一般钢锭的熔点很少超过1550℃。可见，熔池中的液态金属处于过热状态。正是由于熔池的过热度大，合金元素的烧损比较严重，使非自发晶核质点大为减少，柱状晶得到显著发展。

(3) 熔池在运动状态下结晶。一般熔焊时，熔池以一定的速度随热源而移动，焊接熔池中金属的熔化和结晶是同时进行的，如图9.4所示。熔池的前半部 *bcd* 进行熔化过程，熔池的后半部 *dab* 进行结晶过程。而且焊接条件下各种力的作用会使正在结晶中的熔池受到激烈的搅拌，这一点有利于气体的排除、夹杂物的浮出以及焊缝的致密化。

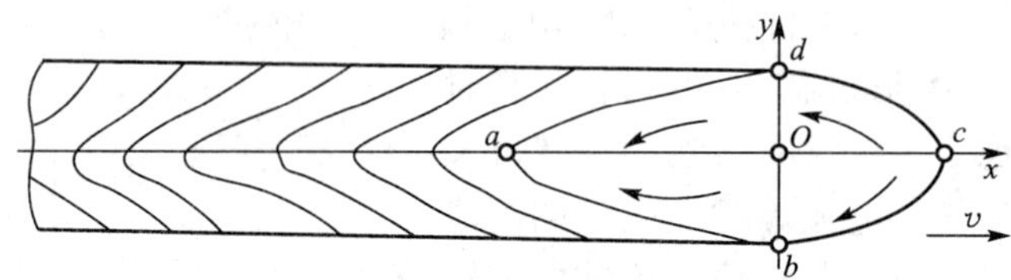

图9.4 熔池在运动状态下结晶

3. 熔池的结晶特征

熔焊条件下，熔池的结晶过程同一般液态金属结晶过程没有本质上的区别，都是晶核形成和晶核长大的过程。但由于焊接熔池结晶属非平衡结晶，存在自己的一些特征。

1) 联生结晶(或称交互结晶、外延结晶)

由金属凝固理论可知，过冷是凝固(结晶)的条件，并通过形核和晶核的成长而进行。但在焊接熔池这种非常过热的条件下，自发形核的可能性是非常小的。

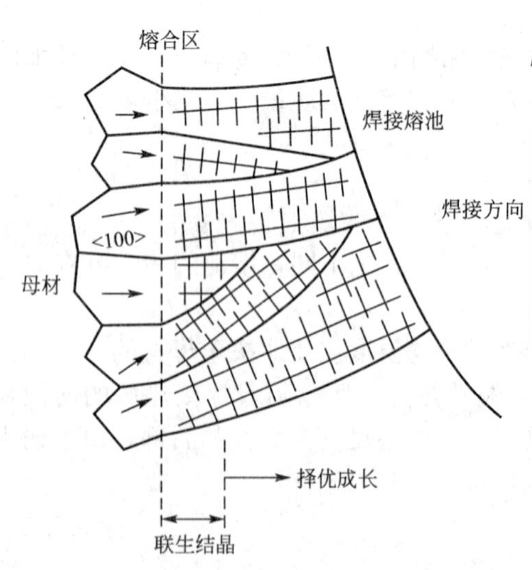

图9.5 联生结晶与择优成长的示意图

研究表明，熔池结晶时非自发形核起主要作用。在焊接熔池中存在两种现成的固相表面：一种是合金元素或杂质的悬浮质点(在一般情况下所起的作用不大)；另一种就是熔合区附近加热到半熔化状态母材金属的晶粒表面，非自发晶核就依附在这个表面上，并以柱状晶的形态向焊缝中心成长，形成所谓的联生结晶，如图9.5所示。

焊接时，为改善焊缝金属的性能，通过焊接材料加入一定量的合金元素(如钼、钛、铌等)可以作为熔池中非自发晶核的质点，从而使焊缝金属晶粒细化。

2) 择优成长

结晶理论告诉人们，每一种晶体点阵都

存在一个结晶速度最快的最优结晶取向，而且温度梯度的方向对结晶速度有重要的影响。在熔池结晶过程中，结晶总是从半熔化的母材晶粒开始，呈柱状晶的形式向熔池的内部成长，但不同方向上的晶粒成长趋势各不相同。与熔池边界的垂直的方向温度梯度最大，是导热最快的方向。最优结晶取向与导热最快的方向一致的晶粒，成长最快而优先长大，并一直长到熔池中心。取向不一致的晶粒只能长到一定尺寸而终止，如图 9.5 所示。这就是焊缝中柱状晶的择优成长。

3) 熔池结晶的线速度

焊接熔池的外形是椭球状的曲面，是液态金属结晶温度的等温面。因为与熔池边界垂直的方向温度梯度最大，是导热最快的方向，所以晶粒的成长方向也是垂直于结晶等温面。随着焊缝结晶过程的进行，各生长点的熔池界面的方向是改变的，因而晶粒以弯曲的形状向焊缝中心成长。

实验证明，熔池在结晶过程中晶粒成长的方向与晶粒主轴成长的线速度及焊接速度等有密切关系。图 9.6 所示为晶粒成长线速度分析图。

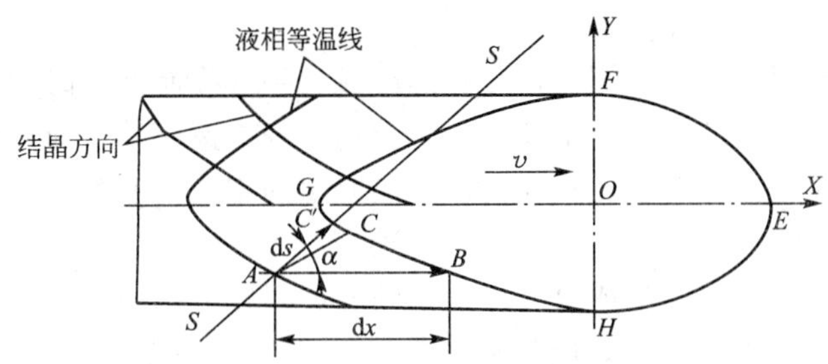

图 9.6　晶粒成长线速度分析图

任一个晶粒主轴，在任一点 A 的成长方向是 A 点的法线(S-S 线)。此方向与 X 轴之间的夹角为 α，如果结晶等温面在 $\mathrm{d}t$ 时间内，沿 X 轴移动了 $\mathrm{d}x$，此时结晶面从 A 移到 B，同时晶粒主轴由 A 成长到 C。当 $\mathrm{d}x$ 很小时，可把 $\widehat{AC}$ 看做是 $\overline{AC'}$，同时认为 $\triangle ABC'$ 是直角三角形，如令 $\overline{AC'}=\mathrm{d}s$，则

$$\mathrm{d}s=\mathrm{d}x\cos a$$

将上式两端除以 $\mathrm{d}t$，

$$\frac{\mathrm{d}s}{\mathrm{d}t}=\frac{\mathrm{d}x}{\mathrm{d}t}\cos a$$

$$R=v\cos a \tag{9-3}$$

式中，R 是指晶粒成长的平均线速度；v 是指焊接速度；α 是指 R 与 v 方向之间的夹角。

由式(9-3)可以看出，晶粒成长的平均线速度，在一定的焊接速度下主要决定于 $\cos\alpha$ 值，而 $\cos\alpha$ 值又决定于焊接规范和被焊金属的热物理性质。

由式(9-3)和图 9.6 中可以看出以下几点。

(1) 晶粒成长的平均线速度是变化的。等温线上各点的 α 角是变化的，说明晶粒成长的方向和线速度都是变化的。在熔合区上晶粒开始成长的瞬时(图 9.6 中的 H 和 F 点)，$\alpha=90°$时，$\cos\alpha=0$，晶粒生长线速度等于零，即焊缝边缘的生长速度最慢。而在焊缝的中心(图 9.6 中的 G 点)，$\alpha=0°$时，$\cos\alpha=1$，说明晶粒成长的平均线速度等于焊接速度。

一般情况下，由于等温线是弯曲的，其曲线上各点的法线方向不断改变，因此晶粒生

长的方向会随之变化，形成了特有的弯曲柱状晶的形态；晶粒生长的平均线速度也随之变化，在熔合线(或熔合区)上最小，等于零；在焊缝中心最大，等于焊速。

(2) 焊接工艺参数对晶粒成长方向及平均线速度均有影响。当焊速越小时，α 角越小，则晶粒主轴的成长方向越弯曲；相反，当焊速越大时，焊接熔池长度增加，α 角越大，则晶粒主轴的成长方向越垂直于焊缝的中心线，如图 9.7 所示。

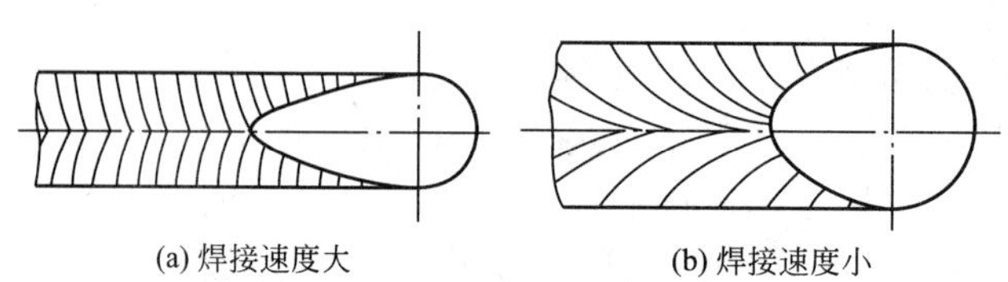

图 9.7　焊接速度对结晶形态的影响

垂直于焊缝中心线的柱状晶，最后结晶的低熔点夹杂物被推移到焊缝中心区域，易形成脆弱的结合面，导致纵向热裂纹的产生。这就是焊接热裂敏感性大的奥氏体钢和铝合金时，不能采用高速焊的主要原因。

当功率不变的情况下，增大焊接速度，晶粒成长平均线速度(即结晶速度)也增大，结晶加快。而且焊接速度对结晶速度增长率也有影响，当焊速比较小时，结晶速度的增长率比较小，上升比较缓慢。当焊速比较大时，结晶速度的增长率上升比较急剧。

4) 熔池的结晶形态

在焊接熔池中，不同部位的成分过冷是不同的，因此会出现不同的结晶形态。在焊缝的边界，即焊接熔池开始结晶处，由于温度梯度 G 较大，结晶速度 R 又较小，故成分过冷接近于零，所以平面晶得到发展。随着晶粒远离熔池边界向焊缝中心生长时，温度梯度 G 逐渐变小，而结晶速度 R 逐渐增大，成分过冷区也逐渐增大，所以结晶形态将由平面晶向胞状晶、胞状树枝晶、树枝晶发展。在焊缝或熔池中心附近，温度梯度 G 变得最小，而结晶速度 R 达到最大，成分过冷显著，所以可能导致等轴晶粒的形成。焊缝结晶形态的变化过程如图 9.8 所示。

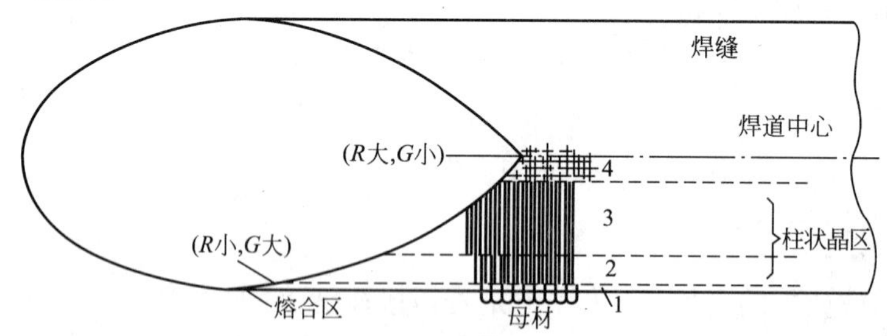

图 9.8　焊缝结晶形态的变化

1—平面晶；2—胞状晶；3—树枝柱状晶；4—等轴树枝晶

但实际焊缝中，由于化学成分、板厚和接头形式不同，不一定具有上述全部结晶形态。

焊接工艺参数对结晶形态也有很大的影响。例如，当焊接速度增大，熔池中心的温度梯度下降很多，使熔池中心的成分过冷加大，因此快速焊接时，在焊缝中心往往出现大量的等轴晶；而低速焊接时，在熔合线附近出现胞状树枝晶，在焊缝中心出现较细的胞状树枝晶。

9.2.2 焊缝的相变组织

对于具有同素异构性的焊缝金属而言，焊接熔池完全结晶后形成的固态焊缝，随着连续冷却过程的进行要发生相变，形成相变组织。相变组织主要取决于焊缝金属的化学成分和冷却条件。这里仅以低碳钢和低合金钢的焊缝金属为例加以说明。

1. 低碳钢焊缝的相变组织

低碳钢焊缝具有较低的含碳量，发生固态相变后的组织主要由铁素体和少量的珠光体组成。铁素体一般是首先在原奥氏体边界析出，其晶粒十分粗大。

相同化学成分的焊缝金属，不同的冷却速度会得到晶粒尺寸不同的相变组织。冷却速度越快，焊缝金属中珠光体越多，而且组织细化，显微硬度增高，见表9-1。

表9-1 冷却速度对低碳钢焊缝组织和硬度的影响

冷却速度/(℃/s)	焊缝组织的体积分数(%)		焊缝硬度HV
	铁素体	珠光体	
1	82	18	165
5	79	21	167
10	65	35	185
35	61	39	195
50	40	60	205
110	38	62	228

在发生过热的低碳钢焊缝中，还可能出现魏氏组织，如图9.9所示。魏氏组织的特征是铁素体在原奥氏体晶界呈网状析出，或从原奥氏体晶粒内部沿一定方向析出，具有长短不一的针状或片条状，直接插入珠光体晶粒之中。这种组织的塑性和韧性很差，使脆性转变温度上升。一般认为魏氏组织是由先共析铁素体、侧板条铁素体和珠光体混合而成的多相组织，它是在一定的含碳量和一定的冷却速度下产生的，更易在粗晶奥氏体内形成。

图9.9 低碳钢焊缝中的魏氏组织

采用多层焊或对焊缝进行焊后热处理，也可破坏焊缝的柱状晶，得到细小的铁素体和少量珠光体，从而起到改善焊缝组织的作用。

2. 低合金钢焊缝的相变组织

低合金钢焊缝的相变组织比低碳钢的焊缝组织要复杂得多，随焊缝化学成分和冷却条件的变化，低合金钢焊缝中可能形成铁素体、珠光体、贝氏体及马氏体等相变组织，而且它们还会呈现出多种形态，从而具有不同的性能。

1) 铁素体

低合金钢焊缝中的铁素体，具有比较复杂的形态。按其形态特征和出现的部位可以分为先共析铁素体(GBF)、侧板条铁素体(FSP)、针状铁素体(AF)和细晶铁素体(FGF)，典型形态如图 9.10 所示。

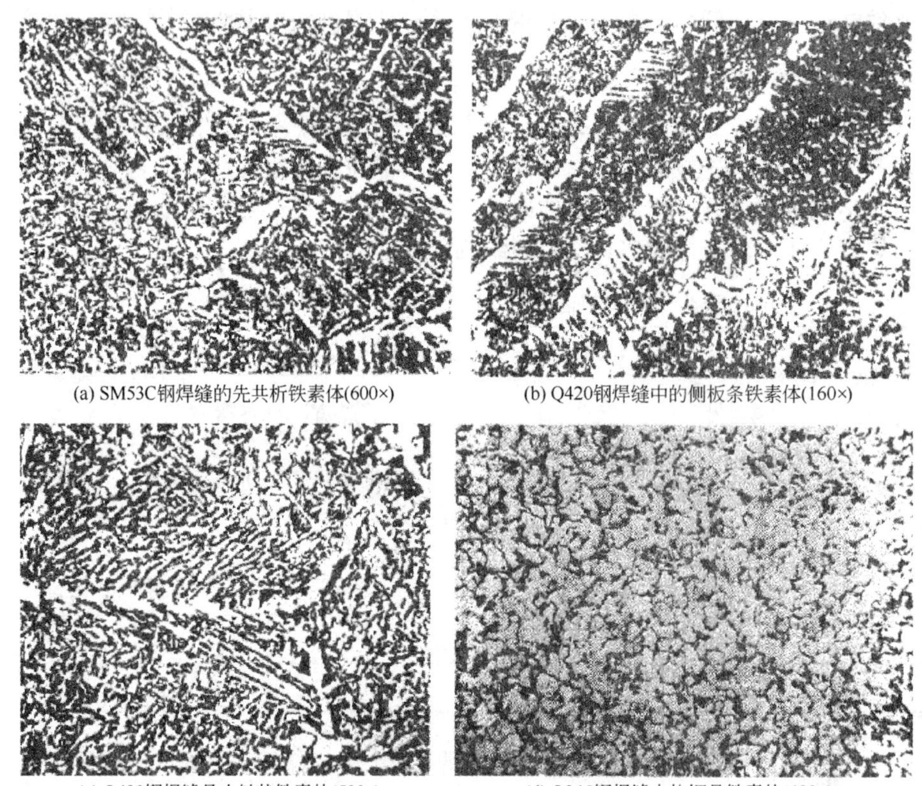

(a) SM53C钢焊缝的先共析铁素体(600×)　(b) Q420钢焊缝中的侧板条铁素体(160×)

(c) Q420钢焊缝晶内针状铁素体(500×)　(d) Q345钢焊缝中的细晶铁素体(400×)

图 9.10　低合金钢焊缝中的铁素体的形态

(1) 先共析铁素体(GBF)。先共析铁素体也称晶界铁素体，是焊缝在约 770～680℃的较高温度下，沿奥氏体晶界首先析出的铁素体。一般来讲，合金含量越低，高温停留时间越长，冷却速度越慢，先共析铁素体的数量越多。其形态可以是沿晶扩展的长条形，如图 9.10(a)所示，也可以是沿晶分布的块状多边形。由于先共析铁素体为低屈服强度的脆性相，因而使焊缝金属的韧性降低。

(2) 侧板条铁素体(FSP)。侧板条铁素体也称无碳贝氏体，其形成温度比先共析铁素体稍低，转变温度范围较宽，约为 550～700℃，从先共析铁素体的侧面以板条状向原奥氏体晶内生长的铁素体。其形态如镐牙，长宽比在 20 以上，如图 9.10(b)所示。由于侧板条铁素体内部的位错密度比先共析铁素体高，因而使焊缝金属的韧性显著降低。

(3) 针状铁素体(AF)。针状铁素体的形成温度比侧板条铁素体还低，是在 500℃附近、中等冷却速度下，在原始奥氏体晶内以针状生长而成。其宽度约为 2μm，长宽比在 3～5，常以某些质点为核心放射性成长，使形成的针状铁素体相互制约而不能自由成长，如图 9.10(c)所示。

一般认为，对于屈服强度低于 550 MPa、硬度在 175～225 HV 的焊缝来讲，针状铁素体的增加可显著改善焊缝金属的韧性。

(4) 细晶铁素体(FGF)。细晶铁素体也称贝氏铁素体，是介于铁素体与贝氏体之间的转变产物。它是在有细化晶粒的元素(如钛、硼等)存在且在稍低于500℃的温度下，在原奥氏体晶内形成的晶粒尺寸较小的铁素体，而且在细晶之间有珠光体和渗碳体析出，如图9.10(d)所示。

2) 珠光体

珠光体是铁素体和渗碳体的层状混合物，是低合金钢在接近平衡状态下(如热处理时的连续冷却过程)，在 Ar_1～550℃温度区间内发生扩散相变的产物。根据珠光体中层片的细密程度，可将珠光体分为层状珠光体、粒状珠光体(又称为托氏体)、细珠光体(又称为索氏体)。

在焊接的非平衡状态下，原子来不及充分扩散，抑制了珠光体的转变，扩大了铁素体和贝氏体的转变区域。特别是焊缝中含有硼、钛等细化晶粒的元素时，可完全抑制珠光体的转变，致使低合金钢焊缝中很少产生珠光体组织。只有在预热、缓冷及后热等使冷却速度变得极其缓慢的情况下，才能在焊缝中形成少量的珠光体，如图9.11所示。焊缝中的珠光体能增加焊缝的强度，但使其韧性降低。

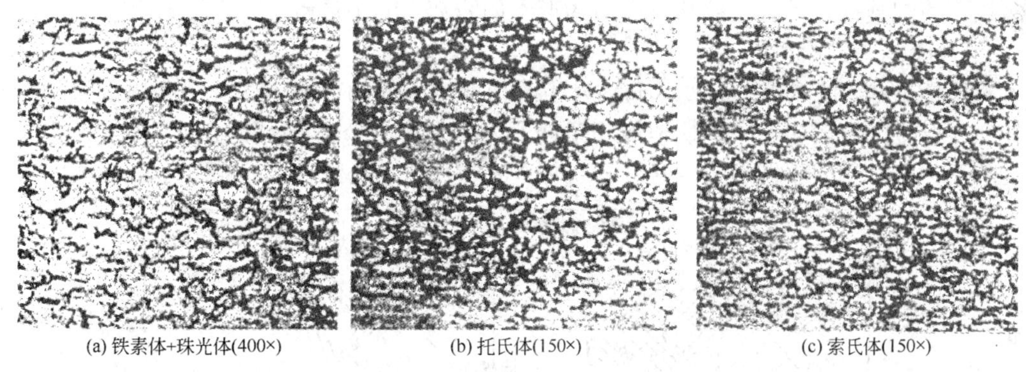

(a) 铁素体+珠光体(400×)　(b) 托氏体(150×)　(c) 索氏体(150×)

图9.11　低合金钢焊缝中的珠光体的形态

3) 贝氏体

贝氏体是在约550℃到Ms温度区间内发生的，此时合金元素已不能扩散，只有碳能扩散，属于扩散-切变型相变的产物。在焊接热循环条件下，容易发生贝氏体转变。根据贝氏体的形成温度区间及其特征，可将贝氏体分为上贝氏体 B_U、下贝氏体 B_L、粒状贝氏体 B_G 和条状贝氏体 B_P 等，典型形态如图9.12所示。

(1) 上贝氏体 B_u。上贝氏体是在550～450℃的温度区间内形成的，其特征是呈羽毛状沿原奥氏体晶界析出，其内平行的条状铁素体间分布有渗碳体。由于这些渗碳体断续地分布于铁素体条之间，使得裂纹易沿铁素体条间扩展，因而上贝氏体是各种贝氏体中韧性最差的一种，如图9.12(a)所示。

(2) 下贝氏体 B_L。下贝氏体是在450℃到Ms的温度区间内形成的，其特征是内部许多针状铁素体和针状渗碳体机械混合，针与针之间成一定的角度，铁素体内还分布有碳化物颗粒，如图9.12(b)所示。正是由于下贝氏体中铁素体针成一定交角，且碳化物弥散析出于铁素体内，使得裂纹不易穿过，因而具有良好的强度和韧性。

(3) 粒状贝氏体 B_G 和条状贝氏体 B_P。粒状或条状贝氏体是在稍高于上贝氏体转变温

(a) 10CrMo910钢焊缝的上贝氏体(500×)

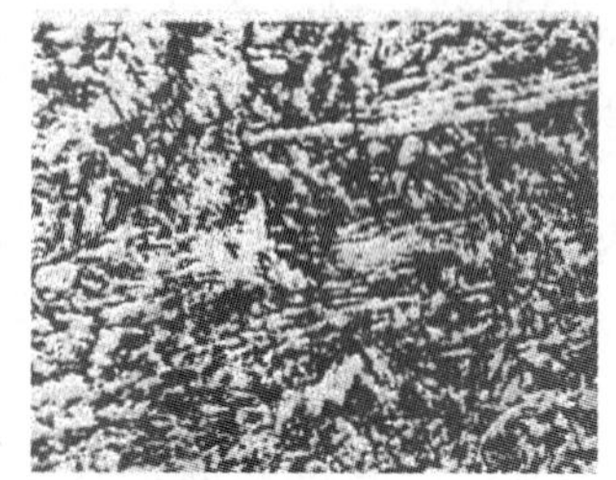

(b) 12CrMoVSiTiB钢焊缝的下贝氏体(300×)

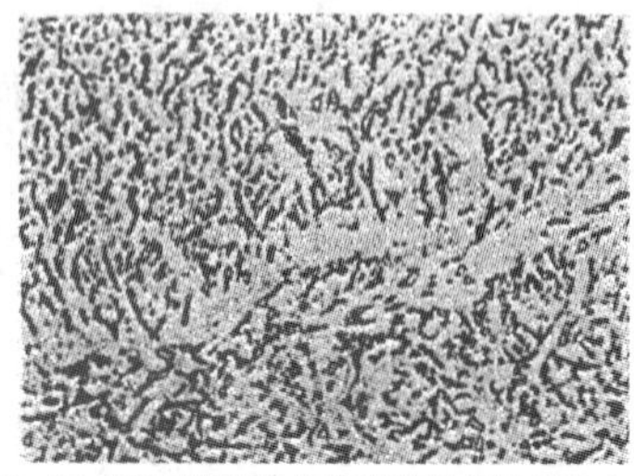

(c) Q345钢焊缝中的粒状贝氏体(440×)

图 9.12 低合金钢焊缝中的贝氏体的形态

度且中等冷却速度条件下形成的，它是在块状铁素体形成之后，待转变的富碳奥氏体呈岛状分布其上，在一定的合金成分和冷却速度下，转变成富碳的马氏体和残余奥氏体，即M－A组元。

当M－A组元以粒状分布在块状铁素体上时，对应的组织称为粒状贝氏体；而当M－A组元以条状分布在块状铁素体上时，对应的组织则称为条状贝氏体。粒状贝氏体中的M－A组元也称为岛状马氏体，其硬度高，在载荷下可能开裂或在相邻铁素体薄层中引起裂纹而使焊缝韧性下降。粒状贝氏体的形态如图 9.12(c)所示。

4）马氏体

马氏体是在Ms点以下温度区间内发生的切变型相变的产物。当焊缝金属的含碳量较高或所含合金元素较多时，在快速冷却条件下，奥氏体过冷到Ms温度以下将会发生马氏体的转变，从而形成不同形态的条状马氏体 M_D 和片状马氏体 M_T，如图 9.13 所示。

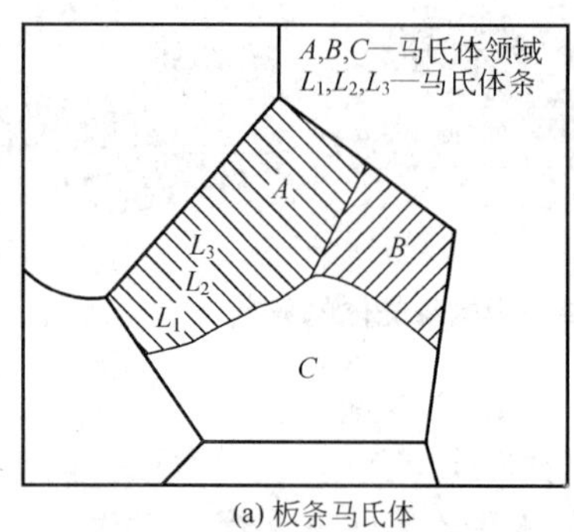

(a) 板条马氏体

马氏体片

(b) 片状马氏体

图 9.13 低合金钢焊缝中的马氏体的形态

(1) 板条马氏体 M_D。板条马氏体是低碳低合金焊缝在连续快冷条件下常出现的组织形态，其特征是在原奥氏体晶粒内部形成细条状马氏体板条，条与条之间有一定的交角，板条马氏体的大致形态如图 9.13(a)所示。马氏体板条内存在许多位错，因而板条马氏体又称低碳马氏体或位错马氏体。板条马氏体不但具有较高的强度，而且具有良好的韧性，因而是综合性能最好的一种马氏体。

(2) 片状马氏体 M_T。当焊缝中含碳量较高($C \geqslant 0.4\%$)时，将会出现片状马氏体，它与低碳板条马氏体在形态上的主要区别是：马氏体片不相互平行，初始形成的马氏体较粗大，往往贯穿整个奥氏体晶粒，使以后形成的马氏体片受到阻碍。片状马氏体内部的亚结构存在许多细小平行的带纹，称为孪晶带，故又称其为孪晶马氏体，片状马氏体的大致形态如图 9.13(b)所示。

片状马氏体因其含碳量较高，所以也称高碳马氏体。这种马氏体硬度高而脆，容易产生焊缝冷裂纹，是焊缝中应予避免的组织。

综上所述，低合金钢焊缝金属可能出现的显微组织形态及其分类如图 9.14 所示。

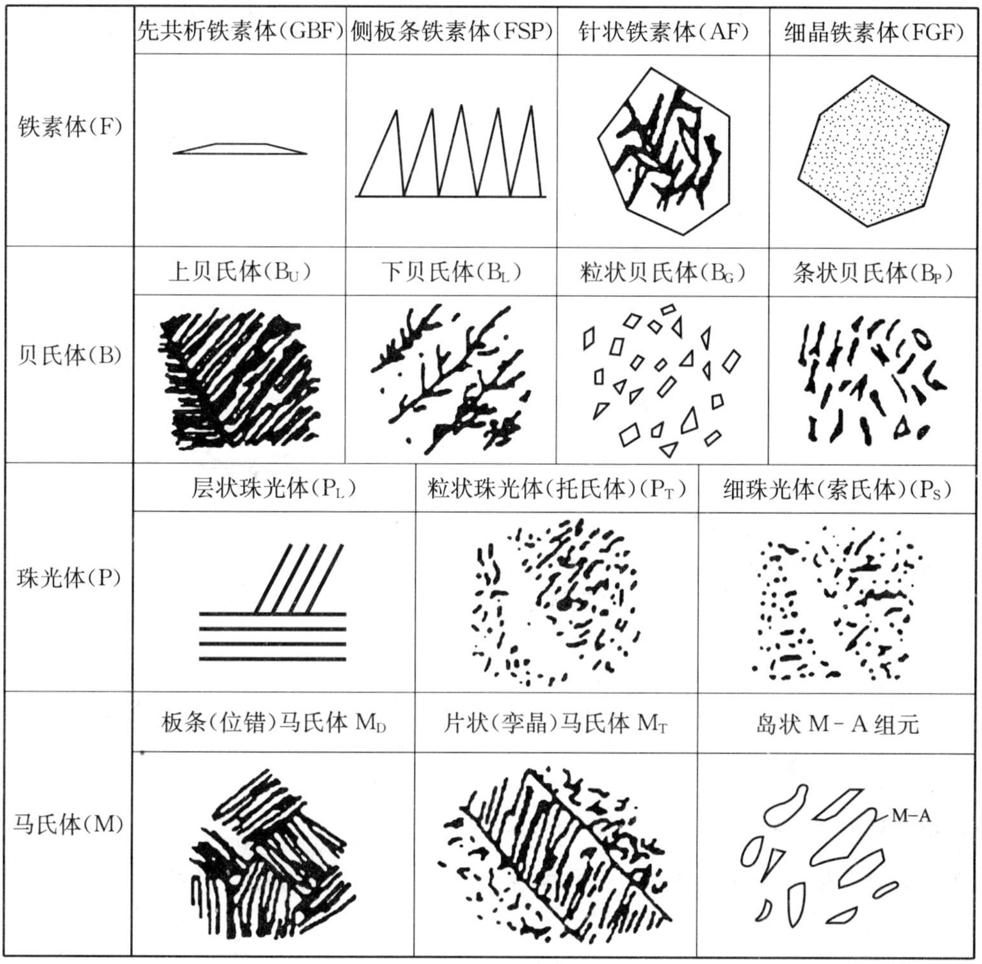

铁素体(F)	先共析铁素体(GBF)	侧板条铁素体(FSP)	针状铁素体(AF)	细晶铁素体(FGF)
贝氏体(B)	上贝氏体(B_U)	下贝氏体(B_L)	粒状贝氏体(B_G)	条状贝氏体(B_P)
珠光体(P)	层状珠光体(P_L)	粒状珠光体(托氏体)(P_T)	细珠光体(索氏体)(P_S)	
马氏体(M)	板条(位错)马氏体 M_D	片状(孪晶)马氏体 M_T	岛状 M－A 组元	

图 9.14 低合金钢焊缝相变组织的分类和形态

3. 焊缝金属连续冷却组织转变图

由于焊缝是在连续冷却中进行相变的，其冷却速度不同于热处理，因此建立低合金钢焊缝金属连续冷却组织转变图(简称 WM－CCT 图)，对于预测焊缝的组织及调节焊缝的性能具有重要的意义。

不同成分的焊接材料，得到的焊缝金属连续冷却组织转变图不同。图 9.15 所示是用热模拟方法建立的 C－Mn 钢 WM－CCT 图及焊缝组织组成(百分比)与冷却条件的关系示例。图 9.15 中显示了各种显微组织生成的温度区间及其与冷却速度的关系。可见，冷却速度过快时，易形成马氏体 M；冷却速度过慢，易形成先共析铁素体 GBF；只有中等冷却速度才能得到理想的针状铁素体 AF；B_u 表示一种上贝氏体。

在实际生产中，可根据对焊缝金属组织和性能的要求，依据焊缝金属的 WM－CCT 图，合理选择冷却速度，从而确定最佳的焊接参数。

WM-CCT图主要决定于焊缝金属的化学成分，如图9.16所示。焊缝金属中合金元素含量增多，将使连续冷却组织转变图中的相变曲线向右移动。

有的WM-CCT图还给出了不同冷却条件下所获得的焊缝金属的力学性能(一般为硬度HV)。目前的WM-CCT图多为采用热模拟方法建立的，和实际的焊缝金属的冷却组织有一定差别，但仍然具有重要参考价值。

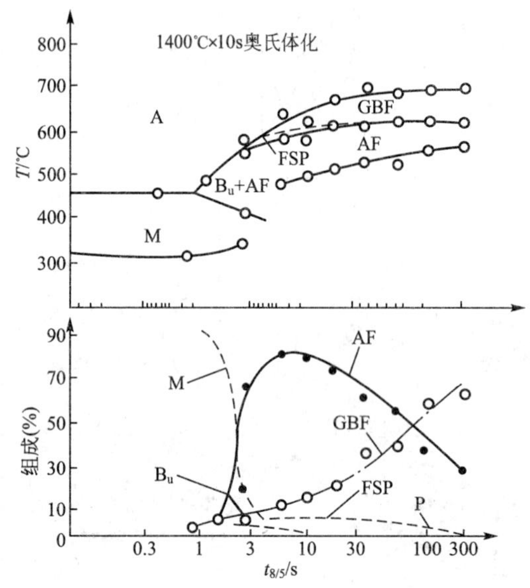

图9.15 WM-CCT图、焊缝组织与冷却条件的关系

(C=0.07%；Si=0.33%；Mn=2.12%)

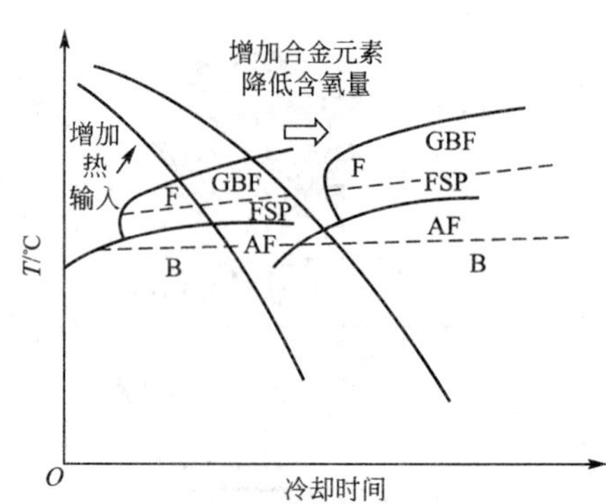

图9.16 合金元素和含氧量对WM-CCT图的影响示意图

(C=0.07%；Si=0.33%；Mn=2.12%)

9.2.3 焊缝性能的控制

控制焊缝性能是控制焊接质量的主要目标，焊缝性能是由焊缝组织决定的。在实际生产中，改善焊缝显微组织是为了使焊缝金属在得到高强度的同时，保持较高的韧性，获得良好的综合力学性能。总的来看，焊缝组织的控制主要是通过优化合金成分和采取一定的工艺措施来实现的。

1. 优化合金成分

优化焊缝金属的成分，要限制有害杂质S、P、N、H、O，同时向焊缝中添加某些合金化元素，改善焊缝金属的组织，提高焊缝金属的性能。这是改善焊缝金属结晶组织的有效方法之一。常用的合金化元素主要包括Mn、Si、Ti、B、Mo、Nb、V、Zr、Al和稀土等，下面介绍几种常用的合金元素的作用。

1) 锰和硅对焊缝性能的影响

Mn和Si是一般低碳钢和低合金钢焊缝中不可缺少的合金元素，它们不但可使焊缝金属充分脱氧，还可提高焊缝的抗拉强度(属于固溶强化)，但对韧性的影响比较复杂。如低合金钢埋弧焊焊缝(C=0.10%～0.13%)，属于强度较低的Mn-Si系焊缝金属。当焊缝中Mn<0.8%，Si<0.10%时，组织为粗大的先共析铁素体，而Mn>1.0%，Si>0.25%时，组织为侧板条铁素体，这两种组织的韧性都比较低。而Mn=0.8%～1.0%，

Si＝0.10%～0.25%，Mn/Si＝3～6 时，得到细晶铁素体和针状铁素体的组织，具有较好的韧性(－20℃，A_{KV}＞100J)，如图 9.17 所示。

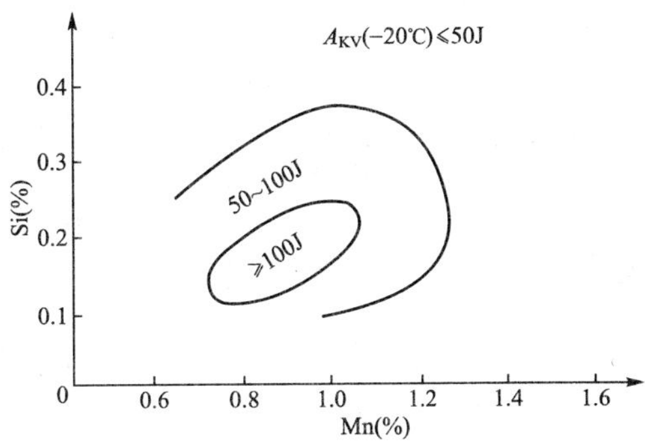

图 9.17 Mn、Si 对低强焊缝韧性的影响

应当指出，单纯采用 Mn、Si 提高焊缝的韧性是有限的，特别是在大热输入进行焊接时，仍难以避免产生粗大先共析铁素体和侧板条铁素体。因此，必须向焊缝中加入其他细化晶粒的合金元素才能进一步改善组织，提高焊缝的韧性。

2) 钛、硼对焊缝韧性的影响

低合金钢焊缝中有 Ti、B 存在可以大幅度地提高韧性。但 Ti、B 对焊缝金属组织细化的作用是很复杂的，它与氧、氮有密切的关系。

(1) Ti 与氧的亲和力很大，焊缝中的 Ti 是以微小颗粒 TiO_2 的形式弥散分布于焊缝中，可以促进焊缝金属晶粒细化。即在冷却过程中，由铁素体(δ－Fe)→奥氏体(γ－Fe)转变时，这些微小颗粒可以作为“钉子”，位于晶粒边界，从而阻碍奥氏体晶粒的长大，细化了晶粒。此外，这些小颗粒的 TiO_2 还可以作为针状铁素体的形核质点，在奥氏体→铁素体转变阶段促进形成均匀的针状铁素体。Ti 与 N 也有上述类似的作用。

(2) Ti 在焊缝中保护 B 不被氧化。B 的原子半径很小，高温下极易向奥氏体晶界扩散。随着 B 在奥氏体晶界的聚集，不断降低了晶界能，奥氏体的稳定性增强，抑制了先共析铁素体的形核与生长，从而促使生成针状铁素体，改善了焊缝组织的韧性。

(3)在低合金钢焊缝中随其中的含氧、氮量的不同，Ti 和 B 的最佳含量也发生变化。当焊缝中化学成分：C＝0.11%～0.14%、Si＝0.20%～0.35%、Mn＝1.2%～1.5%、O＝0.027%～0.032%、N＝0.0028%～0.0055%时，Ti－B 含量的最佳范围为 Ti＝0.01%～0.02%，B＝0.0020%～0.0060%，如图 9.18 所示。

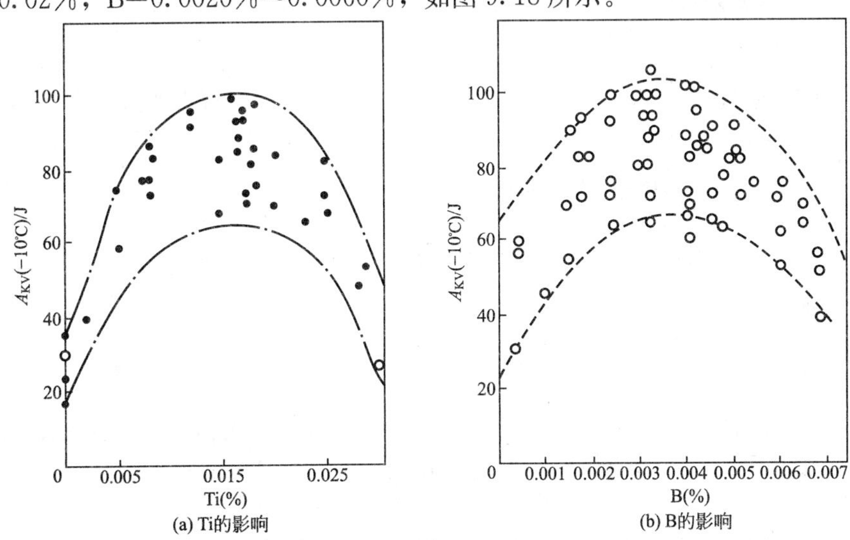

图 9.18 焊缝金属中 Ti、B 含量与韧性的关系

(埋弧焊：板厚 32mm，线能量 197kJ/cm)

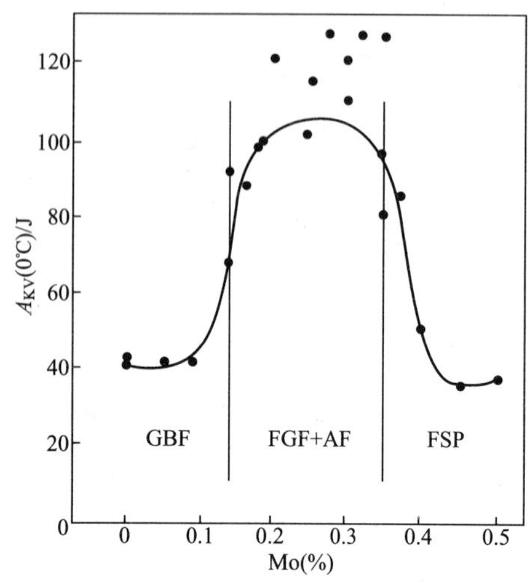

图 9.19 焊缝金属中 Mo 含量与韧性的关系

3）钼对焊缝韧性的影响

低合金钢焊缝中加入少量的 Mo 不仅提高强度，同时也能改善韧性。经研究，焊缝中 Mo<0.20%时，$\gamma\rightarrow\alpha$ 相变温度上升，形成粗大的先共析铁素体；当 Mo>0.5%时，转变温度随即降低，形成板条状无碳贝氏体组织，韧性显著下降。只有 Mo=0.20%～0.35%时，才有利于形成均一的细晶铁素体，如图 9.19 所示。

如果向焊缝中再加入微量 Ti，更能发挥 Mo 的有益作用，使焊缝金属的组织更加均一化，韧性显著提高。对于 Mo - Ti 系焊缝金属，当 Mo = 0.20% ～0.35%，Ti = 0.03% ～0.05% 时，可得到良好的韧性，此时可得到均一的细晶铁素体组织，即使大线能量的埋弧焊焊缝，0℃时夏比冲击吸收功也可达 100J 以上。

4）稀土元素对焊缝金属性能的影响

稀土是化学活性极强的元素，它可以与钢中的有害杂质，如氧、氮、硫等发生激烈的作用，从而减轻和消除这类微量杂质的有害影响；另一方面，稀土与钢中的合金元素发生作用，可改善组织和提高韧性。

上述讨论主要针对屈服强度小于 550MPa 的焊缝，对于更高强度焊缝(屈服强度 550～800MPa)的韧化应当通过细化针状铁素体来实现。焊缝的固溶强化和变质处理是两种不同的强韧化机制。合金元素的种类很多，所起的作用很复杂，有的是固溶强化(如 Mn、Si 等)，有的是变质处理(如 Ti、B、Zr、稀土等)，有的兼有两种作用(如 V、Nb、Mo 等)。

2. 调整焊接工艺

1）优化焊接工艺

(1) 调整工艺参数，控制焊接热输入。焊接热输入不仅可以改变熔合比影响焊缝的化学成分，还可改变熔池的过热程度和冷却速度，使奥氏体柱状晶的尺寸及 $\gamma\rightarrow\alpha$ 转变特性发生变化，从而使焊缝的组织与性能发生变化。

(2) 采用多层焊。对于相同板厚焊接结构，采用多层焊接可以有效地提高焊缝金属的性能。一方面由于每层焊缝变小，降低了焊接热输入，改善了结晶的条件，细化了晶粒；另一方面，是后一层对前一层焊缝具有附加热处理的作用，从而改善了焊缝固态相变的组织。

2）振动结晶

采用振动的方法来破坏正在成长的晶粒，增加非自发形核的质点，获得细晶组织。根据振动的方式不同，可分为低频机械振动、高频超声振动和电磁振动等。

3）锤击焊道

锤击焊道是指通过锤击焊缝表面来改善焊缝的组织和性能。在多层焊中，锤击每一层焊缝或坡口表面，都可以不同程度地使表面晶粒破碎，使后层焊缝在结晶时晶粒细化，这样逐层锤击焊道就可以改善整个焊缝的组织性能。锤击可产生塑性变形而降低残余应力，从而提高焊缝的韧性和疲劳性能。

4）焊后热处理

(1) 跟踪回火处理，就是每焊完一道焊缝立即用气焊火焰加热焊道表面而进行的热处理，温度控制在 900～1000℃。采用跟踪回火，改善了焊缝的组织，提高了整个接头的性能。

(2) 整体或局部热处理。焊后热处理可以消除残余应力、改善焊缝和整个接头的组织和性能。因此，对于重要的焊接结构，焊后都要进行回火、正火或调质等整体或局部热处理来改善焊缝的性能。

9.3 焊接热影响区

焊接热影响区是焊缝两侧未经过熔化但组织和性能发生变化的区域(Heat Affected Zone 简称 HAZ)，是焊接接头的重要组成部分。由于焊接热影响区不同部位所受热作用的不一致性，造成其内部组织和性能的分布极不均匀，可能使其成为焊接接头的薄弱环节。因此，研究热影响区在焊接热循环作用下组织和性能的变化规律，对于解决焊接问题、提高焊接质量具有十分重要的意义。本节主要讨论低合金高强度钢焊接过程中，由于快速不均匀加热和冷却条件引起热影响区组织和性能的变化，为制定合理的焊接工艺奠定基础。

9.3.1 焊接热影响区的组织转变特点

1. 焊接热循环

在焊接热源的作用下，焊件上某点的温度随时间的变化过程称为焊接热循环。焊接热循环是反映焊接接头中某点温度随时间的变化规律，也描述了焊接过程中热源对焊件金属的热作用。对于整个焊接接头来说，焊接中的加热和冷却是不均匀的，图 9.20 所示为低碳钢焊条电弧焊时焊件上不同点的焊接热循环曲线。离焊缝越近的点其加热速度越大，加热的峰值温度越高，冷却速度也越大，但加热速度远大于冷却速度。

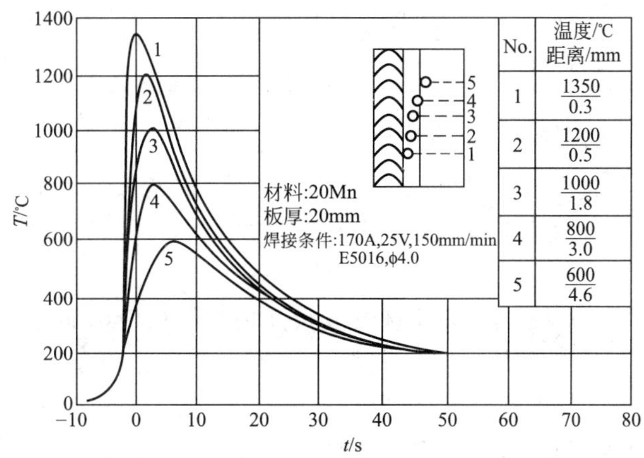

No.	温度/℃ 距离/mm
1	1350 0.3
2	1200 0.5
3	1000 1.8
4	800 3.0
5	600 4.6

图 9.20　距焊缝不同距离各点的焊接热循环

1) 焊接热循环的主要参数

根据焊接热循环对热影响区的组织和性能的影响，主要考虑4个参数(参考图9.1)。

(1) 加热速度(v_H)。随加热速度的增加，相变温度T_r也随之提高，奥氏体的均质化和碳化物的溶解也越不充分，从而影响热影响区的组织和力学性能。

(2) 最高加热温度(T_m)。也称为峰值温度，热影响区的组织和性能与加热的最高温度有密切关系，加热的最高温度越高，晶粒长大倾向越严重。距焊缝远近不同的点，加热的最高温度不同，在热影响区形成不均匀的组织和性能。

(3) 相变温度以上的停留时间(t_H)。相变温度T_r以上停留的时间t_H越长，越有利于奥氏体的均匀化过程，增加奥氏体的稳定性。但同时易使晶粒长大降低接头的质量。为便于分析，将t_H分为加热过程的停留时间t'和冷却过程的停留时间t''。

(4) 冷却速度v_c(或冷却时间$t_{8/5}$、$t_{8/3}$、t_{100})。冷却速度是决定焊接热影响区组织和性能的重要参数之一。对低合金钢来说，熔合线附近冷却到540℃左右的瞬时冷却速度是最重要的参数。也可采用某一温度范围内的冷却时间来表征冷却的快慢，如800～500℃的冷却时间$t_{8/5}$，800～300℃的冷却时间$t_{8/3}$及从最高加热温度冷至100℃的冷却时间t_{100}。

根据焊接传热理论，通过数学建模可以计算出以上的热循环参数，而且焊接方法、工艺因素、焊件材料的种类和板厚等因素，会引起焊接热循环参数的变化。低合金钢常用的焊接方法的热循环参数见表9-2。

表9-2 单层电弧焊低合金钢时热影响区的热循环参数

板厚/mm	焊接方法	热输入/(J/cm)	900℃时的加热速度/(℃/s)	900℃以上的停留时间/s		冷却速度/(℃/s)		备注
				加热	冷却	900℃	540℃	
1	钨极氩弧焊	840	1700	0.4	1.2	240	60	不开坡口对接
2	钨极氩弧焊	1680	1200	0.6	1.8	120	30	不开坡口对接
3	埋弧焊	3780	700	2.0	5.5	54	12	不开坡口对接，有焊剂垫
5	埋弧焊	7140	400	2.5	7	40	9	不开坡口对接，有焊剂垫
10	埋弧焊	19320	200	4.0	13	22	5	V形坡口对接，有焊剂垫
15	埋弧焊	42000	100	9.0	22	9	2	V形坡口对接，有焊剂垫
25	埋弧焊	105000	60	25.0	75	5	1	V形坡口对接，有焊剂垫

2) 焊接热循环的特点

焊接热循环是焊接接头经受的特殊热处理过程，焊接条件下的组织转变与热处理条件下的组织转变，从基本原理上是一致的，但焊接时的组织转变具备自身的特殊性，主要有以下5点。

(1) 加热的速度快。焊接热源的能量密度很高，加热集中，加热的速度比热处理时要快得多，往往超过几十倍甚至几百倍。

(2) 加热的温度高。在焊接熔合区附近的热影响区的金属可接近其熔点，对于低碳钢和低合金钢来讲，一般都在1350℃左右。而一般热处理情况下，加热温度在Ac_3以上100～200℃，温度相差很多。

(3) 高温停留时间短。焊接时由于热循环的特点，在 Ac_3 以上保温的时间很短(一般焊条电弧焊约为 4～20s，埋弧焊时 30～100s)，而在热处理时可以根据需要任意控制保温时间。

(4) 自然条件下连续冷却。焊件一般是在自然条件下连续冷却的，个别情况下才进行焊后保温或焊后热处理。在热处理时可以根据需要来控制冷却速度或在冷却过程中不同阶段进行保温。

(5) 局部加热。焊接是局部集中加热，并且随热源的移动，被加热的范围也在随之移动。而热处理时工件是在炉中整体加热的。

2. 焊接加热过程的组织转变特点

焊接加热速度很快，使得与扩散有关的过程都难于进行，从而影响到组织转变的过程及其进行的程度，由此出现了与等温过程和热处理过程的组织转变明显不同的特点。

1) 组织转变向高温推移

由于焊接加热速度快，导致被焊金属的相变温度 Ac_1 和 Ac_3 升高，二者之差也越大，见表 9-3。当钢中含有较多的碳化物形成元素时，Ac_1 和 Ac_3 升高得更显著。这就是说，焊接加热过程中的组织转变不同于平衡状态的组织转变，转变过程已向高温推移。

表 9-3　加热速度 v_H 对相变温度 Ac_1 和 Ac_3 的影响

钢材牌号	相变温度/℃	加热速度 v_H/(℃/s)				
		平衡状态	6～8	40～50	250～300	1400～1700
45钢	Ac_1	730	770	775	790	840
	Ac_3	770	820	835	860	950
	Ac_3～Ac_1	40	50	60	70	110
40Cr	Ac_1	740	735	750	770	840
	Ac_3	780	775	800	850	940
	Ac_3～Ac_1	40	40	50	80	100
23Mn	Ac_1	735	750	770	785	830
	Ac_3	830	810	850	890	940
	Ac_3～Ac_1	95	60	80	105	110
30CrMnSi	Ac_1	740	740	775	825	920
	Ac_3	820	790	835	890	980
	Ac_3～Ac_1	80	50	60	65	60
18Cr2WV	Ac_1	710	800	860	930	1000
	Ac_3	810	860	930	1020	1120
	Ac_3～Ac_1	100	60	70	90	120

焊接加热过程中组织转变向高温推移是由奥氏体化过程的性质决定的。由铁素体或珠光体向奥氏体转变的过程是扩散重结晶过程，需要有孕育期。在快速加热的条件下，来不及完成扩散过程所需的孕育期，势必造成相变温度提高。当钢中含有碳化物形成元素时，

由于它们的扩散速度慢，而且本身还阻止碳的扩散，因而明显减慢了奥氏体化的进程，促使转变温度升得更高。

2）奥氏体均质化程度降低

由于焊接加热速度快，相变温度以上停留时间短，不利于扩散过程的进行，而奥氏体均质化过程属于扩散过程，因而使奥氏体均质化程度降低，这一过程必然影响冷却过程的组织转变。

3. 焊接冷却过程的组织转变特点

1）组织转变向低温推移

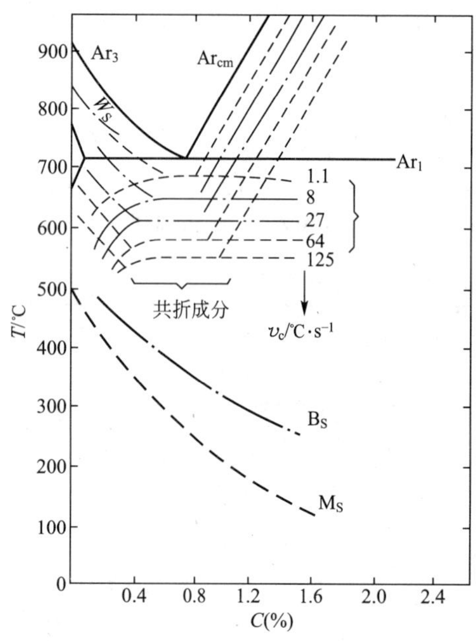

图 9.21　冷却速度对相变点和相变温度的影响

B_s、M_s、W_s—分别表示贝氏体、马氏体、魏氏组织开始形成的温度

在奥氏体均质化程度相同的情况下，随着焊接冷却速度的加快，相变温度均发生偏移。随冷却速度变化，铁碳合金的相变点的变化情况如图 9.21 所示。

由图 9.21 可知，随着焊接冷却速度的加快，Ar_1、Ar_3 和 Ar_{cm} 均降低，即焊接冷却过程中的组织转变过程已向低温推移，也不同于平衡状态的组织转变。同时共析成分也发生变化，当冷却速度为 30℃/s 时，共析成分由 C=0.77%变成 0.4%～0.8%，也就是C=0.4%的铁碳合金就可以得到全部的珠光体组织(伪共析)。这种组织转变特点也是因为奥氏体向铁素体或珠光体的转变是由扩散过程控制的结果。

2）马氏体转变临界冷速发生变化

以 45 钢和 40Cr 钢为例，分析焊接条件和热处理条件下组织转变的差异，两种钢在焊接及热处理时同样冷却速度条件下的组织百分比见表 9－4。

表 9－4　焊接及热处理条件下 45 钢和 40Cr 钢的组织百分比

钢种	冷却速度/(℃/s)	组织(%)		
		铁素体	珠光体及中间组织	马氏体
45	4	5(10)	95(90)	0(0)
	18	1(3)	9(70)	90(27)
	30	1(1)	7(30)	92(69)
	60	0(0)	2(2)	98(98)
40Cr	4	1(0)	24(5)	75(95)
	14	0(0)	10(2)	90(98)
	22	0(0)	5(0)	95(100)
	36	0(0)	0(0)	100(100)

注：( ) 中的数字为热处理时的百分比；中间组织包括贝氏体、索氏体和托氏体。

由表可知，在相同的冷却速度条件下，45 钢在焊接时比热处理时的淬硬倾向大，40Cr 钢在焊接时比热处理时的淬硬倾向小。出现这种情况的原因是：在焊接条件下，由于加热速度快，高温停留时间短，碳化物形成元素(如 Cr、Mo、V、Ti、Nb 等)不能充分地溶解在奥氏体中，奥氏体的稳定性降低，降低淬硬倾向。不含碳化物形成元素的钢(如 45 钢)，一方面不存在碳化物的溶解过程，另一方面在焊接条件下熔合区附近母材的组织粗大，故淬硬倾向比热处理条件下要大。

因此，不能机械地利用热处理条件下的相变理论来解决焊接条件下的组织转变问题，必须根据焊接热循环的特点建立焊接条件下组织转变的理论。

4. 焊接条件下 CCT 图的应用

利用母材的连续冷却组织转变图(CCT 图)，可以比较方便地预测焊接热影响区的组织和性能，并作为选择焊接线能量、预热温度和制定焊接工艺的依据。影响 CCT 图的因素主要有母材的化学成分、冷却速度(或冷却时间)、最高加热温度和晶粒度等因素。

Q345 钢的 CCT 图及组织和硬度的变化情况如图 9.22 所示。

根据在焊接条件下熔合区附近(T_m=1300～1350℃)的 $t_{8/5}$，就可以查出相应的组织和硬度，预先判断焊接接头的性能，也可以预测此钢种的淬硬倾向及产生冷裂纹的可能性。同时也可以作为调节焊接工艺参数和改进工艺的依据。

9.3.2 焊接热影响区的组织分布

焊接热影响区上距焊缝远近不同的部位所经历的焊接热循环不同，整个热影响区呈现出分布不均的组织和性能。同时，不同的钢材即使所经历的焊接热循环相同，其热影响区组织和性能的分布也会不同。因此，为便于分析焊接热影响区的组织变化规律，根据母材的热处理特性，将其分为不易淬火钢和易淬火钢两类。

1. 不易淬火钢热影响区的组织分布

不易淬火钢是指淬火倾向很小的钢，如低碳钢和强度级别较低的普通低合金钢，冷轧状态母材的焊接热影响区主要由过热区、完全重结晶区、不完全重结晶区及再结晶区组成，如图 9.23 所示。当母材为热轧态时，热影响区仅由前三项组成，而没有再结晶区。

1) 过热区

又称粗晶区，该区紧邻熔合区，温度范围从固相线以下到 1100℃左右。由于金属处于过热状态，一些碳化物和氧化物等难溶质点都溶入奥氏体，因此奥氏体晶粒发生严重长大，冷却后得到粗大的组织(一般低碳钢焊后晶粒度都在 1～2 级)，气焊和电渣焊的条件下常出现魏氏组织，如图 9.24(a)所示。

过热区的组织特征决定了该区脆性大，韧性低，通常冲击韧性要降低 20%～30%，在焊接刚度较大的结构时，常在过热粗晶区产生脆化甚至裂纹，因此过热区是焊接接头的薄弱环节。过热区的组织及过热区的大小与焊接方法、焊接热输入、母材板厚等相关，一般来讲，气焊和电渣焊时晶粒粗大、过热区较宽，焊条电弧焊和埋弧焊时晶粒粗大并不严重、过热区较窄，而激光束和电子束焊时几乎没有过热区。

2) 完全重结晶区

完全重结晶区又称正火区，温度范围在 Ac_3 以上。母材金属在加热过程中经历了由铁

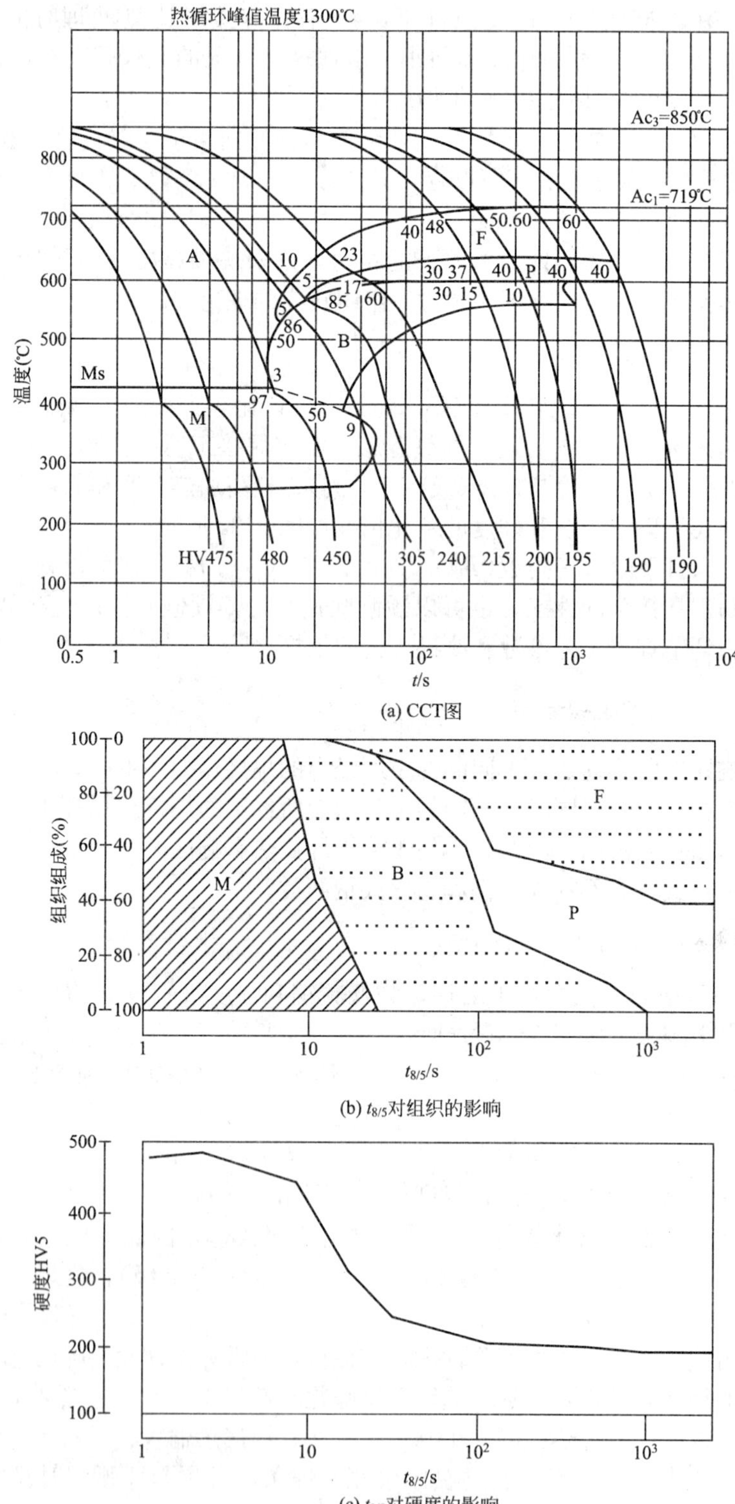

(a) CCT图

(b) $t_{8/5}$对组织的影响

(c) $t_{8/5}$对硬度的影响

图 9.22　Q345 钢的 CCT 图及 $t_{8/5}$ 对组织和硬度的影响

(C=0.16%；Si=0.36%；Mn=1.53%；S=0.028%；P=0.014%)

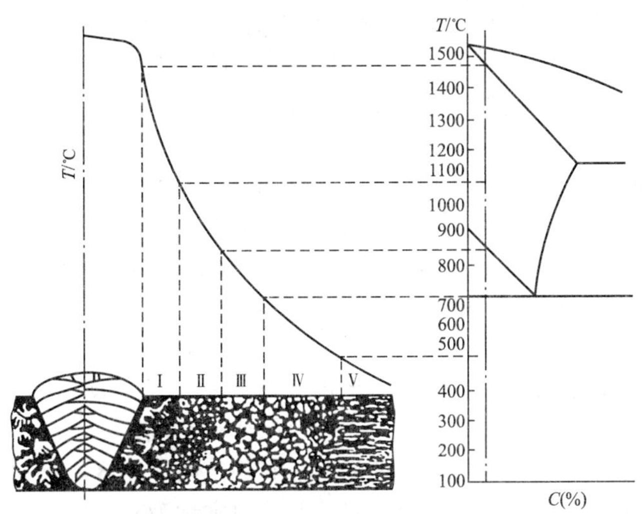

图 9.23 不易淬火钢（冷轧态低碳钢）焊接热影响区的组织分布

Ⅰ—过热区；Ⅱ—完全重结晶区；Ⅲ—不完全重结晶区；

Ⅳ—再结晶区；Ⅴ—母材

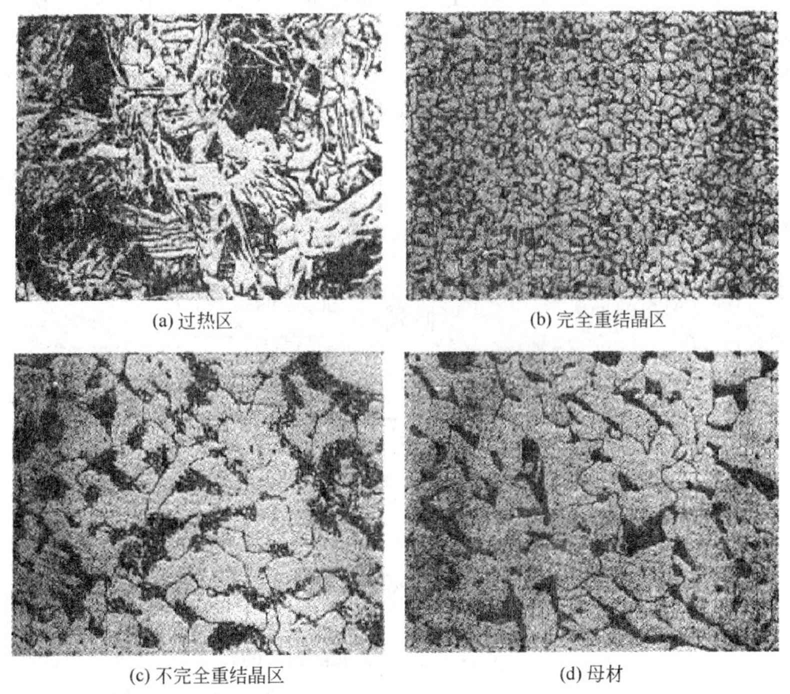

图 9.24 Q235A 钢焊接热影响区的组织特点（226×）

素体和珠光体到奥氏体的重结晶，然后在空气中冷却得到细小而均匀的铁素体和珠光体，相当于热处理时的正火组织，如图 9.24(b)所示。此区的塑性和韧性都比较好，具有较高的力学性能，甚至优于母材本身。

3）不完全重结晶区

不完全重结晶区又称部分相变区，其温度介于 $Ac_1 \sim Ac_3$。该区金属只有一部分经历了相变重结晶，形成细小的铁素体和珠光体；而另一部分是始终未能熔入奥氏体的铁素体，其晶粒较为粗大，如图 9.24(c)所示。此区的晶粒大小不一、分布不均，使得该区的力学性能也不均匀，其冲击韧度低于完全重结晶区。

4）再结晶区

焊前经过冷作硬化的钢板，在峰值温度介于 500℃～Ac_1 之间的热影响区中会出现一个明显的再结晶区，低碳钢再结晶区的组织为等轴晶粒，它明显不同于母材冷作变形后的拉长晶粒，再结晶区的强度和硬度都低于冷作硬化状态的母材，但塑性和韧性都得到改善。因此，再结晶区在整个接头中也是一个软化的区域。

如果焊前母材为未经过冷作变形的热轧态或退火态的钢板，那么在热影响区中就不会出现再结晶区。所以在焊接的热轧低碳钢板和低合金钢板时，热影响区只有过热区、完全重结晶区和不完全重结晶区 3 部分。

此外，在低碳钢或碳锰系低合金钢的焊接热影响区内，还可能存在一个组织上与母材没有差别，但塑性和韧性显著低于母材的脆化区，通常称为蓝脆区，其温度范围可扩大到 200～750℃。一般认为蓝脆的机理是一种热应变时效脆化，这将在后续章节中阐述。

2. 易淬火钢的热影响区组织

易淬火钢是指淬火倾向较大的钢，如低碳调质钢、中碳钢和中碳调质钢等，其焊接热影响区的组织分布与母材焊前的热处理状态有关，如图 9.25 所示。当母材为调质状态时，热影响区由完全淬火区、不完全淬火区和回火区组成；当母材为退火或正火状态时，热影响区只由完全淬火区和不完全淬火区组成。

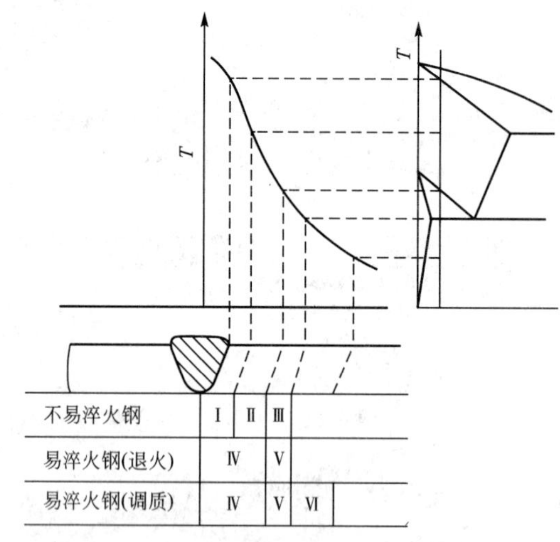

图 9.25　不同类型钢材焊接热影响区的组织分布

Ⅰ—过热区；Ⅱ—完全重结晶区；Ⅲ—不完全重结晶区；
Ⅳ—完全淬火区；Ⅴ—不完全淬火区；Ⅵ—回火区

1）完全淬火区

完全淬火区是指焊接热影响区中处于 Ac_3 以上的区域，该区内所有金属在加热过程中都经历了奥氏体化，由于这类钢的淬硬倾向较大，故焊后将得到淬火组织(马氏体)。它包括了相当于不易淬火钢的过热区和正火区两部分，其中，相当于过热区的部分，由于晶粒严重长大以及奥氏体均质化程度高而增大了淬火倾向，易于形成粗大的马氏体；而相当于正火区的部分，由于淬火倾向降低而能形成细小的马氏体。由于热输入和冷却速度的不同，还可能得到少量的贝氏体。因此，完全淬火区的组织特征上同属于马氏体类型。

在完全淬火区内，粗大马氏体组织决定了该区具有较高的硬度、较低的塑性和韧性，并使该区成为易淬火钢焊接接头中性能较差、易于出现焊接缺陷的一个薄弱环节。

2）不完全淬火区

不完全淬火区是指焊接热影响区中被加热到 $Ac_1 \sim Ac_3$ 温度之间的区域，它相当于不易淬火钢的不完全重结晶区。在焊接快速加热时，铁素体基本不发生变化，只有珠光体及贝氏体等转变为含碳量较高的奥氏体。在随后的快冷过程中，奥氏体转变为马氏体，而铁素体形态基本不变，但有所长大，最后形成马氏体-铁素体的组织，故称为不完全淬火区。如含碳量和合金元素含量不高或冷却速度较小时，也可能形成索氏体和珠光体。

在这种混合组织中，由于马氏体是由含碳量较高的奥氏体转变而来的，因而它属于高碳马氏体，具有又脆又硬的性质。因此，不完全淬火区的脆性也较大，韧性也较低。

3）回火区

焊前处于调质状态的母材，被加热到低于 Ac_1、但高于原来调质处理的回火温度的区域，称为回火区。其中组织和性能的变化程度取决于焊前调质状态的回火温度，如焊前调质时的回火温度为 T_t，那么温度低于 T_t的母材组织和性能不发生变化，而温度高于 T_t的母材组织和性能发生变化，出现软化现象，这部分区域就是热影响区的回火区。回火区内峰值温度接近于 Ac_1 的部位软化程度最大，其强度最低，从而成为易淬火钢焊接接头的又一薄弱环节。

综上所述，在焊接热循环的作用下，焊接热影响区具有不均匀的组织分布，其组织特征随钢材种类及焊接工艺而变化。但由于实际问题的复杂性，热影响区可能出现特殊的组织转变特征，这就要根据母材和施焊的具体情况进行具体分析。

9.3.3 焊接热影响区的性能

在焊接热循环的作用下，焊接热影响区产生了组织分布的不均匀，必然反映在性能上的差异。与焊缝不同，焊缝可以通过调整化学成分、适当的焊接工艺来保证性能的要求，而热影响区不可能进行化学成分的调整，热循环带来的组织和性能的变化，可能使热影响区的某些部位成为整个焊接接头的薄弱部位。对于一般的焊接结构而言，主要考虑焊接热影响区的硬度分布、力学性能、脆化倾向等问题，并从焊接工艺的角度提出改善措施，以改进焊接质量。

1. 焊接热影响区的硬度

热影响区的硬度主要取决于母材的化学成分和冷却条件，其实质上是反映了不同金相组织的性能。由于硬度试验比较方便，热影响区的最大硬度 H_{max}常用来判断热影响区的性能，也间接预测热影响区的脆性、韧性和抗裂性等。应指出，即使同属一种组织也有不同的硬度，如高碳马氏体的硬度可达 600HV，而低碳马氏体只有 350～390HV，同时二者的性能也有较大的不同。

1）影响热影响区硬度的因素

(1) 化学成分对硬度的影响。热影响区的硬度取决于母材的化学成分。首先是含碳量，它显著影响奥氏体的稳定性，对硬化倾向影响最大。含碳量越高，越容易得到马氏体组织。但马氏体数量增多，并不意味着硬度一定大，因为马氏体的硬度随含碳量的增高而增大。其次是合金元素，它的影响与其所处的形态有关。合金元素溶于奥氏体时能提高淬硬性(和淬透性)；而合金元素形成未溶碳化物、氮化物时，则可能成为非马氏体相变产物非自发形核的核心，从而细化晶粒，导致淬硬性下降。

碳当量用来反映钢中化学成分对硬化程度的影响，它是把钢中包含碳在内的所有合金元素按其对淬硬倾向的影响程度，人为折算成相当于碳的影响而得到的一个量值，即

$$C_{eq}=\sum_{i=1}^{n}c_iw_i \tag{9-4}$$

式中，w_i和c_i分别表示某合金元素的质量分数和碳当量系数。由于世界各国采用的合金体系和试验方法不同，给出了不同系列的碳当量系数，使用碳当量公式时应根据具体情况合理选择。

在冷却速度一定时，碳当量越大，热影响区的最大硬度H_{max}越大，其淬硬倾向就越大。

(2) 冷却条件对硬度的影响。在母材成分一定的情况下，可以通过增加$t_{8/5}$，降低热影响区的最大硬度H_{max}，从而达到减小淬硬倾向的目的。增加$t_{8/5}$，可通过调整焊接工艺参数，配合预热、缓冷等措施来实现。

2) 热影响区的最大硬度

图9.26和图9.27分别给出了不易淬火钢和易淬火钢两类钢种的焊接热影响区的硬度分布情况。由图可见，无论是不易淬火钢，还是易淬火钢，其焊接热影响区的硬度分布都是不均匀的，而且最高硬度H_{max}分别出现在不易淬火钢的过热区和易淬火钢的完全淬火区。最高硬度H_{max}的出现，必然造成热影响区脆性及冷裂敏感性的增大，因此常用热影响区的最高硬度H_{max}来间接判断热影响区的性能。

2. 焊接热影响区的脆化

焊接热影响区的脆化是指脆性升高或韧性降低的现象，热影响区的微观组织不均匀，在某些部位出现的脆化，常常是引起焊接接头开裂和脆性破坏的主要原因。脆化的主要形式有粗晶脆化、组织脆化、时效脆化、氢脆化、石墨脆化等，在此主要介绍前3种。

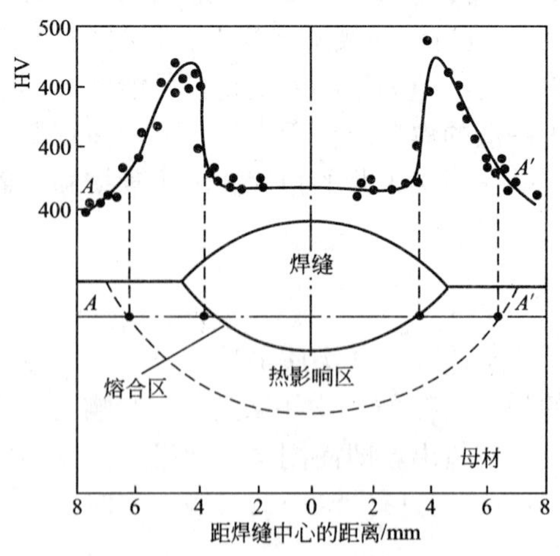

图9.26 不易淬火钢热影响区硬度的分布
(C=0.20%；Si=0.23%；Mn=1.38%；δ=20mm；E=15kJ/cm)

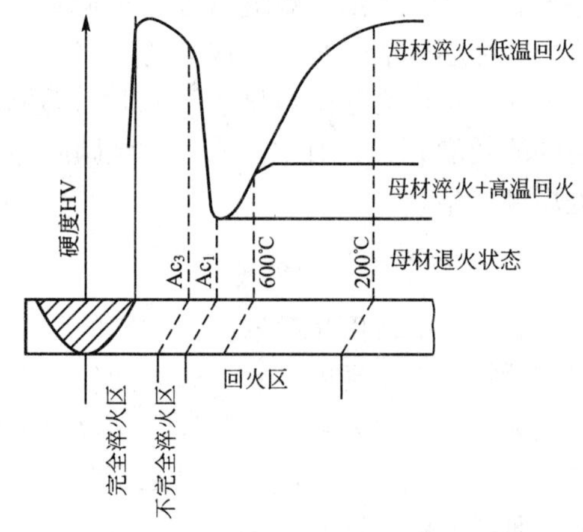

图9.27 易淬火钢(调质钢)热影响区硬度的分布

1）粗晶脆化

粗晶脆化是指焊接热影响区因晶粒粗大而发生韧性降低的现象。焊接过程中由于受热的影响程度不同，在热影响区靠近熔合区附近将发生严重的晶粒粗化。

母材的化学成分是影响晶粒粗化的本质原因。由于晶粒长大是相互吞并、晶界迁移的过程，如果钢中含有形成氮、碳化物的合金元素（Ti、Nb、Mo、V、W、Cr 等）就会阻碍晶界迁移，从而可以防止晶粒长大。例如 18Cr2WV 钢，由于含有碳化物形成元素 V、W、Cr 等，晶粒长大会受到抑制，晶粒显著长大的温度可达 1140℃，而不含碳化物形成元素的 45 钢，加热温度超过 1000℃时晶粒就显著长大。

一般来讲，晶粒越粗，则脆性转变温度越高，也就是脆性增加。晶粒直径 d 与脆性转变温度 VT_{rs} 的关系如图 9.28 所示。

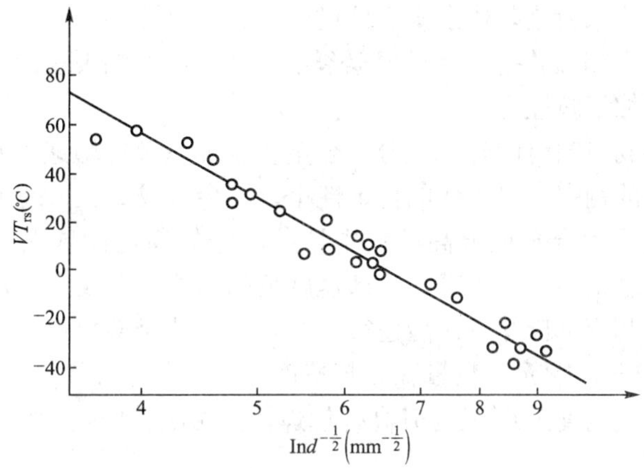

图 9.28 晶粒直径 d 对脆性转变温度 VT_{rs} 的影响

根据 N. J. Petch 的研究，晶粒直径与脆性断裂应力 σ_f 存在如下关系：

$$\sigma_f = \sigma_{0.2} + Bd^{-1/2} \tag{9-5}$$

式中，$\sigma_{0.2}$ 是在试验温度下单晶体的屈服强度，d 为直径，B 为常数。

应当指出，脆化的程度与粗晶区出现的组织类型有关。对于某些低合金高强钢，希望出现下贝氏体或低碳马氏体，适当降低焊接线能量和提高冷却速度，反而有改善粗晶区韧性的作用，提高抗脆能力。但高碳低合金高强钢与此相反，提高冷却速度会促使生成片状马氏体，使脆性增大。所以，应采用适当提高焊接热输入和降低冷却速度的工艺措施。

热影响区的粗晶脆化与一般单纯晶粒长大所造成的脆化不同，它是在化学成分、组织状态不均匀的非平衡态条件下形成的，故而脆化的程度更为严重。它常常与组织脆化交混在一起，是两种脆化的叠加。但不同钢种的粗晶脆化的机制有所侧重，对于不易淬火钢，粗晶脆化主要是晶粒长大所致，而对于易淬火钢，则主要是由于产生脆性组织（如片状马氏体、非平衡态的粒状贝氏体等）所造成的。

2）组织脆化

组织脆化是焊接热影响区出现脆硬组织而造成的韧性降低的现象，根据被焊钢种的不同和焊接时的冷却条件不同，在热影响区可能出现不同的脆性组织，这里介绍片状马氏体脆化、M－A 组元脆化和析出脆化。

(1) 片状马氏体脆化。对含碳较高的钢（一般 C≥0.2%），比如低碳调质钢、中碳钢和中碳调质钢等，焊接热影响区常常出现又脆又硬的片状马氏体，从而引起脆化。

片状马氏体的出现与冷却速度密切相关。一般来讲，冷却速度越大，越容易形成片状马氏体，因此应采用适中的热输入，配合预热及缓冷的措施，控制冷却速度，降低片状马氏体脆化的倾向。

(2) M-A 组元脆化。M-A 组元是焊接低碳低合金钢时在一定冷却速度条件下形成的，它不仅出现在焊缝，也出现在热影响区。M-A 组元的形成是某些低合金钢的焊接热影响区处于中温上贝氏体的转变区间，先析出含碳很低的铁素体，随着铁素体区域的逐渐扩大，使碳大部分富集到被铁素体包围的岛状奥氏体中去。当连续冷却到 400～350℃时，残余奥氏体中碳的质量分数可达 0.5%～0.8%，随后这些高碳奥氏体可转变为高碳马氏体与残余奥氏体的混合物，即 M-A 组元。

M-A 组元致脆的原因是，残余奥氏体增碳后在焊接冷却条件下形成高碳马氏体，并在界面上产生沿 M-A 组元边界扩展的显微裂纹，成为潜在的裂纹源，并起到吸氢和应力集中的作用，显著增加了脆性。

M-A 组元的形成与钢材的合金成分、合金化程度以及冷却速度有关。在合金成分简单、合金化程度较小的钢中，奥氏体的稳定性小，不会形成 M-A 组元，而是分解成铁素体和碳化物；在含碳量和合金成分高的钢中，奥氏体的稳定性越强，易于形成片状马氏体；只有在低碳低合金钢中，在中等的冷却速度范围内才能形成 M-A 组元。在较大冷速下会主要形成马氏体和下贝氏体；而冷速很小时，奥氏体又会分解为 F 和 Fe_3C。784MPa 级高强钢热影响区 M-A 组元的数量和冷却速度之间的关系如图 9.29 所示。随着 M-A 组元的增多，脆性转变温度 VT_{rs} 显著升高，使焊接热影响区脆化，如图 9.30 所示。

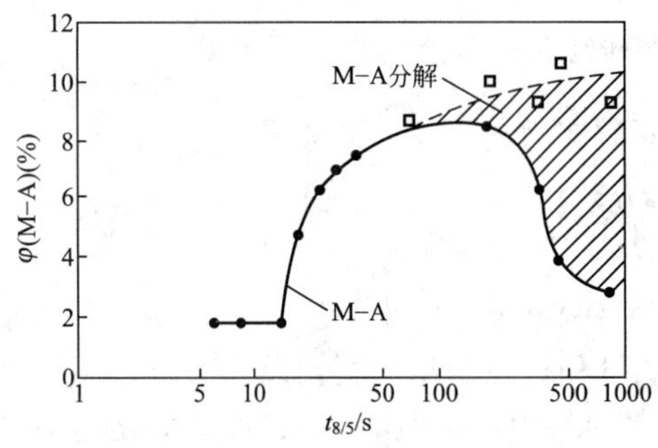

图 9.29　784MPa 级高强钢模拟过热区中 M-A 组元数量与 $t_{8/5}$ 的关系

(C=0.11%；Si=0.32%；Mn=0.79%；P=0.008%；S=0.006%；Cu=0.23%；Ni=1.00%；Cr=0.42%；Mo=0.39%；V=0.04%；T_m=1350℃)

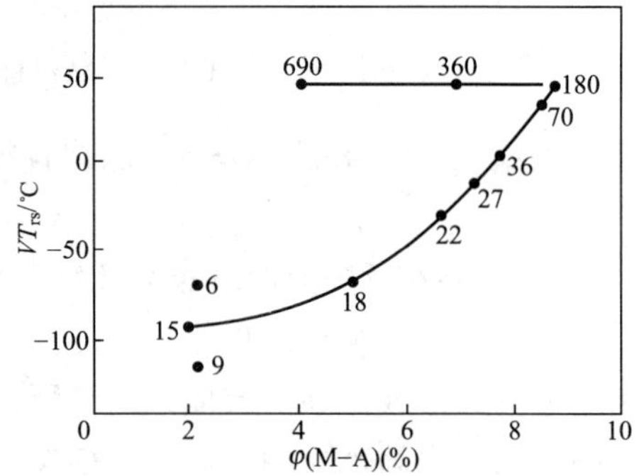

图 9.30　M-A 组元数量对脆性转变温度 VTrs 的影响

(图中的数字是 $t_{8/5}$/s)

焊后低温回火(<250℃)可以有助于 M-A 组元的分解而改善韧性，中温回火(450～500℃)改善的效果更为显著。但改善的程度与初始 M-A 组元的含量有关。

(3) 析出脆化。焊接过程由于经历了快速加热和冷却的作用，热影响区的组织处于非平衡状态。在时效或回火过程中，从非稳态固溶体中沿晶界析出碳化物、氮化物、金属间化合物及其他亚稳定的中间相等(对于一般低合金钢来讲主要是析出碳化物和氮化物)。由于这些新相的析出，而使金属或合金的强度、硬度和脆性提高，这种现象称为析出脆化。

析出脆化的机理目前认为是由于析出物出现以后，阻碍了位错运动，使塑性变形难以进行，而且析出产物并不是均匀的，常有偏析和聚集存在，从而使金属的强度和硬度提高，脆性增大。此外，析出物的分布、形态和尺寸对脆化都有影响。

应当指出，析出物的实质就是钢中各类碳、氮化物的沉淀相，经一定温度和一定时间时效后沿晶界析出的产物。对于一般低碳微合金化的低合金钢来讲，出现的沉淀相见表9-5。

表9-5 低合金钢中常见的沉淀相

类型	尺寸/nm	析出部位	析出难易
TiN	10	γ相内	难
NbC、TiC、BC	100	γ晶界及亚结构	易
NbC、TiC	100	形变诱发γ晶界	易
NbC、TiC、V(C·N)	10	γ/α相界	易
NbC、TiC、V(C·N)	<10	α相内	难

当这些沉淀相以弥散而细小的颗粒分布于晶内时，将有利于改善韧性。只有存在于相界或晶界的沉淀相才易于析出，如析出物发生聚集或沿晶界以薄膜状分布时，就会成为脆化的发源地。

3）热应变时效脆化

焊接结构在制造过程中，要进行一系列的加工，如下料、剪切、弯曲成型、气割、矫形、锤击、焊接等。由这些加工引起的局部应变、塑性变形对焊接热影响区的脆化有很大影响，由此而引起的脆化称为热应变时效脆化。

焊接热影响区的热应变时效脆化可分为两大类。

静应变时效脆化是指在室温或低温下受到预应变后产生的时效脆化现象。它的特征是强度和硬度增高，而塑性、韧性下降。只有钢中存在碳、氮自由间隙原子时才会产生这种现象。

动应变时效脆化是指在较高温度下，特别是200～400℃温度范围的预应变所产生的时效脆化现象。焊接热影响区的热应变时效脆化多数是由动应变时效所引起的，通常所说的“蓝脆性”就属于动应变时效脆化现象。

关于应变时效脆化的机理，多数人认为是碳、氮原子聚集在位错周围形成所谓Cottrell气团，对位错产生钉扎作用所引起的。关于确切的机理尚待进一步研究。

由于低碳钢或碳锰系低合金钢中含有较多的自由氮原子，热应变时效脆化在低碳钢和碳锰系低合金钢的熔合区(多层焊时)和 Ar_1 以下的亚热影响区(单道焊时)均可出现。当钢中含有较多的Ti、Al及V等强碳化物和氮化物形成元素时，可明显减小这种时效脆化倾向。

3. 焊接热影响区的力学性能

1）不易淬火钢热影响区的力学性能

图9.31给出了不易淬火钢Q345钢热影响区不同部位的力学性能。由图可以看出，当最高加热温度 T_m 超过 Ac_1 时，随 T_m 的增高，强度和硬度也随之增高，而伸长率和断面收缩率随之下降，但处于不完全重结晶区的部位，由于晶粒的大小不均，故屈服强度反而最低。当 T_m 处于1300℃附近时，强度达到最高(即粗晶过热区)。在 T_m 超过1300℃的部位，

在 δ、ψ 继续下降的同时，σ_b、σ_s 也有所下降，这是由于过热晶粒过于粗大、晶界疏松而造成的。

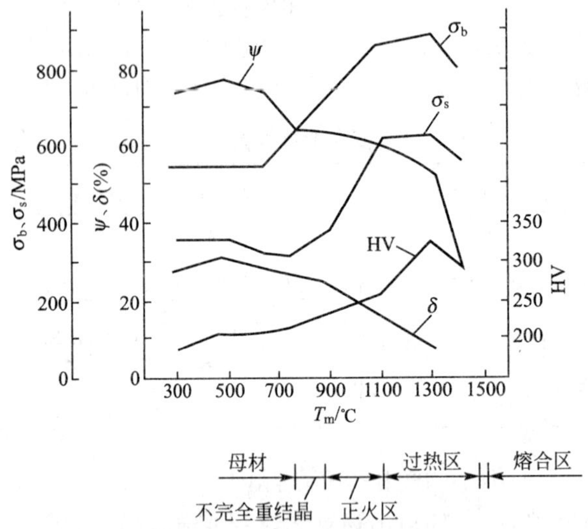

图 9.31　Q345 钢焊接热影响区的力学性能

（C=0.17%；Si=0.40%；Mn=1.28%）

2）易淬火钢热影响区的力学性能

图 9.32 给出了易淬火钢 30CrMnSiA 钢热影响区不同部位的强度分布。由图可以看出，热影响区的抗拉强度 σ_b 变化范围很大，特别是最高加热温度 T_m 接近 Ac_1 的回火区，σ_b 达到了最低值，即发生了明显的软化现象。

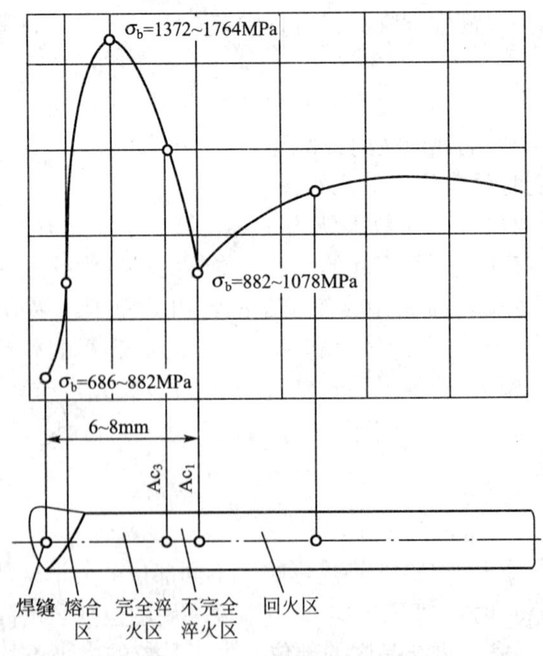

图 9.32　30CrMnSiA 钢焊接热影响区的强度分布

9.4 熔 合 区

熔合区是焊缝与热影响区之间的过渡区，其化学成分、微观组织和力学性能极不均匀，常常是热裂纹、冷裂纹及脆性相的发源地，从而成为焊接接头的最薄弱环节。因此，重视熔合区的特性，对于解决焊接问题、提高焊接质量具有重要的实际意义。

9.4.1 熔合区的形成

1. 熔合区的形成

从理论上讲，在焊接热源的作用下，母材上峰值温度超过其液相线温度的区域将发生完全熔化，形成单一的液相区，冷却后得到焊缝；峰值温度低于母材固相线温度的区域，完全没有发生熔化，但由于焊接热循环的作用，使其组织及性能发生了变化的区域就是热影响区；峰值温度介于母材固、液相线温度之间的区域将发生部分熔化，形成固、液共存的两相区，冷却后得到熔合区。

在焊接条件下，熔化过程是很复杂的，即使焊接规范十分稳定，由于周期性熔滴过渡，电弧吹力的变化等因素的影响，也会使热能的传播极不均匀。另一方面，在半熔化的母材上晶粒的导热方向彼此不同，有些晶粒的主轴方向有利于热的传导，所以该处就受热较快，熔化的较多。因此，对于不同的晶粒，熔化的程度可能有很大的不同。如图 9.33 所示，有阴影的地方是熔化了的晶粒，其中有些晶粒有利于导热而熔化的较多(图中的晶粒 1、3、5)，有些晶粒熔化较少(图中的晶粒 2、4)。所以母材与焊缝交界的地方并不是一条线，而是一个区，即所谓熔合区。

2. 熔合区的实际边界

熔合区的理论边界由液相线和固相线构成，在实际焊接条件下，有两方面的原因可使熔合区的实际边界围绕理论边界而变化，如图 9.34 所示。

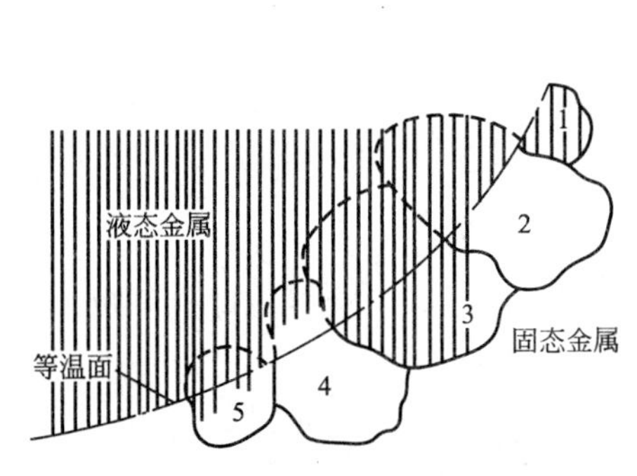

图 9.33 熔合区晶粒熔化的情况

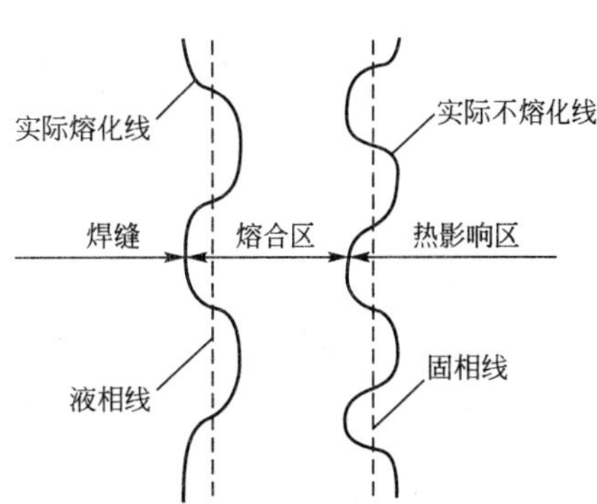

图 9.34 熔合区的实际边界示意图

一方面，由于焊接热源加热的不均匀性和母材晶粒散热的不一致性，必然造成母材晶粒实际受热温度发生变化，从而导致母材晶粒的不均匀熔化。比如，在液相线附近左侧的晶粒，可能因实际受热温度低于液相线温度而不发生熔化；而在液相线附近右侧的晶粒，可能因实际受热温度高于液相线温度而发生熔化。因此，母材的实际熔化线将围绕液相线而变化。同理可知，母材的实际不熔化线将围绕理论固相线而变化。

另一方面，由于母材局部区域化学成分的不均匀性，使其局部熔化温度发生变化，从而造成局部区域的不均匀熔化。比如，在固相线附近左侧的局部区域，可能因实际熔化温度高于固相线温度而不发生熔化；而在固相线附近右侧的局部区域，可能因实际熔化温度低于固相线温度而发生熔化。因此，母材的实际不熔化线将围绕固相线而变化。同理可知，母材的实际熔化线将围绕液相线而变化。

正是由于这两方面的综合作用，使得熔合区两侧的实际边界变得参差不齐。

9.4.2 熔合区的特征

焊接接头中的熔合区的主要特征表现在几何尺寸小、化学成分不均匀、空位密度高、残余应力大以及晶界液化严重等方面，容易造成接头性能的降低，并使熔合区成为接头的薄弱环节。

1. 几何尺寸小

熔合区的几何尺寸与被焊材料的液、固相线温度范围、热物理性质及焊接热源的类型有关。熔合区的宽度可按下式进行估计：

$$A=\frac{T_L-T_s}{G} \tag{9-6}$$

式中，A 是指熔合区的宽度(mm)；G 是指温度梯度(℃/mm)；T_L 是指被焊金属的液相线温度(℃)；T_s是指被焊金属的固相线温度(℃)。

从母材液、固相线的温度范围来考虑，该范围越小，熔化区的宽度越小；从温度梯度来考虑，母材导热性越差，焊接热源的能量密度越高，温度梯度就越大，因而熔合区的宽度就越小。

对于碳钢、低合金钢熔合区附近的温度梯度约为 300～80℃/mm，液固相线的温度差约为 40℃。因此，一般电弧焊的条件下，熔合区宽度为

$$A=\frac{40}{300\sim80}=0.133\sim0.50(\text{mm})$$

对于奥氏体钢的电弧焊时 $A=0.06\sim0.12$mm。

总的来看，熔合区的宽度较小，与焊缝和热影响区相比，它是焊接接头的一个较为窄小的区域。

2. 化学成分不均匀

熔合区存在严重的化学成分不均匀性，根据结晶过程的固-液界面理论可知，固-液界面处溶质(即合金元素或杂质元素)在固相中的质量分数可表示为

$$C_s=C_0\left[1+(k_0-1)e^{-\frac{k_0R}{D_L}x}\right] \tag{9-7}$$

式中，C_s是指固-液界面处溶质在固相中的质量分数；C_0 是指溶质在合金材料中的初始质量分数；x 是指固-液界面到开始结晶位置的距离；R 是指液相的结晶速度(即凝固速度)；k_0 是指溶质在固、液两相中的分配系数；D_L是指溶质的扩散系数。

可以看出，在结晶开始时，即 $x=0$ 时(即熔合区与焊缝的交界处)，溶质在固相中的

质量分数为k_0C_0。由于一般$k_0<1$，所以$k_0C_0<C_0$。这就是说，液相开始结晶时所形成的固相与原始合金材料在化学成分上存在显著不同，再加上熔合线本身的参差不齐，必然造成其附近微小区域化学成分的剧烈波动。

焊接条件下，熔合区元素的扩散转移是激烈的，特别是硫、磷、碳、硼、氧和氮等。采用放射性同位素(S^{35})研究熔合区硫的分布如图9.35所示。由图看出，硫在熔合区的分布是跳跃式的。

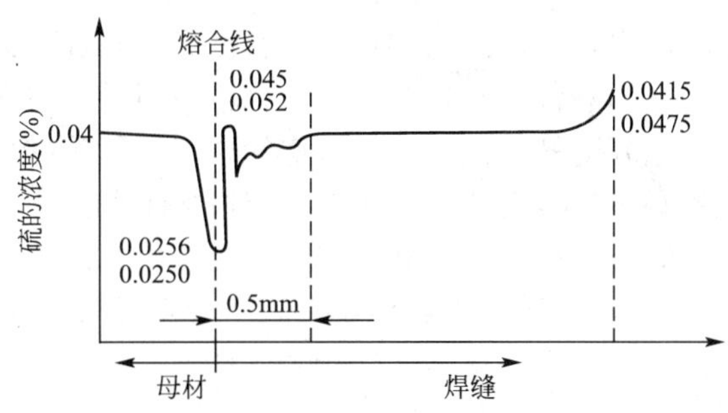

图9.35 熔合区中硫的分布

(注：上、下两行数字是在不同的线能量下

(11. 76kJ/cm、23.94kJ/cm) 测得的)

异种金属焊接或同种金属焊接但采用不同的填充材料时，问题更为突出，用奥氏体类焊接材料焊接珠光体类钢的情况如图9.36所示。

根据上述讨论可以清楚看出，熔合区存在着严重的化学不均匀性，是造成熔合区性能下降的主要原因。

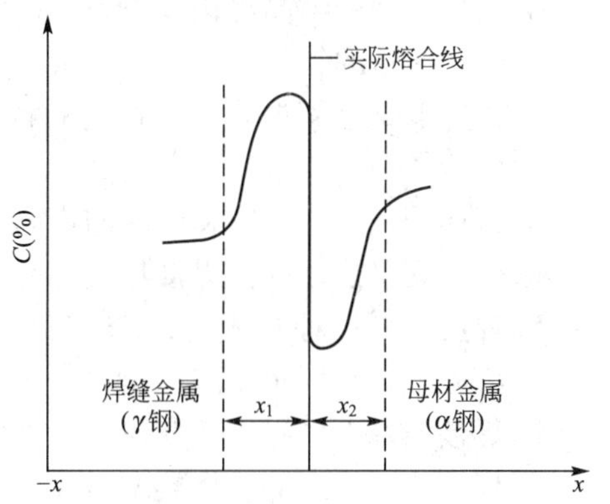

图9.36 异种钢接头中熔合区的增碳层及脱碳层

x_1—增碳层宽度；x_2—脱碳层宽度

3. 物理不均匀性

在不平衡的加热和冷却条件下，熔合区及其附近的热影响区会发生空位及位错的聚集或重新分布，即形成所谓的物理不均匀性。

焊接加热时，原子振动加强，键合力减弱，有利于激发原子离开静态平衡位置，使空位密度增大，而且加热的温度越高，空位的密度越大。焊接冷却时，空位的平衡浓度下降，在不平衡冷却中空位将处于过饱和状态，超过平衡浓度的空位则要向高温部位发生运动。特别是熔合区本身易于形成较多空位，因此熔合线附近将是空位密度最大的区域，这种空位的聚合可能是熔合区延迟裂纹形成的原因之一。

同时，塑性变形也促使形成空位，塑性形变量越大，越易于形成空位，而且空位往往趋于向应力集中的部位扩散运动。

4. 残余应力大

熔合区残余应力大是由其在焊接接头中所处的位置决定的。在焊缝、熔合区、热影响区这3个区域中，热导率和线膨胀系数不同，因而由加热和冷却引起的胀缩程度不同；另外，它们屈服强度和弹性模量不同，因而由胀缩引起的应力不同。因此，在焊接热循环的作用下，由于热变形而产生热应力时，在熔合区的两个边界上将产生应力集中，再加上熔合区本身较窄，而且成分和组织的分布也不均匀，更加重了应力集中的程度，最终在熔合区内形成了较大的残余应力，从而造成接头性能的降低。

5. 晶界液化严重

对于共晶型合金或含有能与基体形成共晶的元素的合金而言，在熔合区的加热过程中，往往伴随共晶液相的产生，这些共晶液相大多数都分布在晶界附近，当晶粒本体还处于固态，即晶界发生了严重的液化。此外，在一些合金材料的晶界附近也可能富集较多的低熔点杂质，造成晶界熔化温度的降低，当对这样的材料进行焊接时，熔合区中也会出现晶界液化现象。当液化的晶界冷却结晶时，由于受到周围晶粒因收缩产生的拉应力的作用，容易形成沿晶界扩展的液化裂纹。在高强度钢的焊接中，晶间液化也会造成氢的大量扩散和聚集，导致氢致裂纹的产生。此外，由液化的晶界冷却形成的组织，一般偏析严重，而且脆硬，难于变形，显著降低接头的塑性和韧性。

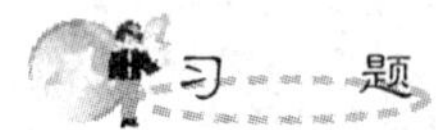

习　题

1. 试述焊接熔池金属的结晶特点。

2. 试述熔池的结晶线速度与焊接速度的关系。

3. 简述熔池的结晶形态，并分析结晶速度、温度梯度和溶质浓度对结晶形态的影响。

4. 试述低合金钢焊缝固态相变的特点，根据组织特征如何获得有益组织和避免有害组织？

5. 试述控制焊缝组织和性能的措施。

6. 何谓焊接热循环？焊接热循环的主要特征参数有哪些？

7. 焊接热循环对母材金属和热影响区的组织、性能有何影响？怎样利用热循环和其他工艺措施改善HAZ的组织性能？

8. 焊接条件下的组织转变与热处理条件下的组织转变有何不同？

9. 焊接热影响区的脆化类型有几种？如何防止？

10. 焊接热影响区 H_{max} 的影响因素有哪些？

11. 某厂制造大型压力容器，钢材为14MnMoVN钢，壁厚36mm，采用焊条电弧焊：

(1) 计算碳当量及HAZ最大硬度 H_{max} ($t_{8/5}=4s$)。

(2) 根据 H_{max} 来判断是否应预热。

(3) 如何把 H_{max} 降至350HV以下。

第10章
金属成型过程中的质量控制

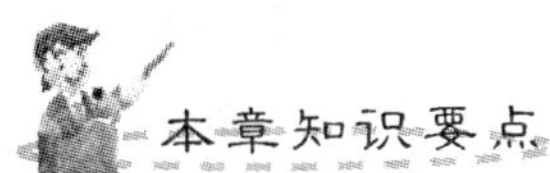

知识要点	掌握程度	相关知识
化学成分不均匀性	掌握微观偏析和宏观偏析的分类和特点； 掌握偏析(枝晶偏析、正常偏析、逆偏析)的产生原因及防止措施，其他为了解	偏析的分类、形成； 偏析(枝晶偏析、正常偏析、逆偏析)的产生原因、影响因素及防止措施
气孔	了解金属中气体析出的形式； 掌握气孔的种类和形成机理； 熟悉气孔的防止措施	气泡的生核、长大和上浮； 析出性气孔、侵入性气孔、反应性气孔的形成； 气孔的防止：消除气体来源、优化工艺
夹杂物	掌握夹杂物的来源和种类； 熟悉夹杂物的防止措施； 掌握夹杂物的形成过程	铸件中夹杂物的形成； 焊缝中的氧化物、氮化物和硫化物； 夹杂的防止措施
缩孔与缩松	了解金属收缩及缩松、缩孔的特征； 掌握缩松、缩孔的形成机理、影响因素和防止措施； 掌握灰铸铁和球墨铸铁的缩松形成倾向； 掌握顺序凝固原则、同时凝固原则及其适用条件	液态收缩、凝固收缩和固态收缩； 缩松、缩孔； 灰铸铁和球墨铸铁的缩松； 顺序凝固原则、同时凝固原则
应力与变形	掌握应力产生的原因； 熟悉应力的防止措施； 了解变形的种类； 熟悉控制变形的措施	应力的种类； 应力的形成及防止； 变形的控制措施
裂纹	掌握裂纹的种类和特点； 掌握凝固裂纹和延迟裂纹的产生机理、影响因素及防止措施	热裂纹：凝固裂纹(或结晶裂纹)、液化裂纹、高温失延裂纹；凝固裂纹的形成及防止； 冷裂纹：延迟裂纹、淬硬脆化裂纹和低塑性脆化裂纹；延迟裂纹的形成及防止

导入案例

我国铸件产量从2000年起连续12年位居世界第一，2010年我国主要铸件产量为3960万吨，正逐渐成为世界的铸造基地。但是由于工艺技术落后，铸件生产能耗高、原材料消耗高、废品率高、工艺出品率低，特别是大型铸件集中表现为加工余量大和“三孔一裂”(即气孔、渣孔、缩孔和裂纹)缺陷。据统计，中国制造业铸件生产过程中材料和能源的投入约占产值的55%～70%。每生产1吨合格铸铁件的能耗为550～700千克标煤，国外为300～400千克标煤。生产1吨合格铸钢件的能耗为800～1000千克标煤，国外为500～800千克标煤。我国铸件重量比国外平均重10%～20%，加工余量大1～3倍以上。我国铸钢件工艺出品率平均为50%，国外达70%。铸造业的根本出路是用新技术，节能降耗，减少环境资源压力，提高铸件合格率和工艺出品率，减少加工余量，实现近终形铸造。

可视化铸造技术是提升传统产业、振兴铸造业的一种途径。首先采用计算机模拟软件和现代铸造理论模拟铸件充型和凝固过程，其次是合金的炉前快速分析以及用X射线实时观察和监测浇注过程，最后通过实践与模拟、观测的对比，确定浇注系统的设计与改进。中科院金属所与英国伯明翰大学的铸造中心合作，进行了可视化铸造技术研究，提出新概念浇注系统设计原则，为中国第一重型集团公司设计50吨重的大型铸钢支承辊的成套工艺，首次浇注成功，填补了此类铸钢辊生产的国内空白。在小件的精密铸造方面，已应用到叶片的生产上。新的浇注系统体积小、充型平稳、无卷气和夹杂，其良好效果已在生产和实验中得到认证。

通过可视化铸造技术可以改变传统的设计原则，使浇注系统的尺寸和浇注过程最佳化，节能降耗，生产优质铸件。发展我国急需的、量大面广的模拟软件，开展多尺度模拟与集成是材料制备工艺计算机模拟的当务之急。新材料的发展要以有限目标为主，按需求建立起我国自主知识产权的新材料体系及制备工艺体系。

资料来源：李依依．从材料角度看“哥伦比亚号”空难［J］．中国有色金属报，2004.

在金属成型过程中，因为成分和状态的变化带来的冶金问题以及因变形不均匀引起的内应力问题，常导致成型缺陷。它们以不同的类型和形态存在于固态金属中，对成型件的性能产生不同程度的影响，是导致铸件和焊件失效的重要原因之一。在这些成型缺陷中，一部分缺陷只要工艺合理、操作规范是可以避免的，而有的缺陷只能通过工艺控制以减少其危害程度，而且不同的成型工艺、不同的材料和不同的制品结构，缺陷的类型、特征和产生原因不尽相同。因此，要获得性能优良的成型件，就必须从实际情况出发，综合考虑各种成型工艺的特点、材料的特性及合理的结构设计等因素，找到合适的控制措施，才能克服或减轻成型缺陷的危害。

本章主要介绍偏析、气孔、夹杂、缩孔、缩松、裂纹等缺陷，从分析缺陷的形成机理入手，讨论影响缺陷产生的主要因素，并提出防止和减少的措施。

10.1 化学成分不均匀性

合金凝固时，要获得化学成分完全一致的结晶组织是非常困难的。人们把合金在结晶过程中发生化学成分不均匀的现象称为偏析。偏析主要是由于合金在结晶过程中溶质再分配和扩散不充分引起的。它们对合金的力学性能、切削加工性能、抗裂性能以及耐蚀性等有着程度不同的损害。不过在实际生产中，可利用偏析现象来净化或提纯金属等，这是偏析有利的一面。

根据偏析的范围不同将其分为微观偏析和宏观偏析两类。微观偏析是微小范围内的成分不均匀的现象，它的范围只涉及晶粒尺寸甚至更小区域。宏观偏析是较大尺寸范围内成分不均匀的现象。偏析也可根据合金各部位的溶质浓度 C_s 与合金原始平均浓度 C_0 的偏离情况分类。凡 $C_s > C_0$，称为正偏析；凡 $C_s < C_0$，称为负偏析。这种分类不仅适用于微观偏析，也适用于宏观偏析。

10.1.1 微观偏析

微观偏析按其形式分为胞状偏析、枝晶偏析和晶界偏析。它们的表现形式虽然不同，但形成机理是相似的，都是合金在结晶过程中溶质再分配的必然结果。

1. 枝晶偏析

枝晶偏析是指在晶粒内部出现的成分不均匀现象，常产生于具有结晶温度范围、能够形成固溶体的合金中。

在实际生产条件下，由于冷却速度较快，扩散过程来不及充分进行，因而固溶体合金凝固后，每个晶粒内的成分是不均匀的。对于溶质分配系数 $k_0<1$ 的固溶体合金，晶粒内先结晶部分含溶质较少，后结晶部分含溶质较多。固溶体合金按树枝晶方式生长时，先结晶的枝干与后结晶的分枝也存在着成分差异。这种在树枝晶内出现的成分不均匀现象就是枝晶偏析。

研究表明，金属以枝晶方式生长时，虽然分枝的伸展和继续分枝进行得很快，但在整个晶体中 90%以上的金属是以充填分枝间的方式凝固(即分枝的侧面生长)。分枝的侧面生长往往采取平面生长方式。因此，铸件凝固后，各组元在枝干中心与其边缘之间的成分分布可近似地用 Scheil 方程式描述。

应该指出的是，Scheil 方程是在假定固相中没有溶质扩散的条件下导出的，是一种极端情况。实际上，特别是在高熔点合金中，如碳、氮这些原子半径较小的元素，在奥氏体中扩散往往是不可忽略的。

枝晶偏析的程度取决于合金相图的形状、偏析元素的扩散能力和冷却条件。

(1) 合金相图上液相线和固相线间隔越大，则先、后结晶部分的成分差别越大，枝晶偏析越严重。如青铜(Cu-Sn 合金)结晶的成分间隔和温度间隔都比较大，故偏析严重。

(2) 偏析元素在固溶体中的扩散能力越小，枝晶偏析倾向就越大。如硅在钢中的扩散能力大于磷，故硅的偏析程度小于磷。

(3) 在其他条件相同时，冷却速度越快，则实际结晶温度越低，原子扩散能力越小，枝晶偏析越严重。但另一方面，随着冷却速度的增加，固溶体晶粒细化，枝晶偏析程度减轻。因此，冷却速度的影响应视具体情况而定。

枝晶偏析程度一般用偏析系数 $|1-k_0|$ 来衡量。$|1-k_0|$ 值越大，固相和液相的浓度差越大，枝晶偏析越严重。表 10-1 列出了不同元素在铁中的偏析系数。

枝晶偏析一般是有害的，严重的偏析使晶粒内部成分不均匀，导致合金的力学性能降低，特别是塑性和韧性降低。此外，枝晶偏析还会引起合金化学性能不均匀，使合金的耐蚀性下降。

表 10-1 不同元素在铁中的偏析系数

元素	P	S	B	C	V	Ti	Mo	Mn	Ni	Si	Cr
元素质量分数(%)	0.01～0.03	0.01～0.04	0.002～0.10	0.3～1.0	0.5～4.0	0.2～1.2	1.0～4.0	1.0～2.5	1.0～4.5	1.0～3.0	1.0～8.0
偏析系数 $\lvert 1-k_0 \rvert$	0.94	0.90	0.87	0.74	0.62	0.53	0.51	0.86	0.65	0.35	0.34

由表 10-1 可见，在碳钢中，P、S、C 是最易产生枝晶偏析的元素。

枝晶偏析是不平衡结晶的结果，在热力学上是不稳定的。如果采取一定的工艺措施使溶质充分扩散，就能消除偏析。生产上常采用均匀化退火来消除，即将合金加热到低于固相线 100～200℃的温度，进行长时间保温，使偏析元素进行充分扩散，以达到均匀化的目的。

2. 晶界偏析

在合金凝固过程中，溶质元素和非金属夹杂物常富集于晶界，使晶界与晶内的化学成分出现差异，这种成分不均匀现象称为晶界偏析。

晶界偏析的产生一般有两种情况，如图 10.1 所示。

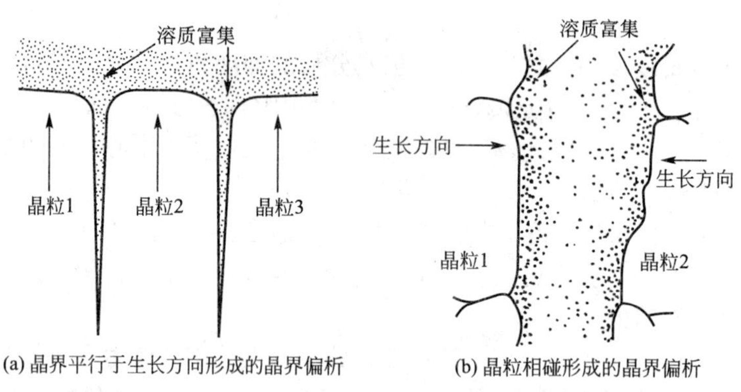

(a) 晶界平行于生长方向形成的晶界偏析　(b) 晶粒相碰形成的晶界偏析

图 10.1 晶界偏析形成示意图

(1) 两个晶粒并排生长，晶界平行于晶体生长方向。由于表面张力平衡条件的要求，在晶界与液相的接触处出现凹槽，如图 10.1(a)所示，此处有利于溶质原子的富集，凝固后就形成了晶界偏析。

(2) 两个晶粒相对生长，彼此相遇而形成晶界，如图 10.1(b)所示。晶粒结晶时所排出的溶质($k_0<1$)富集于固-液界面，其他的低熔点物质也可能被排出在固-液界面。这样，在最后凝固的晶界部分将含有较多的溶质和其他低熔点物质，从而造成晶界偏析。

晶界偏析比枝晶偏析的危害性更大，它既能降低合金的塑性和高温性能，又能增加热裂倾向，因此必须加以防止。生产中预防和消除晶界偏析的方法，与消除枝晶偏析所采用的措施相同，即细化晶粒、均匀化退火。但对于氧化物和硫化物引起的晶界偏析，即使均匀化退火也无法消除，必须从减少合金中氧和硫的含量入手。

3. 胞状偏析

固溶体合金凝固时，若成分过冷不大，晶体呈胞状方式生长。这种结构由一系列平行的棒状晶体组成，沿凝固方向长大，呈六方断面。由于凝固过程中溶质再分配，当 $k_0<1$ 时，六方断面的晶界处将富集溶质元素，如图 10.2所示。当 $k_0>1$ 时，六方断面的晶界处的溶质将贫化，这种化学成分不均匀性称为胞状偏析。实质上，胞状偏析属于亚晶界偏析。

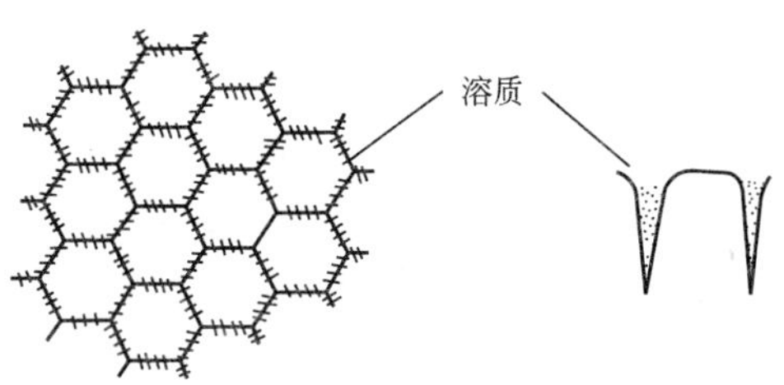

图 10.2 胞状结晶时溶质分布示意图

胞状偏析由于胞体较小，成分变化范围较小，均匀化退火处理可消除此种偏析。

10.1.2 宏观偏析

1. 正常偏析

当铸件(或铸锭)凝固区域很窄时(逐层凝固)，固溶体初生相生长成紧密排列的柱状晶，凝固前沿是平滑的或为短锯齿形，宏观偏析的产生主要与结晶过程中的溶质再分配有关。

铸造合金一般从与铸型壁相接触的表面层开始。当合金的溶质分配系数 $k_0<1$ 时，凝固界面的液相中将有一部分溶质被排出，随着温度的降低，溶质的浓度将逐渐增加，越是后来结晶的固相，溶质浓度越高。当 $k_0>1$ 时则与此相反，越是后来结晶的固相，溶质浓度越低。按照溶质再分配规律，这些都是正常现象，故称为正常偏析。

通过图 10.3 可以看出不同凝固条件下的正常偏析情况($k_0<1$)。在平衡凝固条件下，固相和液相中的溶质都可以得到充分扩散，这时从铸件凝固的开始端到终止端，溶质的分布是均匀的，无偏析现象发生，如图 10.3 中的 a 曲线所示。当固相内溶质无扩散或扩散不完全时，铸件中的偏析情况如图 10.3 中的 b~d 曲线所示。凝固开始时，固相溶质浓度为 k_0C_0，随后结晶出的固相中溶质浓度逐渐增加，而在最后凝固端的凝固界面附近，固相溶质的浓度急剧上升。

下面以厚壁铸钢件为例，讨论碳、磷、硫的偏析情况，图 10.4 为磷、硫、碳的成分分布规律。在铸件表面细晶粒区，钢液来不及在宏观范围内选择结晶，其平均溶质浓度为 C_0(原始平均浓度）。与细等轴晶区相连的柱状晶区，凝固由外向内依次进行，且凝固区域很窄，先凝固的部分溶质浓度较低，“多余”的溶质被排斥在周围的液体中，使未凝固的液体中的溶质浓度逐渐增高，后结晶的固相溶质浓度随之升高。当铸件中心部位的液体降至结晶温度时，生长出粗大的等轴晶。含溶质浓度较高的液体被阻滞在柱状晶区与等轴晶区之间，该处磷、硫、碳的含量较高。中心粗大等轴晶区的平均成分接近 C_0。

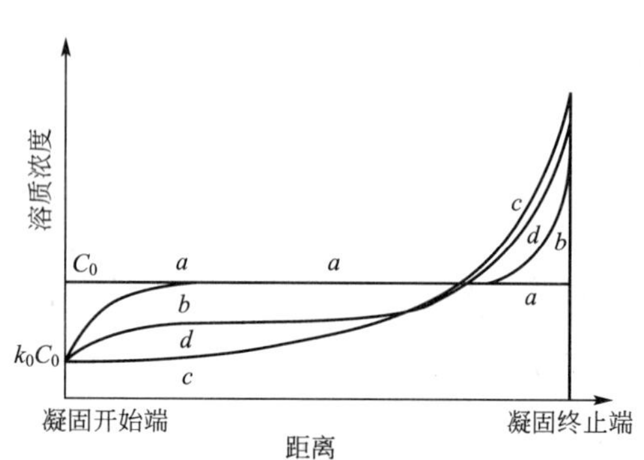

图 10.3　原始成分为 C0 的合金在单向凝固后的溶质分布

a—平衡凝固；*b*—固相无扩散液相只有扩散；*c*—固相无扩散液相均匀混合；*d*—固相有扩散液相部分混合

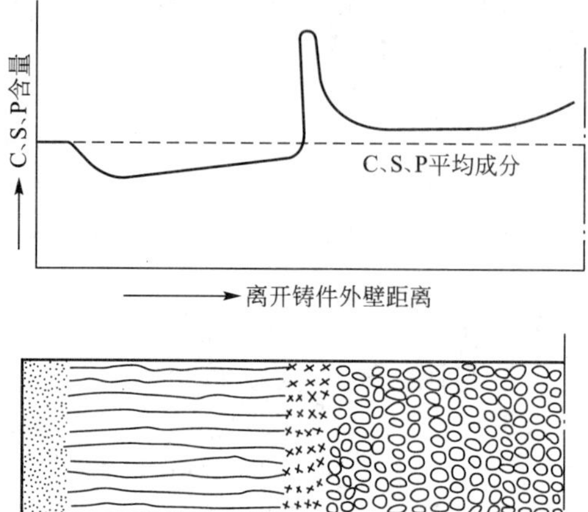

图 10.4　厚壁铸钢件断面 C、S、P 偏析规律与结晶特点的关系

1—细晶区；2—柱状晶区；3—偏析的富集区；4—粗等轴晶区

通过上述分析可知，铸件产生宏观偏析的规律与铸件的凝固特点密切相关。当铸件以逐层凝固方式凝固时，溶质原子($k_0<1$)易于向垂直于凝固界面的液体内传输。凝固后的铸件内外层之间溶质浓度差大，正常偏析显著。当铸件凝固区域较宽时，枝晶得到充分的发展，排出的溶质在枝晶间富集，且液相在枝晶间可以流动，从而使正常偏析减轻甚至完全消除。

正常偏析随着溶质偏析系数$|1-k_0|$的增大而增大。但对于偏析系数较大的合金，当溶质含量较高时，合金倾向于体积凝固，正常偏析反而减轻，甚至不产生正常偏析。

正常偏析的存在使铸件性能不均匀，在随后的加工和处理过程中也难以根本消除，故应采取适当措施加以控制。

利用溶质的正常偏析现象，可以对金属进行精炼提纯。“区熔法”就是利用正常偏析的规律而产生的。

2. *逆偏析*

铸件凝固后常出现与正常偏析相反的情况，即$k_0<1$时，虽然结晶是由外向内循序进行，但铸件表面或底部含溶质元素较多，而中心部位或上部含溶质较少，这种现象称为逆偏析。如 Cu-10%Sn 合金，其表面有时会出现含 20%～25%Sn 的“锡汗”。图 10.5 所示为含 4.7%Cu 的铝合金铸件产生的逆偏析情况。逆偏析会降低铸件的力学性能、气密性和切削加工性能。

逆偏析的形成原因在于结晶温度范围宽的固溶体型合金在缓慢凝固时易形成粗大的树枝晶，枝晶相互交错，枝晶间的低熔点液体富集着溶质，当铸件发生体收缩时，或在气体析出压力的作用下，富集溶质的液体沿着枝晶间向外流动。

向合金中添加细化晶粒的元素，减少合金的含气量，有助于减少或防止逆偏析的形成。

3. V形偏析和逆V形偏析

V形偏析和逆V形偏析常出现在大型铸锭中，一般呈锥形，偏析带中含有较高的碳以及硫和磷等杂质。图10.6所示为V形和逆V形偏析产生部位示意图。

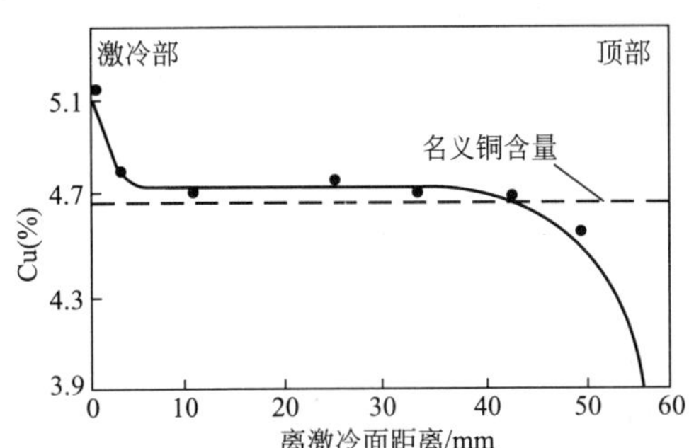

图10.5 Al-4.7%Cu合金铸件的逆偏析

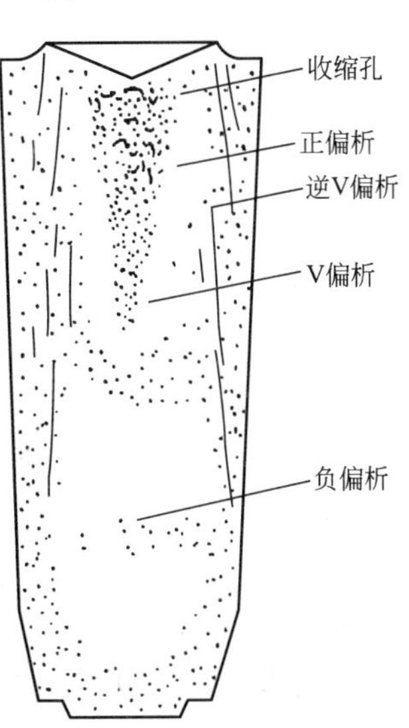

图10.6 铸锭产生V形和逆V形偏析部位示意图

关于V形和逆V形偏析的形成机理，目前尚无统一的观点。

大野笃美认为，铸锭凝固初期，结晶晶粒从型壁或固-液界面脱落沉淀，堆积在下部，凝固后期堆积层收缩下沉，对V形偏析起着重要作用。铸锭在凝固过程中，由于结晶堆积层的中央下部收缩下沉，上部不能同时下沉，就会在堆积层上方产生V形裂纹，V形裂纹被富溶质的液相填充，便形成V形偏析。

铸锭中央部分下沉同时，侧面向斜下方产生拉应力。在此拉应力作用下，铸锭产生逆V形裂缝，其中被富集溶质的低熔点液体充填，形成逆V形偏析带。

另一种看法认为，随着凝固的进行，枝晶间的液体溶质浓度不断增加，如果其密度变小，就沿着枝晶间上升，在流经的区域，枝晶发生熔断，形成沟槽，残余液体沿沟槽继续上升，从而形成逆V形偏析。例如，钢锭的残余液态金属中富集着硫、磷、碳等溶质元素，其密度小、熔点低，该富集溶质的液体上升，产生逆V形偏析。

铸锭凝固初期，由于初晶的沉淀，在铸锭下半部形成负偏析区。与此相反，在铸锭的上半部则形成正偏析区。

降低铸锭的冷却速度则枝晶粗大，液体沿枝晶间的流动阻力减小，促进富集液的流动，均会增加形成V形和逆V形偏析的倾向。

4. 带状偏析

在铸锭或厚壁铸件中，有时会见到一种垂直于等温面推移方向的偏析带，称为带状偏析。

带状偏析的形成是由于固-液界面前沿液相中存在溶质富集层且晶体生长速度发生变化的缘故。以单向凝固的合金($k_0<1$)为例，当晶体生长速度突然增大时，会出现溶质富集带(正偏析)；当生长速度突然减小时，会出现溶质贫乏带(负偏析)。如果液相中溶质能

完全混合(即存在对流和搅拌)，则生长速度的波动不会造成带状偏析。

溶质的偏析系数越大，带状偏析越容易形成。减少溶质的含量，采取孕育措施细化晶粒，加强固-液界面前的对流和搅拌，均有利于防止或减少带状偏析的形成。

5. 重力偏析

在铸锭中，经常发现底部和顶部存在着明显的成分差异的现象。这除了与沿垂直方向逐层凝固而产生的正常偏析外，很多情况是由于共存的液相和固相或互不相溶的液相之间存在密度差时，在凝固过程中发生沉浮现象而造成的，故称为重力偏析。

重力偏析通常产生于金属凝固前和刚刚开始凝固之际。绝大多数的合金，固相密度较液相大，所以初生相总要下沉。凝固过程中固液两相区内的液体存在密度差，在重力作用下，发生向上或向下流动，也会形成重力偏析。

例如，Cu - Pb 合金在液态时由于组元密度不同存在分层现象，上部为密度较小的 Cu，下部为密度较大的 Pb，凝固前即使进行充分搅拌，凝固后也难免形成重力偏析。Sn - Sb轴承合金也易产生重力偏析，铸件上部富 Sb，下部富 Sn。

防止或减轻重力偏析的方法有以下几种。

(1) 加快铸件的冷却速度，缩短合金处于液相的时间，使初生相来不及上浮或下沉。

(2) 加入能阻碍初晶沉浮的合金元素。例如，在 Cu - Pb 合金中加少量 Ni，能使 Cu 固溶体枝晶首先在液体中形成枝晶骨架，从而阻止 Pb 下沉。再如向 Pb - 17%Sn 合金中加入质量分数为 1.5%的 Cu，首先形成 Cu - Pb 骨架，也可以减轻或消除重力偏析。

(3) 浇注前对液态合金充分搅拌，并尽量降低合金的浇注温度和浇注速度。

6. 区域偏析

焊接时由于熔池中存在激烈的搅拌作用，同时焊接熔池又不断向前推移，不断加入新的液体金属，因此结晶后的焊缝，从宏观上不会产生像铸锭一样大体积的区域偏析。但焊接熔池凝固时，由于柱状晶体的不断长大和固-液界面的向前推进，会将溶质或杂质“赶”向熔池中心，导致熔池中心杂质浓度较高。当焊接速度较大时，成长的柱状晶最后都会在焊缝中心相遇，致使凝固后的焊缝中心附近出现严重的区域偏析，如图 10.7 所示。此时在应力作用下，焊缝极易产生纵向裂纹。

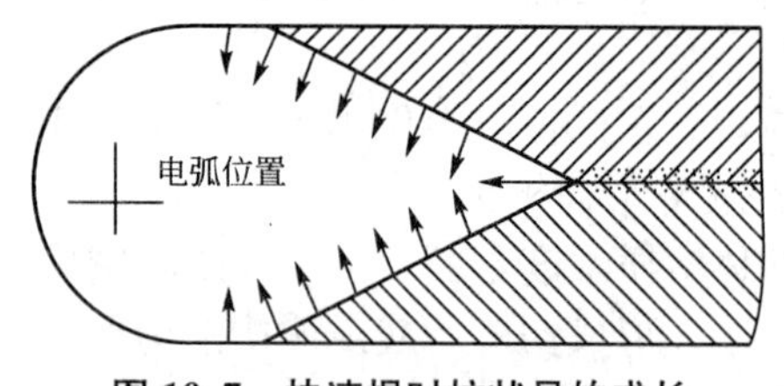

图 10.7　快速焊时柱状晶的成长对区域偏析的影响

7. 层状偏析

层状偏析是由于焊缝金属结晶过程放出结晶潜热和熔滴过渡时热输入的周期性作用而引起的一种化学成分不均匀现象。焊缝断面经浸蚀后，可明显地看出偏析呈层状分布，如图 10.8 所示。

熔池结晶时，由于结晶潜热和熔滴过渡时热输入的周期性作用，使得结晶前沿液态金属的冷却速度快慢不同。当冷却速度较慢时，固-液界面液相中的溶质和杂质可以通过扩散而减轻偏析程度；当冷却速度很快时，液态金属还没来得及均匀化就已凝固，造成了溶质和杂质较多的结晶层。如此快冷与慢冷交替出现，致使凝固界面的液体金属成分发生周期性的变化，便形成了层状偏析。

层状偏析是不连续的具有一定宽度的链状偏析带，带中常集中一些有害元素(碳、硫、磷等)，并常常出现气孔等缺陷，如图 10.9 所示。层状偏析也会使焊缝的力学性能不均匀，耐蚀性下降以及断裂韧度降低等。

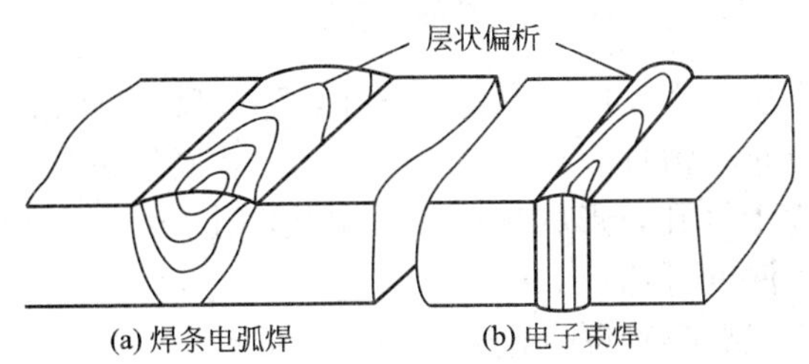

图 10.8 焊缝的层状偏析

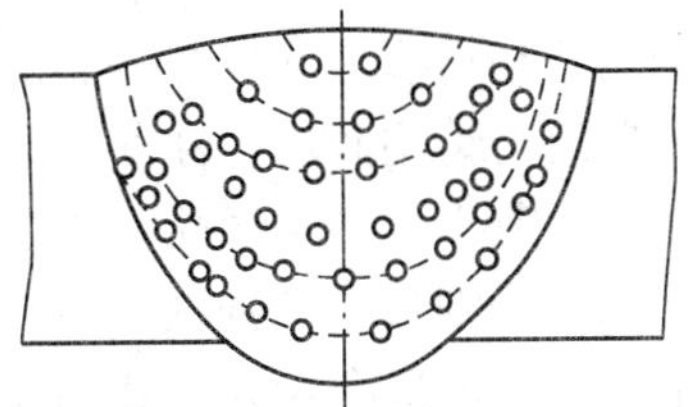

图 10.9 层状偏析与气孔

8. 焊接熔合区的化学成分不均匀

熔合区是整个焊接接头的薄弱部位，其性能下降的主要原因是该区域存在严重的化学成分不均匀性，这部分内容在第 9 章已经介绍，在此不再重述。

10.2 气 孔

在铸造过程和焊接过程中，产生的各种气体会溶入液态金属中，随温度下降气体会因在金属中的溶解度的显著降低而析出。没有从金属中逸出的气体会以分子的形式残留在固体金属内部而形成气孔。气孔是铸件或焊件常见的缺陷之一。气孔的存在不仅能减少铸件或焊缝的有效面积，且能使局部造成应力集中，成为零件断裂的裂纹源。一些不规则的气孔，会增加缺口敏感性，使金属强度下降，零件的抗疲劳能力降低。

10.2.1 气孔的种类

金属中的气孔按气体的来源不同，可以分为析出性气孔、侵入性气孔和反应性气孔 3 类。按气体种类不同，其可分为氢气孔、氮气孔和一氧化碳气孔等。

1. 析出性气孔

金属液在冷却及凝固过程中，因气体溶解度下降析出气体、形成气泡未能排除而形成的气孔称为析出性气孔。析出性气孔主要是指氢气孔、氮气孔。

在铸件断面上，析出性气孔大面积均匀分布，在铸件最后凝固部位、冒口附近、热节中心等部位分布最密集，析出性气孔的形状呈团球形、多角形、断续裂纹状或混合型。当金属含气量较少时，呈裂纹状；含气量较多时，气孔较大，呈团球形。

焊缝金属中产生的析出性气孔多数出现在焊缝表面。氢气孔的断面形状如同螺钉状，从焊缝表面上看呈喇叭口形，气孔四周有光滑的内壁；氮气孔一般成堆出现，形似蜂窝。焊接铝、镁合金时，析出性气孔(氢气孔)有时会出现在焊缝的内部。

2. 侵入性气孔

在高温液态金属作用下，铸型和型芯产生的气体，侵入金属内部所形成的气孔，称为侵入性气孔。其特征是数量较少，体积较大、孔壁光滑、表面有氧化色，常出现在铸件表层或近表层。形状多呈梨形、椭圆形或圆形，梨尖一般指向气体侵入的方向。侵入的气体一般是水蒸气、一氧化碳、二氧化碳、氢气、氮气和碳氢化合物等。

3. 反应性气孔

金属液和铸型之间或在金属液内部发生化学反应所产生的气孔，称为反应性气孔。

金属液与铸型间反应性气孔，通常分布在铸件表面皮下 1～3mm，表面经过加工或清理后，就暴露出许多小气孔，所以通称皮下气孔，形状有球状、梨状，孔径 1～3mm。有些皮下气孔呈细长状，垂直于铸件表面，深度可达 10mm。

液态金属内部合金元素之间或与非金属夹杂物发生化学反应，生成反应性气孔。碳钢焊缝内因冶金反应生成的 CO 气孔则沿着焊缝结晶方向呈条虫状分布。

10.2.2 气孔的形成机理

1. 析出性气孔的形成机理

1）金属中的气体析出

气体在金属中的溶解与析出是可逆的过程。气体的析出有 3 种形式：扩散逸出、形成夹杂物、以气泡形式从金属液中逸出。气体以扩散的形式析出，只有在非常缓慢冷却的条件下才能充分进行，在实际生产中是难以实现的。当气体以气泡形式从金属液中逸出时，要经过 3 个相互联系的阶段，即气泡的生核、长大和上浮。

（1）气泡的生核。液态金属中溶解有过饱和的气体是气泡生核的物质条件。根据金属物理方面的研究证明，形成气泡核的数目可由下式决定：

$$n=Ce^{-\frac{4\pi r^2\sigma}{3kT}} \tag{10-1}$$

式中，n 是指单位时间内形成气泡核的数目；r 是指气泡核的临界半径；σ 是指液态金属的表面张力；k 是波耳茨曼常数；T 是指热力学温度；C 是常数。

在一般条件下金属的 n 值非常小，$n\approx10^{-16.2\times10^{22}}$。在铸造和焊接条件下，液态金属中气泡自发生核的可能性极小。然而在液态金属中存在大量的现成表面时，在这里产生气泡核就比较容易。即在铸造和焊接条件下，气泡容易在未熔的固相质点、熔渣和枝晶的表面等处非自发生核。

（2）气泡的长大。气泡核形成之后，就要继续长大，气泡长大应满足以下条件：

$$p_h>p_o \tag{10-2}$$

式中，p_h是指气泡内部的压力：p_o是指阻碍气泡长大的外界压力。

气泡内部压力 p_h是各种气体分压的总和，即

$$p_h=p_{H_2}+p_{N_2}+p_{CO}+p_{H_2O}+p_{H_2S}+p_{SO_2}+\cdots \tag{10-3}$$

阻碍气泡的外界压力 p_o是由大气压 p_a、气泡上部的金属和熔渣的压力(p_M+p_s)，以及表面张力所构成的附加压力 p_c所组成的，即

$$p_o=p_a+p_M+p_s+p_c \tag{10-4}$$

一般情况下，p_M和 p_s的数值相对很小，故可忽略不计，所以气泡长大的条件可简

化为

$$p_h > p_a + p_c = p_a + \frac{2\sigma}{r} \tag{10-5}$$

式中，σ是指液态金属的表面张力；r是指气泡半径。

由于气泡开始形成时体积很小(即r很小)，故附加压力很大。在这样大的附加压力下，气泡很难长大。但在现成表面上生核的气泡呈椭圆形。因此可以有较大的曲率半径r，从而降低了附加压力p_c，有利于气泡的长大。

(3) 气泡的上浮。气泡核形成之后，在熔池金属中经过一个暂短的长大过程，便从液态金属中向外逸出。气泡成长到一定大小脱离现成表面的能力主要决定于液态金属、气相和现成表面之间的表面张力，即

$$\cos\theta = \frac{\sigma_{SG} - \sigma_{SL}}{\sigma_{LG}} \tag{10-6}$$

式中，θ是指气泡与现成表面的浸润角；σ_{SG}是指现成表面与气泡间的表面张力；σ_{SL}是指现成表面与熔池金属间的表面张力；σ_{LG}是指熔池金属与气泡间的表面张力。

气泡与现成表面的浸润形态和脱离现成表面的过程如图 10.10 所示。由图看出，当气泡与现成表面成锐角接触时($\theta < 90°$)，则气泡尚未成长到很大尺寸，便完全脱离现成表面，如图 10.10(a)所示。

当气泡与现成表面成钝角接触时($\theta > 90°$)，气泡长大过程中有细颈出现，当气泡长大到脱离现成表面时，仍会残留一个不大的透镜状的气泡核，它可以作为新的气泡核心，如图 10.10(b)所示。

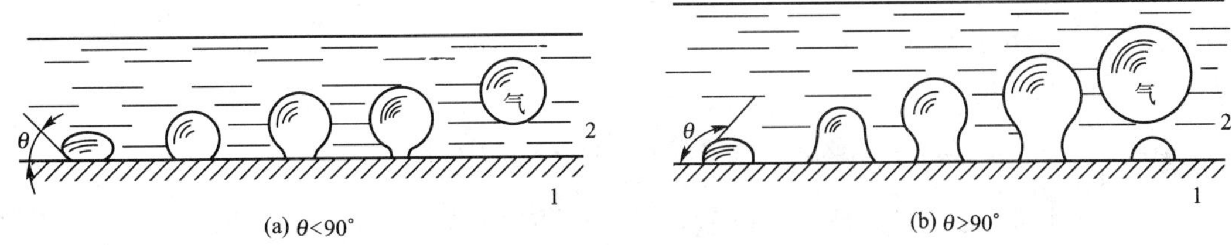

(a) θ<90°　　(b) θ>90°

图 10.10　气泡脱离现成表面的示意图

1—现成表面；2—液体金属

根据上面的分析，当$\theta < 90°$时，有利于气泡的逸出，而$\theta > 90°$时，由于形成细颈需要时间，当在结晶速度较大的情况下，气泡来不及逸出而形成气孔。

由此可见，凡是能减小σ_{SL}和σ_{LG}，以及增大σ_{SG}的因素，可以减小θ值，都可以有利于气泡快速逸出。

除此之外，还应考虑液态金属的结晶速度，当结晶速度较小时，如图 10.11(a)所示，气泡可以有充分的时间逸出，易得到无气孔的铸件或焊缝。当结晶速度较大时，气泡有可能来不及逸出而形成气孔，如图 10.11(b)所示。当晶体以枝晶方式生长时，气泡被裹入的几率增大。

气泡浮出的速度可用斯托克斯公式(stoks)进行粗略计算，气泡的半径$r < 0.1$mm时，半径越大、液体金属的密度越大、黏度越小，气泡的上浮速度就越大，就不易产生气孔。

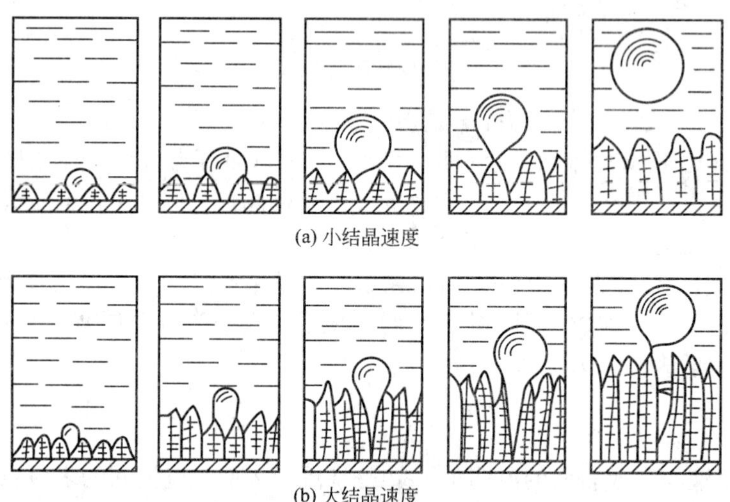

图 10.11　不同结晶速度对形成气孔的影响

2）析出性气孔的形成机理

液态金属中含气量较多时，随着温度下降溶解度降低，气体析出压力增大，当大于外界压力时便形成气泡，气泡如来不及浮出液面，便残留在金属中形成气孔。当液态金属中含气量较低时，甚至低于凝固温度下液相中的溶解度，也可能形成气孔。这些现象可以通过溶质再分配理论得到解释。

在金属凝固过程中，液相中气体溶质看成只存在有限扩散，无对流、无搅拌的状况，固相中气体溶质的扩散可以忽略不计，这样，固-液界面前液相中溶质 C_L 的分布可应用式(10－7)来描述，即

$$C_L = C_0\left[1+\frac{1-k_0}{k_0}\exp\left(-\frac{Rx}{D_L}\right)\right] \tag{10-7}$$

式中，C_0 为凝固前金属液中气体的含量；k_0 为气体溶质平衡分配系数；D_L 为气体在金属液中的扩散系数(cm^2/s)；R 为凝固速度(cm/s)；x 为离液固界面处的距离(cm)。

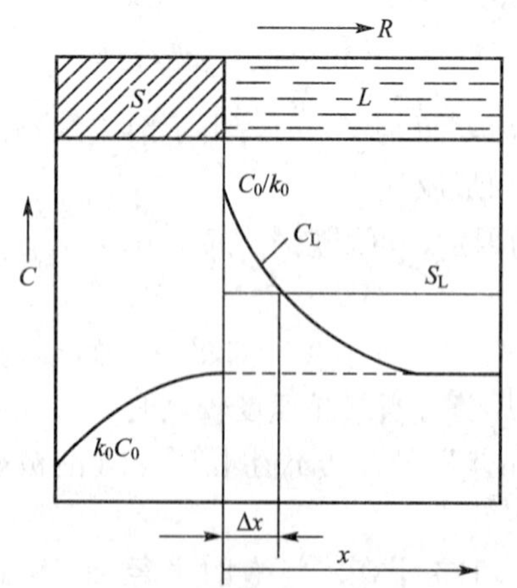

图 10.12　稳定生长阶段界面前气体溶质分布

S_L—液态金属中的饱和气体浓度

金属凝固时，按照式(10－7)的规律，气体溶质在液相中的浓度 C_L 分布如图 10.12 所示。

可见，即使金属中气体的原始含量小于饱和含量，由于金属凝固时存在溶质再分配，在某一时刻，固液界面处液相中所富集的气体溶质含量也会大于饱和含量，析出气体。

晶间液体中气体的含量随着凝固的进行不断增大，且在枝晶根部附近其含量最高，具有很大的析出动力。同时，枝晶间也富集着其他溶质及非金属夹杂物，为气泡生核提供现成表面，液态金属凝固收缩形成的缩孔，初期处于真空状态，为气体析出也创造了有利条件。因此，此处最容易形成气泡，成为析出性气孔。

析出性气孔的形成机理可总结为：合金凝固时，气体溶解度急剧下降，由于溶质的再分配，在固-液界面前的液相中气体溶质富集，当其浓度过饱和时，产生很大的析出动力，在现成的表面上气体析出，形成气泡，保留下来就形成析出性气孔。

2. 侵入性气孔的形成机理

侵入性气孔主要是由铸型或砂芯在高温液态金属的作用下，产生的气体侵入到液态金属内部形成的。气孔的形成过程如图 10.13 所示，可大致分为气体侵入液态金属和气泡的形成与上浮两个阶段。

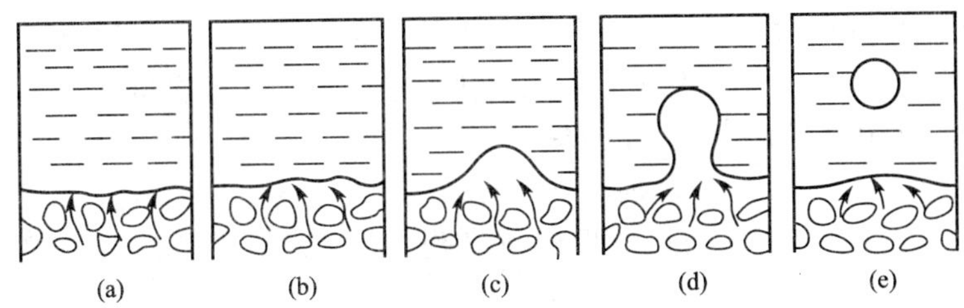

图 10.13 侵入性气孔形成示意图

砂型或砂芯在金属液的高温作用下产生的气体，随着温度的升高和气体量的增加，金属-铸型界面处气体的压力不断增大。当界面上局部气体的压力 $p_{气}$ 满足式(10-8)所示的条件时，气体就会在金属凝固之前或凝固初期侵入液态金属，在型壁上形成气泡。

$$p_{气} > p_{静} + p_{阻} + p_{腔} \tag{10-8}$$

式中，$p_{静}$ 为液态金属的静压力；$p_{阻}$ 为气体进入液态金属的阻力，由液态金属的黏度、表面张力、氧化膜等决定；$p_{腔}$ 为型腔中自由表面上气体的压力。

当液态金属不润湿型壁(即表面张力小)时，侵入气体容易在型壁上形成气泡，从而增大了侵入性气孔的形成倾向。当液态金属的黏度增大时，气体排出的阻力加大，形成侵入性气孔的倾向也随之增大。

在金属已开始凝固时气体侵入液态金属易形成梨形气孔，气孔较大的部分位于铸件内部，其细小部分位于铸件表面。这是因为气体侵入时铸件表面金属已凝固，不易流动，而内部金属温度较高，流动性好，侵入的气体容易随着气体压力的增大而扩大，从而形成外小内大的梨形。

3. 反应性气孔的形成机理

1) 金属与铸型间反应性气孔

这类气孔的形成与金属液-铸型界面处存在的气体有关。在高温下各气相反应达到平衡状态时，金属液-铸型界面处的气相成分中 H_2 和 CO 的含量较多，CO_2 较少。

反应性气孔的成因目前尚无统一说法，有关皮下气孔形成原因分述如下。

(1) 氢气说。金属液浇入铸型后，由于金属液-铸型界面处气相中含有较高的氢，使金属液表面层氢的浓度增加。凝固过程中，液固界面前沿易形成过饱和气体浓度和很高的气体析出压力，金属液-铸型界面处的化学反应在金属液表面所产生的各种氧化物如 FeO、Al_2O_3、MgO 等，以及铸铁中的石墨固相能使气体附着它形成气泡，表面层气泡一旦形成后，液相中的氢等气体都向气泡扩散，随着金属结晶沿枝晶间长大，形成皮下气孔。

(2) 氮气说。一些研究者认为，铸型或型芯采用各种含氮树脂做粘结剂，分解反应造成界面处气相氮气浓度增加。提高树脂及乌洛托品含量，也会导致型内气相中氮含量增加，当氮含量达到一定浓度，就会产生皮下气孔。

(3) CO说。一些研究者认为，金属与铸型表面处金属液与水蒸气或CO_2相互作用，使铁液生成FeO，铸件凝固时由于结晶前沿枝晶内液相碳浓度的偏析，将产生反应

$$[FeO]+[C]\rightarrow[Fe]+CO\uparrow \tag{10-9}$$

CO气泡可依附晶体或非金属夹杂物形成，这时氢、氮均可扩散进入该气泡，气泡沿枝晶生长方向长大，形成皮下气孔。

2) 金属液内反应性气孔

(1) 渣气孔。液态金属与熔渣相互作用产生的气孔称为渣气孔。这类气孔多数由反应生成的CO气体所致。在凝固过程中，如果凝固前沿的液相区存在低熔点氧化夹杂物，其中的FeO可以与液相中富集的碳产生反应

$$(FeO)+[C]\rightarrow Fe+CO\uparrow \tag{10-10}$$

当碳和FeO的量较多时，就可能形成渣气孔。如果铁液中存在石墨相，将发生下列反应

$$(FeO)+C\rightarrow Fe+CO\uparrow \tag{10-11}$$

上述反应生成的CO气体，依附在FeO熔渣上，就形成了渣气孔，其明显的特点是气孔和熔渣依附在一起。

(2) 金属液中元素间反应性气孔。

① 碳-氧反应性气孔。钢液脱氧不全或铁液严重氧化，溶解的氧若与铁液中的碳相遇，将产生CO气泡而沸腾，CO气泡上浮中吸入氢和氧，使其长大。由于液态金属温度下降快，凝固时气泡来不及完全排除，最终在铸件中产生蜂窝状气孔，在焊缝中形成沿结晶方向的条虫状气孔。

② 氢-氧反应性气孔。金属液中溶解的氧和氢，如果相遇就会产生H_2O气泡，凝固前来不及析出的话，就会产生气孔。这类气孔主要出现在溶解氧和氢的铜合金铸件中，铜、镍焊接时也常产生水气孔。

③ 碳-氢反应性气孔。铸件最后凝固部位液相中的偏析，含有较高浓度的氢和碳，凝固过程中产生CH_4，形成局部性气孔。

10.2.3 气孔的防止措施

根据铸造和焊接过程的不同特点，分别介绍两种成型过程中的气孔防止措施。

1. 铸造过程中气孔的防止

1) 析出性气孔的防止

(1) 消除气体的来源，减少金属液的原始含气量，主要是保持炉料清洁和干燥。

(2) 采用合理的熔炼工艺。控制金属熔炼的温度，过高时液态金属可以吸收大量气体。熔炼时金属表面加覆盖剂或采用真空熔炼，可降低液态金属的含气量。

(3) 对液态金属进行除气处理。金属熔炼时常用的除气方法有浮游去气法和氧化去气法。前者是向金属液中吹入不溶于金属的气体(如惰性气体、氮气等)，使溶解的气体进入气泡而排除；后者是对能溶解氧的液态金属(如铜液)先吹氧去氢，再加入脱氧剂去氧。

(4) 阻止液态金属内气体的析出。提高金属凝固时的冷却速度和外压，可有效阻止气

体的析出。如采用金属型铸造、密封加压等方法，均可防止析出性气孔的产生。

2）侵入性气孔的防止

(1) 控制侵入气体的来源。严格控制型砂和芯砂中发气物质的含量和湿型的水分。干型应保证烘干质量，并及时浇注。冷铁或芯铁应保证表面清洁、干燥。浇口圈和冒口圈应烘干后使用。

(2) 控制砂型的透气性和紧实度。砂型的透气性越差，紧实度越高，侵入性气孔的产生倾向越大。在保证砂型强度的条件下，应尽量降低砂型的紧实度。

(3) 提高砂型和砂芯的排气能力。采用合理的浇注系统，保持砂芯排气孔的畅通，设置出气冒口。

(4) 适当提高浇注温度。提高浇注温度可使侵入气体有充足的时间排出。

(5) 提高液态金属的熔炼质量。尽量降低铁液中的硫含量，保证铁液的流动性。防止液态金属过分氧化，减小气体排出的阻力。

3）反应性气孔的防止

(1) 对炉料、浇包等进行烘干、除湿，防止和减少气体进入液态金属。严格控制砂型水分和透气性，避免铸型返潮，重要铸件可采用干型或表面烘干型，限制树脂砂的氮含量。

(2) 严格控制合金中强氧化性元素的含量。如球墨铸铁中的镁及稀土元素、钢中脱氧剂的铝等用量要适当。

(3) 尽量保证液态金属平稳进入铸型，减少液态金属的氧化。

(4) 适当提高液态金属的浇注温度，使气体顺利上浮。

2. 焊接过程中气孔的防止

从形成气孔的原因和条件分析，防止焊缝气孔的措施应该是限制熔池中气体的熔入或产生以及排除熔池中已溶入的气体。

1）消除气体来源

(1) 工件和焊丝表面的清理。工件及焊丝表面的氧化膜、铁锈、油污和水分均可在焊接过程中向熔池提供氧和氢，它们的存在常是焊缝形成气孔的重要原因，其中，影响最大的是铁锈。铁锈的成分为 $m\mathrm{Fe_2O_3} \cdot n\mathrm{H_2O}$，铁锈不仅可以提供氧化物，在结晶时就会促使形成 CO 气孔。铁锈中的结晶水在高温时提供水分，因而增大了生成氢气孔的倾向。

有色金属焊接时，工件和焊丝表面的氧化膜对气孔的影响更为显著。其中，典型的是 Al 和 Al－Mg 合金。Al 的氧化膜是 $A1_2O_3$，A1－Mg 合金的氧化膜为 $A1_2O_3$ 和 MgO，均非常牢固且易于吸附水分，且由于 MgO 没有 $A1_2O_3$ 致密，更易吸附水分，所以含 Mg 量高的 Al－Mg 合金焊接时气孔敏感性很大。

在钢板表面的氧化铁皮的主要成分是 Fe_3O_4 和少量的 Fe_2O_3，虽不含结晶水，但对 CO 气孔影响很大。油污通常含有大量的碳氢化合物。

(2) 焊接材料防潮与烘干。空气中的水分非常容易吸附在焊接材料上，特别是焊条或焊剂，是氢气孔产生的重要原因。对焊条和焊剂的烘干必须高度重视，烘干后的保存时间也要严格掌握。一般碱性焊条的烘干温度为 350～450℃，酸性焊条为 200℃左右。

(3) 加强保护。如果焊接区没有受到很好的保护，周围的空气就会侵入熔池。空气侵入是焊缝形成气孔的重要原因之一，特别是氮气孔。对焊条电弧焊，关键是要保证引弧时的电弧稳定性和药皮的完好及其发气量。如低氢型焊条引弧时容易产生气孔，就是因为药皮中的造气物质 $CaCO_3$ 未能及时分解产生足够的 CO_2 造成保护不良所致。采用气体保护焊时，关键是要保证足够的气体流量、气体纯度。

2）正确选用焊接材料

焊接材料的选用对防止气孔十分重要。从冶金性能看，焊接材料的氧化性与还原性的平衡对气孔有显著的影响。

（1）熔渣性质。熔渣氧化性的大小对焊缝形成气孔的敏感性影响很大。随熔渣氧化性增大，形成 CO 气孔的倾向随之增大；相反，还原性增大时，则氢气孔的倾向增加。因此，如果能控制熔渣的氧化性和还原性的平衡，则能有效地防止这两类气孔的发生。

（2）焊条药皮和焊剂。一般碱性焊条药皮中均含有一定量的氟石（CaF_2），焊接时它直接与氢发生反应，产生大量的 HF，这是一种稳定的气体化合物，即使高温也不易分解。由于大量的氢被 HF 占据，因此可以有效地降低氢气孔的倾向。

在低碳钢及一些低合金钢埋弧焊用的焊剂中，也含有一定量的氟石和较多的 SiO_2。当熔渣中 SiO_2 和 CaF_2 同时存在时，对消除氢气孔最有效。

药皮和焊剂中适当增加氧化性组成物，如 SiO_2、MnO 和 FeO 等，对消除氢气孔也是有效的，因为这些氧化物在高温时能与氢化合生成稳定性仅次于 HF 的 OH，而 OH 也不溶于液态金属，可以占据大量的氢而消除氢气孔。

（3）保护气体。钢材采取气体保护焊时，保护气体主要有 CO_2 及 CO_2＋Ar 两大类。有色金属焊接时，主要是采用惰性气体 Ar 或 He，有时也在其中添加少量活性气体 CO_2 或 O_2。从防止气孔的角度考虑，活性气体优于惰性气体。因为活性气体能降低氢的分压而减少氢向熔池溶解，同时还能降低液态金属的表面张力，增大其流动性，有利于气体的排出。不过 CO_2 或 O_2 的添加量过多会使焊缝增氧。

（4）焊丝成分。在埋弧焊和气体保护焊中，不仅要考虑所用的焊丝能否与母材性能相匹配，还要考虑与之相组合的焊剂或保护气体。因为不同的冶金反应得到的熔池和焊缝金属的成分不同。通常，希望材料组合能满足充分脱氧的条件，以抑制反应性气体的生成。CO_2 气保焊时，CO_2 气体在电弧的作用下发生分解反应：

$$2CO_2 = 2CO + O_2 \tag{10-12}$$

具有强烈的氧化性。如果焊丝中没有足够的脱氧元素，必然发生铁的氧化：

$$[Fe] + CO_2 = CO\uparrow + [FeO] \tag{10-13}$$

熔滴金属与熔池金属中增加的 FeO，会与 C 反应，生成 CO 气体。因此，CO_2 气保焊的焊丝中必须含有足够的脱氧元素 Mn、Si 等，典型的焊丝是 H08Mn2SiA。

有色金属焊接时，为防止溶入的氢被氧化为水气，必须加强脱氧。例如在焊接纯 Ni 时通常选用含 Al 和 Ti 的焊丝和焊条进行焊接。

3）优化焊接工艺　工艺因素主要包括焊接工艺参数、电流种类和操作技巧等方面。优化焊接工艺的目的在于创造熔池中气体逸出的有利条件，同时也要限制气体向熔池金属中的溶入。

（1）焊接工艺参数。主要有焊接电流、电压和焊接速度等参数，一般来讲，希望在正常的焊接工艺参数下施焊。增大电流或线能量能增大熔池存在时间，有利于气体排出，但也有利于气体的溶入，特别是电流增大后使熔滴变细，熔滴更易于吸收气体，反而加大了气孔敏感性。对于一般不锈钢焊条，焊接电流增大时，焊芯的电阻热增大，会使药皮中的碳酸盐提前分解，会增加气孔倾向。焊条电弧焊时，如果电弧电压过高，会使空气中的氮侵入熔池，出现氮气孔。焊接速度较大时，往往由于增加了结晶速度，使气体残留在焊缝中，出现气孔。

(2) 电流种类。电流种类和极性不同，气孔倾向也不同。一般交流焊时比直流焊时气孔倾向大，直流反接比直流正接气孔倾向小。

10.3 夹 杂 物

夹杂物是指金属内部或表面存在的和基本金属成分不同的物质，夹杂物是常见的凝固缺陷之一。夹杂物的存在破坏了金属基体的连续性，使金属的强度和塑性下降；尖角形夹杂物易引起应力集中，显著降低金属的冲击韧性和疲劳强度；易熔夹杂物分布在晶界，不仅降低强度而且引起热裂。夹杂物也促进气孔的形成，它既能吸附气体，又是气核形成的良好衬底。

在某些情况下，也可利用夹杂物改善金属的某些性能，如提高材料的硬度、增加耐磨性以及细化金属组织等。

10.3.1 夹杂物的来源及分类

1. 夹杂物的来源

夹杂物主要来源于原材料本身的杂质及金属在熔炼、浇注和凝固过程中与非金属元素或化合物发生反应而形成的产物。

(1) 原材料本身含有的夹杂物。如金属炉料表面的粘砂、锈蚀，随同炉料一起进入熔炉的泥沙、焦炭中的灰分等，熔化后变为熔渣。

(2) 液态金属与炉衬、浇包的耐火材料及熔渣接触时，会发生相互作用，产生大量的 MnO、Al_2O_3 等夹杂物。

(3) 在精炼后转包及浇注过程中，金属液表面与空气接触形成的表面氧化膜，当其受到紊流、涡流等破坏，被卷入金属后形成氧化夹杂物。

(4) 在铸造或焊接过程中，金属与非金属元素发生化学反应而产生的各种夹杂物，如 FeS、MnS 等硫化物。

(5) 金属熔炼或焊接时，脱氧、脱硫、孕育和变质等处理过程产生大量的 MnO、SiO_2、Al_2O_3 等夹杂物。

(6) 焊接时因操作不良在熔化金属中混入熔渣而残留成为焊缝中的物质。

2. 夹杂物的分类

(1) 按夹杂物的组成，可分为氧化物、硫化物、氮化物、硅酸盐等。常见的氧化物夹杂如 FeO、MnO、SiO_2、Al_2O_3，硫化物夹杂如 FeS、MnS、Cu_2S，氮化物夹杂如 Fe_4N。硅酸盐是一种玻璃体夹杂物，其成分较复杂，常见的如 $FeO \cdot SiO_2$、Fe_2SiO_4、Mn_2SiO_4、$FeO \cdot Al_2O_3 \cdot SiO_2$。

(2) 在铸造过程中按夹杂物形成时间，可分为一次夹杂物(或初生夹杂物)、二次氧化夹杂物(或次生夹杂物)和偏析夹杂物。一次夹杂物是金属熔炼及炉前处理过程中产生的，二次氧化夹杂物是液态金属在浇注及充型过程中因氧化而产生的夹杂物，偏析夹杂物是指金属在凝固过程中因固液界面处液相内溶质元素的富集而产生的非金属夹杂物。

(3)按夹杂物形状，可分为球形、多面体、不规则多角形、条状及薄板形、板形等。氧化物一般呈球形或团状。同一类夹杂物在不同合金中有不同形状，如 $A1_2O_3$ 在钢中呈链球多角状，在铝合金中呈板状；同一夹杂物在同种合金中可能存在不同的形态，如 MnS 在钢中通常有球形、枝晶间杆状、多面体结晶形 3 种形态。

此外，还可根据夹杂物的大小分为宏观和微观夹杂物；按熔点高低分为难熔和易熔夹杂物；按来源分为内生夹杂物和外来夹杂物等。

10.3.2 铸件中的夹杂物

根据夹杂物的形成时间，介绍铸件中各类夹杂物的形成及防止措施。

1. 一次夹杂物

1）一次夹杂物的形成

在金属熔炼过程中及炉前处理时，液态金属内会产生大量的一次非金属夹杂物。这类夹杂物的形成大致经历了两个阶段，即夹杂物的偏晶析出和聚合长大。

(1) 夹杂物的偏晶析出。从液态金属中析出固相夹杂物是一个结晶过程，夹杂物往往是结晶过程中最先析出的相，并且大多属于偏晶反应。

液态金属内原有的固体夹杂物有可能作为非自发晶核，在液态金属中总是存在着浓度起伏。当向金属液中加入脱氧剂、脱硫剂和变质剂时，由于对流、传质和扩散，液态金属内会出现许多有利于夹杂物形成的元素微观聚集区域。该区的液相含量到达 L_1 时，将析出非金属夹杂物相，发生偏晶反应。

$$L_1 \xrightarrow{T_0} L_2 + A_mB_n \tag{10-14}$$

即在 T_0 温度下，含有形成夹杂物元素 A 和 B 的高浓度聚集区域的液相，析出固相非金属夹杂物 A_mB_n 和与其平衡的液相 L_2。L_1 与 L_2 的浓度差，反应向形成 A_mB_n 的方向进行。这样，在 T_0 温度下达到平衡时，只存在 L_2 与 A_mB_n 相。

例如钢水加入硅铁脱氧时，在温度低于 SiO_2 熔点的某一温度时，将发生以下偏晶反应：

$$Fe_{L_1} \rightarrow Fe_{L_2} + SiO_2 \tag{10-15}$$

Fe_{L_1} 和 Fe_{L_2} 分别表示钢液 1 和钢液 2。

(2) 夹杂物的聚合长大。一次夹杂物通过偏晶反应从液相中析出，尺寸很小，仅有几个微米，但它的生长速度非常快，一个重要的原因是夹杂物粒子的碰撞和聚合。由于对流、环流及夹杂物本身的密度差，夹杂物的质点在液态金属内将产生上浮或下沉运动，使夹杂物发生碰撞和聚合。各种夹杂物在金属液内运动的轨迹和速度并不相同，而且金属液内存在大量夹杂物，发生高频率的碰撞。夹杂物发生碰撞后，可发生化学反应，形成更复杂的化合物，如

$$3Al_2O_3 + 2SiO_2 \longrightarrow 3Al_2O_3 \cdot 2SiO_2 \tag{10-16}$$

$$SiO_2 + FeO \longrightarrow FeSiO_3 \tag{10-17}$$

不发生化学反应的夹杂物相遇后可机械地粘连在一起，组成各种成分不均匀、形状不

规则的复杂夹杂物。夹杂物粗化后，其运动速度加快，并以更高的速度与其他夹杂物发生碰撞。如此不断进行，使夹杂物不断长大，其成分或形状也越来越复杂。与此同时，某些夹杂物因成分变化或熔点较低而重新熔化，有些尺寸大、密度小的夹杂物则会浮到液态金属表面。

2）一次夹杂物的分布

不同类型的一次夹杂物在金属中的分布不同。

(1) 能作为金属非自发结晶核心的夹杂物。这类夹杂物因结晶体与液态金属存在密度差而下沉，故在铸件底部分布较密集，且多数分布在晶内。显然，冷却速度或凝固速度越快，铸件断面越小，浇注温度越低，这些微小晶体下沉就越困难，夹杂物的分布相对均匀一些。

(2) 不能作为非自发结晶核心的微小固体夹杂物。这类夹杂物的分布取决于液态金属 L、晶体 C 和夹杂物 I 之间的表面能关系。当凝固区域中的固态夹杂物与正在成长的树枝晶发生接触时，若 $\sigma_{IC}<\sigma_{LI}+\sigma_{LC}$，则微小夹杂物就会被树枝晶所粘附而陷入晶内，否则夹杂物就会被推开。通常，陷入晶内的夹杂物分布比较均匀，被晶体推走的夹杂物常聚集在晶界上。

(3) 能上浮的液态和固态夹杂物。液态金属不溶解的夹杂物也会产生沉浮运动，发生碰撞、聚合而粗化。若夹杂物密度小于液态金属的密度，则夹杂物的粗化将加快其上浮速度。铸件凝固后，这些夹杂物可能移至冒口而排除，或保留在铸件的上部及上表面层。

3）防止和减少一次夹杂物的措施

(1) 加熔剂。在液态金属表面覆盖一层能吸收上浮夹杂物的熔剂，如铝合金精炼时加入氯盐，或加入能降低夹杂物密度或熔点的熔剂，如球墨铸铁加冰晶石。这样上浮的夹杂物吸附聚集在一起，有利于夹杂物的排除。

(2) 过滤法。使液态金属通过过滤器以去除夹杂物。过滤器分为非活性和活性两种，前者起机械作用，如用石墨、镁砖、陶瓷碎屑等；后者的排渣效果更好，如用 NaF、CaF_2、Na_3AlF_6 等。

此外，利用排除和减少液态金属中气体的措施，如合金液静置处理、浮游法净化、真空浇注等，同样也能达到排除和减少夹杂物的目的。

2. 二次氧化夹杂物

1）二次氧化夹杂物的形成

液态金属与大气或氧化性气体接触时，其表面很快会形成一层氧化薄膜。吸附在表面的氧元素将向液体内部扩散，内部易氧化的金属元素则向表面扩散，从而使氧化膜的厚度不断增加。若形成的是一层致密的氧化膜，能阻止氧原子继续向内部扩散，氧化过程将停止。若氧化膜遭到破坏，在被破坏的表面上又会很快形成新的氧化膜。

在浇注及充型过程中，由于金属流动时产生的紊流、涡流、对流及飞溅等，表面氧化膜会被卷入液态金属内部。此时因液体的温度下降较快，卷入的氧化物在凝固前来不及上浮到表面，从而在金属中形成二次氧化夹杂物。这类夹杂物常出现在铸件上表面、型芯下表面或死角处。二次氧化夹杂物是铸件非金属夹杂缺陷的主要来源，其形成与下列因素有关。

(1) 化学成分。首先，若液态金属含有强氧化性元素时，氧化物的标准生成吉布斯能越低，即金属元素的氧化性越强，生成二次氧化夹杂物的可能性越大，如镁合金和铝合金等。其次，二次氧化夹杂物的形成还取决于氧化反应的速度，即与合金元素的活度有关。通常合金元素含量都不大，可用浓度近似代替活度。因此，易氧化元素的含量越多，二次氧化夹杂物的生成速度和数量就会越大。

(2) 液流特性。液态金属与大气接触的机会越多，接触面积越大和接触时间越长，产生的二次氧化夹杂物就越多。浇注时，液态金属若呈平稳的层流运动，则可减少二次氧化夹杂物；液态金属产生的涡流、对流和飞溅等容易将氧化物和空气带入金属液内部，使二次氧化夹杂物形成的可能性增大。

(3) 铸型内的气氛。若铸型内为氧化性气氛，在充型过程中金属液表面会与型内气体发生氧化反应，产生二次氧化物夹杂物。

2) 防止和减少二次氧化夹杂物的途径

(1) 正确选择合金成分，严格控制易氧化元素的含量。

(2) 采取合理的浇注系统及浇注工艺，保持液态金属充型过程平稳流动。

(3) 严格控制铸型水分，防止铸型内产生氧化性气氛。还可加入煤粉等碳质材料或采用树脂涂料，以形成还原性气氛。

(4) 对要求高的重要零件或易氧化的合金，可以在真空或保护性气氛下浇注。

3. 偏析夹杂物

偏析夹杂物是指合金凝固过程中因液-固界面处液相内溶质元素的富集而产生的非金属夹杂物，其大小通常属于微观范畴。

1) 偏析夹杂物的形成

合金结晶时，由于溶质再分配，在凝固区域内合金及杂质元素将高度富集于枝晶间尚未凝固的液相内。在一定的温度、压力下，靠近液、固界面的“液滴”有可能具备产生某种夹杂物的条件，这时该处的液相 L_1 中的溶质处于过饱和状态，将发生 $L_1 \rightarrow \beta + L_2$ 偏晶反应，析出非金属夹杂物 β。由于这种夹杂物是从偏析液相中产生的，因此称为偏析夹杂物。各枝晶间偏析的液相成分不同，产生的偏析夹杂物也就有差异。

例如铁合金中某处“液滴”仅富集了 Mn 和 S，从 Mn－MnS 相图可以看出。产生偏晶反应为

$$L_1(33.2\%S) \xrightarrow{1580℃} L_2(0.3\%S) + MnS \qquad (10-18)$$

析出的固相夹杂物 MnS，将被正在成长的枝晶(δ-Fe)所黏附，最后存在于枝晶内。

2) 偏析夹杂物的分布

偏析夹杂物有的能被枝晶黏附陷入晶内如图 10.14 所示，分布较均匀，有的被生长的晶体推移到尚未凝固的液相内，在液相中产生碰撞，聚合而粗化。它们一般保留在凝固区域的液相内，凝固完毕时，被排挤到初晶晶界上，如图 10.15 所示，大多密集分布在断面中心部分或铸件上部。

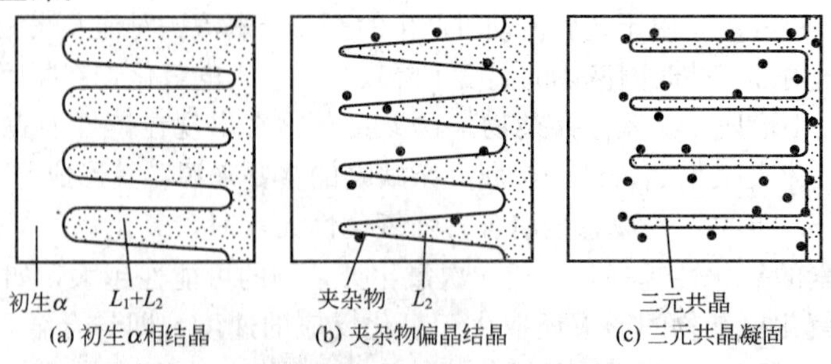

(a) 初生α相结晶　(b) 夹杂物偏晶结晶　(c) 三元共晶凝固

图 10.14　偏析夹杂物陷入晶内示意图

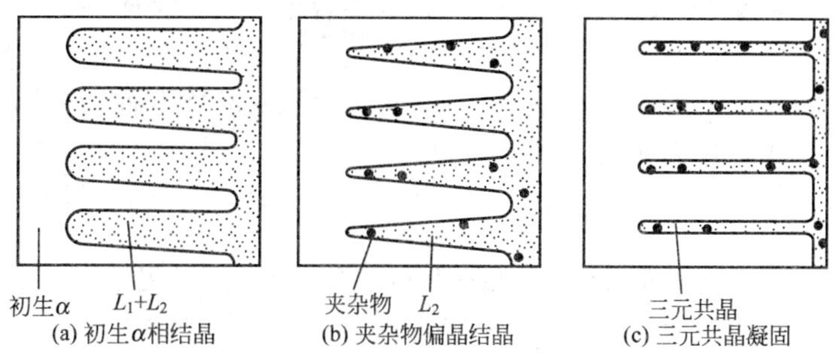

图 10.15 偏析夹杂物被推入液相示意图

偏析夹杂物的大小主要由合金的结晶条件和成分来决定。因为偏析夹杂物是枝晶间偏析液相中产生的，因此若改变枝晶间的距离，缩小树枝状晶体的一次、二次分枝间距离，使晶粒细化，就能减小偏析夹杂物的尺寸，从而也能改变它的形状和分布。

形成夹杂物的元素原始含量越高，枝晶间偏析液相中富集该元素的数量越多，同样结晶条件下，产生的偏析夹杂物越大，数量也越多。

3）偏析夹杂物的预防措施

因为偏析夹杂物是在凝固过程中产生的，与溶质元素的富集有关，因此此类夹杂物只能预防而不能清除。预防偏析夹杂物的主要途径是采取合理的成分设计，减少溶质的偏析。

10.3.3 焊缝中的夹杂物

焊缝中常遇到的夹杂物有氧化物、氮化物和硫化物 3 种。

1. 夹杂物的形成

1）氧化物

焊接金属材料时，氧化物夹杂是普遍存在的，在焊条电弧焊和埋弧自动焊焊接低碳钢时，氧化物夹杂主要是 SiO_2、MnO、TiO_2 和 $A1_2O_3$ 等，一般多以硅酸盐的形式存在。这种夹杂物如果密集地以块状或片状分布时，在焊缝中会引起热裂纹，在母材中也易引起层状撕裂。

焊接过程中熔池的脱氧越完全，焊缝中氧化物夹杂物越少。这些氧化物夹杂主要是在熔池进行冶金反应时产生的，只有少量夹杂物是由于操作不当而混入焊缝中。

2）氮化物

焊接低碳钢和低合金钢时，氮化物夹杂主要是 Fe_4N。Fe_4N 是焊缝在时效过程中由过饱和固溶体中析出的，并以针状分布在晶粒上或贯穿晶界。由于 Fe_4N 是一种脆硬的化合物，会使焊缝的硬度增高，塑性、韧性急剧下降，氮化物夹杂多在焊接保护不良时出现。

3）硫化物

硫化物夹杂主要来源于焊条药皮或焊剂，经冶金反应转入熔池的。但也有时是由于母材或焊丝中含硫量偏高而形成硫化物夹杂。

焊缝中的硫化物夹杂，主要有两种 MnS 和 FeS。MnS 的影响较小，而 FeS 的影响较大。因 FeS 是沿晶界析出，并与 Fe 或 FeO 形成低熔共晶，它是引起热裂纹的主要的原因之一。

另外，由于焊接操作失误或设计的接头形式不合理，熔化金属内混入熔渣，若熔渣不能及时上浮排除，残留在焊缝中，会形成夹渣。钨极氩弧焊的钨极，如果浸入熔融金属或焊接电流过大，致使钨极熔化进入焊缝金属，成为金属夹杂物，称为夹钨。使用铜垫板不慎局部熔化进入焊缝，称为夹铜。

2. 焊缝中夹杂物的防止

防止焊缝产生夹杂物的最重要措施是正确地选择原材料(包括母材和焊接材料)。母材、焊丝中的夹杂物应尽量少，焊条、焊剂应具有良好的脱氧、脱硫效果。

其次，要注意工艺操作，如选择合适的工艺参数，以利于熔渣的浮出；适当摆动焊条以便于熔渣浮出；加强熔池保护，防止空气侵入；多层焊时清除前一道焊缝的熔渣等。

10.4 缩孔与缩松

缩孔与缩松是金属凝固过程中常见的缺陷，它们以不同的形式存在于固体金属内部时，对金属的性能产生不同程度的影响。

10.4.1 金属收缩的基本概念

液态金属在冷却过程中，随着温度下降，空穴数量减少，原子集团中原子间距缩短，液态金属的体积减小，发生凝固时，状态变化导致金属体积显著减少。在固态下冷却继续进行，原子间距还要缩短，体积进一步减少。把铸件在液态、凝固态和固态冷却过程中发生的体积减小现象称为收缩。它是铸造合金本身的物理性质。收缩是铸件中缩孔、缩松、热裂、应力、冷裂纹等产生的根本原因。

金属从液态到常温的体积改变量称为体收缩。金属在固态时从高温到常温的线尺寸改变量称为线收缩。在实际使用中，通常用相对收缩来表示金属的收缩特性，把这一相对收缩称为收缩率。

金属从高温 T_0 降到 T_1 时，金属的体收缩率 ε_v 和线收缩率 ε_L 可分别用下式表示：

$$\varepsilon_V=(V_0-V_1)/V_0\times100\%=\alpha_V(T_0-T_1)\times100\% \tag{10-19}$$

$$\varepsilon_L=(L_0-L_1)/L_0\times100\%=\alpha_L(T_0-T_1)\times100\% \tag{10-20}$$

式中，V_0、V_1 为金属在 T_0 和 T_1 时的体积(m^3)；L_0、L_1 为金属在 T_0 和 T_1 时的长度(m)；α_V、α_L 为金属在 $T_0\sim T_1$ 温度范围内的体收缩系数和线收缩系数(1/℃)。

铸造合金从浇注温度冷却到常温，一般要经历以下 3 个阶段。在不同的阶段收缩特性是不同的，对铸件的质量影响也不相同。

1. 液态收缩

具有一定成分的铸造合金从浇注温度 $T_{浇}$ 冷却到液相线温度 T_L 发生的体收缩称为液态收缩。其液态收缩率 $\varepsilon_{V液}$ 用下式表示：

$$\varepsilon_{V液}=\alpha_{V液}(T_{浇}-T_L)\times100\% \tag{10-21}$$

式中，$\alpha_{V液}$ 为金属的液态收缩系数(1/℃)，$\alpha_{V液}$ 和 T_L 主要取决于合金成分，$\alpha_{V液}$ 还与温度、合金中的杂质和气体有关。

2. 凝固收缩

金属从液相线温度 T_L冷却到固相线温度 T_s间所产生的体收缩，称为凝固收缩。

对于纯金属和共晶合金，凝固期间的体收缩仅由状态改变引起，与温度无关，故具有一定的数值。对于有一定结晶温度范围的合金，其凝固收缩率既与状态改变时的体积变化有关，也与结晶温度范围有关。另外某些合金(如 Bi－Sb)在凝固过程中，体积不但不收缩反而产生膨胀，故其凝固收缩率 $\varepsilon_{V液}$ 为负值。

对于钢和铸铁凝固收缩，包括状态改变和温度降低两部分，可表示为

$$\varepsilon_{V凝}=\varepsilon_{V(L\to S)}+\alpha_{V(L\to S)}(T_L-T_S)\times 100\% \tag{10-22}$$

式中，$\varepsilon_{V凝}$ 为金属的凝固体收缩率(%)；$\varepsilon_{V(L\to S)}$ 为因状态改变的体收缩(%)；$\alpha_{V(L\to S)}$ 为凝固温度范围内的体收缩系数(1/℃)。

凝固收缩的表现形式分两个阶段：当结晶较少，未搭成骨架时，表现为液面下降；当结晶较多并搭成完整骨架时，收缩的总体表现为三维尺寸减小即线收缩，在结晶骨架间残留的液体收缩则表现为液面下降。

3. 固态收缩

金属在固相线温度 T_s以下发生的体收缩，称为固态收缩。固态体收缩率表示为

$$\varepsilon_{V固}=\alpha_{V固}(T_S-T_0)\times 100\% \tag{10-23}$$

式中，$\varepsilon_{V固}$ 为金属的固态体收缩率(%)；$\alpha_{V固}$ 为金属的固态体收缩系数(1/℃)；T_s为固相线温度(℃)；T_0 为室温(℃)。

固态收缩的表现形式为三维尺寸同时缩小。因此，常用线收缩率 ε_L 表示固态收缩，即

$$\varepsilon_L=\alpha_L(T_S-T_0)\times 100\% \tag{10-24}$$

式中，ε_L为金属的线收缩率(%)，$\varepsilon_L\approx\varepsilon_{V固}/3$；$\alpha_L$ 为金属的固态线收缩系数(1/℃)，$\alpha_L\approx\alpha_{V固}/3$。

金属从浇注温度冷却到室温所产生的体收缩为液态收缩、凝固收缩和固态收缩之和，即

$$\varepsilon_{V总}=\varepsilon_{V液}+\varepsilon_{V凝}+\varepsilon_{V固} \tag{10-25}$$

在金属冷却凝固的体收缩中，液态收缩和凝固收缩是铸件产生缩孔的根本原因，$\varepsilon_{V液}+\varepsilon_{V凝}$越大，缩孔的容积就越大。金属的线收缩是铸件产生尺寸变化、应力、变形和裂纹的基本原因。

10.4.2 缩孔与缩松的特征

在铸件凝固过程中，由于合金的液态收缩和凝固收缩，往往在最后凝固的部位出现孔洞。容积大而集中的孔洞称为缩孔，细小而分散的孔洞称为缩松。

1. 缩孔

缩孔常出现于纯金属、共晶成分合金和结晶温度范围较窄的铸造合金中，且多集中在铸件的上部和最后凝固的部位。铸件厚壁处、两壁相交处及内浇口附近等凝固较晚或凝固缓慢的部位(称为热节)，也常出现缩孔。缩孔尺寸较大，形状不规则，表面不光滑。

缩孔可分为内缩孔和外缩孔两种，如图 10.16 所示。外缩孔出现在铸件的外部或顶

部，一般在铸件上部呈漏斗状，如图 10.16(a)所示。铸件壁厚很大时，有时会出现在侧面或凹角处，如图 10.16(b)所示。内缩孔产生于铸件内部，如图 10.16(c)、图 10.16(d)所示，孔壁粗糙不规则，可以看到发达的树枝晶末梢，一般为暗黑色或褐色。

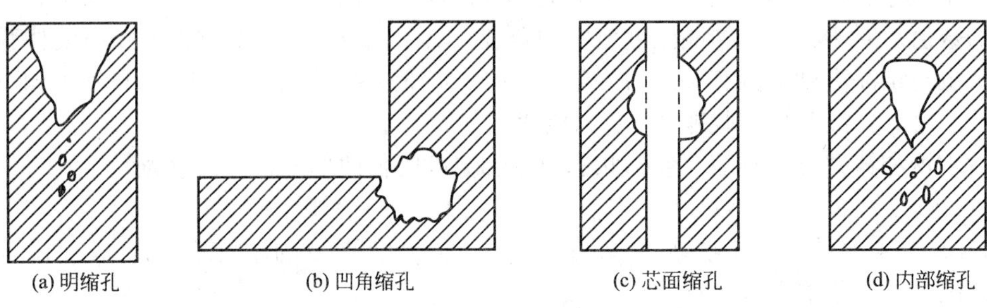

图 10.16　铸件缩孔形式

2. 缩松

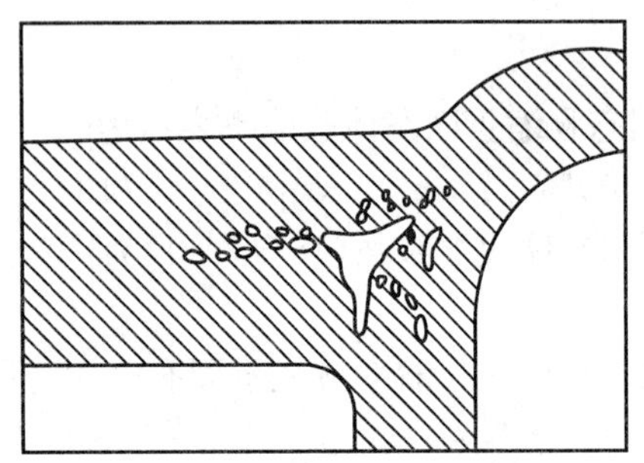

图 10.17　铸件热节处的缩孔和缩松

缩松多出现于结晶温度范围较宽的合金中，常分布在铸件壁的轴线区域、缩孔附近或铸件厚壁的中心部位，如图 10.17 所示。缩松按其形态分为宏观缩松(简称缩松)和显微缩松两类，其中肉眼可见的称宏观缩松；借助显微镜才能观察到的，称为显微缩松。

铸件中存在的任何形态的缩孔和缩松，都会减小铸件的受力面积，在缩孔和缩松的尖角处产生应力集中，使铸件的力学性能显著降低。此外，缩孔和缩松还会降低铸件的气密性和物理化学性能。因此，必须采取有效措施予以防止。

10.4.3　缩孔与缩松的形成机理

1. 缩孔的形成

纯金属、共晶成分合金和结晶温度范围窄的合金，在一般的铸造条件下，按由表及里逐层凝固的方式凝固。由于金属(合金)在冷却过程中发生的液态收缩和凝固收缩大于固态收缩，从而在铸件最后凝固的部位形成尺寸较大的集中缩孔。现以圆柱体铸件为例，说明缩孔的形成机理。

在液相线温度以上时，由于铸型的吸热作用，液态金属温度下降产生液态收缩，其体积缩小，通过浇注系统得到补充，因而型腔始终保持充满状态，如图 10.18(a)所示。

当铸件表面的温度降至凝固温度时，铸件表面就凝固成一层固态外壳，并紧紧包住内部的液态金属，如图 10.18(b)所示。这时，内浇口已经凝结，与浇注系统之间的通道切断。

随着铸件进一步冷却，已凝固的固体表面层产生固态收缩，使铸件外表尺寸缩小。同时凝固继续进行，使壳层继续加厚，并发生凝固收缩。内部的液体金属因温度降低产生液态收缩，表现为液面的下降。在这种情况下，如果液态收缩和凝固收缩造成的体积缩减小于或等于固态收缩引起的体积缩减，则凝固的外壳依然和内部液态金属紧密接触，不会产生缩孔。但是，由于合金的液态收缩和凝固收缩大于凝固层的固态收缩，从而使液体与顶部表面层脱离，如图 10.18(c)所示。随着冷却的不断进行，固态壳层不断加厚，内部液面不断下降，当金属全部凝固后，在铸件上部形成一个倒锥形的缩孔，如图 10.18(d)所示。当整个铸件的体积因温度下降至常温而不断缩小，使缩孔的绝对体积有所减小，但其值变化不大。

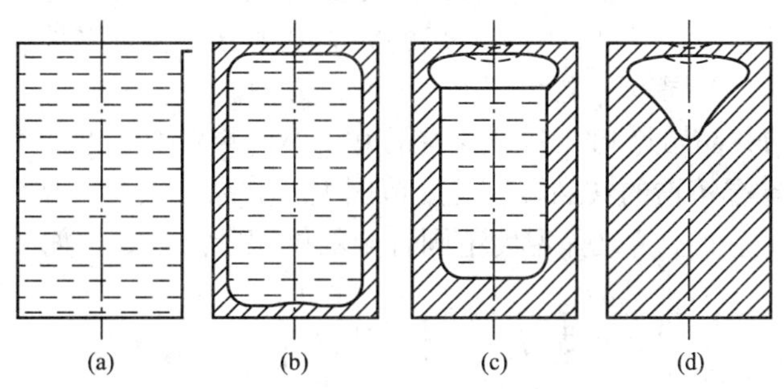

图 10.18 铸件中缩孔形成过程示意图

在液态金属含气量不大的情况下，当液态金属与外壳顶面脱离时，在液面上部将会形成真空。在大气压力作用下，顶面的薄壳可能向缩孔方向凹进去，如图 10.18(c)、图 10.18(d)中虚线所示。因此缩孔应包括外部的缩凹和内部的缩孔两部分。如果铸件顶面的薄壳强度很大，也可能不出现缩凹。

通过上面的分析可知，在铸件中产生集中缩孔的条件是：铸件由表及里地逐层凝固。产生集中缩孔的基本原因是：合金的液态收缩和凝固收缩值之和大于固态收缩值。缩孔一般集中在铸件顶部或最后凝固的部位。

2. 缩松的形成

结晶温度范围较宽的合金，通常按照体积凝固的方式凝固。由于凝固区域较宽，凝固区内的小晶体很容易形成发达的树枝晶。当固态部分达到一定数量时，就会形成晶体骨架，尚未凝固的液态金属便被分割成一个个互不相通的小熔池。在随后的冷却过程中，小熔池内的液体将发生液态收缩和凝固收缩，已凝固的金属则发生固态收缩。由于熔池金属的液态收缩和凝固收缩之和大于其固态收缩，两者之差引起的细小孔洞又得不到外部液体的补充，因而在相应部位便形成了分散性的细小缩孔，即缩松。结晶温度范围越宽，产生缩松的倾向越大。

由此可知，形成缩松和缩孔的基本原因是相同的，即合金的液态收缩和凝固收缩之和大于固态收缩。形成缩松的条件是合金的结晶温度范围较宽，倾向于体积凝固方式。缩松一般分散分布在铸件断面上。对于像板状或棒状等断面厚度均匀的铸件，在凝固后期不易得到外部合金液的补充，往往在轴线区域产生缩松，称为轴线缩松。

显微缩松是伴随着微观气孔的形成而产生的，大多出现在枝晶间和分枝之间。一般在各种合金铸件中或多或少都存在，一般情况下，不将其作为缺陷。对于要求铸件有较高的气密性、高的力学性能和物理化学性能时，必须予以减少和防止其产生。

铸件的凝固区域越宽，树枝晶越发达，则通道越长，晶间和分枝间被封闭的可能性越大，产生显微缩松的可能性就越大。

3. 灰铸铁和球墨铸铁铸件的缩孔和缩松

灰铸铁和球墨铸铁在凝固过程中由于析出石墨相产生体积膨胀，因此它们的缩孔和缩松的形成比一般铸造合金复杂。

亚共晶灰铸铁和球墨铸铁有一个共同点，这就是初生奥氏体枝晶能迅速布满铸件的整个断面，具有很大连成骨架的能力，使补缩通道受阻，使补缩难以进行。因此，这两种铸铁都有产生缩松的可能性，但是，由于它们的共晶凝固方式和石墨长大的机理不同，最后得到的结果是不同的。不同点主要表现在以下两个方面。

第一，灰铸铁的共晶始点和共晶终点的距离较小，共晶凝固近似于中间凝固方式，如图 10.19(a)所示。球墨铸铁的共晶转变温度范围大，共晶始点和共晶终点的间距比灰铸铁的大得多，共晶凝固近似于宽结晶温度范围合金的体积凝固方式，如图 10.19(b)所示。

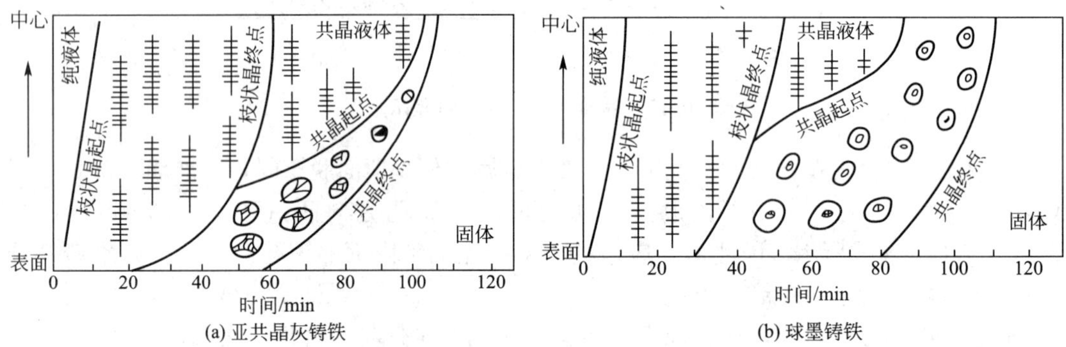

图 10.19 凝固动态曲线(铸件为 178×178 方断面杆件，砂型)

第二，两种铸铁在共晶凝固阶段都析出石墨而发生体积膨胀，但是，由于它们的石墨形态和长大机理不同，石墨化的膨胀作用对合金的铸造性能有截然不同的影响。

灰铸铁共晶团中的片状石墨，与枝晶间的共晶液体直接接触的尖端优先长大，如图 10.20(a)所示。因此片状石墨长大时所产生的体积膨胀大部分作用在所接触的晶间液体上，迫使它们通过枝晶间通道去充填奥氏体枝晶间由于液态收缩和凝固收缩所产生的小孔洞，从而大大降低了灰铸铁产生缩松的严重程度。这就是灰铸铁的所谓“自补缩能力"。对于一般灰铸铁件不需要设置冒口进行补缩。

被共晶奥氏体包围的片状石墨，由于碳原子的扩散作用，在横向上也要长大，但是速度很慢。石墨片在横向上长大而产生的膨胀力作用在共晶奥氏体上，使共晶团膨胀，并传到邻近的共晶团上或奥氏体枝晶骨架上，使铸件产生“缩前膨胀”。很显然，这种缩前膨胀会抵消一部分自补缩效果，但是，由于这种横向的膨胀作用很小而且是逐渐发生的，同时因灰铸铁在共晶凝固中期，在铸件表面已经形成硬壳，因此灰铸铁的缩前膨胀一般只有 0.1%～0.2%。所以，灰铸铁件产生缩松的倾向性较小。

从图 10.20(b)可以看出，球墨铸铁在凝固过程中，当石墨球长大到一定程度后，四周形成奥氏体外壳，碳原子是通过奥氏体外壳扩散到共晶团中使石墨球长大。当共晶团长大到相互接触后，石墨化膨胀所产生的膨胀力，只有一小部分作用在晶间液体上，而大部分作用在相邻的共晶团上或奥氏体枝晶上，趋向于把它们挤开。因此，球墨铸铁的缩前膨胀比灰铸铁大得多。

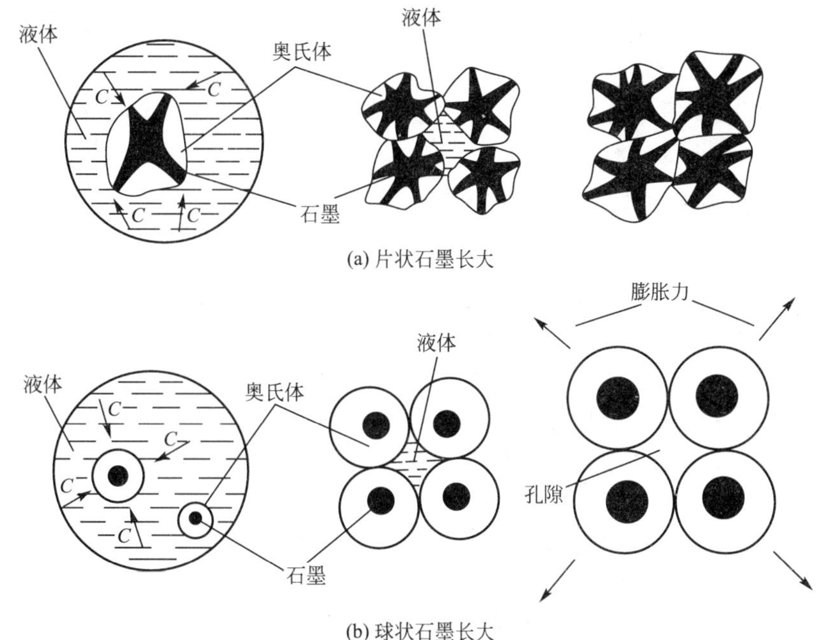

图 10.20 灰铸铁和球墨铸铁共晶石墨长大示意图

由于按照体积凝固方式凝固，铸件在凝固后期没有形成坚固的外壳，如果铸型刚度不够，膨胀力将使型壁外移。随着石墨球的长大，共晶团之间的间隙逐步扩大，使得铸件普遍膨胀。共晶团之间的间隙就是球墨铸铁的显微缩松，并布满铸件整个断面，所以球墨铸铁铸件产生缩松的倾向性很大。如果铸件厚大，球墨铸铁铸件这种较大的缩前膨胀也会导致铸件产生缩孔，所以球铁件一般要设置冒口进行补缩。如果铸型刚度足够大，石墨化的膨胀力能够将缩松挤合。在这种情况下，球墨铸铁也可看做是具有“自补缩”能力。这也是球铁件实现无冒口铸造的基础。

10.4.4 缩孔与缩松的防止措施

1. 影响缩孔与缩松的因素

1）金属本身的性质

金属的液态收缩系数 $\alpha_{V液}$ 和凝固收缩率 $\varepsilon_{V凝}$ 越大，缩孔及缩松容积越大。而金属的固态收缩系数 $\alpha_{V固}$ 越大，缩孔及缩松容积越小。

2）铸型条件

铸型的激冷能力越强，缩孔及缩松容积就越小。因为铸型激冷能力越强，越易造成边浇注边凝固的条件，使金属的收缩在较大程度上被后注入的金属液所补充，从而实际发生收缩的液态金属量减少。

3）浇注条件

浇注温度越高，金属的液态收缩越大，则缩孔容积越大；浇注速度越缓慢，浇注时间越长，缩孔容积就越小。

4）补缩压力

凝固过程中增加补缩压力，可减小缩松而增加缩孔的容积。

5）铸件尺寸

铸件壁厚越大，表面层凝固后，内部的金属液温度就越高，液态收缩就越大，则缩孔及缩松的容积越大。

2. 影响灰铸铁和球墨铸铁的缩孔和缩松的因素

1）铸铁的成分

对于亚共晶灰铸铁，随着碳当量增加，共晶石墨的析出量增加，石墨膨胀量增加，有利于消除缩孔和缩松。

共晶成分灰铸铁是以逐层方式凝固的，倾向于形成集中缩孔。但是，由于共晶转变的石墨化膨胀作用，能抵消甚至超过共晶液体的收缩，使铸件中不产生缩孔。

对碳当量超过 4.3％的过共晶铸铁，可能由于 C、Si 量过高，铁水中出现石墨漂浮，石墨析出量减少。

球墨铸铁的碳当量对缩松有很大影响，碳比硅的影响更大，试验表明，碳减少缩松的能力比硅大 7～8 倍。当球铁的碳当量≥3.9％时，经过充分孕育，当铸型刚度足够时，利用共晶石墨化膨胀作用，产生自补缩效果，可以获得致密的铸件。

球墨铸铁中磷含量、残余镁量及残余稀土量过高，都会增加缩松倾向，这是因为磷共晶削弱铸件外壳的强度，使其容易变形，增加缩前膨胀值，松弛了铸件内部压力。此外，形成三元磷共晶时，使碳以碳化物的方式析出，减少石墨析出，促进二次收缩程度的增加。镁及稀土会增大白口倾向，减少石墨析出，石墨膨胀作用减弱。

2）铸型刚度

铸铁在共晶转变发生石墨化膨胀时，型壁是否迁移，是影响缩孔容积的重要因素。铸型刚度大，缩前膨胀就减小，缩孔容积会相应减小，甚至不产生缩孔。铸型刚度依下列次序逐级降低：金属型-覆砂金属型-水泥型-水玻璃砂型-干型-湿型。

3. 防止铸件产生缩孔和缩松的途径

1）合理选择凝固原则

从前面的讨论可知，铸件中形成缩孔或缩松的倾向与合金的成分之间有一定的规律性。逐层凝固的合金倾向于形成集中缩孔，体积凝固的合金倾向于形成缩松。对一定成分的合金而言，缩孔和缩松的数量可以相互转化，但它们的总体积基本上是一定的。缩松的分布面广，难以补缩，是铸件中最危险的缺陷之一。

防止铸件中产生缩孔和缩松的基本原则是针对该合金的收缩和凝固特点制定正确的铸造工艺，使铸件在凝固过程中建立良好的补缩条件，尽可能使缩松转化为缩孔，并使缩孔出现在铸件最后凝固的地方。这样，在铸件最后凝固的地方安置一定尺寸的冒口，使缩孔集中于冒口中，或将冒口设置在铸件壁最薄的地方，保证补缩通道；或者把浇口开在最后凝固的地方直接补缩，就可以获得健全的铸件。

要使铸件在凝固过程中建立良好的补缩条件，主要是通过控制铸件的凝固方向使之符合于“顺序凝固原则”或“同时凝固原则”。

(1) 铸件的顺序凝固原则，是采用各种措施保证铸件上各部分按照距冒口的距离由远及近，朝冒口方向凝固，冒口本身最后凝固。在铸件上远离冒口(或浇口)端与冒口(或浇口)之间建立一个递增的温度梯度，如图 10.21 所示。铸件按照这一原则进行凝固，产生最佳的补缩效果能够使缩孔集中在冒口中，获得致密铸件。顺序凝固原则通常适用于结晶温度范围小、凝固收缩大的合金。

以带有冒口的板材铸件为例，如图 10.21(a)所示。假设生产厚度为δ的板形铸件，金属液自冒口浇入，这样由于合金的结晶温度区间小、凝固收缩大，铸件从边缘向中心逐层凝固。某一时刻铸件纵断面的凝固状况如图 10.21(b)所示。其中，等液相线之间的夹角，称为补缩通道扩张角φ；液固两相区与铸件壁热中心相交处存在一个“补缩困难区μ”，如图 10.22 所示。液固两相区越宽，扩张角φ就越小，补缩困难区μ就越长。

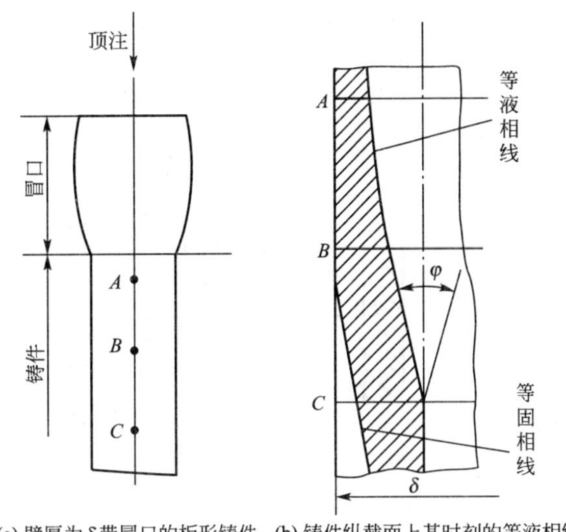

(a) 壁厚为δ带冒口的板形铸件 (b) 铸件纵截面上某时刻的等液相线和补缩通道扩张角

图 10.21 均匀壁厚铸件顺序凝固方式示意图(图(b)较图(a)放大 1 倍)

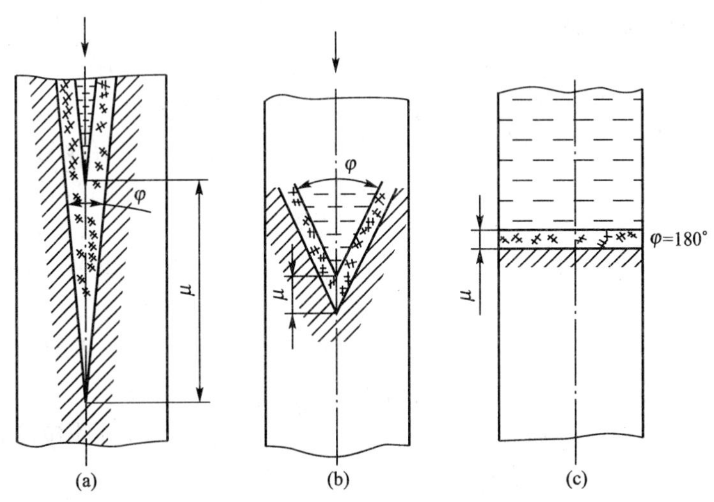

图 10.22 扩张角φ对补缩困难区μ的影响

在相同 φ 角条件下，倾向于逐层凝固的共晶合金和结晶温度范围较小的合金，其凝固区域较窄，易实现补缩。因此，对凝固收缩大、结晶温度范围较小的合会，常采用顺序凝固原则以达到防止铸件缩孔和缩松出现，保证铸件致密性的目的。但顺序凝固，铸件各部位存在温差，在凝固过程中易产生热裂，凝固后容易使铸件产生变形，并且由于需要使用冒口和补贴，工艺出品率降低。

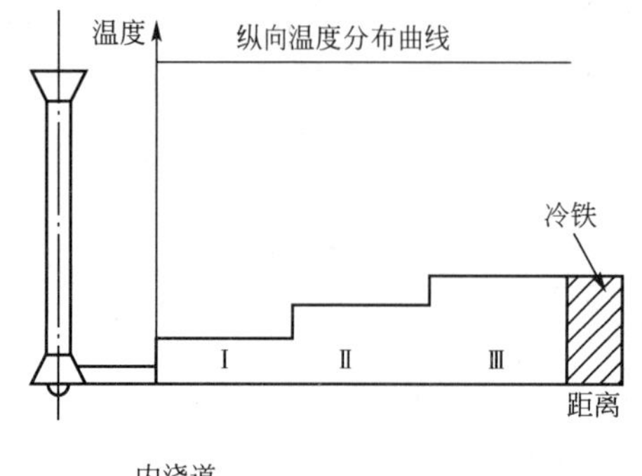

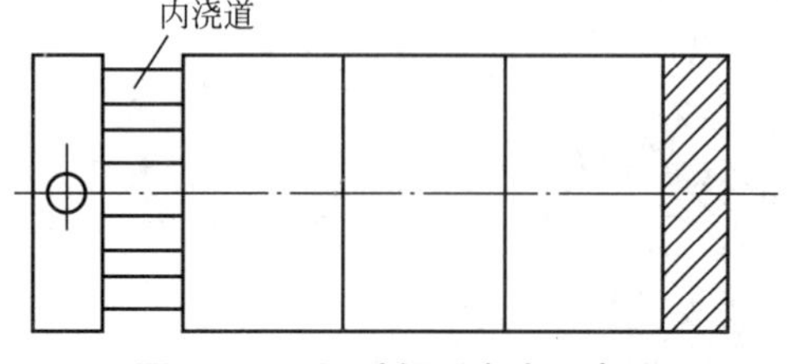

图 10.23　同时凝固方式示意图

(2) 同时凝固原则是采取一定的工艺措施保证铸件各部位没有温差或温差极小，从而使各部位同时凝固，如图 10.23 所示。在同时凝固条件下，扩张角 φ 等于零，没有补缩通道，无法实现补缩。但是同时凝固时铸件温差小，不容易产生热裂，凝固后不易引起应力和变形。

同时凝固原则通常在以下情况下采用。

结晶温度范围大，容易产生缩松的合金(如锡青铜)，对气密性要求不高时，采用同时凝固原则，以简化工艺；壁厚均匀的铸件，尤其是均匀薄壁铸件，倾向于同时凝固，消除缩松困难，应采用同时凝固原则；球墨铸铁件、灰铸铁件利用石墨化膨胀进行自补缩时，必须采用同时凝固原则；某些适合采用顺序凝固原则的铸件，当热裂、变形成为主要矛盾时，可采用同时凝固原则。

对于某一具体铸件，应根据合金的特点、铸件的结构及其技术要求，以及可能出现的其他缺陷等综合考虑，找出主要矛盾，合理地确定凝固原则。应该指出的是，采用哪种铸造工艺设计时，针对具体的铸件特点又可将两种凝固原则结合起来。例如：从整体上是同时凝固，铸件局部是顺序凝固，或者相反。

2) 采取合适的工艺措施

(1) 浇注条件。铸造工艺方案中，浇注位置的设置方式有顶注式、底注式、中注式，浇注位置不同，温度分布不同，补缩效果也不一样。另外，选择合理的浇注温度和浇注速度，可以实现顺序凝固或同时凝固。如采用高的浇注温度缓慢地浇注，能增加铸件纵向温差，有利于顺序凝固。一般情况下，冒口在顶部的顶注式，适合采用高温慢浇工艺，加强定向凝固；对底注式浇注系统，采用低温快浇和补浇冒口的方法，可以实现定向凝固。通过多个内浇道低温快浇，可减小纵向温差，有利于实现同时凝固。

(2) 冒口、补贴和冷铁的应用。冒口、补贴和冷铁的使用，是防止缩孔和缩松最有效的工艺措施。冒口一般应设置在铸件厚壁或热节部位。冒口应保证比铸件被补缩部位晚凝固，并有足够的金属液用于补缩，同时冒口与被补缩部位之间必须有补缩通道。

补贴和冷铁通常是配合冒口设置使用的，可以造成人为的补缩通道。此外，冷铁还可以加速铸铁壁局部热节的冷却，实现同时凝固原则。

(3) 加压补缩。主要是为了防止显微缩松的产生。显微缩松产生在枝晶间和分枝之间，孔洞细小弯曲，且弥散分布于铸件整个断面上，一般的工艺措施难以消除。加压补缩是指将铸件放在具有较高压力的装置中，使其在较高压力下凝固。

10.5 应力与变形

在金属成型加工中，工件经历加热与冷却的过程，必然伴随着热胀冷缩的现象。对于某些具有同素异构性的合金，因发生固态相变，而引起收缩和膨胀，从而使工件的体积和形态都会发生变化。若这种变化受到阻碍，便会在工件内产生应力，称为内应力。铸件或焊件完全冷却后残存在其中的应力，被称为残余应力。

当工件内的局部残余应力值超过金属的屈服强度时，工件将会发生塑性变形，使工件的尺寸和形状发生变化，影响成型件的精度；当局部的应力值超过金属的抗拉强度时，工件将产生裂纹，影响构件的承载能力，尤其是在交变载荷作用下的结构和零件影响更大。因此必须尽量减小工件在加工过程中产生的内应力。

10.5.1 应力

内应力按其产生的原因可分为 3 种：热应力、相变应力(或组织应力)和结构应力(或机械阻碍应力)。

1. 应力的形成

1) 热应力

工件在受热和冷却过程中，因其各部分的温度不同造成工件上在同一时刻各部分的收缩(或膨胀)量不同，导致内部彼此相互制约，而产生应力。该应力是由不均匀温度场引起的，故被称为热应力。

(1) 铸件内的热应力。铸件在凝固后的冷却过程中，由于各部分的冷却速度不一致，带来收缩量的不同。但因各部分彼此互相制约，产生了热应力。

现以厚度不均匀的 T 字形梁铸件为例分析热应力的形成过程。如图 10.24 所示，将整个铸件分成Ⅰ和Ⅱ截面积不同的两部分来分析。为方便讨论现作如下假设。

Ⅰ和Ⅱ从同一温度 T_H开始冷却，最后冷却到 T_0；在 T_K温度以上，合金处于塑性状态，T_K温度以下的变形为弹性变形；在冷却过程中，不发生固态相变，且铸件收缩不受铸型阻碍；材料的线胀系数和弹性模量为不随温度而变的常数。

图 10.24(a)为 T 型件(Ⅰ+Ⅱ)的冷却曲线。由于杆Ⅰ较厚，冷却前期Ⅰ的冷速比Ⅱ小，但因两杆温度最终相同，所以冷却后期的Ⅰ冷速比Ⅱ大。铸件的自由收缩率 ε 与温度成正比，其曲线外形与温度分布曲线相一致，如图 10.24(b)所示，虚线 $C_0C_1C_2C_3$ 为整个 T 型件收缩量的曲线。

在时间 $t_0 \sim t_1$ 内，$T_Ⅰ$、$T_Ⅱ > T_K$，Ⅰ、Ⅱ均处于塑性状态。若两部分均能自由收缩，则Ⅰ的长度为 $L_0 + d_1a_1$，Ⅱ的长度为 $L_0 + a_1b_1$。由于Ⅰ、Ⅱ为一整体，故 T 型件具有的长度为 $L_0 + d_1c_1$。此时，若不产生弯曲变形，1 被塑性压缩 a_1c_1，而Ⅱ被塑性拉伸 c_1b_1。两杆发生塑性变形后，铸件内不产生热应力。

在时间 $t_1 \sim t_2$ 内，$T_Ⅰ > T_K$，$T_Ⅱ < T_K$。此阶段内，Ⅱ的温度已低于 T_K，处于弹性状

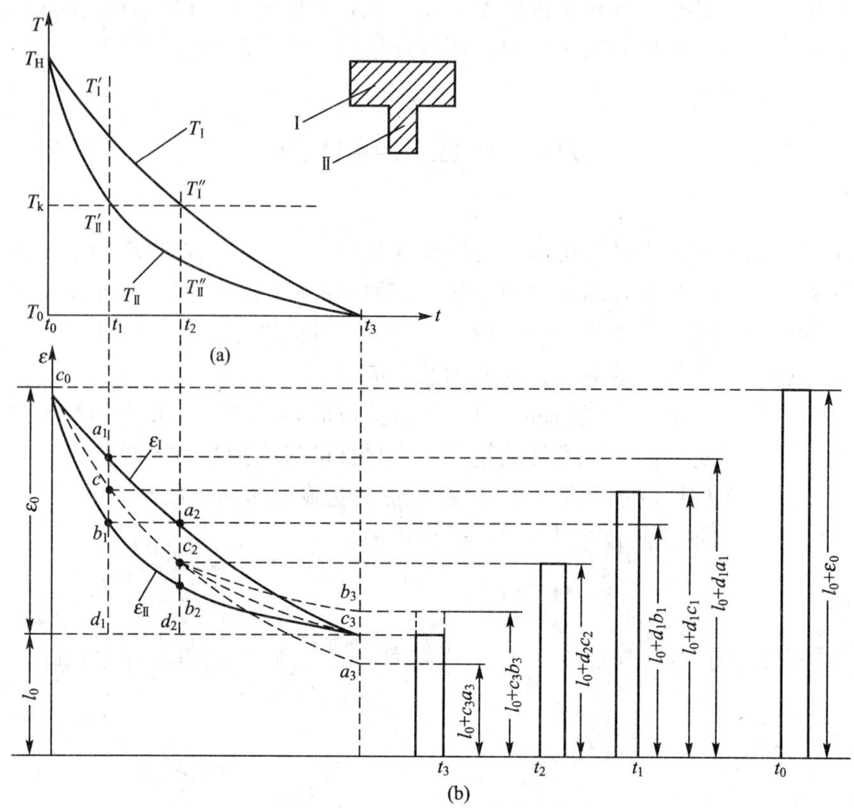

图 10.24 壁厚不同的 T 型铸件热应力形成过程示意图

态，而Ⅰ仍处于塑性状态。由于弹性杆件的变形比塑性杆件困难得多，所以铸件的收缩显然是由变形较困难的Ⅱ决定的，Ⅱ不再发生新的变形，而Ⅰ继续受压缩发生塑性变形。在 t_2 时刻，两杆具有相同的长度 $L_0+d_2c_2$。由于Ⅰ处于塑性状态，所以变形后应力消失，铸件中仍不产生应力。

在时间 $t_2 \sim t_3$ 内，$T_{\mathrm{I}}<T_{\mathrm{K}}$，$T_{\mathrm{II}}<T_{\mathrm{K}}$，Ⅰ、Ⅱ均处于弹性状态。在 t_2 时刻Ⅰ、Ⅱ的长度相同，但温度不同。Ⅰ的温度高于Ⅱ温度。如果Ⅰ、Ⅱ能自由收缩，则Ⅰ的长度应沿 c_2a_3 变化，Ⅱ的长度沿 c_2b_3 变化。由于Ⅰ、Ⅱ是一整体，彼此阻碍收缩，若不产生弯曲变形，只能具有同一长度，即 T 型件沿 c_2c_3 变化到 0。因此到达 t_3 时刻，Ⅰ被弹性拉伸，变形量为 a_3c_3；Ⅱ被弹性压缩，变形量为 b_3c_3。由于这一阶段Ⅰ、Ⅱ均处于弹性状态，所以Ⅰ内受拉应力作用，而Ⅱ内受压应力作用，冷却到室温时便成为残余应力残存在铸件内。

对于圆柱形铸件，由于内外层冷却条件不同，开始时外层冷速大，后期则相反。因此外层相当于 T 形件中的Ⅱ，内部相当于Ⅰ。冷却到室温时，内部存在残余拉应力，外部存在残余压应力。

(2) 焊件的热应力。焊接过程中，移动热源对焊件的加热是局部的、不均匀的。在同一时刻，工件上离热源中心距离不同的部位其温度不同，热源下方的熔池部位温度最高，距离熔池越远温度越低。焊接时，邻近焊缝的金属由于热膨胀受到周围低温金属的限制，产生压缩塑性变形。而在冷却过程中，已发生压缩塑性变形的这部分金属又受到周围条件的制约，不能自由收缩，在不同程度上又被拉伸。在整个焊接过程中，焊件内的热应力不断调整变化，但始终处于自平衡状态。当温度降到室温时，一部分应力便残留在焊件内，形成了所谓的残余应力。

通常，把平行于焊缝方向的应力称为纵向应力(σ_x)，垂直于焊缝方向的应力称为横向应力(σ_y)。厚度方向的残余应力一般很小，只有在大厚度的焊接结构厚度方向的应力才比较大。下面分别分析纵向应力和横向应力。

① 纵向残余应力。图 10.25 所示为板中心有一条焊缝的低碳钢长板条的纵向残余应力的分布情况，图中用垂直于板条平面的距离来表示焊缝上 σ_x 的大小。

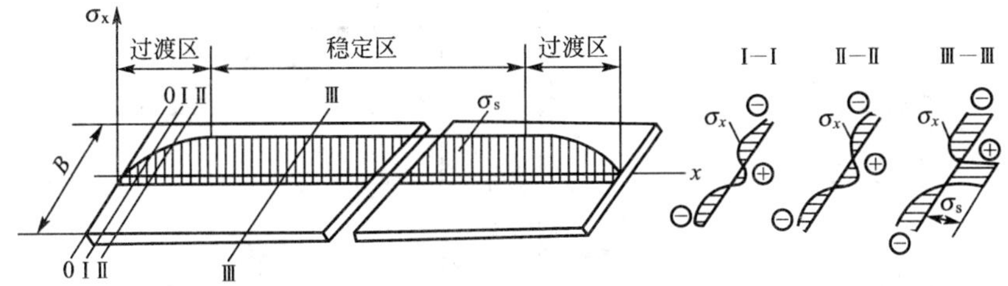

图 10.25　焊缝各截面中的纵向残余应力的分布

由图 10.25 可见，在焊缝及其附近区域的纵向残余应力 σ_x 为拉应力，其数值可达到焊缝金属的屈服强度 σ_s。σ_x 沿焊缝长度方向的分布与焊缝长度有关。因为端面 0－0 是自由边界，在它表面没有应力，$\sigma_x=0$；紧靠端面取两个截面Ⅰ－Ⅰ和Ⅱ－Ⅱ，这两个截面上的 $\sigma_x<\sigma_s$。随着截面离开端面的距离的增加，σ_x 逐渐趋近于 σ_s。在板条中段的截面Ⅲ－Ⅲ上，拉应力 $\sigma_x=\sigma_s$，为内应力稳定区。

当钢板的长度较短时，整条焊缝中的残余拉应力将小于 σ_s，且不存在残余应力稳定区。也就是说，将长焊缝分段进行焊接，可减少焊件中的 σ_x，这就是焊接工艺中常采用分段焊的主要原因。

材质对焊接残余纵向应力 σ_x 的大小和分布的影响很大，因为材质的热物理性能和力学性能会影响到压缩塑性变形量的大小。

② 横向残余应力。横向残余应力的形成机理较纵向残余应力复杂，它由两个组成部分组成：一是由焊缝及附近区域的纵向收缩引起，用 σ'_y 表示；另一个是由焊缝及附近区域的横向收缩不同时引起的，用 σ''_y 表示。

首先分析纵向收缩所引起的残余应力 σ'_y。假想沿焊缝中心线将已焊好的对接接头切开，如图 10.26(a)所示，则每块板条会像边缘堆焊那样，发生弯曲变形，如图 10.26(b)所示。只有在每块板条的上、下端部施加压力、中部施加拉力后才能使板条恢复到原来的位置。由此可知，焊缝及附近区域的纵向收缩使焊缝两端产生横向压应力，中间部位产生横向拉应力。通常压应力的最大值要比拉应力的最大值大得多。当焊缝较长时，焊缝中间段的拉应力会有所降低，甚至会降为零。σ'_y 分布规律如图 10.26(c)所示。

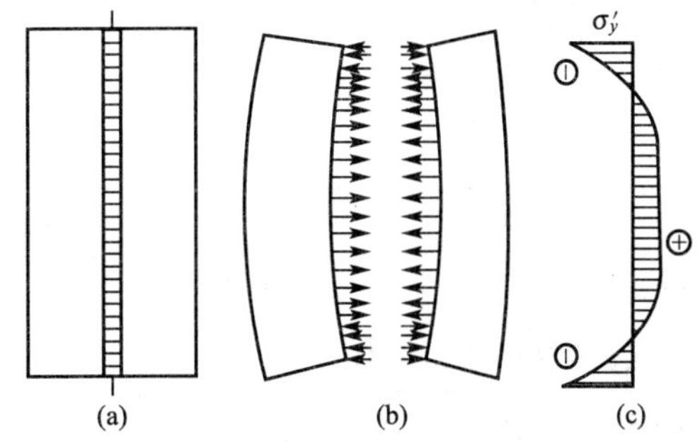

图 10.26　纵向应力 σ_x 引起的横向应力 σ'_y

再来分析横向收缩不同时引起的σ''_y。横向收缩的不同时性是热源在移动过程中对材料的加热存在着时间上的先后，冷却存在着相应的先后次序所造成的。σ''_y的分布与焊接方向和焊接顺序等有关。比如把一条焊缝分成两段焊接，当从中间向两端焊时，中心部位先焊先收缩，两端部分后焊后收缩，则两端焊缝的横向收缩受中心部分的限制，因此σ''_y的分布是中心部分为压应力，两端为拉应力，如图 10.27(a)所示。相反，如果从两端向中心部分焊接，则中心部分为拉应力，两端部分为压应力，如图 10.27(b)所示。直通焊时尾部的σ''_y是拉应力，中间段是压应力，起焊段由于必须满足平衡条件的原因，仍为拉应力区，应力分布的情况与图 10.27(a)相似。

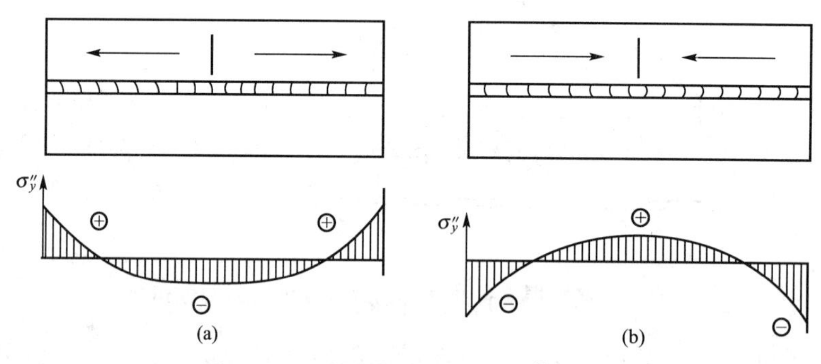

图 10.27　对接接头横向应力 σ''_y的分布

横向残余应力的两个组成部分σ'_y和σ''_y同时存在，最终的残余应力σ_y是两者的合成。横向应力在与焊缝平行的各截面上的分布规律基本一样，只是离焊缝距离越大，应力值越低，在边缘上$\sigma_y=0$。

需注意，焊接热应力的形成和分布受多种因素的影响，必须针对具体情况进行分析。

2）相变应力

具有固态相变的合金，若各部分发生相变的时刻不同，及各部分发生相变的程度不同，因此产生的应力称为相变应力。

钢在加热和冷却过程中，由于相变产物的比体积不同，见表 10－2，发生相变时其体积要变化。如铁素体或珠光体转变为奥氏体时，因奥氏体的比体积较小，钢材的体积要缩小；而奥氏体转变为铁素体、珠光体或马氏体时，体积要膨胀。低碳钢的相变温度较高(600℃以上)，发生相变时钢材仍处于塑性状态，故不会产生相变应力。而合金钢中的奥氏体的稳定性较大，只有冷却到 200～350℃时才发生奥氏体向马氏体的转变，而马氏体的比体积较大，因此马氏体形成后，将造成较大的应力。

表 10－2　钢的不同组织的比体积和热膨胀系数

钢的组织	奥氏体	铁素体	珠光体	马氏体	渗碳体
比体积/($cm^3\cdot g^{-1}$)	0.123～0.125	0.127	0.129	0.127～0.131	0.130
线胀系数/($\times10^{-6}$℃$^{-1}$)	23.0	14.5	—	11.5	12.5
体胀系数/($\times10^{-6}$℃$^{-1}$)	70.0	43.5	—	35.0	37.5

焊接合金钢时，由于形成马氏体发生体积的膨胀，可抵消焊缝中心的部分拉伸应力，使最终的残余拉伸应力有所降低。

分析厚壁铸件中的相变应力时，可分为两种情况。

在冷却过程中铸件外层发生相变，而内层处于塑性状态时，如果析出的新相其比体积大于旧相，则铸件外层将发生弹性膨胀，内层将发生塑性变形，结果铸件内不产生相变应力。当铸件继续冷却，内层温度也达到弹性状态，如此时产生体积膨胀的相变，则外层发生弹性拉伸，产生拉伸应力，而内层被弹性压缩，产生压缩应力。在这种情况下(内层)相变应力与热应力符号相反。

在冷却过程中铸件外层发生相变时，内层处于弹性状态，但内层不发生相变。这相当于进行表面淬火处理。在这种情况下，外层发生相变产生的体积膨胀受到内层的制约而受到压缩应力，内层受拉伸应力。其结果(内层)相变应力与热应力符号相同。

可见，凡是在冷却过程中发生相变的合金，若新旧两相的比体积相差很大，同时产生相变的温度低于塑性向弹性转变的临界温度，都会在铸件中产生很大的相变应力，可能导致铸件的开裂，尤其是相变应力与热应力符号一致时，危险性更大。

3）结构应力

工件在冷却过程中产生的收缩，受到外界阻碍而产生的应力，称为结构应力。比如铸造中强度较高、退让性较低的铸型和型芯，浇冒口系统和铸件上的某些突出部分对铸件收缩的阻碍，焊接时采用的刚性固定装置、工装夹具及胎具等对焊件收缩的阻碍。

结构应力可使工件产生拉应力或切应力，若应力处于弹性范围内，则去除阻碍后应力消失。但是当阻碍应力与其他应力同时作用且方向一致时，有可能导致裂纹。

综上所述，铸件或焊件内的应力是热应力、相变应力和结构应力的总和。在冷却过程中的某一瞬间，当局部应力的总和大于金属在该温度下的强度极限时，工件就会产生裂纹。

2. 控制应力的措施

1）合理的结构设计

在铸造结构中，铸件的壁厚差要尽量小；厚薄壁连接处要圆滑过渡。在焊接结构中，应避免焊缝交叉和密集，尽量采用对接而避免搭接；在保证结构强度的前提下，尽量减少不必要的焊缝；采用刚度小的结构代替刚度大的结构等。

2）合理选择工艺

铸造时，采用较细的面砂和涂料，减小铸件表面的摩擦力；控制铸型和型芯的紧实度，加木屑、焦炭等，以提高铸型和型芯的退让性；铸件厚壁部分放置冷铁；合理设置浇冒口，尽量使铸件各部分温度均匀。适当提高预热温度、控制冷却时间，以降低工件中各部分的温差。焊接时，应根据焊接结构的具体情况，尽量采用较小的线能量(如采用小直径焊条和较低的焊接电流)，以减小焊件的受热范围；采用合理的装焊顺序，尽可能使焊缝能自由收缩，收缩量大的焊缝应先焊。

3）减小或消除残余应力

一般采取的方法有多种，如热处理法、自然时效法、振动法、加载法和锤击法等。

(1) 热处理法。这是消除残余应力最常用的方法，包括整体去应力退火和局部去应力退火。加热温度一般在 Ac_1 温度以下(约 650℃)，保温时间可根据每毫米板厚保温 1～2min 计算，但总时间不少于 30min，最长不超过 3h。

(2) 自然时效法。将具有残余应力的铸件或焊件放置在露天场地，经数月乃至半年以上时间，使应力慢慢自然消失。该法虽然费用低，但时间太长，效率低，故生产上很少采用。

(3) 振动法。将铸件或焊件在共振条件下振动一定时间，以达到消除残余应力的目的。

(4) 加载法。利用加载所产生的拉伸应力与焊接应力叠加，使焊接接头拉应力区的应力值达到材料的屈服强度，迫使其发生塑性变形，卸载后构件内的应力得以完全或部分消除。对于某些压力容器、桥梁、船体结构，可以此来消除焊接应力。

(5) 锤击法。焊后采用带小圆弧面的锤子或风枪等锤击焊接接头，使之延展来补偿或抵消焊接时所产生的压缩塑性变形，降低焊接残余应力。锤击要保持均匀、适度，避免锤击过度产生裂纹。锤击铸铁焊缝时要避开石墨膨胀温度。

10.5.2 变形

当铸件或焊件在某一温度下所承受的应力大于该温度下材料的屈服强度时，工件就会发生变形，以减小内应力趋于稳定状态。工件冷却到室温时，遗留下的变形被称为残余变形。

1. 变形的种类

在焊件或铸件中，存在着各种各样的变形，如横向和纵向的收缩变形、角变形、弯曲变形、波浪变形、扭曲变形等。但从其涉及的范围而言，大体上可分为以下两大类。

1) 整体变形

整体变形是指整个结构形状和尺寸发生变化，它是由各个方向收缩而引起的，包括直线变形、弯曲变形和扭曲变形，如图 10.28 所示。由图 10.28(a)可见，焊缝的纵向收缩和横向收缩，造成整个结构在长度方向的缩短和宽度方向变窄，被称为直线变形。图 10.28(b)、图 10.28(c)为弯曲和扭曲变形，它是由于结构中焊缝布置不对称，或者焊接顺序和施焊方向不合理造成的。

通常，弯曲和扭曲变形与纵向和横向收缩相伴而生。

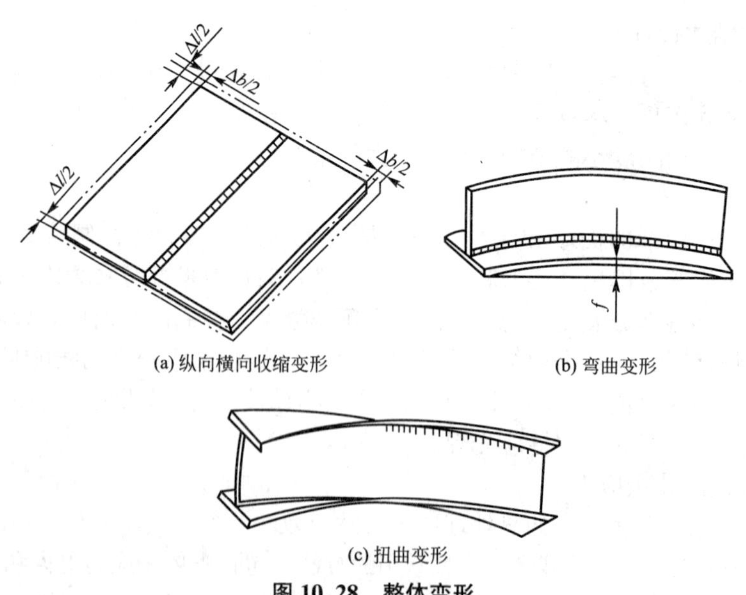

(a) 纵向横向收缩变形

(b) 弯曲变形

(c) 扭曲变形

图 10.28 整体变形

2) 局部变形

局部变形是指结构的某些部分发生的变形，如图 10.29 所示。图 10.29(a)为角变形。

角变形主要是由于温度在沿板厚的上方分布不均匀，或金属沿厚度方向的收缩量不一致引起的。因此，一般都发生在中、厚板的对接和角接接头中。图 10.29(b)、图 10.29(c)为波浪变形，波浪变形产生于薄板结构中，它是由于纵向和横向的压应力，使薄板失控而造成的；也有些结构因众多的角变形彼此衔接，在外观上类似于波浪变形。图 10.29(b)为薄板焊接时出现的波浪变形，图 10.29(c)为带轮铸件的波浪变形。带轮的特点是轮缘和轮辐比轮毂薄，当轮毂进入弹性状态时，其收缩受到轮缘和轮辐的阻碍，所以轮毂受拉应力，轮缘受压应力，轮辐也受拉应力，结果呈现波浪形。

变形不仅影响结构的外形，而且影响装配，还影响结构的承载能力。

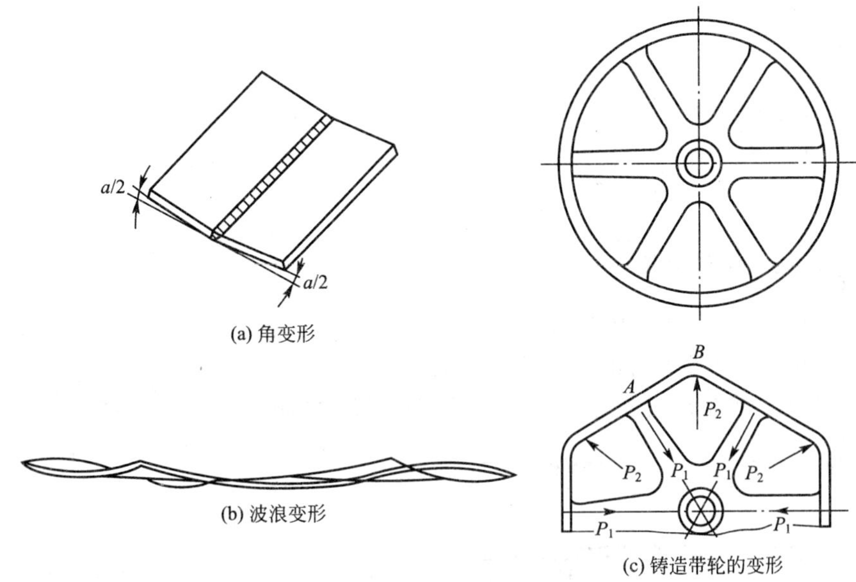

图 10.29 局部变形

2. 控制措施

1) 结构设计方面

成型件结构的设计不仅需要考虑强度、刚度和稳定性，而且还需要考虑制造工艺。

在焊接中，要尽可能减少不必要的焊缝；合理选择焊缝的尺寸，在保证结构承载能力的条件下，尽量采用小的焊缝尺寸；对于受力较大的 T 字接头和十字接头，在保证相同强度的条件下，开坡口比不开坡口有利于减少变形，可以减少人力和物力。但开坡口应根据具体情况来安排。对于箱型梁采用图 10.30(b)、图 10.30(c)接头的形式比图 10.30(a)形成的焊缝的尺寸小；在某些薄板结构中，采用电阻点焊代替熔化焊，如图 10.31 所示，可以减小焊接变形。此外，合理地安排焊缝位置，尽可能对称于截面的中心轴等，均可减小焊接变形量。

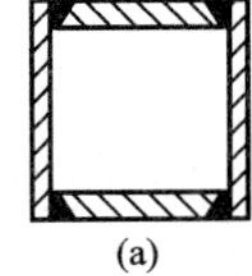
(a)

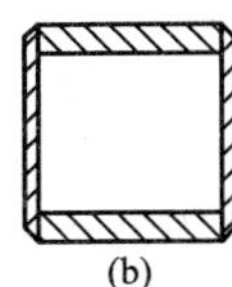
(b)

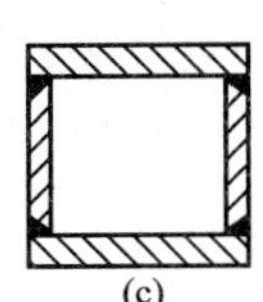
(c)

图 10.30 箱形梁的不同接头形式

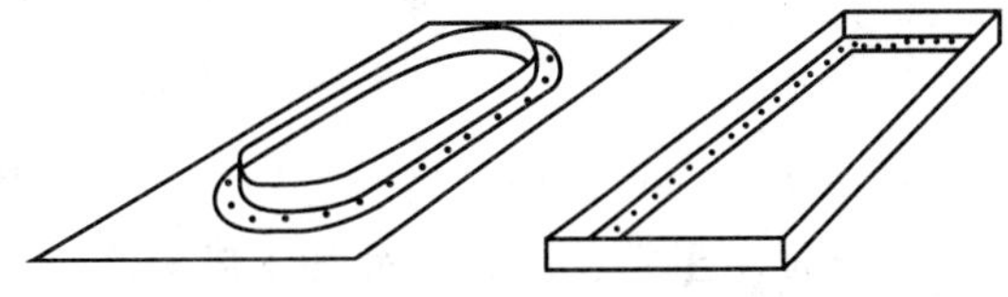

图 10.31 薄板的电阻点焊结构

在铸件的结构设计中，可以采用局部加厚、设置拉肋等方法来减小铸件变形。如铸件的法兰部分因收缩受到砂芯或砂型的阻碍而变形，因而可以在该处设置拉肋，阻止法兰变形，如图 10.32 所示。

对于半圆形的铸件可将两个铸件连在一起浇注，使柔性结构变为刚性结构，以防止铸件的变形，如图 10.33 所示。

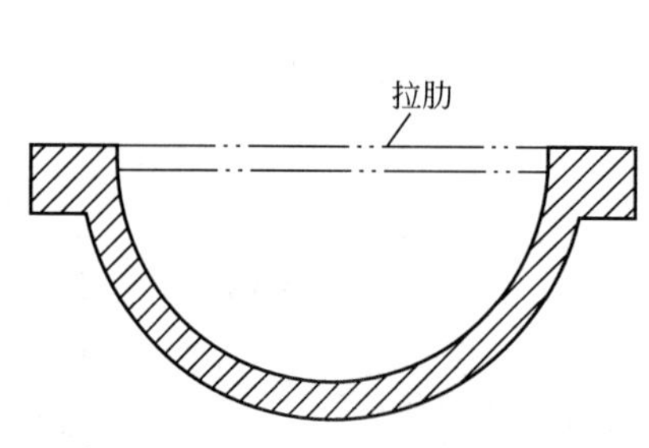

图 10.32　铸件设置拉肋的示意图

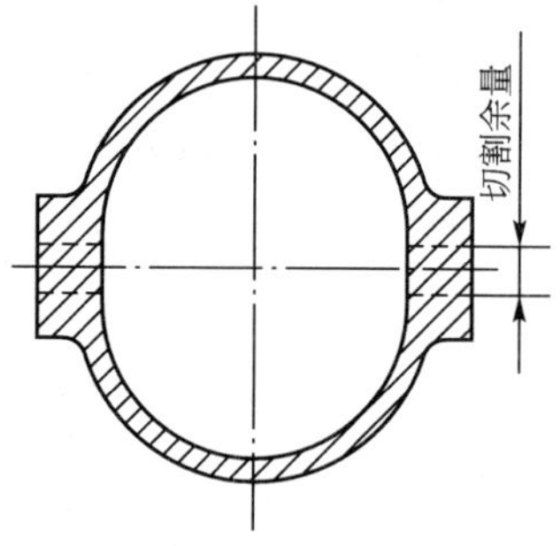

图 10.33　半圆形铸件的铸造

2）工艺方面

（1）反变形法。这是生产中最常用的方法。反变形就是根据结构件变形的情况，预先给出一个方向相反、大小相等的变形，用来抵消结构件在加工过程中产生的变形，使加工后的结构件符合设计要求。反变形的尺寸、形态应根据实测或经验来确定。

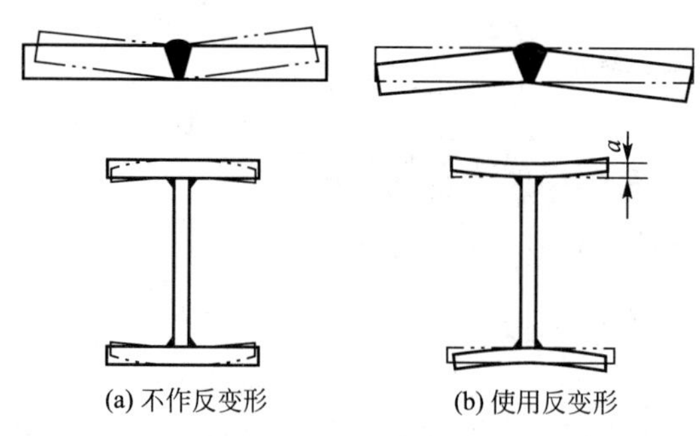

图 10.34　用反变形法减少焊接变形

图 10.34 所示的工字梁(实线)，未作反变形时，焊后的变形如图 10.34(a)中双点划线所示，采用反变形法后，焊后的形态如图 10.34(b)中双点划线所示。

机床床身的铸造中，为防止其变形，采用如图 10.35 所示的反变形，造型时导轨面向下，如图中双点划线所示，浇注出的铸件如图中实线所示。

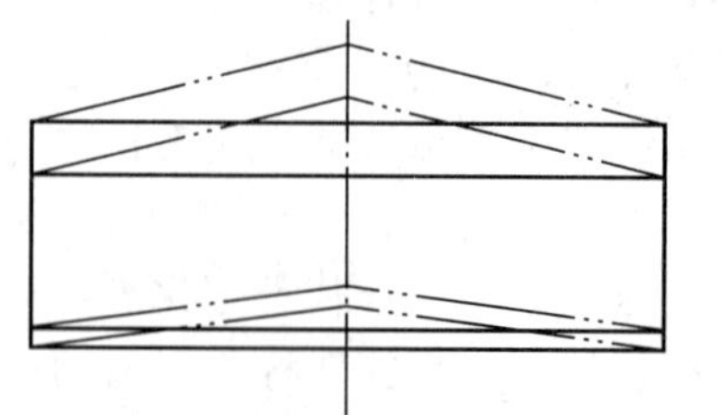

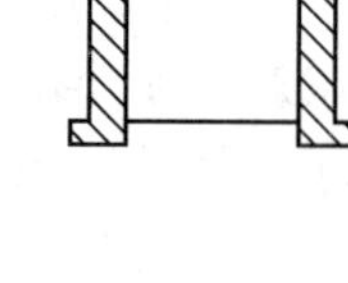

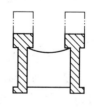

图 10.35　利用反变形防止床身铸件的变形

(实线为铸件形状，双点划线为铸前形状)

铸造图 10.36(a)所示的皮带轮，易产生如图 10.36(b)所示的残余变形，在切削加工时，*A* 处加工量不足，而 *B* 处加工后轮缘过薄。采用图 10.37 所示的反变形(即假曲率)，既可消除上述缺陷。

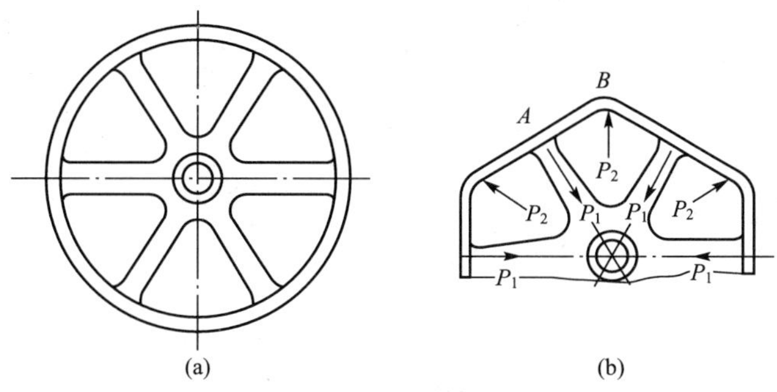

图 10.36 皮带轮铸件的变形

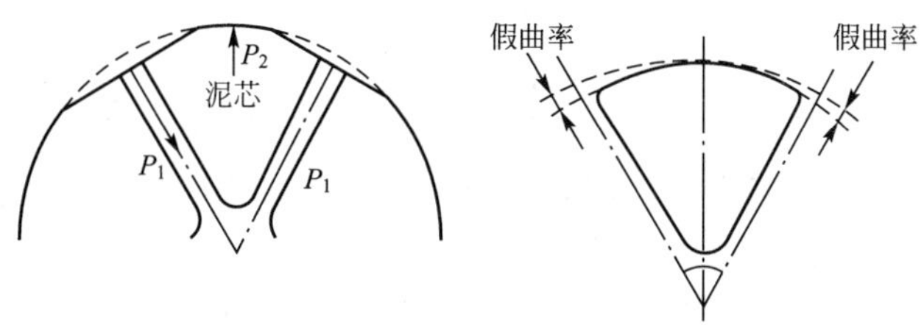

图 10.37 皮带轮铸件的假曲率

(2) 刚性固定法。在焊接中为防止焊件变形，将焊件固定在夹具中进行焊接。例如焊接法兰盘时，采用如图 10.38 所示的刚性固定法，即两个法兰盘背对背地被固定，可以有效地减小其角变形，使法兰面保持平直。

焊接薄板时，在焊缝两侧放置压铁，并在薄板四周焊上临时点固焊缝，如图 10.39 所示，可以减少焊接后的波浪变形。

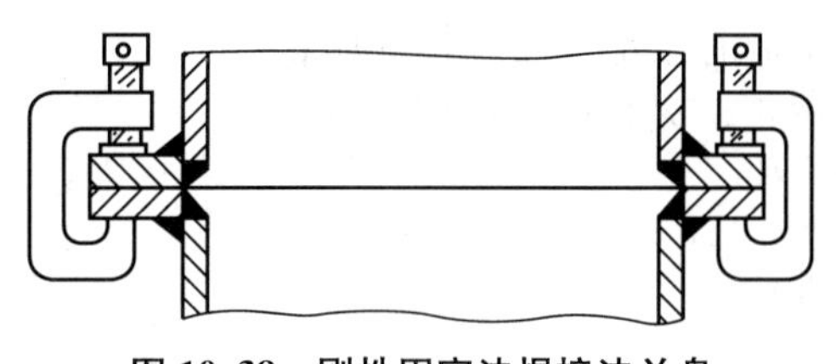

图 10.38 刚性固定法焊接法兰盘

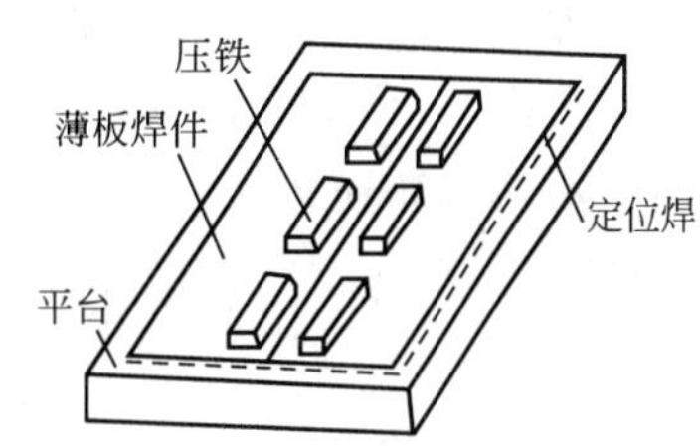

图 10.39 刚性固定法焊接薄板

(3) 预留收缩量。备料时预先考虑加放收缩余量，余量的大小可根据经验估计，表 10－3 和表 10－4 是焊条电弧焊焊缝横向和纵向收缩量的近似值，可供参考。

表 10－3 焊缝横向收缩量的近似值(mm/m)

接头形式 \ 收缩量	板厚						
	3～4	4～8	8～12	12～16	16～20	20～24	24～30
	收缩量/mm						
V 形坡口 对接	0.7～1.3	1.3～1.4	1.4～1.8	1.8～2.1	2.1～26	2.6～3.1	
X 形坡口 对接					1.9～2.4	2.4～2.8	2.8～3.2
单面坡口 十字接头	1.5～1.6	1.6～1.8	1.8～2.1	2.1～2.5	2.5～3.0	3.0～3.5	3.5～4.0
单面坡口 角焊缝	0.8			0.7	0.6	0.4	

续表

收缩量 接头形式	板　　厚						
	3～4	4～8	8～12	12～16	16～20	20～24	24～30
	收缩量/mm						
无坡口　角焊缝	0.9			0.8	0.7	0.4	
双面断续　角焊缝	0.4	0.3		0.2			

表 10-4　焊缝纵向收缩量的近似值　　(mm/m)

对接焊缝	连接角焊缝	间断角焊缝
0.15～0.3	0.2～0.4	0～0.1

(4) 合理的工艺参数。提高铸型刚度、加大压铁重量均可减小铸件的挠曲变形量。合理的控制铸件的打箱时间，若过早，由于温度高，遇风后各部分的温差会加剧，而导致变形量增加。若铸件早出型后立即退火，使铸件缓慢冷却，就可减小变形量。

焊接时，采用线能量较小的焊接方法、合适的焊接工艺参数、合理的施焊顺序，可有效防止或减小焊接变形。

如采用 CO_2 气体保护焊替焊条电弧焊，可以减小薄板的变形。采用真空电子束焊或激光焊，由于其焊缝很窄，故变形极小。采用多层焊代替单道焊缝，或采用小线能量焊接，均有利于减小焊接变形。

对于大型结构件如贮油罐、船体、车辆底架等，可将结构件适当地分成几个部件，分别加以装配焊接，然后再将焊好的部件拼焊成整体。这样可使其中不对称的或收缩力较大的焊缝，能自由收缩，而不影响整体结构，从而有效地控制焊接变形。

生产中常用的矫正焊接变形方法有机械矫正、火焰矫正和综合矫正。

10.6　裂　　纹

在应力及其他致脆因素共同作用下，材料的原子结合遭到破坏，形成新界面而产生的缝隙称为裂纹，是降低结构使用性能最危险的缺陷之一。在铸件或焊件中，可能出现各种各样的裂纹。不同的性质的裂纹不仅外形、分布位置不同，而且形成的机理与影响因素也大不一样。

裂纹分类有不同的方法，根据裂纹出现的位置可分为表面裂纹和内部裂纹，按照裂纹的走向可以分为横向裂纹和纵向裂纹，按照裂纹的尺寸大小可分为宏观裂纹和微观裂纹。为了深入了解裂纹产生的本质，针对不同裂纹采取有效的防止措施，可按产生条件将裂纹分为五大类，即热裂纹、冷裂纹、再热裂纹、层状撕裂和应力腐蚀裂纹。下面分别进行讨论。

10.6.1　热裂纹

热裂纹一般是金属冷却到固相线附近的高温区时产生的裂纹。热裂纹大多数裂口是贯穿表面并且断口是被氧化的，外观形状曲折而且不规则，微观上沿晶界开裂，裂口宽度比冷裂纹大，裂纹末端略呈圆形。

1. 热裂纹的类型

热裂纹可分为3类，即凝固裂纹(或结晶裂纹)、液化裂纹和高温失延裂纹。

1）与液膜有关的热裂纹

从微观上分析，它们都具有沿晶液膜分离的断口特征，晶界面很圆滑，表明是液膜分离的结果。

金属在凝固的末期，在固相线附近，因晶间残存液膜，在拉应力的作用下发生沿晶开裂，这种热裂纹被称为凝固裂纹。在焊接热影响区或多层焊的层间金属，由于过热导致晶间出现液化的现象，出现的由于晶间液膜分离而导致开裂的现象，这种热裂纹被称为液化裂纹。

2）与液膜无关的热裂纹

高温失延裂纹产生于实际固相线温度以下的脆性温度区间内，它是由于高温晶界脆化和应变集中于晶界造成的裂纹。这类热裂纹并不多见，偶尔可在单相奥氏体钢中见到，高温失延裂纹的微观断口特征，显示出其柱状晶明显的方向性，但无液膜分离的特征，断口显得粗糙不光滑。

焊接中的热裂纹可以出现在焊缝，也可以出现在热影响区，包括多层焊焊道间的热影响区。凝固裂纹只存在于焊缝中，特别容易出现在弧坑之中，特称为弧坑裂纹。焊接时热影响区产生的热裂纹，一般都是微裂纹，而且在外观上也常常很难发现。

宏观可见的热裂纹，其断口均有较明显的氧化色彩，可作为初步判断其是否为热裂纹的判据。

铸件的外裂纹常产生于局部凝固缓慢、容易产生应力集中的部位；而内裂纹一般发生在铸件最后凝固的部位，有时出现在缩孔下方。

2. 热裂纹的形成机理

1）凝固裂纹的形成机理

合金的凝固过程大致可分为液态阶段、液固阶段、固液阶段和固态阶段，如图10.40所示。

温度位于液相线之上的液态阶段，金属处于液态，可以自由流动，不会产生裂纹。

在温度较高的液固阶段，晶体数量较少，相邻晶体间不发生接触，液态金属可在晶体间自由流动。此时金属一般是通过液相的自由流动而发生变形，少量的固相晶体只是移动一些位置，本身形状基本不变。此时若有拉伸应力存在，但被拉开的缝隙能及时被流动着的液态金属所填满，因此在液固阶段不会产生裂纹。

当金属凝固继续进行时，晶体不断增多且不断长大，进入固液阶段。这个阶段塑性变形的基本特点是晶体间的相互移动，晶体本身也可发生一些变形。在凝固末期，枝晶彼此接触连成骨架，晶体间残存的少量液体尤其是低熔点共晶以薄膜的形式存在，且不易自由流动。由于液膜抗变形阻力小，形变将集中于液膜所在的晶间，使之成为薄弱环节。此时若存在足够大的拉伸应力，则在晶体发生塑性变形之前，液膜所在的晶界就会优先开裂，最终形成凝固裂纹。

当液态金属完全凝固之后，就进入固态阶段，此时受到拉伸应力时，就会表现出较好的强度和塑性，一般不易发生凝固裂纹。

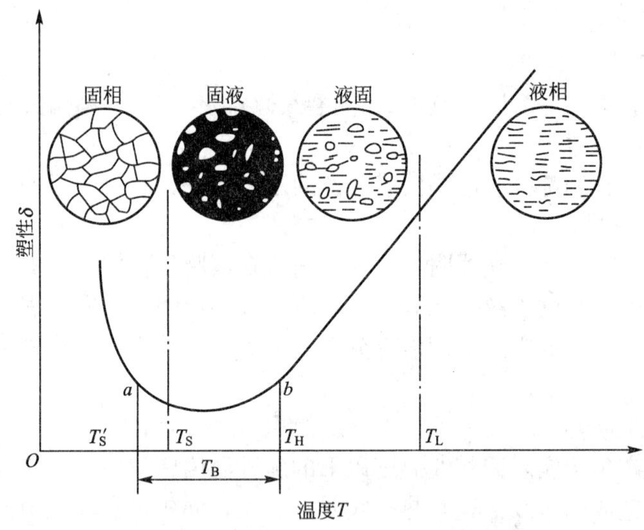

图 10.40 金属结晶的阶段及脆性温度区

δ—塑性；T_B—脆性温度区；T_L-液相线；T_S—固相线

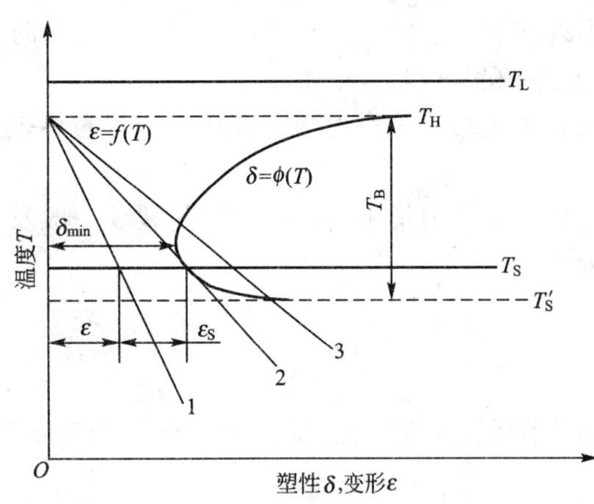

图 10.41 凝固温度区间内塑性变化特点及凝固裂纹形成的条件

通过上面分析可知，固-液阶段是发生凝固裂纹的敏感阶段，该阶段所对应的温度区间称为脆性温度区间(图 10.40 中 ab 之间的部分)。此区间内金属的塑性极低，很容易产生裂纹。

低塑性或脆化只是开裂的条件之一，这是内因。是否能产生裂纹，还须看在脆性温度区内的应变发展情况，这是产生裂纹的必要条件。图 10.41 可用来说明凝固裂纹产生的具体条件，图中脆性温度区的大小用 T_B表示，T_B的上限应该是固-液状态温度的开始，下限应在固相线附近，或稍低于固相线温度(主要考虑低熔点共晶的作用)；金属在 T_B区间所具有的塑性大小用 δ 表示，它是随温度变化的，当出现液态薄膜的时候存在一个最小的塑性值 δ_{min}；在 T_B区间内的应变量用 ε 表示，应变增长率用 $\partial\varepsilon/\partial T$ 表示。

当应变增长率 $\partial\varepsilon/\partial T$ 较低时，ε 随温度按直线 1 变化时，产生的应变量 $\varepsilon<\delta_{min}$，金属有一定的塑性储备 ε_s，不会产生裂纹。

当应变增长率 $\partial\varepsilon/\partial T$ 较大，ε 随温度按直线 3 变化时，$\varepsilon>\delta_{min}$，金属在拉伸应力作用下产生的应变量 ε 超过了金属在脆性温度区内所具有的最低塑性 δ_{min}，在铸件或焊件中产生裂纹。

当应变随温度按直线 2 变化时，金属在拉伸应力作用下产生的应变量 $\varepsilon=\delta_{min}$，表示这个状态是产生凝固裂纹的临界状态。此时的 $\partial\varepsilon/\partial T$ 称为“临界应变增长率”，用 CST

表示。

由此可见，是否产生凝固裂纹主要决定于以下 3 个方面。

(1) 脆化温度区 T_B的大小：一般来说，T_B越大，越容易产生裂纹。

(2) 金属在 T_B区间所具有的最小塑性的大小：δ_{min}越小，就越容易产生裂纹。

(3) 在 T_B区间内的应变增长率 $\partial \varepsilon / \partial T$ 的大小：$\partial \varepsilon / \partial T$ 越大，就越易产生裂纹。

以上 3 个方面是相互联系和相互影响，但又相对独立的。例如脆性温度区的大小和金属在脆性温度区的塑性主要决定于化学成分、凝固条件、偏析程度、晶粒大小和方向等冶金因素；而应变增长率主要决定于金属的热胀系数、焊件的刚度、铸件的收缩阻力及温度场的温度分布等力学因素。不同材料的 T_B 大小不同，最低塑性的大小也不同，因而临界应变增长率也各不相同。

2) 液化裂纹的形成机理

液化裂纹是一种沿奥氏体晶界开裂的微裂纹，它的尺寸很小，一般都在 0.5 mm 以下，多出现在焊缝熔合线的凹陷区(距表面约 3～7 mm)和多层焊的层间过热区，如图 10.42 所示，因此只有在金相显微镜下观察时才能发现。

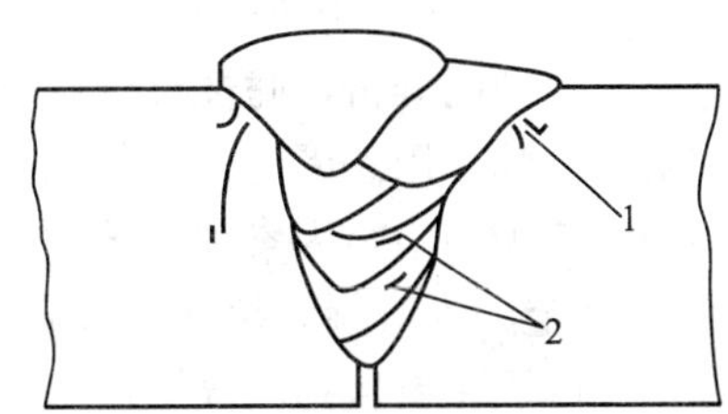

图 10.42 液化裂纹出现的部位

1—熔合区的凹陷处；2—多层焊层间过热区

值得注意的是，出现液化裂纹的部位在开裂前原是固态，而不是发生在凝固过程，所以导致液化裂纹的液膜只能是加热过程中沿晶界重新液化的产物，因而称为“液化裂纹”，而且液化裂纹不会出现在铸件中。

一般认为液化裂纹是由于焊接时热影响区金属或多层焊的层间金属，在高温下使这些区域的奥氏体晶界上的低熔点共晶被重新熔化，金属的塑性和强度急剧下降，在拉伸应力的作用下沿奥氏体晶界开裂而形成的。另外，在不平衡的加热和冷却条件下，由于金属间化合物分解和元素的扩散，造成了局部区域共晶量偏高发生局部晶间液化，也会产生液化裂纹。

液化裂纹可起源于熔合区或结晶裂纹，也可起源于粗晶区。液化裂纹本身的尺寸并不大，但能诱发其他裂纹，如凝固裂纹和冷裂纹等。

3) 高温失延裂纹的形成机理

高温失延裂纹产生于温度低于实际固相线的脆性温度区间内，它是由于高温晶界脆化和应变集中于晶界造成的。

在固相线以下的高温阶段，金属受到不均匀应力场作用时，产生不均匀的塑性变形。不同晶粒的变形量不同，同一晶粒的周边与内部的变形量也不相同。一般晶界的畸变大，晶界的变形主要是沿着晶界面发生滑动。在常温时，晶界上变形量常被忽略。高温时，如果晶界处存在位错或空位时，扩散速度就较快。温度越高，越有利于晶界的扩散变形；位错或空位的密度越大，越容易促使晶界的扩散变形。晶界扩散变形的发展遇到障碍时，就在障碍附近形成大的应变集中，引起楔劈作用导致裂纹形核。三晶粒相交的顶点最易形成大的应变集中，从而引起微裂纹，形成楔形开裂型高温失延裂纹，如图 10.43(a)所示。在高温和低应力下，晶界的滑动与晶界的迁移同时发生，可导致晶界台阶的形成，形成空穴开裂型高温失延裂纹，如图 10.43(b)所示。晶界中过饱和的空位扩散凝聚，也可能是形成高温失延裂纹的原因。此时晶界中若存在杂质偏析，则有利于降低空穴的表面能，促进微裂纹的形成。

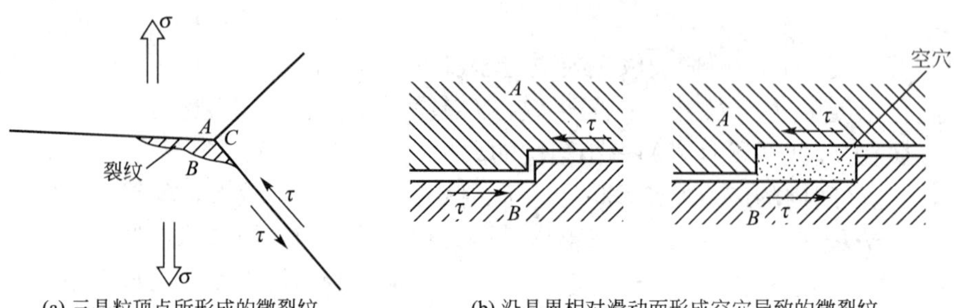

(a) 三晶粒顶点所形成的微裂纹　　(b) 沿晶界相对滑动而形成空穴导致的微裂纹

图 10.43　高温失延裂纹的开裂模型

生产过程中遇到的热裂纹，主要是凝固裂纹，下面以凝固裂纹为主进行讨论。

3. 影响凝固裂纹的因素

根据前面的分析，脆性温度区间 T_B、塑性 δ、拉伸应变率 $\partial\varepsilon/\partial T$ 对凝固裂纹的产生起着决定性的作用。因此凡是影响到它们的因素，都会影响到裂纹的形成。将影响凝固裂纹的因素归纳为冶金因素和工艺因素两个方面。

1）冶金因素对凝固裂纹的影响

冶金因素主要包括凝固温度区间、合金化学成分及凝固组织的形态等。

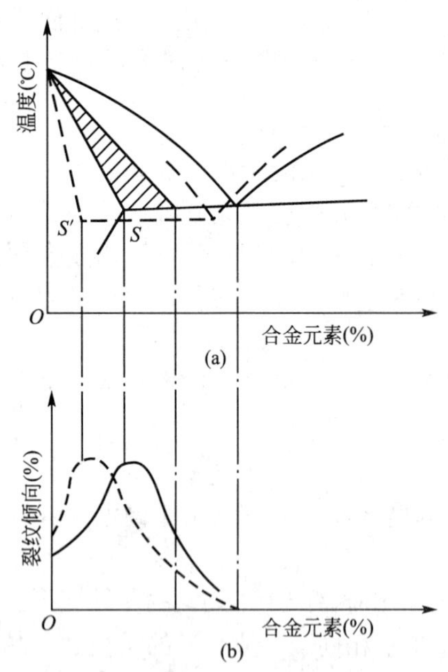

图 10.44　凝固温度区间与裂纹倾向的关系

实线—为平衡状态下；虚线—为实际条件下

(1) 凝固温度区间的影响。如图 10.44 所示，凝固裂纹倾向的大小是随合金状态图凝固温度区间的增大而增加。随着合金元素含量的增加，凝固温度区间也随之增大，如图 10.44(a)所示，同时脆性温度区间的范围也增大(见图中的阴影部分)，因此凝固裂纹的倾向也随之增大，如图 10.44(b)所示。在 S 点时，凝固温度区间最大，脆性温度区间也最大，即裂纹的倾向最大。当合金元素含量进一步增加时，凝固温度区间和脆性温度区间反而减小，所以裂纹的倾向也降低了。以上是根据平衡条件下的状态图分析的，在实际条件下的凝固，为非平衡状态，所以固相线向左下方移动(图中虚线所示)，裂纹倾向的变化曲线也随之左移。由于实际成型过程中，金属的凝固往往是偏离平衡状态的，因此应根据虚线的位置来考虑。

合金系统不同、合金状态图不同，合金元素对凝固裂纹敏感性的影响也有所不同，如图 10.45 所示。虽然相图的类型不同，但都有共同的规律，即合金的凝固温度区间越大，凝固裂纹的倾向就越大，裂纹的敏感性就越大。

(2) 合金元素及杂质元素的影响。各种元素对凝固裂纹的影响复杂而又重要，尤其是形成低熔点薄膜的杂质是影响裂纹产生的最重要的因素。碳钢和低合金钢中常见元素的影响如下。

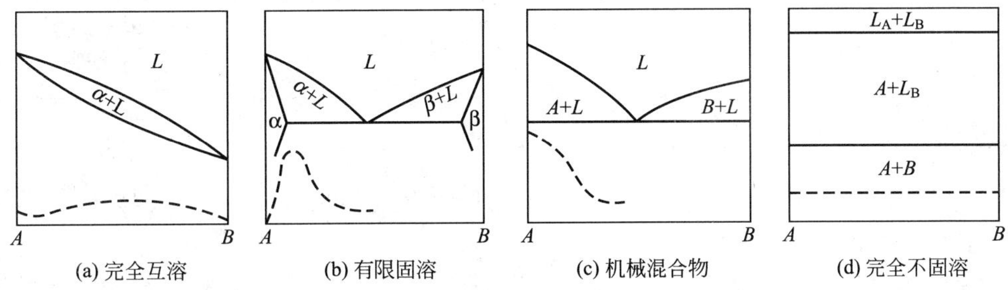

图 10.45　合金相图与结晶裂纹倾向的关系(虚线表示凝固裂纹倾向的变化)

硫和磷几乎在各种钢中都会增加凝固裂纹的倾向，因为硫和磷会增大钢的凝固温度区间，在钢中极易偏析，而且可与其他元素形成多种低熔点共晶，见表 10-5，它们极易在合金凝固时形成液态薄膜，增大凝固裂纹的倾向。因此硫和磷是最为有害的杂质。

表 10-5　部分元素二元共晶成分及共晶温度

合金系	共晶成分(质量分数)/%	共晶温度/℃
Fe-S	Fe，FeS(S31)	988
Fe-P	Fe，Fe_3P(P10.5) Fe_3P，FeP(P27)	1050 1260
Fe-Si	Fe_3Si，FeSi(Si20.5)	1200
Fe-Sn	Fe，FeSn(Fe_2Sn_2，FeSn)　(Sn48.9)	1120
Fe-Ti	Fe，$TiFe_2$(Ti16)	1340
Ni-S	Ni，Ni_3S_2(S21.5)	645
Ni-P	Ni，Ni_3P(P11) Ni_3P，Ni_2P(P20)	880 1106
Ni-B	Ni，Ni_2B(B4) Ni_3B_2，NiB(B12)	1140 990
Ni-Al	γNi，Ni_3Al(Ni89)	1385
Ni-Zr	Zr，Zr_2Ni(Ni17)	961
Ni-Mg	Ni，Ni_2Mg(Ni11)	1095

碳是影响钢中凝固裂纹的主要元素，能加剧硫和磷等元素的有害作用。碳能明显增大凝固温度区间，并且随着碳含量的增加，初生相(或焊缝结晶组织)由体心立方结构的 δ-Fe 转为面心立方结构的 γ-Fe，而硫和磷在 γ-Fe 中的溶解度比在 δ-Fe 低得多，见表 10-6。如果初生相为 γ-Fe，析出的硫和磷就会富集于晶界，从而增大凝固裂纹的倾向。

表 10-6 硫和磷在的 δ-Fe 和 γ-Fe 中最大溶解度(%)(1350℃)

元素	在δ相中	在γ相中
S	0.18	0.05
P	2.8	0.25

硅是δ相的形成元素，应有利于消除凝固裂纹。但当硅的含量大于0.4%时，容易形成低熔点硅酸盐，增加裂纹倾向。

锰具有脱硫作用，可将 FeS 置换成 MnS，同时也能改善硫化物的形态，使薄膜状改变为球状，从而提高金属的抗裂性。当钢中含碳量增加时，锰的加入量也要相应增加。一般情况下，当含碳量小于0.16%，Mn 和 S 的含量比大于25 即可防止凝固裂纹的形成。

在低合金钢中，镍与硫易形成低熔点共晶，增大凝固裂纹的倾向。

需要指出的是，低熔点共晶物的数量及形态对凝固裂纹的影响程度不同。

当低熔点共晶物的数量很少，不足以形成晶间液膜时，凝固裂纹敏感性很小；随着晶间液相的逐渐增加，晶间塑性不断下降，裂纹敏感性不断增大，但达到一个最大值后，又逐渐减小，直到最后不出现裂纹。裂纹敏感性降低的原因主要有两个方面：一方面是结晶前沿低熔点物质的增加阻碍了树枝晶的发展与长合，改变了结晶的形态，缩小了有效结晶温度区间。另一方面是由于增加了晶间的液相，促使液相在晶粒间流动和相互补充；因此即使局部晶间液膜瞬间被拉开，但很快就可以通过毛细作用将外界的液体渗入缝隙，起到填补和“愈合”的作用。这也就说明了为什么在共晶型合金系统中当成分接近共晶成分时也不会产生凝固裂纹。“愈合”作用是一种有效的、消除凝固裂纹的方法，但要注意低熔点共晶物增多后会影响其他性能(如塑性、韧性和耐腐蚀性能等)。

低熔点共晶物在晶间以液膜形态存在时，凝固裂纹敏感性最大；而以球状存在时，裂纹敏感性较小。根据图10.46所示，液相β在固相α晶界处的分布特点受晶界表面张力$\sigma_{\alpha\alpha}$和界面张力$\sigma_{\alpha\beta}$的平衡关系所决定，即要满足

$$\sigma_{\alpha\alpha}=2\sigma_{\alpha\beta}\cos\frac{\theta}{2} \tag{10-26}$$

式中，θ为界面接触角，当$\sigma_{\alpha\alpha}/\sigma_{\alpha\beta}$变化时，$\theta$角可以从0°变到180°。当$2\sigma_{\alpha\beta}=\sigma_{\alpha\alpha}$时，$\theta=0°$，此时液相β容易在α晶界的毛细间隙内延伸，形成连续液膜，导致凝固裂纹倾向增大。当$2\sigma_{\alpha\beta}>\sigma_{\alpha\alpha}$，则$\theta\neq0°$，液相β难以进入α晶界的毛细间隙内，不易成膜，裂纹倾向较小。

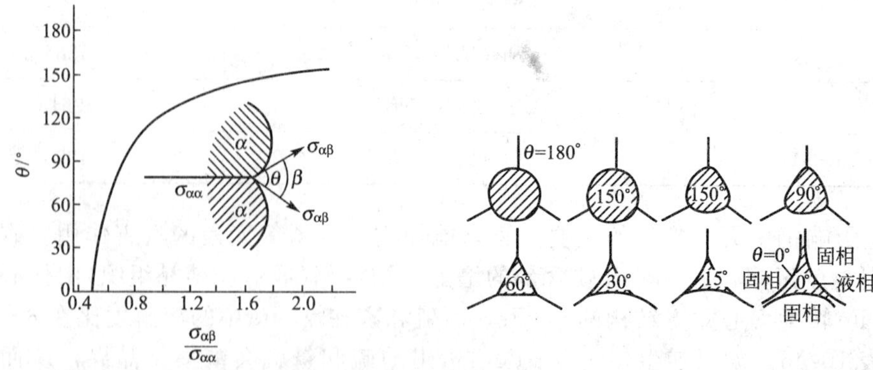

图 10.46 第二相形状与界面接触角的关系

(3) 凝固组织形态对凝固裂纹的影响。除了初生相的结构能影响到硫、磷等杂质的偏析产生凝固裂纹外，初生相的晶粒大小、形态和方向也都会影响凝固裂纹产生的倾向。例如当初生相为粗大的、方向性很强的柱状晶时，则会在晶界上聚集较多的低熔点杂质，增加了裂纹的倾向。向金属中加入细化晶粒的合金元素后，不仅打乱了柱状晶的方向性，而且晶粒细化后增加了晶界，减少了杂质的集中程度，有效地降低了凝固裂纹的倾向。

如在焊接奥氏体不锈钢时，希望得到奥氏体和铁素体($\gamma+\delta$)双相焊缝组织，因焊缝中有少量的铁素体(δ相)可以细化晶粒，打乱奥氏体(γ相)粗大柱状晶的方向性。同时铁素体可以比奥氏体溶解更多的S、P，可以减少S和P的偏析，提高抗裂能力，如图10.47所示。

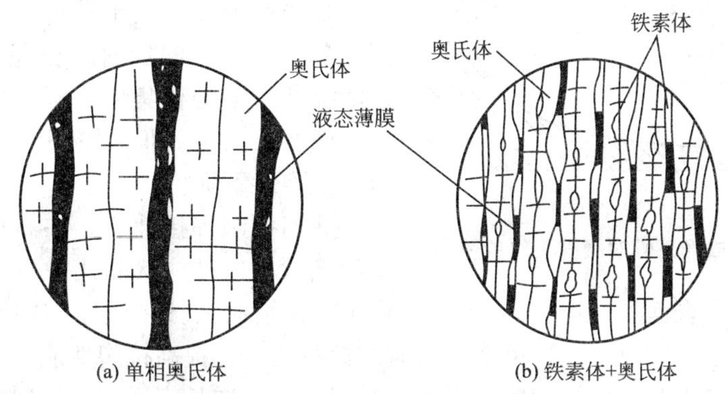

图 10.47 δ相在奥氏体基底上的分布

2) 工艺因素对凝固裂纹的影响

工艺因素不仅影响金属的应变增长率，还会影响杂质的偏析和组织状态等，从而影响热裂纹的产生倾向。

(1) 铸造工艺因素的影响。

① 铸型性质的影响。铸型通过其退让性和冷却条件对凝固裂纹倾向发生影响。铸型退让性好，铸件受到的阻力小，形成凝固裂纹的可能性也小。比如湿型比干型的退让性好，用酚醛树脂或水玻璃为粘结剂的薄壳砂芯具有良好的退让性。铸型的冷却条件主要指冷却速度快慢和均匀程度。冷却速度大，晶粒细小，虽有利于防止热裂，但冷却速度越大，枝晶偏析越严重，变形速度也越大，这些都促使裂纹的形成。此外，应使铸件各处冷却速度尽量均匀，以免应变过度集中而形成凝固裂纹。砂型中的冷铁、金属型中的涂料有调整冷却速度的作用。

② 浇注条件的影响。浇注温度应根据铸件的壁厚来选择。薄壁铸件要求较高的浇注温度，以利于充型，并使凝固速度缓慢均匀，从而减小裂纹倾向。对于厚壁铸件，浇注温度过高会增加缩孔容积，以及减缓冷却速度，并使初晶粗化，形成偏析，因而易促使形成凝固裂纹。此外，浇注温度过高容易引起铸件粘砂或与金属型壁粘合，以致阻碍铸件收缩而引起凝固裂纹。浇注速度对热裂也有影响。浇注薄壁件时，希望型腔内液面上升速度较快，以防止局部过热。而对于厚壁铸件则要求浇注速度尽可能慢一些。浇注时金属引入铸型的方法对热裂也有不可忽视的影响。一般内浇道附近的温度较高，冷却较慢，受阻时此处为薄弱环节，故易产生裂纹。如能将内浇道分散在几处引入铸型，使收缩应力分散，也可以减少热裂倾向。

③ 铸件结构的影响。铸件结构设计对铸件能否产生热裂有直接影响。当铸件的厚薄不均匀的地方，容易形成应力集中，出现裂纹。铸型壁十字交接时，会在该处形成热节，并产生应力集中现象，因而也容易产生热裂。

(2) 焊接工艺因素的影响。

① 焊接参数的影响。焊接电流、电弧电压和焊接速度等参数可影响熔池的凝固形态和焊缝成形，进而影响热裂倾向。

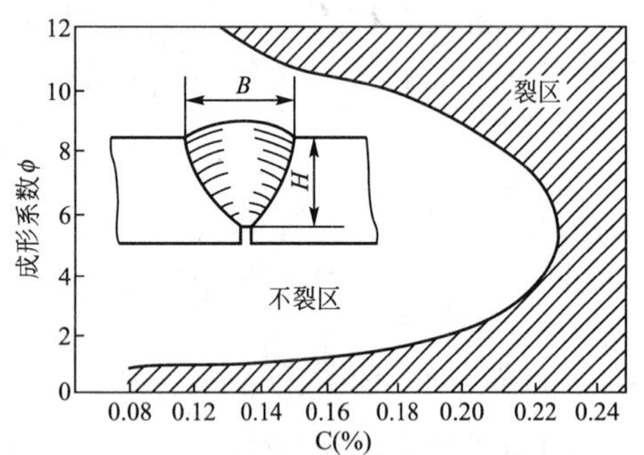

图 10.48　焊缝成形系数对凝固裂纹的影响

若将焊缝宽度 B 与焊缝实际厚度 H 之比定义为成形系数，用 ϕ 表示，即 $\phi=B/H$，如图 10.48所示。ϕ 值较小时，最后凝固的枝晶相向生长，使杂质富集于枝晶会合面处，故裂纹倾向较大。ϕ 值增加时，枝晶呈人字形生长，可消除杂质的偏析集中，提高抗裂性能。对接缝一般要求 $\phi>1$。但 $\phi>7$ 后，由于焊缝断面较薄，抗裂性下降。

适当控制焊接速度。在高速焊接时，熔池呈泪滴状，这时柱状晶几乎垂直地向焊缝轴线方向生长，易在会合面处形成偏析弱面，所以热裂倾向大。在低速焊接时，熔池呈椭圆形，这时柱状晶呈人字形生长，可消除杂质的偏析集中，提高抗裂性能。

焊接热输入较少时，冷却速度比较大，金属的应变增长率增大，抗裂性能降低。

② 结构形式的影响。不同形式的接头对裂纹倾向的影响如图 10.49 所示。表面堆焊和熔深较浅的对接焊缝的抗裂性较高，如图 10.49(a)、图 10.49(b)所示。熔深较大的对接和各种角接焊缝的抗裂性较差，如图 10.49(c)、图 10.49(d)、图 10.49(e)、图 10.49(f)所示。因为这些焊缝所承受的应力正好作用在焊缝最后凝固的部位，而这些部位因富集杂质元素，晶粒之间的结合力较差，故易引起裂纹。

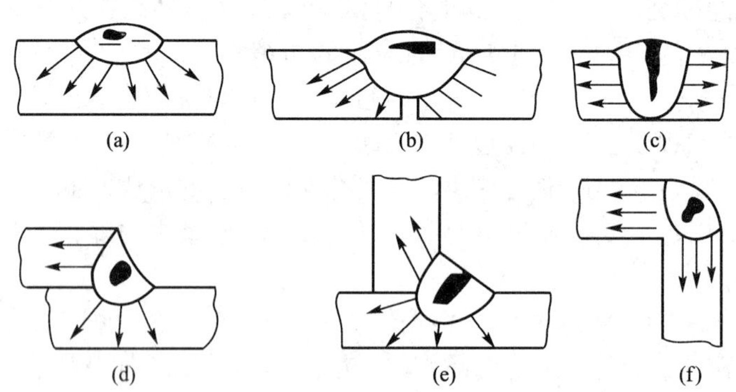

图 10.49　接头形式对凝固裂纹的影响

③ 拘束度或拘束应力的影响。为防止热裂，应尽可能减小应变量及应变增长率，以降低接头的拘束度。如合理地布置焊缝，合理地安排施焊顺序。对于厚板结构，采用多层焊代替单道焊缝等均可降低裂纹倾向。

总括以上，产生热裂纹的影响因素是很复杂的，冶金因素和工艺因素之间既有内在的联系，又有各自的特点。因此必须根据实际情况，找出主要问题采取相应的措施。

4. 防止凝固裂纹的措施

防止凝固裂纹的措施，主要分为冶金措施和工艺措施两大类。

1) 铸造成型

(1) 冶金措施。

① 在不影响铸件使用性能的前提下，适当调整合金的化学成分，缩小合金的凝固温度范围，减少凝固期间的收缩量或选择抗裂性较好的近共晶成分的合金。

② 对碳钢和合金钢进行微合金化和变质处理，可大大提高铸钢件的抗裂强度。如加入稀土元素或钒、钛、铌、锆、硼等，以细化晶粒，减少非金属夹杂及改变夹杂物的形态和分布。

③ 改进铸钢的脱氧工艺，提高铸钢的抗裂性能。脱氧效果，以减少晶界的氧化物夹杂，并改变其分布状态，达到减小热裂倾向的目的。

④ 用合成渣处理钢液，降低钢中的硫含量。如利用石灰和铝钒土的合成渣(主要成分：CaO：53%～55%，Al_2O_3：43%～45%)，可使钢中的硫含量降低到0.006%～0.012%。

(2) 工艺措施。

① 减小铸件的收缩应力，如增加铸型和型芯的退让性，预热铸型，在铸型和型芯表面刷涂料等方法，可降低热裂倾向。

② 改进浇注方法，如设置合理的浇道数量，控制浇注的速度等，以控制铸件的冷却速度，使铸件各部分的温度相对均匀。

③ 设计合理的铸件结构，避免直角或十字交叉的截面。在必要时需设置防裂肋，在两壁相交部位采用冷铁加速热节的冷却等，也是防止铸件热裂的重要措施。

根据以上分析可见，为防止铸件的热裂也要结合具体的铸件作具体分析后，才能采取相应的措施。

2) 焊接成型

(1)冶金措施。

① 控制焊缝中硫、磷和碳等有害杂质的含量。硫、磷是增大焊缝凝固裂纹倾向的最主要杂质，碳能促进硫和磷的偏析而增大凝固裂纹倾向。因此，必须严格限制母材和焊接材料中S、P等有害杂质的含量。

② 进行微合金化和变质处理，改善焊缝的结晶组织。此外，焊接奥氏体不锈钢时，通过加入铬、钼和钒等铁素体形成元素，使焊缝成为γ(奥氏体)+δ(铁素体)双相组织。

③ 利用“愈合作用”。

(2) 工艺措施。用工艺方法防止凝固裂纹，主要是改善焊接时的应力状态。

① 合理调整工艺参数，获得合适的焊缝成形系数，减少凝固裂纹。适当降低热输入，避免熔池和热影响区金属过热。因为热输入较大时，易形成粗大的柱状晶，增加偏析程度，焊接应力也较大，凝固裂纹的倾向大。

② 限制熔合比。对于一些易于向焊缝转移某些有害杂质的母材，焊接时必须尽量减小熔合比，如开大坡口、减小熔深或堆焊隔离层等。尤其是焊接中碳钢、高碳钢以及异种金属时，限制熔合比具有极重要的意义。

③ 选择合理的接头形式。焊接接头形式不同，将影响接头的受力状态、凝固条件及

温度分布等，因而产生凝固裂纹的倾向也不同。一般来说，表面堆焊和熔深较浅的对接焊缝不容易产生凝固裂纹，而熔深较大的对接和角接、搭接焊缝以及T形接头抗凝固裂纹的性能较差。因为这些焊缝承受的横向应力正好作用在焊缝中心的最后结晶区域，这里是低熔共晶最后偏聚的地方，因此很容易形成凝固裂纹。

④ 确定合理的焊接顺序。焊接顺序对焊缝的受力状态也有很大影响。确定焊接顺序总的原则是尽量使大多数焊缝在较小的刚度条件下焊接，避免焊接结构产生较大的拘束应力。

10.6.2 冷裂纹

冷裂纹是相对热裂纹而言的，焊件或铸件在较低温度或室温附近出现的裂纹被称为冷裂纹。冷裂纹的断口形态比较复杂，宏观上，断口有较好的金属光泽，呈脆性断裂特征；微观上，有的呈沿晶界开裂，有的呈穿晶断裂，还有的沿晶与穿晶共存的断口形态。

1. 冷裂纹的类型

1）铸造冷裂纹

它是铸件凝固后冷却到弹性状态时，因局部铸造应力大于合金抗拉强度而引起的开裂。这类裂纹总是发生在冷却过程中承受拉应力的部位，特别是拉应力集中的部位。壁厚不均匀、形状复杂的大型铸件容易产生冷裂纹。图10.50所示的齿轮毛坯，由于较厚的轮毂开始收缩时受到已冷却轮缘的阻碍，从而在轮辐中产生拉应力，并由此引发冷裂纹。

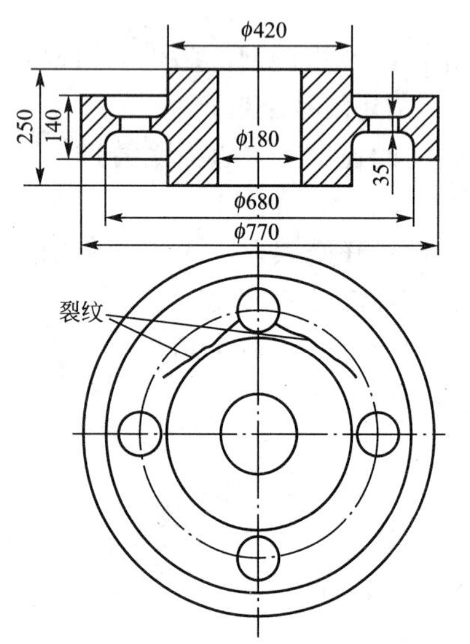

图10.50 铸钢齿轮毛坯中的铸造冷裂纹

2）焊接冷裂纹

这类裂纹一般是在焊后冷却到马氏体开始转变温度(M_S)附近或更低的温度区间产生的，也有的要推迟很久才产生。冷裂纹多起源于具有缺口效应的焊接热影响区或化学成分不均匀的氢聚集区。

冷裂纹主要发生在中碳钢、高碳钢以及合金结构钢的焊接接头中，特别易于出现在焊接热影响区。在焊接超高强度钢和某些钛合金时，冷裂纹也出现在焊缝金属上。根据被焊钢种和结构的不同，冷裂纹可以进一步划分为延迟裂纹、淬硬脆化裂纹和低塑性脆化裂纹。

以下重点讨论焊接冷裂纹的形成。

2. 冷裂纹的形成机理

1）延迟裂纹的形成机理

延迟裂纹是指在马氏体转变点 M_S 以下至室温范围，由焊接接头中的扩散氢的含量、材料的淬硬组织和接头的拘束应力的共同作用产生的裂纹。

如前所述，氢会大量溶解在高温焊接熔池中，在熔池随后的结晶过程中，氢的溶解度急剧下降，来不及逸出成为残余氢和扩散氢。由于扩散氢能在焊缝金属中“自由移动”，在焊接延迟裂纹的产生过程中起到了至关重要的作用。研究表明，延迟裂纹的出现只是在一定的温度区间发生(－100～100℃)，当温度太高则扩散氢易逸出，温度太低则扩散氢的扩散受到抑制，都不会产生延迟裂纹。

研究表明，高强钢焊接时延迟裂纹的形成过程与充氢钢恒载拉伸试验时表现出的延迟断裂现象是一致的。延迟断裂现象的示意图如图 10.51 所示。当应力高于上临界应力值 σ_{UC}时，试件很快断裂，无延迟现象。当应力低于下临界值 σ_{LC}时，试件将不会断裂。当应力在 σ_{UC}和 σ_{LC}之间时，就会出现由氢引起的延迟断裂现象。由加载到发生裂纹之前有一段潜伏期，然后是裂纹的扩展，最后发生断裂。延迟时间的长短与应力大小有关。拉应力越小，启裂所需临界氢的浓度越高，潜伏期(延迟时间)就越长。当应力低到接近临界应力 σ_{LC}时，因启裂所需的临界氢的浓度较高，故氢的扩散、聚集所需的时间也相应较长，甚至可能长达几十小时。

关于延迟裂纹的形成机理，应力诱导扩散理论认为，金属内部的缺陷如微孔、微夹杂和晶格缺陷等提供了潜在裂纹源，在应力的作用下，这些微观缺陷的前沿形成了三向应力区。在应力的诱导下，使氢向该处扩散并聚集，应力也随之提高，如图 10.52 所示。

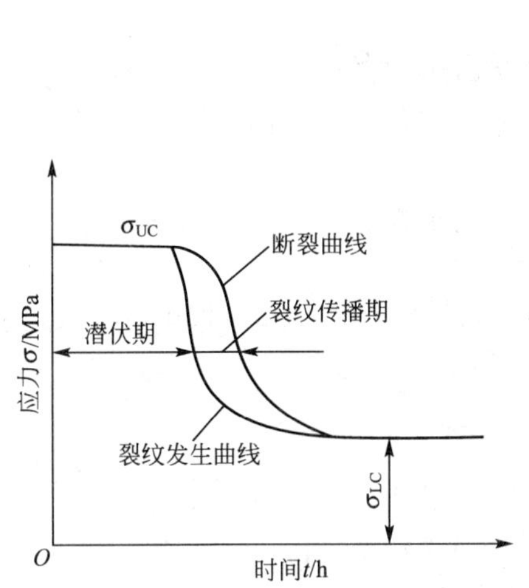

图 10.51 延迟断裂时间与应力的关系

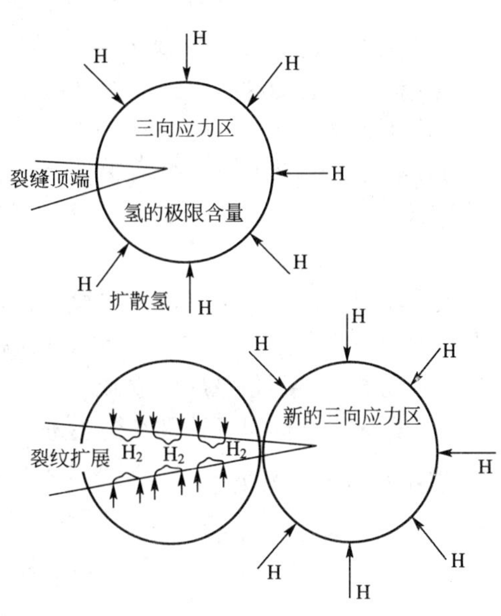

图 10.52 延迟裂纹的扩展过程

当氢的浓度达到一定程度时，一方面缺陷处产生较大的应力，另一方面其脆性也因位错移动受阻而增加。此部位氢的浓度达到临界值时，就会发生启裂和裂纹扩展，由于能量的释放，常可听到较清晰的开裂声音。扩展后的裂纹尖端又会形成新的三向应力区，氢又不断向新的三向应力区扩散，达到临界浓度时又发生了新的裂纹扩展。这种过程不断进行，直至成为宏观裂纹。由于启裂、裂纹扩展过程都伴随有氢的扩散，而氢的扩散是需要一定的时间的，因此这种冷裂纹具有延迟特征，又称为氢致裂纹。

在中碳钢、高碳钢、低合金结构钢、中合金结构钢焊接时，均有可能出现这种裂纹。

2) 淬硬脆化裂纹的形成机理

一些淬硬倾向很大的钢种，焊后冷却至室温时，因发生马氏体相变而脆化，在拘束应力作用下产生开裂。形成的裂纹又称为淬火裂纹。

淬硬脆化裂纹的产生是因为焊后快速冷却生成的片状孪晶马氏体，在高速生长时相互撞击，或与晶界撞击而引发的微裂纹，在淬火应力或其他内应力的共同作用下，进行扩展而成为宏观裂纹。这类裂纹具有沿晶或穿晶断裂的特征，常出现在热影响区中，有时也出现在焊缝中，基本无延迟现象。

淬硬脆化裂纹大都出现在硬度值大于 600HV 的钢材中。如碳含量大于 0.4%的中碳钢，当 800～500 ℃的冷却时间 $t_{8/5}$<3.5s 时就会产生裂纹。

焊接含碳较高的镍铬钼钢、马氏体不锈钢、工具钢以及异种钢时均有可能出现这种裂纹。

3）低塑性脆化裂纹的形成机理

某些塑性较低的材料(如铸铁、硬质合金等)，焊接后冷却至低温时，由于收缩应力而引起的应变超过了材质本身的塑性储备或材质变脆而产生的裂纹，称为低塑性脆化裂纹，这种裂纹通常也无延迟现象。

以灰铸铁为例进行分析，灰铸铁的碳含量高，杂质元素磷、硫的含量高。一般情况下，C=2.7%～3.5%，P<0.3%，S<0.15%。在力学性能上的特点是强度低，低温下基本上无塑性，因此裂纹是焊接铸铁时最易出现的一种缺陷，而且裂纹的扩展速度非常快，呈脆性断裂。若冷速很大，在焊缝中出现白口组织，由于渗碳体(Fe_3C)的性能更脆，因此更容易出现裂纹。

铸铁中石墨的形状对抗裂性有很大的影响，片状石墨的存在不仅减小了工件的有效截面积，粗而长的片状石墨的两端容易引起严重的应力集中，在一般情况下，裂纹的裂源往往是片状石墨的尖端。

焊接铸铁时，冷裂纹可以出现在焊缝中，也可以出现在热影响区。铸铁补焊、堆焊硬质合金和焊接高铬合金时，均有可能出现这种裂纹。

焊接延迟裂纹，不是在焊后立即出现，需延迟一段时间，甚至在使用过程中才出现，它的危害性更大。下面以延迟裂纹为主进行讨论。

3. 影响延迟裂纹的因素

1）材料淬硬倾向的影响

材料的淬硬倾向主要决定于化学成分、焊接工艺和冷却条件以及板厚等因素。一般情况下，材料的淬硬倾向越大，越易形成淬硬组织，因而促进延迟裂纹的形成。这就是高强度钢制造焊接结构受限制的原因。钢淬硬后容易形成裂纹的原因有以下两个。

(1) 形成脆硬的马氏体组织。马氏体是碳在 α-Fe 中的过饱和固溶体，碳原子以间隙原子存在于晶格之中，使铁原子偏离平衡位置，晶格发生较大的畸变，具有很高的硬度和强度。脆硬组织发生断裂时只消耗较低的能量，且脆硬组织越多，晶粒越粗大，产生开裂所需的应力越小。但不同的化学成分和形态的马氏体组织对裂纹的敏感性也不同。低碳马氏体呈板条状具有较高的强度和良好的韧性，抗裂性能优于含碳量较高的片状孪晶的马氏体。

在焊接条件下，熔合区附近的加热温度高达 1350～1400℃，使奥氏体晶粒发生严重长大，当快速冷却时，粗大的奥氏体将转变为粗大的马氏体。此外，由于晶粒粗大、相变温度降低，导致晶界上偏析物增多。因此，热影响区过热区或完全淬火区的冷裂倾向较大，延迟裂纹常起源于此。

(2) 淬硬会形成更多的晶格缺陷。金属在热力不平衡的条件下会形成大量的晶格缺陷，这些缺陷主要是空位和位错。在应力作用下，空位和位错会发生移动和聚集，当它们的浓度达到一定值后，就会形成裂纹源，最终扩展而成宏观裂纹。

2) 氢的影响

焊缝金属中的扩散氢是延迟裂纹形成的主要影响因素。由于延迟裂纹是扩散氢在三向应力区聚集引起的，因而钢材焊接接头的氢含量越高，裂纹的敏感性越大。

氢在不同金属组织中的溶解度和扩散系数不同，因此氢在不同金属中的行为也有很大差别(参考第 8 章图 8.8)。氢在奥氏体中的溶解度远比在铁素体中的溶解度大，并且随温度的增高而增加。因此，在焊接时由奥氏体转变为铁素体时，氢的溶解度急剧下降，而氢的扩散速度恰好相反，由奥氏体转变为铁素体时突然增大(参考第 8 章表 8－7)，氢在奥氏体钢中必须在高温下才有足够的扩散速度。室温下，氢在低碳钢中的的扩散速度很快，焊接时大部分氢可以逸出金属，所以低碳钢焊接时不会产生延迟裂纹(低碳钢不产生延迟裂纹的另一原因，是其不产生淬硬组织)。在高合金钢中(如 18－8 不锈钢)，氢的扩散速度很小，溶解度也较大，因此不会在局部区域发生聚集而产生延迟裂纹。只有高、中碳钢、低、中合金钢，氢的扩散速度既来不及逸出金属，也不能完全受到抑制，因而易在金属内部发生聚集，所以这些钢种均具有不同程度的延迟裂纹倾向。

氢的扩散行为对致裂部位有影响。含碳较高或合金元素较多的钢种对裂纹和氢脆有较大的敏感性，为了降低焊缝的冷裂倾向，焊缝金属的含碳量一般控制在低于母材的水平。在这种情况下，熔合区附近的热影响区中往往出现延迟裂纹，这主要是由氢的动态行为造成的。

在焊接冷却过程中，氢的扩散行为如图 10.53 所示。焊缝的含碳量低于母材，因此在较高的温度就发生相变，根据焊缝的化学成分和冷却速度不同，可能由奥氏体分解为铁素体、珠光体、贝氏体或马氏体。此时母材热影响区金属因含碳较高，相变滞后，尚未开始奥氏体分解，即焊缝相变温度界面 T_{AF} 导前于热影响区相变界面 T_{AM}。

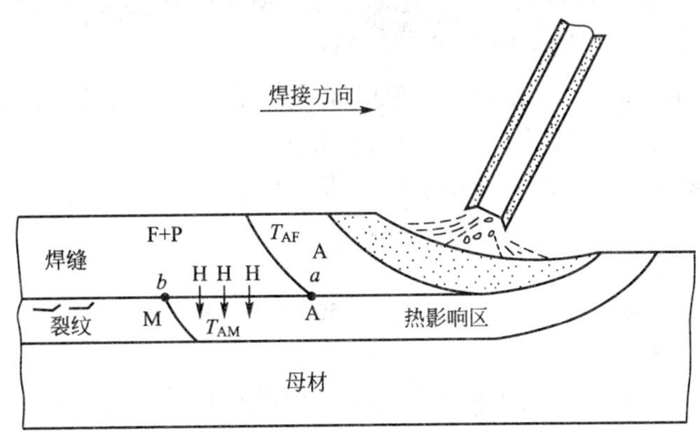

图 10.53 高强钢热影响区延迟裂纹的形成过程

当焊缝由奥氏体转变为铁素体、珠光体等组织时，氢的溶解度突然下降，而氢在铁素体、珠光体中的扩散速度很快，因此氢就很快地从焊缝越过熔合区 ab 向尚未发生分解的奥氏体热影响区扩散。由于氢在奥氏体中的扩散速度较小，不能很快把氢扩散到距熔合区较远的母材中去，因而在熔合区附近就形成了富氢地带。当滞后相变的热影响区由奥氏体向马氏体转变时，氢便以过饱和状态残留在马氏体中，促使这个地区进一步脆化，从而诱发延迟裂纹。

3）接头应力状态的影响

高强度钢焊接时产生延迟裂纹不仅决定于氢的有害作用和钢的淬硬倾向，而且还决定于焊接接头所处的应力状态。在某些情况下，应力状态甚至起到决定性的作用。

上节已经分析过，在焊接条件下主要存在 3 种应力，即不均匀加热及冷却过程中所产生的热应力、金属相变时产生的相变应力和结构自身拘束条件所造成的结构应力。这 3 种应力在都是钢结构焊接时不可避免的。因此将上述 3 种应力的综合作用统称为拘束应力。

焊接拘束应力的大小决定于受拘束的程度，可以采用拘束度 R 来表示，其定义为：单位长度焊缝在根部间隙产生单位长度的弹性位移所需要的力。具体的含义说明如图 10.54 所示。

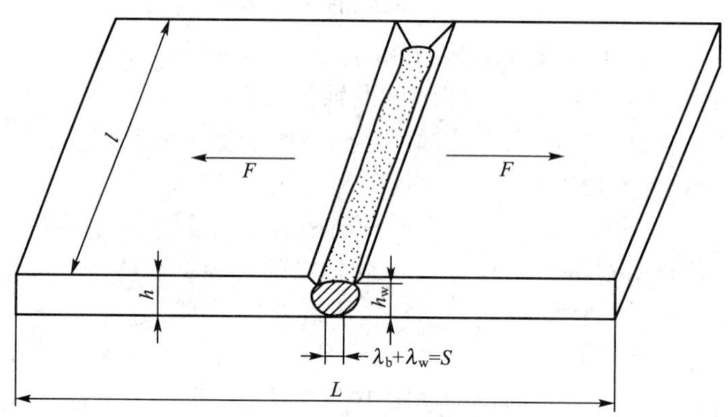

图 10.54　拘束度定义的说明示意图

如果两端不固定，即没有外拘束的条件下，焊后冷却过程中会产生 S 的热收缩。当两端被刚性固定时，冷却后就不可能产生横向变形，但在焊接接头中就引起了反作用力 F，此时反作用力应使接头的伸长量等于 S。S 包括了母材的伸长 λ_b 和焊缝的伸长 λ_w 两部分，即 $S=\lambda_b+\lambda_w$。与母材的宽度 L 相比，焊缝的宽度是很小的，所能产生的弹性变形量也很小。当板厚 h 相对焊缝厚度 h_w 很大时，即使焊缝的反作用力超过了它的屈服强度，母材仍处于弹性范围。这时可以忽略焊缝的影响，即 $S\approx\lambda_b$。因此，拘束度 R 可用下式表示

$$R=\frac{F}{l\lambda_b}=\frac{F}{lh}\frac{hL}{L\lambda_b}=\sigma\frac{1}{\varepsilon}\frac{h}{L}=\frac{Eh}{L} \tag{10-27}$$

式中，E 为母材金属的弹性模量；L 为拘束距离；h 为板厚，这里是按板厚与焊缝厚度相等考虑的；R 为拘束度；l 为焊缝长度；σ 为应力；ε 为应变。

从式(10－27)中可以看出，改变拘束距离 L 和板厚 h，可以调节拘束度 R 的大小。当 L 减小而 h 增大时，拘束度 R 增大。当 R 值大到一定程度时就产生裂纹，这时的 R 值称为临界拘束度 R_{cr}。焊接接头的临界拘束度 R_{cr} 越大，接头的抗裂性越强。因此，可用 R_{cr} 作为冷裂敏感性的判据，即产生冷裂纹的条件是实际拘束度大于临界拘束度，即

$$R > R_{cr} \tag{10-28}$$

实际上，拘束度 R 反映了不同焊接条件下焊接接头所承受拘束应力 σ 的大小。当焊接时产生的拘束应力不断增大，直至开始产生裂纹时，此时的应力称为临界拘束应力 R_{cr}。

它实际上反映了影响产生延迟裂纹的各个因素共同作用的结果，包括钢种的化学成分、接头的含氢量、冷却速度和应力状态等。焊接接头的临界拘束应力 R_{cr} 越大，接头的抗裂性越强。因此，可以用 R_{cr} 值作为评定冷裂敏感性的判据，即产生冷裂纹的条件是实际拘束应力大于临界拘束应力，即

$$\sigma > \sigma_{cr} \tag{10-29}$$

4）焊接工艺对冷裂纹的影响

施工中所采用的焊接工艺，如焊接材料、焊接线能量、焊前预热、后热、多层焊，以及焊接顺序等对冷裂纹均有不同程度的影响。

(1) 焊接线能量的影响。对于一些重要结构，应严格控制焊接线能量。线能量过大，会引起热影响区晶粒粗大，降低接头的抗裂性能；线能量过小，又会使热影响区淬硬，也会不利于氢的逸出，故而也增大冷裂倾向。因此，对于不同钢种应选用最佳的焊接线能量。

(2) 预热的影响。预热可以减小焊接过程中产生的热应力，降低冷却速度，有效地防止冷裂纹，但如果预热温度过高，一方面恶化了劳动条件，另一方面局部预热产生附加应力，反而会促使产生冷裂。因此，不是预热温度越高越好，而应合理地选择预热温度。

(3) 焊后低温热处理的影响。延迟裂纹一般要在焊后几分钟或几个小时之后才产生，在延迟裂纹产生以前对焊件进行热处理，可使扩散氢充分逸出，在一定程度上有降低残余应力的作用，也可适当改善组织，降低淬硬性。另一方面，从改善劳动条件出发，选用合适的后热温度，可以适当降低预热温度或代替某些重大焊接结构的中间热处理。

(4) 多层焊的影响。多层焊由于后层对前层有消氢和改善热影响区组织的作用，因此，多层焊时的预热温度可比单层焊适当降低，应当指出，多层焊时应尽可能严格控制层间预热温度或后热温度，以便使扩散氢逸出，否则，氢量会发生逐层积累。与此同时，在多次加热的条件下，会产生较大的残余应力，从而导致冷裂倾向反而增大。

(5) 合理安排焊缝及焊接次序。合理安排焊缝及焊接次序可以有效降低结构的拘束度，降低拘束应力，从而有效防止延迟裂纹的产生。

4. 防止延迟裂纹的措施

防止延迟裂纹的总体原则就是控制影响延迟裂纹的三大因素，即尽可能改善接头组织状态，消除一切氢的来源，降低拘束应力。具体措施可以分为两大方面，即冶金措施和工艺措施。

1）冶金措施

(1) 改进母材的化学成分。主要是从冶炼技术上提高钢材的品质，一方面采用低碳多种微量合金元素的强化方式，在提高强度的同时，也保证具有足够的韧性；另一方面，尽可能降低钢中的杂质，使硫、磷、氧和氮等元素控制在极低的水平。实践证明，这类钢具有良好的抗冷裂性能。

(2) 严格控制氢的来源。对焊丝与钢板坡口附近的铁锈和油污等应认真清理。对焊条应仔细烘干，注意环境湿度，采取防潮措施。普通低氢焊条应在 350℃、超低氢焊条应在 400～450℃烘干 2h，并应妥善保存，最好在保温箱或保温筒内存放，随用随取以防吸潮。

对于熔炼焊剂，因经过高温熔炼，含水分甚少，焊前一般 250℃烘干保温 2h 即可。烧

结焊剂，特别是低温烧结焊剂，制造之后要密封存放，开封之后应立即使用，不能存放过久，否则会吸潮。

(3) 适当提高焊缝韧性。在焊缝金属中适当加入钛、铌、钼、钒、硼、碲及稀土等微量元素可以提高焊缝韧性，在拘束应力的作用下，利用焊缝的塑性储备，减轻了热影响区负担，从而降低整个焊接接头的延迟裂纹敏感性。此外，采用奥氏体焊条焊接某些淬硬倾向较大的中、低合金高强度钢，也能很好地避免延迟裂纹的产生。

(4) 选用低氢的焊接材料和焊接方法。在焊接生产中，对于不同强度级别的钢种，都有相应配套的焊条、焊丝和焊剂，它们基本上可以满足要求。然而，对于某些重要的焊接结构，从防止延迟裂纹的角度出发，应采用超低氢、高强、高韧的焊接材料，或采用二氧化碳气体保护焊方法，以获得低氢焊缝。

2）工艺措施

工艺措施包括严格控制焊接热输入，正确选择预热温度、进行焊后热处理、采用多层焊接、合理安排焊缝及焊接次序等。前面已有介绍，在此不再重述。

10.6.3 其他焊接裂纹

1. 再热裂纹

某些合金钢焊后消除应力处理过程中产生的裂纹，称为消除应力处理裂纹；在高温合金焊后时效处理或高温使用过程中伴随时效沉淀硬化而出现的裂纹，称为应变时效裂纹。这种焊后对接头再次加热所引起的裂纹统称为再热裂纹。

1）再热裂纹的主要特征

再热裂纹对含有沉淀强化元素(如 Cr、Mo、V、Ti、Nb 等)的材料最为敏感，而碳素钢和固溶强化的金属材料一般不产生再热裂纹；产生部位均在熔合区附近的粗晶区域，属于典型的晶间断裂性质，裂纹不一定是连续的，而且至细晶区就会停止扩展；再热裂纹的产生必须有残余应力和应变为先决条件，因此在大拘束度的厚件中和应力集中部位最容易产生再热裂纹；再热裂纹的产生和加热温度及加热时间有密切关系，存在一个最容易产生再热裂纹的敏感温度范围，如低合金高强度钢和耐热钢一般在 500～700℃之间容易产生再热裂纹，而高温合金在 700～900℃之间容易产生再热裂纹。

2）再热裂纹的形成机理

这类裂纹的产生是由晶界优先滑动导致微裂而发生和扩展的。也就是说，在焊后热处理时，残余应力松弛的过程中，粗晶区应力集中部位的晶界滑动变形量超过了该部位的塑性变形能力，产生了再热裂纹。理论上产生再热裂纹的条件可用下式表达：

$$\delta > \delta_{cr} \tag{10-30}$$

式中，δ 是指粗晶区局部晶界的实际塑性变形量，δ_{cr} 是指再热裂纹的临界塑性变形量。

上述理论条件虽然被普遍公认，但对再热裂纹的产生机制还存在 3 种理论，即晶内沉淀强化、晶界杂质析集弱化和蠕变断裂等。

晶内沉淀强化理论认为，沉淀强化元素的碳化物和氮化物在一次焊接热作用下因受热而固溶，在焊后冷却时不能充分析出。而在再热处理过程中，在晶内析出这些碳化物和氮化物，从而使晶内强化。这时，应力松弛所产生的变形就集中于晶界，当晶界的塑性不足时，就会产生再热裂纹。

晶界杂质析集弱化理论认为，钢中P、S、Sb、Sn、As等杂质元素在500～600℃再热处理过程中向晶界析集，因而大大降低了晶界的塑性变形能力。当由于应力松弛所产生的变形超过了晶界的塑性变形能力，就会产生再热裂纹。

蠕变断裂理论的“楔形开裂模型”认为，在发生应力松弛的三晶粒交界处产生应力集中，当此应力超过晶界的结合力时就会在此处产生裂纹。“空位模型开裂”认为，点阵空位在应力和温度的作用下，能够发生运动，当空位聚集到与应力方向垂直的晶界上达到足够的数目时，晶界的结合面就会遭到破坏，在应力继续作用下，就会扩大而成为裂纹。

3）再热裂纹的防止措施

可以优先选用含沉淀强化元素少的钢种。严格限制母材和焊缝中的杂质含量，也可以有效降低再热裂纹倾向。选用焊接方法时应避免过大的热输入，以减小晶粒粗化。采用预热配合后热处理防止再热裂纹。选用低强匹配焊接材料，增大焊缝的塑性和韧性可防止再热裂纹。降低残余应力，避免应力集中。

2. 层状撕裂

含有杂质的大型厚壁高强度钢结构在焊接及使用过程中，因钢板的厚度方向承受较大的拉伸应力而沿钢板轧制方向出现一种台阶状的裂纹称为层状撕裂。它可能产生于热影响区，也可能产生于远离热影响区的母材中，但不会产生于焊缝之中。几种典型的层状撕裂如图10.55所示。

层状撕裂的影响因素主要包括夹杂物特性、母材性能和Z向拘束应力，形成过程如图10.56所示。钢材在轧制过程中，一些非金属夹杂物被轧成平行于轧制方向的带状夹杂物，这就造成了钢材力学性能的各向异性。在板厚方向(称为Z向)承受拉伸应力σ_z时，钢板中存在的非金属夹杂物会与金属基体脱离结合，形成显微裂纹，而此裂纹尖端的缺口效应造成应力、应变的集中，迫使裂纹沿着自身所处的平面扩展，这样在同一平面相邻的一群夹杂物连成一片，从而形成了“平台”；不在同一轧层的邻近平台，在裂纹尖端处由于产生切应力的作用发生剪切断裂，从而形成了剪切“壁”。这些“平台”与“壁”就构成了层状撕裂所特有的阶梯状裂纹。

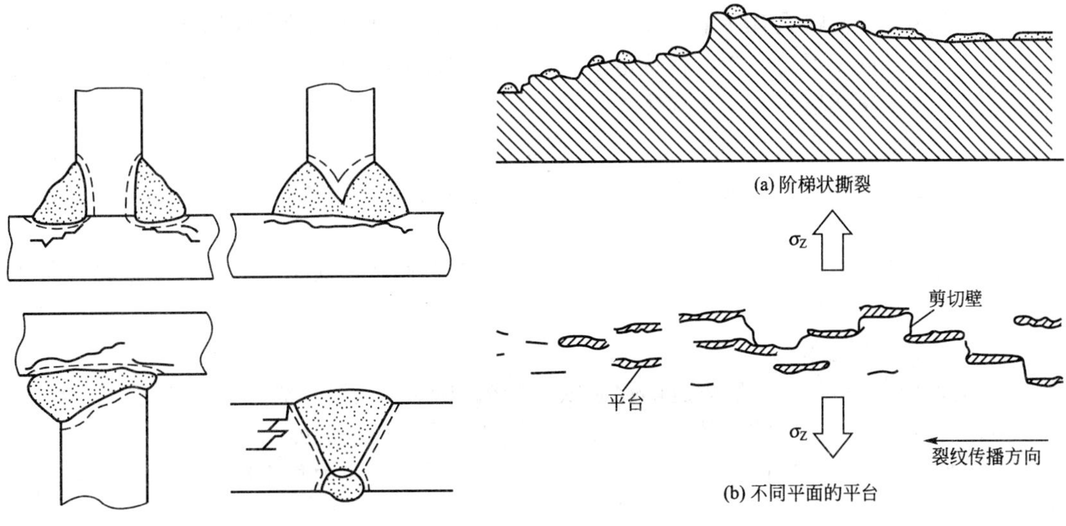

图10.55 典型的层状撕裂

图10.56 层状撕裂形成示意图

防止层状撕裂可以从两个方面着手：一是选用抗层状撕裂的钢材，如降低钢中夹杂物的含量，控制夹杂物的形态；二是在设计和施焊工艺上，减小 Z 向应力和应力集中。具体措施示如图 10.57 所示。

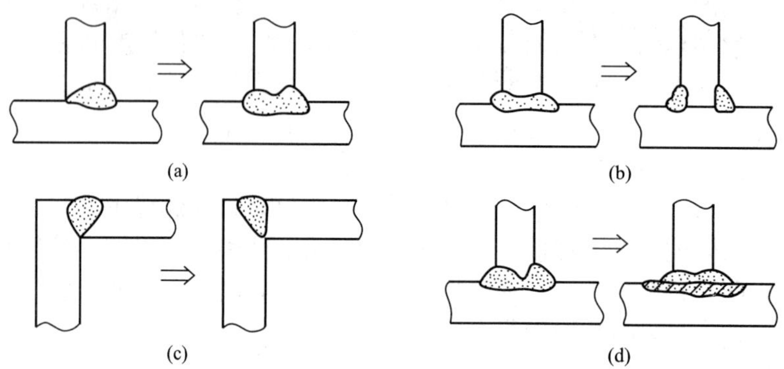

图 10.57　防止层状撕裂的接头形式

应尽量避免单侧焊缝，改用双侧焊缝可以降低焊缝根部区的应力，防止应力集中(图 10.57(a))；采用焊接量少的对称角焊缝代替焊接量大的全焊透焊缝，以避免产生过大的应力(图 10.57(b))；应在承受 Z 向应力的一侧开坡口(图 10.57(c))；对于 T 形接头，可在横板上预先堆焊一层低强的焊接材料，以防止焊根裂纹(图 10.57(d))。

3. *应力腐蚀裂纹*

应力腐蚀裂纹是指金属在某种特定的腐蚀介质与相应水平的拉伸应力共同作用下产生的裂纹。它既可以产生在焊缝中，又可以产生在热影响区内。化工设备中的焊接结构破坏事故多数为应力腐蚀开裂所致。材料不同，腐蚀介质不同，开裂的性质也不同，可能出现沿晶开裂、穿晶开裂，或者穿晶与沿晶的混合开裂。

应力腐蚀裂纹的形成必须同时具有 3 个因素的综合作用，即材质、腐蚀介质及拉应力。金属材料并不是在任何腐蚀介质中都产生应力腐蚀裂纹，材质与腐蚀介质有一定的匹配性，也就是某种材料只有在某种介质中才产生应力腐蚀裂纹。纯金属不产生应力腐蚀裂纹，而即使含微量元素的合金，在特定的腐蚀环境中都具有一定的产生应力腐蚀裂纹的倾向，但并非在任何环境都会产生应力腐蚀裂纹。此外，产生应力腐蚀裂纹存在临界应力，当结构中应力水平低于临界应力时是不会产生应力腐蚀裂纹的。因此，防止应力腐蚀裂纹，主要从这 3 个方面的影响因素入手。

1）合理设计

设计在腐蚀介质中工作的部件，首先要选择耐蚀材料，其次结构和接头的设计应最大限度减少应力集中和高应力区。

2）注重施工制造质量

选择合理焊接材料，一般焊缝的化学成分和组织应尽可能与母材保持一致。

合理制定组装工艺，减少部件成型加工到组装过程中引起的残余应力。

制定的焊接工艺应保证焊缝成型良好，不产生任何造成应力集中或点蚀的缺陷，保证接头的组织均匀等。

消除应力退火，是改善接头性能防止产生应力腐蚀裂纹的重要措施之一。

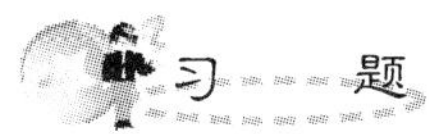

习　题

1. 什么是枝晶偏析、晶界偏析、正偏析、负偏析、正常偏析、逆偏析和重力偏析？

2. 叙述枝晶偏析、正常偏析、逆偏析的形成过程，它们的影响因素分别有哪些？

3. 焊缝的偏析有哪些类型？

4. 简述析出性气体的形成机理。

5. 焊缝中常见的气孔有哪几种类型？如何防止？

6. 铸造夹杂物按形成时间分类有哪几种？它们是如何形成的？

7. 何谓液态收缩、凝固收缩、固态收缩？

8. 分析缩孔和缩松的形成过程，说明缩孔与缩松的形成条件及形成原因的异同点。

9. 分析灰铸铁和球墨铸铁产生缩孔、缩松的倾向性及影响因素。

10. 简述顺序凝固原则和同时凝固原则各自的优缺点和适用范围。

11. 焊件和铸件的热应力是如何形成的？应采取哪些措施予以控制？

12. 如何校正焊接变形？

13. 简述热裂纹的种类及特征。

14. 简述凝固裂纹的形成机理及防止措施。

15. 简述冷裂纹的种类。

16. 简述延迟裂纹的形成机理及防止措施。

17. 焊接含碳量高或合金元素较多的钢种时，延迟裂纹会出现在接头的哪个部位？为什么？

18. 什么是拘束度和拘束应力？它们对冷裂纹的形成有何影响？

19. 大型焊接结构为防止冷裂纹常采用局部预热，分析局部预热的利弊及如何正确选择预热温度。

参 考 文 献

[1] 李庆春. 铸件形成理论基础 [M]. 北京：机械工业出版社，1982.
[2] 安阁英. 铸件形成理论 [M]. 北京：机械工业出版社，1990.
[3] 胡汉起. 金属凝固原理 [M]. 2 版. 北京：机械工业出版社，2000.
[4] 周尧和，胡壮麒，介万奇. 凝固技术 [M]. 北京：机械工业出版社，1998.
[5] 刘全坤，祖方遒，李萌盛. 材料成形基本原理 [M]. 2 版. 北京：机械工业出版社. 2010.
[6] 熊守美，许庆彦，康进武. 铸造过程模拟仿真技术 [M]. 北京：机械工业出版社 ，2007.
[7] 吴树森，柳玉起. 材料成形原理 [M]. 北京：机械工业出版社，2009.
[8] 关绍康，张富巨，黄光杰. 材料成形基础 [M]. 长沙：中南大学出版社，2009.
[9] 李言祥，吴爱萍. 材料加工原理 [M]. 北京：清华大学出版社，2005.
[10] 吴德海，任家烈，陈森灿. 近代材料加工原理 [M]. 北京：清华大学出版社，1997.
[11] 陈平昌，朱六妹，李赞. 材料成形原理 [M]. 北京：机械工业出版社. 2001.
[12] 雷玉成，汪建敏，贾志宏. 金属材料成形原理 [M]. 北京：化学工业出版社，2006.
[13] 胡礼木，崔令江，李慕勤. 材料成形原理 [M]. 北京：机械工业出版社. 2005.
[14] [瑞士] W. Kurz，D. J. Fisher 凝固原理 [M]. 4 版. 李建国，胡侨丹，译. 北京：高等教育出版社，2010.
[15] 赵洪运. 材料成形原理 [M]. 北京：国防工业出版社，2009.
[16] 林柏年，魏尊杰. 金属热态成形传输原理 [M]. 哈尔滨：哈尔滨工业大学出版社，2008.
[17] 田锡唐. 焊接结构 [M]. 北京：机械工业出版社，1982.
[18] 中国机械工程学会焊接学会. 焊接手册 [M]. 3 版. 北京：机械工业出版社，2008.
[19] 史耀武. 焊接技术手册 [M]. 福州：福建科学技术出版社，2005.
[20] 陈玉喜. 材料成型原理 [M]. 北京：中国铁道出版社，2002.
[21] 崔忠圻，刘北兴. 金属学与热处理原理 [M]. 3 版. 哈尔滨：哈尔滨工业大学出版社，2007.
[22] 姜焕中. 电弧焊及电渣焊（修订版）[M]. 北京：机械工业出版社，1988.
[23] 周振丰，张文钺. 焊接冶金与金属焊接性 [M]. 2 版. 北京：机械工业出版社，1988.
[24] 张文钺. 焊接冶金学（基本原理）[M]. 北京：机械工业出版社，1999.
[25] 邹家生. 材料连接原理与工艺 [M]. 哈尔滨：哈尔滨工业大学出版社，2005.
[26] 应宗荣. 材料成形原理与工艺 [M]. 哈尔滨：哈尔滨工业大学出版社，2004.
[27] 李亚江. 焊接材料的选用 [M]. 北京：化学工业出版社，2004.
[28] 张文钺. 焊接传热学 [M] 北京：机械工业出版社 1989.
[29] 杨世铭. 传热学基础 [M] 北京：高等教育出版社 1991.
[30] 张先棹. 冶金传输原理 [M] 北京：冶金工业出版社 1988.
[31] 刘雅政，任学平，王自东. 材料成形理论基础 [M]. 北京：国防工业出版社，2004.
[32] 范金辉，华勤. 铸造工程基础 [M]. 北京：北京大学出版社，2009.
[33] [日] 大野篤美. 金属凝固学 [M]. 唐彦彬，张正德，译. 北京：机械工业出版社，1983.
[34] [日] 大野篤美. 金属的凝固——理论、实践及应用 [M]. 邢建东，译. 北京：机械工业出版社，1990.
[35] 米国发，王锦永. 定向凝固技术的基本原理及发展概况 [J]. 铸造，2009，1：57 - 59.
[36] 肖黎明，张励忠，邢书明. 半固态金属成形件的组织和性能研究进展 [J]. 铸造，2006，5 (55)：433- 438.
[37] 谢水生，黄声宏. 半固态金属加工技术及其应用 [M]. 北京：冶金工业出版社. 1999.

[38] 刘会杰. 焊接冶金与焊接性 [M]. 北京：机械工业出版社，2010.
[39] 张金山. 金属液态成型原理 [M]. 北京：化学工业出版社，2011.
[40] 高义民. 金属凝固原理 [M]. 西安：西安交通大学出版社，2010.
[41] 崔忠圻，覃耀春. 金属学与热处理 [M]. 2版. 北京：机械工业出版社，2007.
[42] [美] 弗莱明斯. 凝固过程 [M]. 关玉龙，译. 北京：冶金工业出版社，1981.
[43] 冯端，师昌绪，刘治国. 材料科学导论 [M]. 北京：化学工业出版社，2002.
[44] 贾志宏. 金属液态成型原理 [M]. 北京：北京大学出版社，2011.

北京大学出版社材料类相关教材书目

序号	书　　名	标准书号	主　　编	定价	出版日期
1	金属学与热处理	7-5038-4451-5	朱兴元，刘忆	24	2007.7
2	材料成型设备控制基础	978-7-301-13169-5	刘立君	34	2008.1
3	锻造工艺过程及模具设计	978-7-5038-4453-5	胡亚民，华林	30	2012.3
4	材料成形 CAD/CAE/CAM 基础	978-7-301-14106-9	余世浩，朱春东	35	2008.8
5	材料成型控制工程基础	978-7-301-14456-5	刘立君	35	2009.2
6	铸造工程基础	978-7-301-15543-1	范金辉，华勤	40	2009.8
7	材料科学基础	978-7-301-15565-3	张晓燕	32	2012.1
8	模具设计与制造	978-7-301-15741-1	田光辉，林红旗	42	2012.5
9	造型材料	978-7-301-15650-6	石德全	28	2012.5
10	材料物理与性能学	978-7-301-16321-4	耿桂宏	39	2012.5
11	金属材料成形工艺及控制	978-7-301-16125-8	孙玉福，张春香	40	2010.2
12	冲压工艺与模具设计(第 2 版)	978-7-301-16872-1	牟林，胡建华	34	2010.6
13	材料腐蚀及控制工程	978-7-301-16600-0	刘敬福	32	2010.7
14	摩擦材料及其制品生产技术	978-7-301-17463-0	申荣华，何林	45	2010.7
15	纳米材料基础与应用	978-7-301-17580-4	林志东	35	2010.8
16	热加工测控技术	978-7-301-17638-2	石德全，高桂丽	40	2010.8
17	智能材料与结构系统	978-7-301-17661-0	张光磊，杜彦良	28	2010.8
18	材料力学性能	978-7-301-17600-3	时海芳，任鑫	32	2012.5
19	材料性能学	978-7-301-17695-5	付华，张光磊	34	2012.5
20	金属学与热处理	978-7-301-17687-0	崔占全，王昆林，吴润	50	2012.5
21	特种塑性成形理论及技术	978-7-301-18345-8	李峰	30	2011.1
22	材料科学基础	978-7-301-18350-2	张代东，吴润	36	2012.8
23	DEFORM-3D 塑性成形 CAE 应用教程	978-7-301-18392-2	胡建军，李小平	34	2012.5
24	原子物理与量子力学	978-7-301-18498-1	唐敬友	28	2012.5
25	模具 CAD 实用教程	978-7-301-18657-2	许树勤	28	2011.4
26	金属材料学	978-7-301-19296-2	伍玉娇	38	2011.8
27	材料科学与工程专业实验教程	978-7-301-19437-9	向嵩，张晓燕	25	2011.9
28	金属液态成型原理	978-7-301-15600-1	贾志宏	35	2011.9
29	材料成形原理	978-7-301-19430-0	周志明，张弛	49	2011.9
30	金属组织控制技术与设备	978-7-301-16331-3	邵红红，纪嘉明	38	2011.9
31	材料工艺及设备	978-7-301-19454-6	马泉山	45	2011.9
32	材料分析测试技术	978-7-301-19533-8	齐海群	28	2011.9
33	特种连接方法及工艺	978-7-301-19707-3	李志勇，吴志生	45	2012.1
34	材料腐蚀与防护	978-7-301-20040-7	王保成	38	2012.2
35	金属精密液态成形技术	978-7-301-20130-5	戴斌煜	32	2012.2
36	模具激光强化及修复再造技术	978-7-301-20803-8	刘立君，李继强	40	2012.8
37	高分子材料与工程实验教程	978-7-301-21001-7	刘丽丽	28	2012.8
38	材料化学	978-7-301-21071-0	宿　辉	32	2012.8
39	塑料成型模具设计	978-7-301-17491-3	江昌勇　沈洪雷	49	2012.9
40	压铸成形工艺与模具设计	978-7-301-21184-7	江昌勇	43	2012.9
41	工程材料力学性能	978-7-301-21116-8	莫淑华　于久灏等	32	2012.10
42	金属材料学	978-7-301-21292-9	赵莉萍	43	2012.10
43	金属成型理论基础	978-7-301-21372-8	刘瑞玲　王　军	38	2012.10

电子书(PDF 版)、电子课件和相关教学资源下载地址：http://www.pup6.cn/ 欢迎下载。
欢迎免费索取样书，可在网站上在线填写样书索取信息。
联系方式：010-62750667，童编辑，13426433315@163.com，pup_6@126.com，欢迎来电来信。